水处理过程与设备丛书
SHUICHULI GUOCHENG YU SHEBEI CONGSHU

物理法水处理
过程与设备

廖传华 米展 周玲 李志强 编著

U0276134

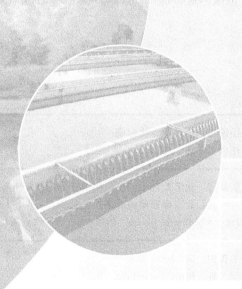

化学工业出版社
·北京·

本书是《水处理过程与设备丛书》中的一个分册，本书将物理法水处理工艺分为格栅、筛网、沉砂、调质等预处理和澄清、沉淀、气浮、过滤、萃取、吸附、膜分离、蒸发浓缩、结晶、吹脱与汽提等工艺，并分别针对各处理方法的工艺过程及相关设备的设计与选型进行了介绍。

　　本书可作为污水处理厂、污水处理站的管理人员与技术人员、环保公司的工程设计、调试人员参考用书，也可作为环境科学与工程、市政工程等专业师生的教学参考书。

图书在版编目（CIP）数据

物理法水处理过程与设备/廖传华等编著. —北京：
化学工业出版社，2016.3（2023.8 重印）
（水处理过程与设备丛书）
ISBN 978-7-122-26162-5

Ⅰ.①物… Ⅱ.①廖… Ⅲ.①水处理-物理处理-工艺学②水处理-物理处理-设备 Ⅳ.①TQ085

中国版本图书馆 CIP 数据核字（2016）第 015024 号

责任编辑：卢萌萌　仇志刚　　　　　　装帧设计：刘丽华
责任校对：陈　静

出版发行：化学工业出版社（北京市东城区青年湖南街 13 号　邮政编码 100011）
印　　装：北京印刷集团有限责任公司
787mm×1092mm　1/16　印张 22¼　字数 606 千字　　2023 年 8 月北京第 1 版第 9 次印刷

购书咨询：010-64518888　　　　　　　　售后服务：010-64518899
网　　址：http://www.cip.com.cn
凡购买本书，如有缺损质量问题，本社销售中心负责调换。

定　　价：98.00 元

前言

FOREWORD

　　水是生命之源，生产之要，生态之素，生活之基，人类社会的发展一刻也离不开水。当前我国水资源面临的形势十分严峻，随着经济社会的快速发展和人口的增长，水污染加剧、水生态环境恶化等问题日益突出，已成为制约经济社会可持续发展的主要瓶颈。由于水污染而产生的环境事件、公共安全事件甚至重大社会事件，严重影响人类的身体健康和社会的和谐稳定，直接威胁到人类的生存空间。

　　针对废水的水质特性及排放标准要求，本书系统介绍了物理法水处理工艺及相关设备。所谓物理处理方法，一般是在常温常压条件下，采用物理或机械的方法，如水质水量的调节、筛滤、澄清、沉淀、气浮等，对废水进行预处理，除去废水中不溶解的悬浮固体（包括油膜、油品）和漂浮物，为二级处理做准备。物理处理方法的最大优点是在处理过程中不改变物质的化学性质，设备简单，操作方便，运行费用低，分离效果良好，因此应用极为广泛，但物理法的缺点是仅能去除水中的固体悬浮物和漂浮物，COD的去除率一般只有30%左右，对水中的溶解性杂质基本无法去除。

　　根据采用的方法不同，本书将物理法水处理工艺分为格栅、筛网、沉砂、调质等预处理和澄清、沉淀、气浮、过滤、萃取、吸附、膜分离、蒸发浓缩、结晶、吹脱与汽提等工艺，并分别针对各处理方法的工艺过程及相关设备的设计与选型进行了介绍。

　　全书共分12章。第1章概述性地介绍了我国当前的水资源分布、废水的水质特性及废水的物理处理方法；第2章介绍了格栅、筛网、沉砂、均质等预处理工艺及相关设备的设计与选型；第3章介绍了澄清工艺的基本原理及相关设备的设计方法；第4章介绍了沉淀法水处理工艺的基本原理及相关设备的设计；第5章介绍了气浮法水处理工艺及相关设备的设计；第6章介绍了过滤法水处理工艺及相关设备；第7章介绍了萃取法水处理工艺及相关设备；第8章介绍了吸附法水处理工艺及相关设备；第9章介绍了膜分离法水处理工艺及相关设备；第10章介绍了蒸发浓缩处理工艺及相关设备；第11章介绍了结晶法水处理工艺及相关设备；第12章介绍了吹脱与汽提的基本方法及相关设备。

　　全书由南京工业大学廖传华、米展、南京凯盛国际工程有限公司周玲和南京三方化工设备监理有限公司李志强编著，其中第1章、第7章、第8章、第10章由廖传华编著；第2章、第3章、第4章、第6章由米展编著，第5章、第9章由周玲编著，第11章、第12章由李志强编著。全书由廖传华统稿。全书的编著工作得到了南京工业大学副校长巩建鸣教授、南京工业大学副书记朱跃钊教授等领导的大力支持，南京清涛环境科技有限公司王丽红、南京三方化工设备监理有限公司赵清万、南京工业大学陈海军副教授对本书的编写工作提出了大量宝贵的建议，研究生高豪杰、张阔、李智超、郭丹丹、石鑫光、闫月婷、张龙飞、罗威、王慧斌、刘理力、金丽珠、朱亚松、赵忠祥、闫正文、王太东、李洋、刘状、汪威、李亚丽、廖炜、宗建军等在资料收集与处理方面提供了大量的帮助，在此一并表示衷心的感谢。

　　本书的编写历时四年，虽经多次审稿、修改，但水处理过程涉及的知识面广，由于作者水平有限，不妥及疏漏之处在所难免，恳请广大读者不吝赐教，作者将不胜感激。

编者

2016 年 1 月

目录

CONTENTS

第4章 沉淀

第5章 气浮

第❶章

绪论

水是生命之源，生产之要，生态之素，生活之基，人类社会的发展一刻也离不开水。在现代社会中，水更是经济可持续发展的必要物质条件。然而，随着社会经济的快速发展、城市化进程的加快，由水污染的加剧而导致的水资源供需矛盾更加突出。在我国，水已成为制约可持续发展的重要因素，水危机比能源危机更为严峻，加强对水和废水的处理与回用，实现按质分级用水、减少污染物的排放已成为我国社会生存和可持续发展的重要前提之一。

1.1 中国的水资源现状

我国位于世界最大的大陆，即亚欧大陆的东侧，濒临世界最大的海洋，即太平洋，南北跨纬度 50°，东西跨纬度 60°，土地面积约为 $960 \times 10^4 \mathrm{km}^2$，地域辽阔、地形复杂、气候多样、江河众多、资源丰富，是一个人口众多，社会生产力正在迅速发展的国家。

1.1.1 水资源的分布

(1) 河流水系

我国江河众多，流域面积 $1000 \mathrm{km}^2$ 以上的河流约 5800 多条，因受地形、气候的影响，在地区上的分布很不均匀。绝大多数河流分布在我国东部气候湿润、多雨的季风区，西北内陆气候干燥、少雨，河流很少，有面积广大的无流区。

按照河川径流循环的形式，河流可分为直接注入海洋的外流河和不与海洋沟通的内陆河两大类。从大兴安岭西麓起，沿东北—西南走向，经内蒙古高原的阴山、贺兰山、祁连山、巴颜喀拉山、唐古拉山、冈底斯山，直至我国西端的国境线，为我国内陆河和外流河的主要分水界。在此分水界以东，除松辽平原、鄂尔多斯台地以及雅鲁藏布江南侧有几块面积不大的闭流区外，河流都分别注入太平洋和印度洋。外流河区域约占全国土地总面积的 65%。在分水界以西，除额尔齐斯河下游流经俄罗斯入北冰洋外，其余的河流都属于内陆河，内陆河区域约占全国土地总面积的 35%。我国的河流水系和流域面积如表 1-1 所列。

① 外流河流　我国的外流河大都发源于青藏高原东、南部边缘地带，内蒙古高原、黄土高原、豫西山地和云贵高原的东、南地带，长白山地、山东丘陵、东南沿海低山地丘陵的 3 个地带。发源于青藏高原的河流都是源远流长、水量很大，蕴藏着巨大水力资源的巨川大河，主

要有长江、黄河、澜沧江、怒江、雅鲁藏布江等。发源于内蒙古高原、黄土高原、豫西山地和云贵高原的河流主要有黑龙江、辽河、滦河、海河、淮河、珠江、元江等河流，除黑龙江、珠江外，就长度、流域面积和水量而言，均次于源自青藏高原的河流。发源于东部沿海低山地的河流主要有图们江、鸭绿江、沂沭泗河、钱塘江、瓯江、闽江、九龙江、韩江、东江和北江等河流，这些河流的长度和流域面积都较小，但大部分河流的水量和水力资源都十分丰富。

表 1-1　中国河流水系和流域面积

区域	水系	流　域	流域面积/km²	占全国总面积的比例/%
外流河	太平洋	黑龙江及绥芬河	875342	9.25
		辽河、鸭绿江及沿海诸河	245207	2.59
		海河、滦河	319029	3.37
		黄河	752443	7.95
		淮河及山东沿海诸河	327443	3.46
		长江	1808500	19.11
		浙、闽、台湾诸河	241155	2.54
		珠江及沿海诸河	578141	6.11
		元江及澜沧江	240194	2.53
		小计	5387454	56.95
	印度洋	怒江及滇西诸河	154756	1.63
		雅鲁藏布江及藏南诸河	369588	3.90
		藏西诸河	52930	0.55
		小计	577274	6.1
	北冰洋	额尔齐斯河	50000	0.52
	合计		6014728	63.58
内陆河		内蒙古内陆河	309923	3.27
		河西内陆河	517822	5.47
		准噶尔内陆河	322316	3.40
		中亚细亚内陆河	79516	0.84
		塔里木内陆河	1121636	11.85
		青海内陆河	301587	3.18
		羌塘内陆河	701489	7.41
		松花江、藏南闭流河	90353	0.95
		合计	3444642	36.41
总计			9459370	100.00

　　② 内陆河流　我国内陆河的水系，由于地理、地形和水源补给条件的不同，在水系发育、分布方面存在很大的差异，大致可划分为内蒙古、河西、准噶尔、中亚细亚、塔里木、青海和羌塘等内陆河流域。内蒙古内陆河地形平缓，河流短促、稀少，存在着大面积无流区。河西、准噶尔、中亚细亚、塔里木内陆河气候干燥，但地形起伏较大，在祁连山、天山、昆仑山等高山冰雪融化水和雨水的补给下，发育了一些比较长的内陆河，如塔里木河、伊犁河和黑河等。另有许多短小的河流顺山坡流到山麓，消失在山前或盆地的砂砾带中。青海柴达木盆地的地形和高寒气候使盆地四周分布着许多向中央汇集的短小河流，在盆地中广泛分布着盐湖和沼泽。藏北羌塘内陆河流域的特色是星罗棋布地分布着许多湖泊和以湖泊为汇集中心的许多小河。

　　我国主要江河的长度和流域面积见表 1-2。

　　(2) 湖泊

　　我国是一个多湖泊的国家，据初步统计，面积在 $1km^2$ 以上的湖泊有 2800 多个，湖泊总面积达 $75610km^2$，占全国总面积的 0.8% 左右；全国湖泊的储水量约为 $7510×10^8 m^3$，其中淡水的储量为 $2150×10^8 m^3$，仅占湖泊储水量的 28.7%。

表 1-2　中国的主要江河的长度和流域面积

江河名称	长度/km	流域面积/km²	江河名称	长度/km	流域面积/km²
长江	6300	1808500	辽河	1390	219014
黄河	5464	752443	海河	1090	264617
黑龙江	3101	886950	淮河	1000	269150
澜沧江	2354	164766	滦河	877	54412
珠江	2210	442585	鸭绿江	790	32466
塔里木河	2179	198000	元江	686	75428
雅鲁藏布江	2057	240480	闽江	541	60992
怒江	2013	134882	钱塘江	410	41700
松花江	1956	545594			

注：国外部分的长度和流域面积不计在内。

　　我国的湖泊大致以大兴安岭、阴山、贺兰山、祁连山、昆仑山、唐古拉山和冈底斯山一线为界，此线的东南为外流湖泊区，以淡水湖分布为主，此线西北的湖泊为内陆湖泊区，以咸水湖或盐湖分布为主，但青藏高原还分布着一些淡水湖泊。

　　我国内流湖泊的总面积为 $38150km^2$，储水量为 $5230 \times 10^8 m^3$，其中淡水的储量为 $390 \times 10^8 m^3$；外流湖泊的面积为 $37460km^2$，储水量为 $2270 \times 10^8 m^3$，其中淡水的储量为 $1760 \times 10^8 m^3$。外流湖泊的淡水储量为内流湖泊的 4.5 倍。

　　我国主要湖泊的面积和水量分布见表 1-3。

表 1-3　中国主要湖泊的面积和水量分布

湖泊分布地区	湖水面积/km²	占全国湖泊总面积的比例/%	储水量/×10⁸m³	其中淡水储量/×10⁸m³	占湖泊淡水总量的比例/%
青藏高原	36560	48.4	5460	880	40.9
东部平原	23430	31.0	820	820	38.2
蒙新高原	8670	11.5	760	20	0.9
东北平原	4340	5.7	200	160	7.4
云贵高原	1100	1.4	240	240	11.2
其他	1510	2.0	30	30	1.4
合计	75610	100.0	7510	2150	100.0

（3）冰川

　　我国是世界上中低纬度山岳冰川最多的国家之一，南起云南省的玉龙雪山（27°N），北抵新疆的阿尔泰山（49°10′N），纵横数千公里的西部高山，据初步查明现代冰川的面积约为 $56500km^2$，占亚洲中部山岳冰川面积的一半，其中以昆仑山冰川覆盖面积为最大，其次是喜马拉雅山，最小为阿尔泰山。分布于内陆河区域的冰川面积为 $33600km^2$，约占全国冰川面积的 60%；分布于外流河区域的冰川面积为 $22855km^2$，约占全国冰川面积的 40%。全国冰川的总储水量约为 $50000 \times 10^8 m^3$。

　　我国冰川分为大陆性和季风海洋性两大类型。

　　① 大陆性冰川　它是在干冷的大陆性气候条件下发育的，具有降水少、气温低、雪线高、消融弱、冰川运动速度慢等特点，主要分布在喜马拉雅山中段的北坡和西段、昆仑山、帕米尔、喀喇昆仑山、天山、阿尔泰山、祁连山和唐古拉山等。

　　② 季风海洋性冰川　它是在季风海洋性气候条件下形成的，具有气候温和、降水充沛、气温高、消融强烈、冰川运动速度快等特点，主要分布在喜马拉雅山东段和中段、念青唐古拉山东段以及横断山脉部分地区。

　　我国各山系的冰川面积见表 1-4。冰川是"高山固体水库"，星罗棋布地分布在全国的西北、西南河流的源头。湿润年，山区大量的固态积水贮存在天然水库中，而遇到干旱年，由于山区晴朗的天空，气温升高，消融增强，冰川释放大量融水以调节因干旱而缺水的河流。所以，以冰川融水补给为主的河流具有干旱年不缺水，湿润年水量接近或略小于正常年的特点，这是冰川消融水补给占有相当比例的西北山区河流独具的特色。

表 1-4 中国各山系的冰川面积

山脉	主峰高度/m	雪线高度/m	冰川面积/km²		
			内陆河	外流河	合计
祁连山	5826	4300~5240	1931.5	41	1972.5
阿尔泰山	4374	3000~3200		293.2	293.2
天山	7435	3600~4 400	9549.7		9549.7
帕米尔	7579	5500~5700	2258		2258
喀喇昆仑山	8611	5100~5400	3265		3265
昆仑山	7160	4700~5800	11447.1	192	11639.1
喜马拉雅山	8848	4300~6200	989.4	10065.6	11055
羌塘高原	6547	5600~6100	3188		3188
冈底斯山	7095	5800~6000	845.9	1342.1	2188
念青唐古拉山	7111	4500~5700	122.8	7413.2	7536
横断山	7556	4600~5500		1456	1456
唐古拉山	6621	5200~5800		2082	2082
总计			33597.4	22885.1	56482.5
所占比例/%			59.48	40.52	100

1.1.2 水资源量

根据地形地貌特征，可将全国的水资源分布按流域水系划分为 10 大片和 69 个分区，各分区的名称及分区范围如表 1-5 所示。

表 1-5 中国的水资源分区

分 区	计算面积/km²	范 围
全国	9459370	
松花江区	875342	额尔古纳河、嫩江、松花江、黑龙江、乌苏里江、绥芬河
辽河区	245207	辽河、浑太河、鸭绿江、图们江及辽宁沿海诸河
海河区	319029	滦河、海河北系四河、海河南系三河、徒骇、马颊河及冀东沿海诸河
黄河区	752443	黄河及黄河闭流区(鄂尔多斯高原)
淮河区	327443	淮河、沂河、沭河、泗河及山东沿海诸河
长江区	1808500	金沙江、岷沱江、嘉陵江、乌江、长江、汉江及洞庭湖水系、鄱阳湖水系、太湖水系
珠江区	578141	南北盘江、红柳黔江、郁江、西江、北江、东江、珠江三角洲、韩江和粤东沿海诸河、桂南粤西沿海诸河、海南岛和南海诸岛
东南诸河区	241155	钱塘江、闽江和浙东诸河、浙南诸河、闽东沿海诸河、闽南诸河、台湾诸河
西南诸河区	577274	雅鲁藏布江、怒江、澜沧江、元江和藏西诸河、藏南诸河、滇西诸河
西北诸河区	3444642	内蒙古内陆诸河(包括河北省内陆河)、河西内陆河、准噶尔内陆河、中亚细亚内陆诸河、塔里木内陆诸河、羌塘内陆诸河、额尔齐斯河

我国河川年径流量（地表水资源量）居世界第六位，列在巴西、俄罗斯、加拿大、美国、印度尼西亚之后，平均年径流深 284mm，低于全世界的平均年径流深（314mm），人均占有河川年径流量仅为世界人均占有量的 1/4，耕地亩均占有河川年径流量仅为世界亩均占有量的 3/4。

根据水利部门水资源评价工作的结果，全国多年平均水资源总量为 $28412 \times 10^8 m^3$，总的分布趋势是南多北少，数量相差悬殊。南方的长江、珠江、东南诸河、西南诸河流域片，平均年径流深均超过 500mm，其中，东南诸河超过 1000mm，淮河流域平均年径流深 225mm，黄河、海河、松辽河等流域的平均年径流深 100mm，内陆诸河平均年径流深仅有 32mm。从水资源地表径流模数来看，南方 4 个流域片平均为 $65.4 \times 10^4 \, \mathrm{m^3/(km^2 \cdot a)}$，北方 6 个流域片平均为 $8.8 \times 10^4 \, \mathrm{m^3/(km^2 \cdot a)}$，南北方相差 7.4 倍。全国平均年地表径流模数最大的是东南诸河流域片，为 $108.1 \times 10^4 \, \mathrm{m^3/(km^2 \cdot a)}$，而最小的是内陆诸河流域片，为 $3.6 \times 10^4 \, \mathrm{m^3/(km^2 \cdot a)}$，两者相差 30 倍。

我国水资源的地区分布与人口、土地资源、矿藏资源的配置很不适应。南方 4 个流域片，耕地占全国的 36%，人口占全国的 54.4%，拥有的水资源占到了全国的 81%，特别是其中的东南诸河流域片，耕地只占全国的 1.8%，人口为全国的 20.8%，人均占有水资源量为全国平均占有量的 15 倍。松辽河、海河、黄河、淮河 4 个流域片，耕地为全国的 45.2%，人口为全国的 38.4%，而水资源仅为全国的 9.6%。

我国大部分地区受季风影响较大，水资源的年际、年内变化大。我国南方地区最大的年降水量与最小的年降水量的比值达 2～4 倍，北方地区达 3～6 倍，最大年径流量与最小年径流量的比值，南方为 2～4 倍，北方为 3～8 倍。南方汛期的降水量可占全年降水量的 60%～80%，北方汛期的降水量可占全年降水量的 80% 以上。大部分水资源量集中在 6～9 月（汛期），以洪水的形式出现，利用困难，而且易造成洪涝灾害。南方是伏秋干旱，北方是冬春干旱，降水量少，河道径流枯竭，甚至河流断流，造成旱灾。

1.2　水的循环

地球上的水总是处于川流不息的循环运动中。根据水循环的路径，可分为自然循环和社会循环两种。

1.2.1　水的自然循环

由于自然因素造成水由蒸汽转化为液态，又由液态转化为固态，反过来又相应地由固态转化为液态，进而转化为气态。这样，水蒸气—水—冰（或雪）周而复始地循环运动，通过云气运动或大气环流、地面径流、地下渗流、冷凝、冷冻等过程构成水的自然界大循环。影响水自然循环的因素有太阳辐照、冷却、地球重力作用等。水的自然循环如图 1-1 所示。

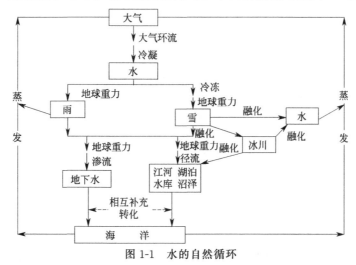

图 1-1　水的自然循环

1.2.2　水的社会循环

由于社会生活和生产活动的需要，人类往往从天然水体中汲取大量的水，按其用途不同可分为生活用水和生产用水。在生活和生产活动过程中随时都有杂质混入，使水体受到不同程度的污染，构成了相应的生活污水和生产废水，随后又不断地排入天然水体中。这样由于人为因素，通过反复汲取和排放构成了水的社会循环，如图1-2所示。

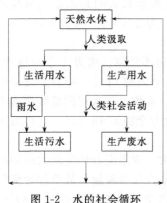

图1-2 水的社会循环

在以上两个循环的每个环节中，或因自然因素，或因人为因素，致使水体受到不同程度的污染。特别是在社会循环中，随着各国工农业生产的发展和用水标准的逐步提高，需水量迅速上升，生活污水和生产废水的排放量也不断增加。如不妥善处理废（污）水而任意排入天然水体，水体污染将日益加剧，破坏原有自然生态环境，引起环境问题，以致造成公害。众所周知的1885年英国泰晤士河因河水水质污染造成水生生物绝迹，1955年日本由镉引起中毒的"骨痛病"，1956年汞中毒引起的水俣病等都是极为严重的公害事件。其他各国虽未发生如此严重的事件，但因污染造成的损失以及给人类健康带来的威胁也是相当可观的。据美国环保局报道，1960年美国因水污染造成粮食损失达10亿美元，1960年至1970年期间的统计数据显示全美因水污染而引起的死亡人数为20人。在20世纪80年代中期，美国的39个州有2.2×10^4km的河流、16个州约有0.26×10^4km²的湖泊、8个州有0.24×10^4km²的河口受到有毒污染物的影响。20世纪70年代以来，尽管我国在水污染防治方面做了很大的努力，但水污染的发展趋势仍未得到有效遏制。由于污（废）水的处理率仅为40%～50%，相当数量的污（废）水未经处理直接或间接排入水体，严重污染了水资源。2004年的统计数据表明，全国有2/3的湖泊水体存在不同程度的富营养化；2005年发生的松花江水体的硝基苯污染事件，造成沿流域城市停水数天；2007年太湖蓝藻暴发，严重污染水质，引起周边城市用水困难。由此可见，虽然经过多年的努力，但我国污（废）水排放引起水体污染的状况目前还没有得到彻底改观，环境保护工作任重而道远。目前，世界各地水体的原有物理、化学和生物特性都已不同程度发生了变化，水体污染已成为国际社会关注的重大环境问题。

1.3 废水的水质

污染后的水，特别是丧失了使用价值后的水统称为废水，是人类生产或生活过程中废弃排出的水及径流雨水的总称，包括生活污水、工业废水和流入排水管渠的径流雨水等。在实际应用过程中往往将人们生活过程中产生和排出的废水称为生活污水，主要包括粪便水、洗涤水、冲洗水；将工农业各类生产过程中产生的废水称为生产废水。废水根据不同的分类，称谓很多，也较复杂，例如根据污染物的化学类别称为有机废水和无机废水，前者主要含有机污染物，大多数具有生物降解性；后者主要含无机污染物，一般不具有生物降解性；根据所含毒物的种类不同，可把废水称为含酚废水、含氰废水、含油废水、含汞废水、含铬废水等。还可根据生产废水的部门或生产工艺来划分，如焦化废水、农药废水、杀虫剂废水、洗涤剂废水、食品加工废水、电镀废水、冷却水等。

目前我国每年的废水排放总量已达500多亿吨，并呈逐年上升的趋势，相当于人均排放40t，其中相当部分未经处理直接排入江河湖库。在全国七大流域中，太湖、淮河、黄河的水质最差，约有70%以上的河段受到污染；海河、松辽流域的污染也相当严重，污染河段占60%以上。河流污染情况严峻，其发展趋势也令人担忧。从全国情况看，污染正从支流向干流延伸，从城市向农村蔓延，从地表向地下渗透，从区域向流域扩展。据检测，目前全国多数城市的地下水都受到了不同程度的点状和面状污染，且有逐年加重的趋势。在全国118个城市中，64％的城市地下水受到严重污染，33％的城市地下水受到轻度污染。从地区分布来看，北方地区比南方地区更为严重。日益严重的水污染不仅降低了水体的使用功能，而且进一步加剧了水资源短缺的矛盾，很多地区由资源性缺水转变为水质性缺水，对我国正在实施的可持续发展战略带来了严重影响，而且还严重威胁到城市居民的饮水安全和人民群众的健康。

水质是指水与水中杂质或污染物共同表现的综合特性。水质指标表示水中特定杂质或污染物的种类和数量，是判断水质好坏、污染程度的具体衡量尺度。为了满足水的特定目的或用途，对水中所含污染物的种类与浓度的限制和要求即为水质标准。

1.3.1 生活污水和城市污水的水质

（1）生活污水和城市污水水质

生活污水主要来自家庭、商业、机关、学校、旅游服务业及其他城市公用设施。城市污水是城市中的生活污水和排入城市下水道的工业废水的总称，包括生活污水、工业废水和降水产生的部分城市地表径流。因城市功能、工业规模与类型的差异，在不同城市的城市污水中，工业废水所占的比重会有所不同，对于一般性质的城市，其工业废水在城市污水中的比重为10％～50％。由于城市污水中工业废水只占一定的比例，并且工业废水需要达到《污水排入城镇下水道水质标准》（CJ 343—2010）后才能排入城市下水道（超过标准的工业废水需要在工厂内经过适当的预处理，除去对城市污水处理厂运行有害或城市污水处理厂处理工艺难以去除的污染物，如酸、碱、高浓度悬浮物、高浓度有机物、重金属等），因此，城市污水的主要水质指标有着和生活污水相似的特性。

生活污水和城市污水水质浑浊，新鲜污水的颜色呈黄色，随着在下水道中发生厌氧分解，污水的颜色逐渐加深，最终呈黑褐色，水中夹带的部分固体杂质，如卫生纸、粪便等，也分解或液化成细小的悬浮物或溶解物。

生活污水和城市污水中含有一定量的悬浮物，悬浮物浓度一般在100～350mg/L范围内，常见浓度为200～250mg/L。悬浮物成分包括漂浮杂物、无机泥沙和有机污泥等。悬浮物中所含有机物占生活污水和城市污水中总有机物总量的30％～50％。

生活污水中所含有机污染物的主要来源是人类的食物消化分解产物和日用化学品，包括纤维素、油脂、蛋白质及其分解产物、氨氮、洗涤剂成分（表面活性剂、磷）等，生活与城市活动中所使用的各种物质几乎都可以在污水中找到其相关成分。生活污水和城市污水所含有机污染物的生物降解性较好，适于生物处理。生活污水和城市污水的有机物含量为：一般浓度范围为 $BOD_5 = 100 \sim 300mg/L$，$COD = 250 \sim 600mg/L$；常见浓度为 $BOD_5 = 180 \sim 250mg/L$，$COD = 300 \sim 500mg/L$。由于工业废水中污染物的含量一般都高于生活污水，工业废水在城市污水中所占比例越大，有机物的浓度，特别是COD的浓度也越高。

生活污水中含有氮、磷等植物生长的营养元素。新鲜生活污水中氮的主要存在形式是氨氮和有机氮，其中以氨氮为主，主要来自食物消化分解产物。生活污水和城市污水的氨氮浓度（以N计）一般范围是15～50mg/L，常见浓度是30～40mg/L。生活污水中的磷主要来自合成洗涤剂（合成洗涤剂中所含的聚合磷酸盐助剂）和食物消化分解产物，主要以无机磷酸盐形式存在。生活污水和城市污水的总磷浓度（以P计）一般范围是4～10mg/L，常见浓度是5～8mg/L。

生活污水和城市污水中还含有多种微生物，包括病原微生物和寄生虫卵等。表1-6所示是典型的城市污水和生活污水的水质。

表1-6 典型的城市污水和生活污水水质 单位：mg/L

指标	一般浓度范围	常见浓度范围	指标	一般浓度范围	常见浓度范围
悬浮物	100～300	200～250	氨氮（以N计）	15～50	30～40
COD	250～600	300～500	总磷（以P计）	4～10	5～8
BOD_5	100～300	180～250			

（2）城市污水水质计算

在水处理设计计算中，城市污水的设计水质可以参照相似城市的水质情况，也可以根据规划人口、人均污染物负荷和工业废水的排放负荷进行计算。

生活污水总量可按综合生活污水定额乘以人口计算：

$$Q_d = \frac{q_w P}{1000} \qquad (1-1)$$

式中　Q_d——生活污水总量，m^3/d；

　　　q_w——综合生活污水定额，$L/(人 \cdot d)$，可按当地生活用水定额的 $80\% \sim 90\%$ 采用；

　　　P——人口，人。

生活污水的污染可以通过人口当量计算。《室外排水设计规范》（GB 50014—2006）给出的生活污水的人口排放当量数据为：BOD_5 人口排放当量为 $20 \sim 50g/(人 \cdot d)$，$SS = 40 \sim 65$ $g/(人 \cdot d)$，总氮人口排放当量为 $5 \sim 11g/(人 \cdot d)$，总磷人口排放当量为 $0.7 \sim 1.4g/(人 \cdot d)$。

排入城市污水的工业废水的污染负荷或水质水量可参照已有同类型工业的相关数据。

城市污水中污染物的浓度可按下式计算：

$$C = \frac{\alpha P + 1000F}{Q_d + Q_i} \qquad (1-2)$$

式中　C——污染物浓度，mg/L；

　　　α——污染物人口排放当量，$g/(人 \cdot d)$；

　　　F——工业废水的污染物排放负荷，kg/d；

　　　Q_i——工业废水水量，m^3/d。

1.3.2　工业废水的水质

工业废水是工厂厂区生产活动中的废弃水的总称，包括生产污水、厂区生活污水、厂区初期雨水和洁净废水等。设有露天设备的厂区初期雨水中往往含有较多的工业污染物，应纳入污水处理系统接受处理。工厂的洁净废水（也称生产净废水）主要是间接冷却水，所含污染物较少，一般可以直接排放。上述工业废水中的前三项（生产污水、厂区生活污水和厂区初期雨水）统称为工业污水。在一般情况下，"工业废水"和"工业污水"这两个术语经常混合用，本书主要采用"工业废水"这一术语。

工业废水的性质差异很大，不同行业产生的废水的性质不同，即使是生产相同产品的同类工厂，由于所用原料、生产工艺、设备条件、管理水平等的差别，废水的性质也可能有所差异。几种主要工业行业废水的污染物和水质特点如表1-7所列。

表1-7　几种主要工业行业废水的污染物和水质特点

行业	工厂性质	主要污染物	水质特点
冶金	选矿、采矿、烧结、炼焦、金属冶炼、电解、精炼	酚、氰、硫化物、氟化物、多环芳烃、吡啶、焦油、煤粉、As、Pb、Cd、Mn、Cu、Zn、Cr、酸性洗涤水	COD较高，含重金属，毒性大
化工	化肥、纤维、橡胶、染料、塑料、农药、油漆、涂料、洗涤剂、树脂	酸、碱、盐类、氰化物、酚、苯、醇、醛、酮、氯仿、农药、洗涤剂、多氯联苯、硝基化合物、胺类化合物、Hg、Cd、Cr、As、Pb	BOD高，COD高，pH变化大，含盐高，毒性强，成分复杂，难降解
石油化工	炼油、蒸馏、裂解、催化、合成	油、酚、硫、砷、芳烃、酮	COD高，含油量大，成分复杂
纺织	棉毛加工、纺织印染、漂洗	染料、酸碱、纤维物、洗涤剂、硫化物、硝基化合物	带色，毒性强，pH变化大，难降解
造纸	制浆、造纸	黑液、碱、木质素、悬浮物、硫化物、As	污染物含量高，碱性大，恶臭
食品、酿造	屠宰、肉类加工、油品加工、乳制品加工、蔬菜水果加工、酿酒、饮料生产	有机物、油脂、悬浮物、病原微生物	BOD高，易生物处理，恶臭

行业	工厂性质	主要污染物	水质特点
机械制造	机械加工、热处理、电镀、喷漆	酸、油类、氰化物、Cr、Cd、Ni、Cu、Zn、Pb	重金属含量高，酸性强
电子仪表	电子器件原料、电信器材、仪器仪表	酸、氰化物、Hg、Cd、Cr、Ni、Cu	重金属含量高，酸性强，水量小
动力	火力发电、核电站	冷却水热污染、火电厂冲灰、水中粉煤灰、酸性废水、放射性污染物	水温高，悬浮物高，酸性，放射性

对工业废水也可以按其中所含主要污染物或主要性质分类，如酸性废水、碱性废水、含酚废水、含油废水等。对于不同特性的废水，可以有针对性地选择处理方法和处理工艺。

工业废水的总体特点是：

① 水量大——特别是一些耗水量大的行业，如造纸、纺织、酿造、化工等；

② 水中污染物的浓度高——许多工业废水所含污染物的浓度都超过了生活污水，个别废水，例如造纸黑液、酿造废液等，有机物的浓度达到了几万毫克每升、甚至几十万毫克每升；

③ 成分复杂，不易处理——有的废水含有重金属、酸、碱、对生物处理有毒性的物质、难生物降解有机物等；

④ 带有颜色和异味；

⑤ 水温偏高。

1.4 水污染物排放标准的分类与制定原则

水体受废物（废水）污染后会造成严重的环境问题。为保护水体环境，必须对水体的污染严加控制，制定水体卫生防护标准就是控制废水排放时的污染物种类和数量的有效措施。对已污染的水体必须借助一定的水质控制方法或水污染控制过程，以消除污染物及由污染物带来的危害，从而达到控制污染、保护水体的目的。

为防止污水和各类生产废水任意向水体排放，污染水环境，各国政府除颁布一系列法律规定外，还制定了水质污染控制标准。控制标准分排放标准和环境质量标准两类。污染物排放标准适用于污染源系统，是为实施水环境管理目标、确保水环境质量标准的实现而对污染源排放污染物的允许水平所做的强制实行的具体规定；环境质量标准则是针对水环境系统，规定污染物在某一水环境中的允许浓度，以达到控制划定区域的水环境质量、间接地控制污染源排放的目标。

环境质量标准和排放标准是水环境管理的两个方面，环境质量标准是目标，排放标准可看作是实现环境质量目标的控制手段，两类标准各有不同的控制对象和不同的适用范围，但又是相互联系、互为因果的。如果水环境中污染物本底高，排放标准势必要求严格；反之，水环境中污染物本底低，则排放标准就能满足环境质量标准的目标。

我国的水污染物排放标准可分为国家污水综合排放标准、国家行业水污染物排放标准和地方水污染物排放标准三大类。

《污水综合排放标准》是一项最重要的水污染物排放标准，它是为了加强对污染源的监督管理而制定和发布的。现行的《污水综合排放标准》中已经包括了对许多行业的水污染物排放要求。根据综合排放标准与行业排放标准不交叉执行的原则，除了一些特定行业（目前有12个）执行相应的国家行业排放标准外，其他一切排放污水的单位一律执行国家《污水综合排放标准》。

在国家标准的基础上，地方还可以根据当地的地理、气候、生态特点，并结合地方的社会经济情况，制定地方排放标准。在执行国家标准不能保证达到地方水体环境质量目标时，地方（省、自治区、直辖市人民政府）可以制定严于国家排放标准的地方水污染物排放标准。地方排放标准不得与国家标准相抵触，即地方标准必须严于国家标准。

制定水污染物排放标准的原则是：

① 根据受纳水体的功能分类，按功能区制定宽严不同的标准，密切环境质量标准与排放标准的关系。

② 根据各行业的生产和排污特点，根据工艺技术水平和现有污染治理的最佳实用技术，实现宽严不同的标准，对技术上难以治理的行业污水，适当放宽排放标准。

③ 对于不同时期的污染源区别对待，对标准颁发一定时期后新建设项目的污染源要求从严。

④ 按污染物的毒性区分污染物，不同污染物执行宽严程度不同的标准值。对于具有毒性并且易在环境中或动植物体内蓄积的污染物，列为第一类污染物，从严要求。对于其他易在环境中降解或其长远影响小于第一类的污染物，列为第二类污染物。

⑤ 根据污染负荷总量控制和清洁生产的原则，对部分行业还规定了单位产品的最高允许排水量或最低允许水重复利用率。

（1）《污水综合排放标准》

我国的第一部水污染物排放标准是 1973 年建设部发布的《工业"三废"排放试行标准》（GBJ 7—73，"废水"部分）。1988 年国家环保局发布了《污水综合排放标准》（GB 8978—88）。现行的《污水综合排放标准》（GB 8978—1996）于 1996 年修订，1996 年 10 月 4 日由国家环境保护局和国家技术监督局联合发布，自 1998 年 1 月 1 日起实施，代替 GB 8978—88 和原 17 个行业的行业水污染物排放标准。

《污水综合排放标准》（GB 8978—1996）按照污水排放去向，分年限（1997 年 12 月 31 日之前建设的单位和 1998 年 1 月 1 日之后建设的单位）规定了 69 种污染物（其中第一类污染物 13 种，第二类污染物 56 种）的最高允许排放浓度及部分行业最高允许排水量。

第一类污染物的种类共 13 种，主要为重金属、砷、苯并芘、放射性物质等，不分行业和污水排放方式，也不分受纳水体的类别，一律在车间或车间处理设施排放口处要求达标。第一类污染物的最高允许排放浓度见表 1-8。

表 1-8　《污水综合排放标准》（GB 8978—1996）**中的第一类污染物的最高允许排放浓度**

序号	污染物	最高允许排放浓度/(mg/L)	序号	污染物	最高允许排放浓度/(mg/L)
1	总汞	0.05	8	总镍	1.0
2	烷基苯	不得检出	9	苯并芘	0.00003
3	总镉	0.1	10	总铍	0.005
4	总铬	1.5	11	总银	0.5
5	六价铬	0.5	12	总 α 放射性	1Bq/L
6	总砷	0.5	13	总 β 放射性	10Bq/L
7	总铅	1.0			

第二类污染物的最高允许排放浓度按照污水排入的水域，分成三个不同级别的标准：

① 排入《地表水环境质量标准》（GB 3838—2002）中Ⅲ类水域（划定的保护区和游泳区除外）和排入《海水水质标准》（GB 3097—1997）中二类海域的污水，执行一级标准。

② 排入《地表水环境质量标准》（GB 3838—2002）中Ⅳ、Ⅴ类水域和排入（GB 3097—1997）中三类海域的污水，执行二级标准。

③ 排入设置二级污水处理厂的城镇排水系统的污水，执行三级标准。

④ 排入未设置二级污水处理厂的城镇排水系统的污水，必须根据排水系统出水受纳水域的功能要求，分别执行一级或二级标准。

⑤《地表水环境质量标准》（GB 3838—2002）中的Ⅰ、Ⅱ类水域和Ⅲ类水域中划定的保护区、《海水水质标准》（GB 3097—1997）中的一类海域禁止新建排污口，现有排污口应按水体功能要求，实施污染物总量控制，以保证受纳水体水质符合规定用途的水质标准。

第二类污染物的种类共 56 种，要求在排污单位的排放口处达标。第二类污染物的最高允许排放浓度（1998 年 1 月 1 日后建设的单位）见表 1-9。

表 1-9 《污水综合排放标准》（GB 8978—1996）中的第二类污染物的最高允许排放浓度

单位：mg/L

序号	污染物	适用范围	一级标准	二级标准	三级标准
1	pH 值	一切排污单位	8～9	6～9	6～9
2	色度(稀释倍数)	一切排污单位	50	80	
3	悬浮物(SS)	采矿、选矿、选煤工业	70	300	
		脉金选矿	70	400	
		边远地区砂金选矿	70	800	
		城镇二级污水处理厂	20	30	
		其他排污单位	70	150	400
4	五日生化需氧量(BOD$_5$)	甘蔗制糖、苎麻脱胶、湿法纤维板、染料、洗毛工业	20	60	600
		甜菜制糖、酒精、味精、皮革、化纤浆粕工业	20	100	600
		城镇二级污水处理厂	20	30	—
		其他排污单位	20	30	300
5	化学需氧量(COD)	甜菜制糖、合成脂肪酸、湿法纤维板、染料、洗毛、有机磷农药工业	100	200	1000
		味精、酒精、医药原料药、生物制药、苎麻脱胶、皮革、化纤浆粕工业	100	300	1000
		石油化工工业(包括石油炼制)	60	120	—
		城镇二级污水处理厂	60	120	500
		其他排污单位	100	150	500
6	石油类	一切排污单位	5	10	20
7	动植物油	一切排污单位	10	15	100
8	挥发酚	一切排污单位	0.5	0.5	2.0
9	总氰化合物	一切排污单位	0.5	0.5	1.0
10	硫化物	一切排污单位	1.0	1.0	1.0
11	氨氮	医药原料药、染料、石油化工工业	15	50	—
		其他排污单位	15	25	—
12	氟化物	黄磷工业	10	15	20
		低氟地区(水体含氟量<0.5mg/L)	10	20	30
		其他排污单位	10	10	20
13	磷酸盐(以 P 计)	一切排污单位	0.5	1.0	—
14	甲醛	一切排污单位	1.0	2.0	5.0
15	苯胺类	一切排污单位	1.0	2.0	5.0
16	硝基苯类	一切排污单位	2.0	3.0	5.0
17	阴离子表面活性剂(LAS)	一切排污单位	5.0	10	20
18	总铜	一切排污单位	0.5	1.0	2.0
19	总锌	一切排污单位	2.0	3.0	5.0
20	总锰	合成脂肪酸工业	2.0	5.0	5.0
		其他排污单位	2.0	2.0	5.0
21	彩色显影剂	电影洗片	1.0	2.0	3.0
22	显影剂及氧化物总量	电影洗片	3.0	3.0	6.0
23	元素磷	一切排污单位	0.1	0.1	0.3
24	有机磷农药(以 P 计)	一切排污单位	不得检出	0.5	0.5
25	乐果	一切排污单位	不得检出	1.0	2.0
26	对硫磷	一切排污单位	不得检出	1.0	2.0
27	甲基对硫磷	一切排污单位	不得检出	1.0	2.0
28	马拉硫磷	一切排污单位	不得检出	5.0	10
29	五氯酚及五氯酚钠(以五氯酚计)	一切排污单位	5.0	8.0	10

序号	污染物	适用范围	一级标准	二级标准	三级标准
30	可吸附有机卤化物 (AOX)(以 Cl 计)	一切排污单位	1.0	5.0	8.0
31	三氯甲烷	一切排污单位	0.3	0.6	1.0
32	四氯化碳	一切排污单位	0.03	0.06	0.5
33	三氯乙烯	一切排污单位	0.3	0.6	1.0
34	四氯乙烯	一切排污单位	0.1	0.2	0.5
35	苯	一切排污单位	0.1	0.2	0.5
36	甲苯	一切排污单位	0.1	0.2	0.5
37	乙苯	一切排污单位	0.4	0.6	1.0
38	邻二甲苯	一切排污单位	0.4	0.6	1.0
39	对二甲苯	一切排污单位	0.4	0.6	1.0
40	间二甲苯	一切排污单位	0.4	0.6	1.0
41	氯苯	一切排污单位	0.2	0.4	1.0
42	邻二氯苯	一切排污单位	0.4	0.6	1.0
43	对二氯苯	一切排污单位	0.4	0.6	1.0
44	对硝基氯苯	一切排污单位	0.5	1.0	5.0
45	2,4-二硝基氯苯	一切排污单位	0.5	1.0	5.0
46	苯酚	一切排污单位	0.3	0.4	1.0
47	间甲酚	一切排污单位	0.1	0.2	0.5
48	2,4-二氯酚	一切排污单位	0.6	0.8	1.0
49	2,4,6-三氯酚	一切排污单位	0.6	0.8	1.0
50	邻苯二甲酸二丁酯	一切排污单位	0.2	0.4	2.0
51	邻苯二甲酸二辛酯	一切排污单位	0.3	0.6	2.0
52	丙烯腈	一切排污单位	2.0	5.0	5.0
53	总硒	一切排污单位	0.1	0.2	0.5
54	粪大肠菌群数	医院、兽医院及医疗机构含病原体污水	500 个/L	1000 个/L	5000 个/L
		传染病、结核病医院污水	100 个/L	500 个/L	1000 个/L
55	总余氯(采用氯化消毒的医院污水)	医院[1]、兽医院及医疗机械含病原体污水	<0.5[2]	>3(接触时间≥1h)	>2(接触时间≥1.5h)
		传染病、结核病医院污水	<0.5[2]	>6.5(接触时间≥1.5h)	>5(接触时间≥1.5h)
56	总有机碳(TOC)	合成脂肪酸工业	20	40	—
		苎麻脱磁针工业	20	60	—
		其他排污单位	20	30	—

① 指 50 个床位以上的医院。

② 加氯消毒后须进行脱氯处理,达到本标准。

注：其他排污单位指除在该控制项目以外所列的一切排污单位。

(2) 行业水污染物排放标准

为了加强对污染源的监督管理,综合并简化国家行业排放标准,大部分行业的水污染物排放标准已经纳入了《污水综合排放标准》(GB 8978—2002),目前仍单独执行国家行业水污染物排放标准的有 12 个行业,见表 1-10。

表 1-10 行业水污染物排放标准

序号	行业	标准
1	造纸工业	《制浆造纸工业水污染物排放标准》(GB 3544—2008)
2	船舶	《船舶污染物排放标准》(GB 3552—1983)
3	船舶工业	《船舶工业污染物排放标准》(GB 4286—1984)
4	海洋石油开发工业	《海洋石油勘探开发污染物排放浓度限值》(GB 4914—2008)

续表

序号	行　业	标　准
5	纺织染整工业	《纺织染整工业水污染物排放标准》(GB 4287—2012)
6	肉类加工工业	《肉类加工工业水污染物排放标准》(GB 13457—1992)
7	合成氨工业	《合成氨工业水污染物排放标准》(GB 13458—2013)
8	钢铁工业	《钢铁工业水污染物排放标准》(GB 13456—2012)
9	航天推进剂	《航天推进剂水污染物排放标准》(GB 14373—1993)
10	兵器工业	《兵器工业水污染物排放标准》(GB 14470.1～14470.2—2012 和 GB 14470.3—2011)
11	磷肥工业	《磷肥工业水污染物排放标准》(GB 15580—2011)
12	烧碱、聚氯乙烯工业	《烧碱、聚氯乙烯工业水污染物排放标准》(GB 15581—1995)

(3)《污水排入城镇下水道水质标准》

除以上污水综合排放标准和行业水污染物排放标准外，对于排入城镇下水道的生产废水和生活污水，为了保护下水道设施，尽量减轻工业废水对城镇污水水质的干扰，保障城镇污水处理厂的正常运行，并为了防止没有城镇污水处理厂的城镇下水道系统的排水对水体的污染，建设部还制定了《污水排入城镇下水道水质标准》。该标准于 1986 年首次制定，1999 年修订，现该标准废止，被 2010 年 7 月 29 日由住房和城乡建设部发布的《污水排入城镇下水道水质标准》(CJ 343—2010) 代替。

该标准规定：严禁向城镇下水道排放腐蚀性污水、剧毒物质、易燃易爆物质和有害气体；严禁向城镇下水道倾倒垃圾、积雪、粪便、工业废渣和排入易于凝集造成下水道堵塞的物质；医疗卫生、生物制品、科学研究、肉类加工等含有病原体的污水必须经过严格消毒，以上污水以及放射性污水，除了执行该标准外，还必须按有关专业标准执行；对于超过标准的污水，应按有关规定和要求进行预处理，不得用稀释法降低浓度后排入下水道。

《污水排入城镇下水道水质标准》(CJ 3082) 规定了排入城镇下水道污水中 35 种有害物质的最高允许排放浓度，如表 1-11 所列。其中适用于设有城镇污水处理厂的城镇下水道的几项重要指标是：SS≤400mg/L，BOD_5≤300mg/L，COD≤500mg/L，氨氮（以 N 计）≤35mg/L，磷酸盐（以 P 计）≤8mg/L。以上限值的前三项与《污水综合排放标准》(GB 8978—1996) 中三级标准的要求相同。

表 1-11　污水排入城镇下水道水质标准（CJ 343—2010）

序号	项目名称	单位	最高允许浓度	序号	项目名称	单位	最高允许浓度
1	pH 值		6.0～9.0	19	总铅	mg/L	1
2	悬浮物(15min)	mg/L	150(400)	20	总铜	mg/L	2
3	易沉固体	mg/L	10	21	总锌	mg/L	5
4	油脂	mg/L	100	22	总镍	mg/L	1
5	矿物油类	mg/L	20	23	总锰	mg/L	2.0(5.0)
6	苯系物	mg/L	2.5	24	总铁	mg/L	10
7	氰化物	mg/L	0.5	25	总锑	mg/L	1
8	硫化物	mg/L	1	26	六价铬	mg/L	0.5
9	挥发性酚	mg/L	1	27	总铬	mg/L	1.5
10	温度	℃	35	28	总硒	mg/L	2
11	生化需氧量(BOD_5)	mg/L	100(300)	29	总砷	mg/L	0.5
12	化学需氧量(COD_{Cr})	mg/L	150(500)	30	硫酸盐	mg/L	600
13	溶解性固体	mg/L	2000	31	硝基苯类	mg/L	5
14	有机磷	mg/L	0.5	32	阴离子表面活性剂(LAS)	mg/L	10.0(20.0)
15	苯胺	mg/L	5	33	氨氮	mg/L	25.0(35.0)
16	氟化物	mg/L	20	34	磷酸盐(以 P 计)	mg/L	1.0(8.0)
17	总汞	mg/L	0.05	35	色度	倍	80
18	总镉	mg/L	0.1				

注：括号内的数值适用于有城镇污水处理厂的城镇下水道系统。

（4）《城镇污水处理厂污染物排放标准》

城镇污水处理厂在水污染控制中发挥着重大作用。为了促进城镇污水处理厂的建设与管理，加强对污水处理厂污染物的排放控制和污水资源化利用，国家环境保护部和国家质量监督检验检疫总局于 2002 年 12 月 24 日发布了《城镇污水处理厂污染物排放标准》（GB 18918—2002），自 2003 年 7 月 1 日起实施。原在《污水综合排放标准》（GB 8978—1996）中对城镇二级污水处理厂的限定指标不再执行。

该标准规定了城镇污水处理厂出水、废水排放污泥处置中污染物的控制项目和标准值，适用于城镇污水处理厂污染物的排放管理，居民小区和工业企业内独立的生活污水处理设施污染物的排放管理也按该标准执行。

在水污染物的控制项目中，将污染物分为基本控制项目和选择控制项目两类。基本控制项目主要包括影响水环境和污水处理厂一般处理工艺可以去除的常规污染物（计 12 项）和部分第一类污染物（计 7 项）。选择控制项目共 43 项，由地方环境保护行政主管部门根据污水处理厂接纳的工业污染物的类别和水环境质量要求选择控制。

根据城镇污水处理厂排入地表水域的环境功能和保护目标，以及污水处理厂的处理工艺，将基本控制项目的常规污染物标准值分为一级标准、二级标准、三级标准，一级标准又分为 A 标准和 B 标准。第一类重金属污染物和选择控制项目不分级。标准执行条件如下：

① 当污水处理厂出水引入稀释能力较小的河流作为城镇景观用水和一般回用水等用途时，执行一级标准的 A 标准。

② 当出水排入 GB 3838—2002 地表水Ⅲ类功能水域（划定的饮用水水源保护区和游泳区除外）、GB 3079—1997 海水二类功能水域和湖、库等封闭或半封闭水域时，执行一级标准的 B 标准。

③ 当城镇污水处理厂出水排入 GB 3838—2002 地表水Ⅳ、Ⅴ类功能水域或 GB 3079—1997 海水三、四类功能海域时，执行二级标准。

④ 非重点控制流域和非水源保护区的建制镇的污水处理厂，根据当地经济条件和水污染控制要求，采用一级强化处理工艺时，执行三级标准。但必须预留二级处理设施的位置，分期达到二级标准。

《城镇污水处理厂污染物排放标准》基本控制项目的最高允许排放浓度如表 1-12 所列。与《污水综合排放标准》（GB 8978—1996）中原对城镇二级污水处理厂的排放要求相比，二级标准对总磷的浓度限值有所放宽，更为符合水处理技术现状和水环境要求的实际情况。

表 1-12 《城镇污水处理厂污染物排放标准》（GB 18918—2002）基本控制项目的最高允许排放浓度（日均值） 单位：mg/L

序号	基本控制项目		一级标准		二级标准	三级标准
			A 标准	B 标准		
1	化学需氧量（COD_{Cr}）		50	60	100	120①
2	生化需氧量（BOD_5）		10	20	30	60①
3	悬浮量（SS）		10	20	30	50
4	动植物油		1	3	5	20
5	石油类		1	3	5	15
6	阴离子表面活性剂		0.5	1	2	5
7	总氮（以 N 计）		15	20		
8	氨氮（以 N 计）②		5(8)	8(15)	25(30)	
9	总磷（以 P 计）	2005 年 12 月 31 日前建设的	1	1.5	3	5
		2006 年 1 月 1 日起建设的	0.5	1	3	5
10	色度（稀释倍数）		30	30	40	50
11	pH 值		6～9			
12	粪大肠菌群数/（个/ L）		103	104	104	

① 下列情况下按去除率指标执行：当进水 COD 大于 350mg/L 时，去除率应大于 60%；当进水 BOD_5 大于 160mg/L 时，去除率应大于 50%。

② 括号外的数值为水温＞12℃时的控制指标，括号内的数值为水温＜12℃时的控制指标。

（5）《城市污水再生利用》系列标准

为了贯彻水污染防治和水资源开发利用的方针，提高城市污水利用率，做好城市节约用水工作，合理利用水资源，实现城市污水资源化，促进城市建设和经济建设的可持续发展，建设部于 2002 年 12 月 20 日发布了《城市污水再生利用》系列标准，自 2003 年 5 月 1 日起实施。

《城市污水再生利用》系列标准包括：

① 《城市污水再生利用　分类》（GB/T 18919—2002）；
② 《城市污水再生利用　城市杂用水水质》（GB/T 18920—2002）；
③ 《城市污水再生利用　景观环境用水》（GB/T 18921—2002）；
④ 《城市污水再生利用　工业用水水质》（GB/T 19923—2005）；
⑤ 《城市污水再生利用　地下水回灌水质》（GB/T 19772—2005）；
⑥ 《城市污水再生利用　农田灌溉用水水质》（GB 20922—2007）；
⑦ 《城市污水再生利用　绿地灌溉水质》（GB/T 25499—2010）。

1.5　废水处理工艺

废水处理是在生活污水和生产废水排入水体前对其进行相应的处理，最终达到排放标准。废水处理的范畴包括：通过工艺改革减少废（污）水种类和数量；通过适当的处理工艺减少废（污）水中有毒、有害物质的量及浓度直至达到排放标准；处理后的废（污）水的循环和再利用等。

1.5.1　废水处理程度的分级

废（污）水的性质十分复杂，往往需要由几种单元处理操作组合成一个处理过程的整体。合理配置其主次关系和前后位置，才能经济、有效地达到预期目标。这种单元处理操作的合理配置整体称为废水处理系统。在论述废水处理的程度时，常对处理程度进行分级表示。根据所去除污染物的种类和所使用处理方法的类别，废水处理程度的分级可以分为：

（1）预处理

预处理一般指工业废水在排入城市下水道之前在工厂内部的预处理。

（2）一级处理

废水（包括城市污水和工业废水）的一级处理，通常是采用较为经济的物理处理方法，包括格栅、沉砂、沉淀等，去除水中悬浮状固体颗粒污染物质。由于以上处理方法对水中溶解状和胶体状的有机物去除作用极为有限，废水的一级处理不能达到直接排入水体的水质要求。

（3）二级处理

废水的二级处理通常是指在一级处理的基础上，采用生物处理方法去除水中以溶解状和胶体状存在的有机污染物质。对于城市污水和与城市污水性质相近的工业废水，经过二级处理一般可以达到排入水体的水质要求。

（4）三级处理、深度处理或再生处理

这些处理是在二级处理的基础上继续进行的处理，一般采用物理处理方法和化学处理方法。对于二级处理仍未达到排放水质要求的难于处理的废水的继续处理，一般称为三级处理。对于排入敏感水体或进行废水回用所需进行的处理，一般称为深度处理或再生处理。

1.5.2　工业废水的处理方式

根据工业废水的水量规模和工厂所在位置，工业废水的处理方式有单独处理和与城市污水合并处理两大方式。

（1）工业废水单独处理方式

在工厂内把工业废水处理到直接排入天然水体的污水排放标准，处理后的出水直接排入天然水体。这种方式需要在工厂内设置完整的工业废水处理设施，属于在工业企业内进行处理的工业废水分散处理方式。

（2）工业废水与城镇污水合并处理方式

在工厂内只对工业废水进行适当的预处理，达到排入城镇下水道的水质标准。预处理后的出水排入城镇下水道，在城镇污水处理厂中与生活污水共同集中处理，处理后出水再排入天然水体。

在上述两大处理方式中，工业废水与城镇污水集中处理的方式能够节省基建投资和运行费用，占地省，便于管理，并且可以取得比工业废水单独处理更好的处理效果，是我国水污染防治工作中积极推行的技术政策。

对于已经建有城镇污水处理厂的城市，城镇中产生污水量较小的工业企业应争取获得环保和城建管理部门的批准，在交纳排放费用的基础上，将工业废水排入城镇下水道，与城镇生活污水合并处理。对于不符合排入城镇下水道水质标准的工业废水，在工厂内也只需做适当的预处理，在达到《污水排入城镇下水道水质标准》后，再排入城镇下水道。

为达到排入城镇下水道水质标准的要求，工业废水的厂内处理主要有：

① 酸性或碱性废水的中和预处理；

② 含有挥发性溶解气体的吹脱预处理；

③ 重金属和无机离子的预处理，如氧化还原、离子交换、化学沉淀等；

④ 对高浓度有机废水的预处理，如萃取、厌氧生物处理等；

⑤ 对高浓度悬浮物的一级处理，如沉淀、隔油、气浮等；

⑥ 对溶解性有机污染物的二级生物处理（必要时）等。

对于尚未设立城镇污水处理厂的城市中的工业企业和排放废水水量过大或远离城镇的工业企业，一般需要设置完整独立的工业废水处理系统，处理后废水直接排放或进行再利用。

1.6 废水的物理处理方法

废水的物理处理一般是在常温常压条件下，采用物理或机械的方法，如水质水量的调节、筛滤、澄清、沉淀、气浮等，对废水进行预处理，除去废水中不溶解的悬浮固体（包括油膜、油品）和漂浮物，为二级处理做准备。物理处理方法的最大优点是因为在处理过程中不改变物质的化学性质，设备简单，操作方便，运行费用低，分离效果良好，因此应用极为广泛，但物理法的缺点是仅能去除水中的固体悬浮物和漂浮物，COD 的去除率一般只有 30% 左右，对水中的溶解性杂质基本无法去除。

根据物理作用的不同，物理处理法可分为采用格栅和筛网的预处理、澄清、沉淀、气浮、过滤、萃取、吸附、膜分离、蒸发浓缩、结晶等。一般说来，由于生产车间排放废水的水质水量差别较大，为了便于后续处理，往往需对其进行预处理，以调节水质水量并去除影响后续处理工艺正常运行的大块状杂质。对于某些复杂的废水体系，单独采用物理处理方法无法取得理想的效果，此时可采用物理方法与化学方法相结合的物化处理工艺进行处理。

第❷章

预处理

预处理也称初步处理，通常是指在污水处理厂或给水处理厂的进口处，通过一些专用处理设备或构筑物对污水进行简单的处理，去除水中所含有的会影响后续设备正常运行的大块状杂质及长纤维，如漂浮物、砂粒、果壳、纤维物，所涉及的技术包括格栅、筛网、沉砂等。对于水质和水量变化较大的工业废水，在处理之前还需要进行水量和水质的均和调节。

2.1 格栅

生活污水、工业废水、河流湖泊中常含有一些大块的固体悬浮物和漂浮物，如塑料瓶、塑料袋、破布、棉纱、木棍、树枝、水草等。格栅的基本结构是由一组平行的金属栅条按一定的间距（15～20mm）制成的框架，斜放在废水流经的渠道或泵站集水池的进口处，以截留水中较大的悬浮物和漂浮物，防止水泵、管道以及处理设备的堵塞。

2.1.1 格栅的分类

根据格栅的栅距（栅条之间的净距），可以把格栅细分为粗格栅、中格栅、细格栅三类。一般采用粗细格栅结合使用。

（1）粗格栅

粗格栅的栅距（栅条之间的净距）范围为 40～150mm，常采用 100mm。栅条结构采用金属直栅条，垂直排列，一般不设清渣机械，必要时人工清渣，主要用于隔除粗大的漂浮物。

此类格栅主要用于地表水取水构筑物、城市排水合流制管道的提升泵房、大型污水处理厂等，隔除水中粗大的漂浮物，如树干等。在此类格栅后一般需要设置栅距较小的格栅，进一步拦截杂物。

（2）中格栅

在污水处理中，有时中格栅也被作为粗格栅，其栅距范围为 10～40mm，常用栅距为16～25mm，用于城市污水处理和工业废水处理。除个别小型工业废水处理采用人工清渣外，一般都为机械清渣。

在早期的设计中，格栅的栅距以不堵塞水泵叶轮为选择依据，较大水泵可以选用较大的格栅；近年来，城市污水处理厂设计中均采用较小的栅距，以尽可能多地去除漂浮杂物。

（3）细格栅

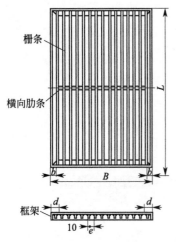

栅条

横向肋条

框架

图 2-1　平面格栅栅条
部分示意图

细格栅栅距范围为 1.5～10mm，常用的栅距为 5～8mm。近年来，细格栅设备较好地解决了栅缝易堵塞的难题，可以有效去除细小的杂物，如小塑料瓶、小塑料袋等。采用细格栅可以明显改善处理效果，减少初沉池水面的漂浮杂物。对于后续处理采用孔口布水处理设备（如生物滤池的旋转布水器）的污水处理厂，必须去除此类细小杂物，以免堵塞布水孔。

栅条的形状有圆形、方形和矩形等，其中以圆形栅条的水流阻力最小，矩形栅条因其刚度好而常采用。

按照格栅的栅条形状，格栅可分为平面格栅和曲面格栅。平面格栅是使用最广泛的格栅形式，曲面格栅只用于细格栅，且应用较少。

平面格栅一般由栅条、框架和清渣机构组成。栅条部分的基本形式如图 2-1 所示，图中正面为进水侧，平面格栅由金属材料焊接而成，材质有不锈钢、镀锌钢等。栅条截面形状为矩形或圆角矩形（以减少水流阻力），如表 2-1 所示。

表 2-1　栅条截面形状及尺寸

栅条截面形状	一般采用尺寸/mm	栅条截面形状	一般采用尺寸/mm
正方形	20　20　20	迎水面为半圆形的矩形	10　10　10
圆形	20　20　20	迎水、背水面均为半圆形的矩形	10　10　10
锐边矩形	10　10　10		

2.1.2　格栅的设置

在水处理流程中，格栅是一种对后续处理设备具有保护作用的设备，尽管格栅不是水处理的主体设施，但因其处在废水处理流程之首或泵站的进口处等咽喉位置，因此相当重要。

（1）工艺布置

① 城市排水　城市排水又分为合流制和分流制两大系统。对于合流制排水系统的污水提升泵房，因所含杂物的尺寸较大（如树枝等），为了保证机械格栅的正常运行，常在中格栅前再设置一道粗格栅。对于分流制的城市污水系统，一般在污水处理厂提升泵前设置中格栅、细格栅两道格栅，例如，第一道可采用栅距 25mm 的中格栅，第二道采用栅距 8mm 的细格栅。也有在泵前设置中格栅，泵后设置细格栅的布置方法。

② 地表水取水　当采用岸边固定式地表水取水构筑物时，一般采用两道格栅，其中第一道为粗格栅，主要阻截大块的漂浮物；第二道多用旋转筛网，截留较小的杂物，如小鱼等。

③ 工业废水　对于普通的工业废水，泵前设置一道格栅即可，栅距可根据水质确定。对于含有较多纤维物的废水，如纺织废水等，为了有效去除纤维，常用的格栅工艺是：第一道为格栅；第二道为筛网或捞毛机。

（2）格栅设置要求

① 布置要求　格栅安装在泵前的格栅间中，格栅间与泵房的土建结构为一个整体。机械格栅每道不宜少于 2 台，以便维修。

当来水接入管的埋深较小时，可选用较高的格栅机，把栅渣直接刮出地面以上。当接入管的埋深较大时，受格栅机械所限，格栅机需设置在地面以下的工作平台上。格栅间地面下的工作平台应高出栅前最高设计水位 0.5m 以上，并设有防止水淹（如前设速闭闸，以便在泵房断电时迅速关闭格栅间进水）、安全和冲洗措施等。

格栅间工作台两侧过道宽度应不小于 0.7m，机械格栅工作台正面过道宽度不应小于1.5m，以便操作。

② 格栅设置　格栅前渠道内的水流速度一般采用 0.4～0.9m/s，过栅流速一般采用 0.6～1.0m/s。过栅流速过大时有些截留物可能穿过，流速过低时可能在渠道中产生沉淀。设计中应以最大设计流量时满足流速要求的上限为准，进行格栅设备的选型和格栅间渠道的设计。

机械格栅的倾角一般为 60°～90°，多采用 75°。人工清捞的格栅倾角小时较省力，但占地面积大，一般采用 50°～60°。

③ 运行　固定栅机械格栅机多采用间歇清渣方式，而回转式格栅机一般采用连续旋转方式运行。

格栅的水头损失较小，一般在 0.08～0.15m，阻力主要由截留物阻塞栅条所造成。间歇清渣方式一般在格栅的水头损失达到设定值（如 0.15m）时进行清渣，水头损失可由分别设在格栅前后的超声波液位计进行探测，并控制格栅机的机械清渣装置。也可以采用定时清渣的方式，但此方式不能适应来水含渣量的变化，特别是合流制系统，降雨时与旱流时相比，栅渣量相差极大，如采用定时清渣易出现问题。

④ 机电设备　格栅间的机电设备一般包括进水闸、格栅机、栅渣传送带、无轴螺旋输送机、螺旋压榨机、栅渣贮槽、维修吊车、液位探测仪、配电柜、仪表控制箱等。污水处理厂的原水水质在线监测仪表，如 pH 计等，一般也设置在格栅间中。

图 2-2 为某城市污水处理厂格栅间的总体布置照片。

图 2-2　某城市污水处理厂的格栅间

该格栅间的具体数据是：设计水量为 30000m³/d；两道格栅，各两台格栅机；第一道格栅采用链条牵引式格栅除污机，栅距 25mm；第二道格栅采用回转式格栅机，栅距 8mm；设两套栅渣传送带、螺旋压榨机、栅渣槽；格栅机清渣按时间与超声波液位计双重控制。

2.1.3　格栅除渣机

按照格栅的清渣方式，清渣可分为人工清渣和机械清渣两大类。机械清渣的格栅除污机又有多种类型。表 2-2 所示为常用格栅的分类及特征。

表 2-2　常用格栅的分类及特征

构造类型	型　式	栅渣去除、栅面清洗方法
立式格条型	固定手动式	人工耙取栅渣
	固定曝气式	下部曝气，剥离栅渣
	机械自动式	除渣耙自动耙取栅渣
旋转筒型	外周进水滚筒式	刮板刮取筒外栅渣
	内周进水滚筒式	栅渣自动造粒，靠自重或螺旋排出
曲面格栅	1/4 圆弧式	靠离心力和自重排出

（1）人工格栅

采用人工清捞除渣的格栅较为简单，使用平面格栅，格栅倾斜角为 50°～60°，格栅上部设立清捞平台，如图 2-3 所示，主要用于小型工业废水处理。

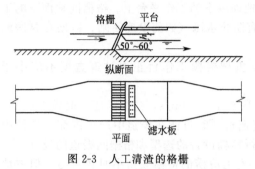

图 2-3　人工清渣的格栅

（2）机械清渣格栅

城市污水处理和大中型工业废水处理均采用机械清渣格栅，此类设备称为格栅除污机。此类设备的形式、种类繁多，在不同的场合，对不同的水量与水质，可有不同的组合，属于非标设备。

常用的格栅除污机主要有：①链条牵引式格栅除污机；②钢丝绳牵引式格栅除污机；③伸缩臂格栅除污机；④铲抓式移动格栅除污机；⑤自清式回转格栅机；⑥旋转式格栅机。前四种格栅均采用如图 2-1 所示的固定栅条，清渣齿耙由机械带动，定期把截留在栅条前的杂物向上刮出，由皮带输送机运走。清渣齿耙的带动方式有链条牵引、移动式伸缩臂、钢丝绳牵引、铲斗等。

常用格栅除渣机及其性能比较见表 2-3。

表 2-3　常用格栅除渣机的比较

类型	适用范围	优　点	缺　点
链条式	主要用于粗、中格栅，深度不大的中小型格栅 主要清除长纤维及条状杂物	1. 构造简单，制造方便 2. 占地面积小	1. 杂物进入链条与链轮时容易卡住 2. 套筒滚子链造价高，易腐蚀
移动伸缩臂式	主要用于粗、中格栅 深度中等的宽大格栅 耙斗式适于较深格栅	1. 设备全部在水面上 2. 钢绳在水面上运行，寿命长 3. 可不停水检修	1. 移动部件构造复杂 2. 移动时耙齿与栅条间隙对位较困难
钢绳牵引式	主要用于中、细格栅 固定式用于中小格栅 移动式用于宽大格栅	1. 水下无固定部件者，维修方便 2. 适用范围广	1. 水下有固定部件者，维修检查需停水 2. 钢丝绳易腐蚀
回转式	主要用于中、细格栅 耙钩式用于较深中小格栅 背耙式用于较浅格栅	1. 用不锈钢或塑料制造，耐腐蚀 2. 封闭式传动链，不易被杂物卡住	1. 耙沟易磨损，造价高 2. 塑料件易破损
旋转式	主要用于中、细格栅 深度浅的中小格栅	1. 构造简单，制造方便 2. 运行稳定，容易检修	筒形梯形栅条格栅制造技术要求较高

① 链条牵引式格栅除污机　链条牵引式格栅除污机中有多种链条设置方式，其中较为成功的是高链式结构，其链条与链轮等传动均在水位以上，不易腐蚀和被杂物卡住。图 2-4 所示为高链式格栅除污机的结构示意图，图 2-5 为其动作示意图。

由于固定于环形链上的主滚轮在滚轮导轨内向下动作，齿耙与格栅保持较大的间距下降；主滚轮绕从动滚轮外围转动，当来到上向链的位置时，根据滚轮与主滚轮的相关位置，齿耙吃入格栅内，同时开始上升，随即耙捞栅渣；主滚轮达到最上部的驱动链轮处时，齿耙开始抬起，在该处设置小耙，齿耙上的栅渣被小耙刮掉，落在皮带输送机上，完成一个动作循环。为了防止因齿耙歪斜而卡死，在驱动减速机与主动链轮的连接部位安装了扭矩开关。当负荷增大超过一定程度时，极限开关便切断电源，停机报警。有些机型则安装了摩擦联轴器，当负荷增大到超过一定程度时，联轴器打滑，从而保护链条机齿耙。

② 钢丝绳牵引式格栅除污机　钢丝绳牵引式格栅除污机采用钢丝绳带动铲齿，可适应较

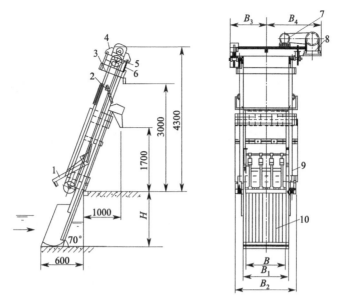

图 2-4 高链式格栅除污机结构图

1—齿耙；2—刮渣板；3—机架；4—驱动机构机架；5—行程开关；
6—调整螺栓；7—电动机；8—减速机；9—链条；10—格栅

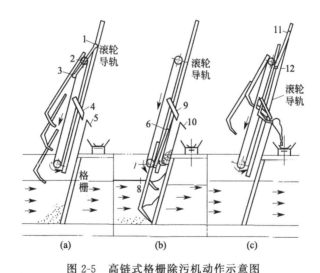

图 2-5 高链式格栅除污机动作示意图

1，6，11—滚轮；2，7，12—主滚轮；3，8—齿耗；4，9—刮渣板；5，10—滑板

大渠深，但在水下部分的钢丝绳易被杂物卡住，现较少采用。图 2-6 所示为钢丝绳牵引滑块式格栅除污机的结构示意图。

这种格栅除污机有倾斜安装的，也有垂直安装的。其工作原理是：除污机的抓斗（齿耙）呈半圆形，沿侧壁轨道上下运行。三条钢丝绳中的两条用于提升和下降，一条用于抓斗的吃入与抬起。抓斗可在旋转轴的驱动下，以任意的角度运转，在自动运行中清污运动连续且重复。在限位开关、传感器和驱动装置的操纵下，开合卷筒和升降卷筒可协调运转，使抓斗上下运行，并可在任何高度上吃入与脱开，完成一次次的工作循环。由于抓斗的耙齿是靠自重吃入格栅，所以在运行时经常会出现耙齿吃入不深，特别是在垃圾杂物较多时耙齿插不进的问题。解决这个问题的主要方法是频开机，勿使格栅前积聚很多垃圾。另一个问题是需要经常调整钢丝绳的长度与行程开关的工作状态，否则运行一段时间后，会因为钢丝绳的长度不一，造成抓斗

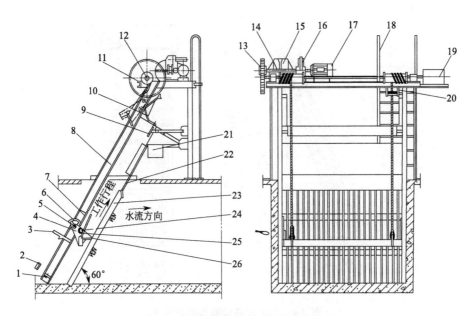

图 2-6　钢丝绳牵引滑块式格栅除污机

1—滑块行程限位螺栓；2—除污耙自锁机械开锁撞块；3—除污耙自锁栓；4—耙臂；5—销轴；
6—除污耙摆动限位板；7—滑块；8—滑块导轨；9—刮板；10—抬耙导轨；11—底座；12—卷筒轴；
13—开式齿轮；14—卷筒；15—减速机；16—制动器；17—电动机；18—扶梯；19—限位器；
20—松绳开关；21—上溜板；22—下溜板；23—格栅；24　抬耙滚子；25—钢丝绳；26—耙齿板

的歪斜，增加牵引负荷，有时会因钢丝绳与开合绳的工作不协调，抓斗不能在规定的部位正确地吃入或抬起。

③ 移动式格栅除污机　移动式格栅除污机一般用于粗格栅除渣，少数用于较粗的中格栅。因为这些格栅的拦渣量少，只需定时或根据实际情况除渣即可满足要求。数面格栅只需安装一台除渣机，当任何一面格栅需要除渣时，操作人员可将其开到这面格栅前的适当位置，然后操作除渣机将垃圾捞出卸到地面或者皮带运输机上。移动式除渣机的行走轮可以是胶轮，也可以是行走在钢轨上的钢轮。在大型污水处理厂，因粗格栅都是成平行排设置的，为了移动除渣机定位准确，一般都采用轨道式。

图 2-7 所示为移动伸缩臂式格栅除污机。采用机械臂带动铲齿，不清渣时清渣设备全部在水面以上，维护检修方便，工作可靠性高，但清渣设备较大，且渠深不宜过大。

④ 针齿条式格栅除污机　针齿条式格栅除污机是固定格栅除污机的一种，主要用于中格栅及细格栅的除渣。其主要结构是在格栅的前方上方的两侧各安装一根与格栅平行的针齿条，电机经过行星减速机带动与针齿条啮合的针齿轮转动，使针齿轮沿着环绕针齿条的导轨绕针齿条上下运动，并带动齿耙臂上下运动，完成入水、吃入、提升、卸污等动作。在运动中，电机、减速机与针齿轮一起绕针齿条回转，耙臂中间的铰链也随针齿轮回转，而在耙臂上端的导轮沿着一条与针齿条平行的引入导轨运动，由于两条导轨相互位置不同，齿耙在向上提时处于吃入状态，而向下行时处于抬起状态。格栅上方的小耙是用于卸污的。

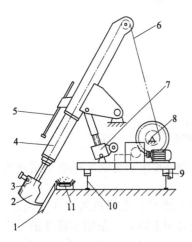

图 2-7　移动伸缩臂式格栅除污机

1—格栅；2—耙斗；3—卸污板；
4—伸缩臂；5—卸污调整杆；
6—钢丝绳；7—臂角调整机械；
8—卷扬机构；9—行走轮；
10—轨道；11—皮带运输机

在针齿条式除污机的减速装置上有两个弹簧支承，传感器装在弹簧支承上，根据弹簧的形变感应荷载的变化。如发生卡死或超载，传感器便发出信号使整机停止并发出报警。针齿条式格栅除污机没有水中的链轮，没有检查不到的部位，不需要链导轨，通水面积较大；不需要链条机张紧装置，因此结构简单，但由于电机随针齿轮上下运动，易发生电缆缠绕等事故。

⑤ 铲抓式移动格栅除污机 铲抓式的铲斗一般尺寸较大，适用于水中大块杂物较多的场合，如大中型给排水工程、农灌站等渠宽较大的进水构筑物。铲抓式移动格栅除污机如图2-8所示。

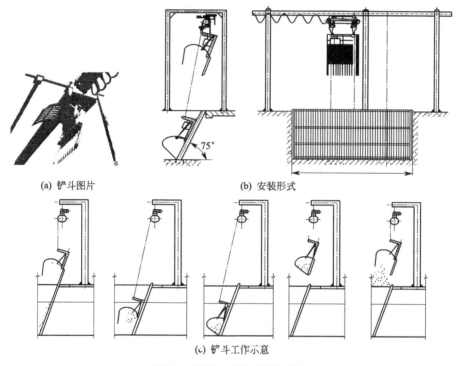

(a) 铲斗图片   (b) 安装形式

(c) 铲斗工作示意

图2-8 铲抓式移动格栅除污机

⑥ 自清式回转格栅机 自清式回转格栅机是近年来广泛应用的格栅机械。与传统的固定平面栅不同，在自清式回转格栅机械中，众多小耙齿组装在耙齿轴上，形成了封闭式耙齿链，如图2-9所示。耙齿材料有工程塑料、尼龙、不锈钢等，其中以不锈钢最为耐用，工程塑料则价格便宜。格栅传动系统带动链轮旋转，使整个耙齿链上下转动（迎水面从下向上），把截留在耙齿上的杂物从上面转至格栅顶部，由于耙齿的特殊结构形状，当耙齿链携带杂物到达上端反向运动时，前后齿耙产生相互错位推移，把附在栅面上的污物外推，促使杂物

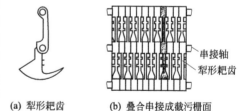

串接轴
犁形耙齿

(a) 犁形耙齿   (b) 叠合串接成截污栅面

图2-9 自清式回转格栅机的
齿耙和齿耙组装图

依靠重力脱落。格栅设备后面还装有清洗刷，在耙齿经过清洗刷时进一步刷净齿耙。图2-10为自清式回转格栅机的清渣示意图，格栅机的外形与安装如图2-11所示。

回转式格栅机的栅距一般为2~10mm，栅宽范围为300~1800mm。回转式格栅机克服了平面格栅的许多缺点，如易于被棉丝、塑料袋等缠死，固定栅条处于水下不易清除等，但价格较高。回转式格栅机目前应用较为广泛。

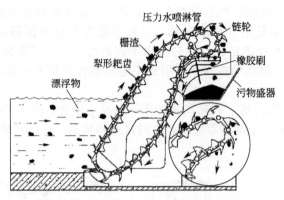

图 2-10 自清式回转格栅机的清渣示意图

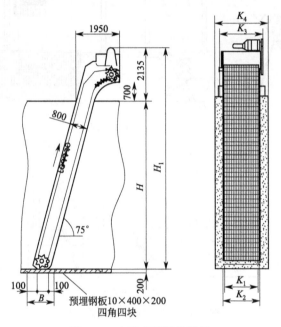

图 2-11 自清式回转格栅机

⑦ 曲面格栅 曲面格栅主要用于细格栅或较细的中格栅，如弧形格栅除污机等。图 2-12 所示为全回转弧形格栅除污机的示意图。

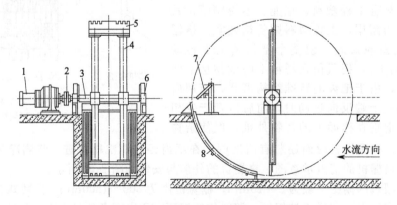

图 2-12 全回转弧形格栅除污示意图
1—电机和减速机；2—联轴器；3—传动轴；4—旋臂；5—耙齿；6—轴承座；7—除污器；8—弧形格栅

由图 2-12 可知，弧形格栅除污机齿耙臂的转动轴是固定的，齿耙以一定的速度绕定轴转动，条形格栅也依齿耙运动的轨迹制成弧形，齿耙的每一个旋转周期清除一次渣，每旋转到格栅的顶端便触动一个小耙，将栅渣刮到皮带输送机上。为了防止小耙回程时的冲击，小耙的耙臂上装有一个阻尼缓冲器。中格栅的栅条一般用普通钢板制造，细格栅有些使用不锈钢。用于中格栅的齿耙用金属制造，细格栅的齿耙在头部镶有尼龙刷。

弧形格栅除污机的驱动装置一般使用电机加行星摆线针轮减速机，用摩擦式联轴器或三角皮带与主轴连接，发生卡死故障时，联轴器或三角皮带发生打滑，可保护整个设备的安全。

弧形格栅除污机结构紧凑，动作简单，但过栅深度和出渣高度有限，不便在泵前使用，只能用作污水泵提升后的细格栅，不适于在较深的格栅井中使用。

⑧ 背耙式格栅除污机 背耙式格栅除污机由于耙齿较长，且由逆水流方向插入格栅，所以能克服其他一些除污机齿耙插不进的缺点。驱动方式有链条驱动和液压驱动，条栅之间不得有固定横筋，因此对格栅的材质、强度、刚度有较为严格的要求，同时对长度也有一定的限制。这种格栅除污机多用于小型污水处理厂的中格栅和细格栅。

⑨ 台阶式（步进式）格栅除污机 这种格栅除污机的格栅片是做成台阶形的，分成动静两组。静组与边框形成一个整体，动组与曲柄连杆机构形成一个整体，由驱动装置带动。动组做上下的运动，动作的幅度为一个台阶的幅度。静组与动组之间的间隙为格栅的有效间距。利用动组的运动，栅渣在静组的台阶上一级一级向上移动，当栅渣到达静组的最上端时，上面安装的清污转刷将栅渣送入渣斗或者皮带输送机上，整个动作连续协调。这种格栅除污机是集格栅与除污机为一体的设备，多用于工业废水的固液分离，不适用于含砂量大的废水处理，因为砂粒会夹在动组与静组栅片之间造成较大的阻力和磨损。使用这种格栅一定要注意对水下曲柄及轴承的保养，要时刻注意调整动组栅片及静组栅片的位置，保证对杂质的提升能力。

2.1.4　设计参数与计算公式

（1）设计参数

① 处理构筑物前置格栅和筛网。栅条间隙根据污水种类、流量、代表性杂物种类和大小等来确定。一般应符合下列要求：最大间隙 50～100mm；机械清渣时 5～25mm；人工清渣时 5～50mm；筛网 0.1～2mm。

② 在大中型污水处理厂，一般应设置两道格栅和一道筛网。第一道为粗格栅（间隙 40～100mm）或中格栅（间隙 4～40mm）；第二道为中格栅或细格栅（4～10mm）；第三道为筛网（小于 4mm）。

③ 过栅流速。污水在栅前渠道内的流速应控制在 0.4～0.8m/s，经过格栅的流速应控制在 0.6～1.0m/s。过栅水力损失与过栅流速有关，一般应控制在 0.08～0.15m 之间。栅后渠底应比栅前相应降低 0.08～0.15m。

④ 过网流速参照格栅确定。过网水力损失较大，可控制在 0.5～2m 之间。

⑤ 格栅有效过水面积按流速 0.6～1.0m/s 计算，但总宽度不小于进水管渠宽度的 1.2 倍；与筛网串联使用时取 1.8 倍。格栅的倾角为 45°～75°，筛网倾斜 45°～55°。单台格栅的工作宽度不超过 4.0m，超过时应设置多台格栅，台数不少于 2 台，如为 1 台，应设人工清渣格栅备用。

⑥ 格栅（筛网）间必须设置工作台，台面应高出栅前最高水位 0.5m，台上应设有安全和冲洗设施。工作台两侧过道宽度不小于 0.7m。台正面宽度：人工清渣的不小于 1.2m，机械清渣的不小于 1.5m。

⑦ 机械格栅（网）一般应设置通风良好的格栅间，以保护动力设备。大中型机械格栅间应安装吊运设备，便于设备检修和栅渣的日常清除。

（2）计算公式

① 栅前流速 v_1（m/s）

$$v_1 = \frac{Q_{\max}}{B_1 h}$$ (2-1)

式中　$Q_{\max}$——最大设计流量，m^3/s；

　　　B_1——栅前渠道的宽度，m；

　　　h——栅前渠道的水深，m。

② 过栅流速 v（m/s）

$$v = \frac{Q_{\max}}{b(n+1)h}$$ (2-2)

式中　b——栅条间距，mm；

　　　n——栅条数目。

③ 最大处理水量 $Q_{\max}$（m^3/s）

$$Q_{\max} = v \frac{hb}{\sin\alpha} \frac{B}{b+s}$$ (2-3)

式中　h——有效水深，m；

　　　B——格栅的有效宽度，m；

　　　s——栅条的宽度，mm。

④ 格栅宽度 B（m）

$$B = sn + (n+1)b$$ (2-4)

$$n = \frac{Q_{\max}\sqrt{\sin\alpha}}{bhv}$$ (2-5)

式中　h——栅前水深，m；

　　　α——格栅倾角，度，一般取 $60°\sim70°$。

⑤ 过栅水力损失 h_1（m）

$$h_1 = h_0 k$$ (2-6)

$$h_0 = \zeta \frac{v^2}{2g}\sin\alpha$$ (2-7)

式中　h_0——计算水力损失，m；

　　　g——重力加速度，m/s^2；

　　　k——系数，格栅被栅渣阻塞时，水力损失增大的倍数，可按 $k=3.36v-1.32$ 计算或取 $2\sim3$；

　　　ζ——局部阻力系数，其值与栅条断面形状有关，可按表2-4选取。

表 2-4　断面形状与阻力系数 ζ

栅条断面形状	一般采用尺寸	计算式	形状系数
锐边矩形	厚 10mm，宽 50mm		$\beta=2.42$
圆形	直径 20mm		$\beta=1.79$
带半圆的矩阵	厚 10mm，宽 50mm	$\zeta=\beta\left(\dfrac{s}{b}\right)^{4/3}$	$\beta=1.83$
梯形	—		$\beta=2.00$
两头半圆的矩形	厚 10mm，宽 50mm		$\beta=1.67$
正方形	边长 30mm	$\zeta=\left(\dfrac{b+s}{\varepsilon b}-1\right)^2$	收缩系数 ε 一般取 0.64

⑥ 栅后渠总深 H（m）

$$H = h + h_1 + h_2$$ (2-8)

式中　h_2——栅前渠道超高，m。

⑦ 栅渠总长 L（m）

$$L=L_1+L_2+1.0+0.5+\frac{H_1}{\tan\beta} \tag{2-9}$$

$$L_1=\frac{B-B_1}{2\tan\alpha_1} \tag{2-10}$$

$$L_2=L_1/2 \tag{2-11}$$

$$H_1=h_1+h_2 \tag{2-12}$$

式中　L_1——栅前部渐宽长度，m；

　　　L_2——栅后部渐细长度，m；

　　　B_1——进水渠宽度，m；

　　　H_1——栅前渠总深，m；

　　　α_1——栅前部渐宽段水平展开角，一般取 20°。

⑧ 每日栅渣量 W（m³/d）

$$W=\frac{86400Q_{\max}W_1}{1000K_2} \tag{2-13}$$

式中　W_1——单位栅渣量，m³ 渣/（10m³ 污水），对于生活污水，$b=15\sim25$mm 时，$W_1=$ 0.05～0.1m³ 渣/（10m³ 污水），$b=25\sim50$mm 时，$W_1=0.3\sim1$m³ 渣/（10m³ 污水）；

　　　K_2——进渠污水流量变化系数。

2.1.5　栅渣

格栅的栅渣量变化范围很大，与地区特点、格栅的栅距大小、污水流量、下水道系统的类型、季节等因素有关。对于城市排水，合流制的栅渣量大于分流制的栅渣量，降雨时的大于旱天时的，采用较小栅距的栅渣量大于采用较大栅距的栅渣量，夏秋季大于冬春季。

对于分流制排水系统的污水处理厂，在无当地运行资料时，可采用以下数据：当栅距间隙为 16～25mm 时，栅渣量为 0.10～0.05m³/（1000m³ 污水）；当栅距间隙为 30～50mm 时，栅渣量为 0.03～0.01m³/（1000m³ 污水）；栅渣的含水率一般为 80%，密度约为 960kg/m³。

格栅产生的栅渣经栅渣压榨机压榨减小体积后，定期用车辆外运至垃圾处理场，采用填埋法或焚烧法进行处置。

2.1.6　操作管理

（1）日常管理

格栅的日常维护管理主要是注意对栅条、除渣耙、栅渣箱和前后水渠等的清扫，及时清运栅渣，保持格栅通畅。

（2）定期检查维修

格栅的检查要点见表 2-5。消耗性零部件的更换期为 1～2 年，基本部件 3～10 年。出现初期故障后，应及时查清原因，及时处理。

表 2-5　格栅检查要点

检查项目		检查要点
电动机		绝缘，轴承，齿轮发热
传动件	驱动链条、皮带	张紧调整，加润滑油脂
	驱动链轮、皮带轮	检查磨损，加润滑油脂
	剪切销、离合器	空转检查

续表

检 查 项 目		检 查 要 点
主体构件	栅条和耙齿	弯曲变形、栅间隙检查
	行走链条和链轮	折损变形、松弛检查
	轴承的密封	磨损、振动检查
	主轴导轨	磨损、损伤检查
	托杆	磨损、破损检查

2.2 筛网

2.2.1 作用与设置

对于水中的某类悬浮物，如纤维（碎布、线头、羽毛、兽毛等）、纸浆、藻类等一些细固体杂质，一般格栅不能完全截除。为了避免给后续的处理构筑物或设备带来麻烦，需要在格栅之后再用筛网进行补充处理，去除水中大于筛网孔径的颗粒杂质。由于筛网的清渣设备不能承受较大的杂质，如漂木、树枝等，筛网前需要设置格栅。

筛网可分为四大类：①固定筛，常用的设备为水力筛网；②板框型旋转筛，常用的设备为旋转筛网；③连续传送带型旋转筛网，常用的设备为带式旋转筛；④转筒型筛网，常用的设备为转鼓筛和微滤机。常用筛网的分类及其特征见表2-6。

表2-6　常用筛网的分类及其特征

构造类型	型　式	栅渣去除、栅面清洗方法
转筒型	水力转筒式	喷嘴或毛刷清洗筛网
	机械转筒式	渣自动造粒，转筒外顶部喷嘴喷射高压水和自重或螺旋排出
固定倾斜式	平面振动式	振动力促进筛渣造粒，靠自重排出
	曲面振动式	振动力促进筛渣造粒，靠自重排出
提升斗式	连续旋转提升斗	循环链上安装网斗网取栅渣，压缩空气剥离栅渣

造纸、纺织、毛纺、化纤、羽绒加工、制革等工业废水含有较多的纤维杂物，一般需使用筛网进行处理，常用的筛网类型有水力筛、转鼓筛、带式旋转筛等。个别小型城市污水处理采用水力筛去除细小杂质。在地表水取水工程中，如自来水取水、冷却水取水等，常用旋转筛网去除水中的小鱼、小草等细小杂质。个别以高藻湖库水作为水源水的给水处理厂采用微滤机进行除藻预处理。

2.2.2 筛网设备

常用筛网设备的优缺点比较见表2-7。

表2-7　常用筛网设备的比较

类型	适用范围	优　点	缺　点
固定式	从废水中去除低浓度固体杂质及毛和纤维类，安装在水面以上时，需要水头落差或水泵提升	1. 平面筛网构造简单，造价低 2. 梯形筛丝筛面，不易堵塞，不易磨损	1. 平面筛网易磨损易堵塞，不易清洗 2. 梯形筛丝曲面筛构造复杂
圆筒式	从废水中去除低浓度杂质及毛和纤维类，进水深度一般<1.5m	1. 水力驱动式构造简单，造价低 2. 电动梯形筛丝转筒筛，不易堵塞	1. 水力驱动式易堵塞 2. 电动梯形筛构造较复杂，造价高
板框式	常用深度1～4m 可用深度10～30m	驱动部分在水上，维护管理方便	1. 造价高，板框网更换较麻烦 2. 构造较复杂，易堵塞

(1) 水力筛网

水力筛网也称为固定筛网。水力筛网的筛面由筛条组成,筛条间距为 0.25～1.5mm。也有的在筛条上再覆以不锈钢或尼龙网,筛网规格可小至 100 目。筛面倾斜设置,在竖面有一定的弧度,从上到下筛面的倾斜角逐渐加大。筛面背后的上部为进水箱,进水由水箱的顶部向外溢流,分布在筛面上。水从筛条间隙流入筛面背后下部的水箱,再从下部的出水管排出。固体杂质在水冲和重力的作用下,沿筛面下滑,落入渣槽,然后由螺旋运输机移走。图 2-13 为水力筛网示意图。

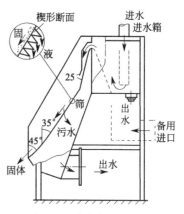

图 2-13　水力筛网示意图

水力筛网一般设在水泵提升之后,用于细小杂质的去除。其优点是:结构简单,设备费低,处理可靠,维护方便;不足之处是:单宽水力负荷有限 [对城市污水的水力负荷约为 2000m³/(d·m)],单台设备的处理能力有限 (一般设备的筛宽在 2m 以内),水头损失较大,在 1.2～2.1m 之间。以上特点使水力筛网多用于工业废水处理,在城市污水中仅用于个别小型污水处理厂。

(2) 旋转筛网

大型地表水取水构筑物在取水口格栅后常设置旋转筛网。它由绕在上下两个旋转轴上的连续滤网板组成,网板由金属框架及金属网丝组成,网孔一般为 1～10mm。旋转筛网由电机带动,连续转动,转速为 3r/min 左右。筛网所拦截的杂物随筛网旋转到上部时,被冲洗管喷嘴喷出的压力水冲入排渣槽带走。旋转筛网的结构如图 2-14 所示。

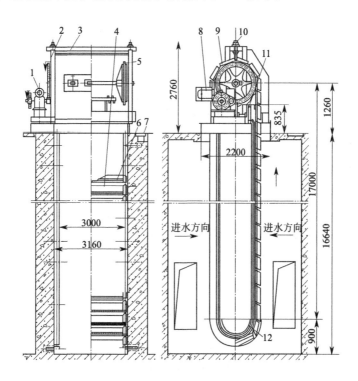

图 2-14　旋转筛网结构图

1—蜗轮蜗杆减速器;2—齿轮传动副;3—座架;4—筛网;

5—传动大链轮;6—板框;7—排渣槽;8—电动机;

9—链板;10—调节杆;11—冲洗水干管;12—导轨

旋转筛网的平面布置形式有正面进水、网内侧向进水和网外侧向进水三种。图 2-15 所示为网内侧向进水的布置方式。

（3）带式旋转筛

带式旋转筛结构简单，通常倾斜设置在污水渠道中，带面自下向上旋转，网面上截留的杂物用刮渣板或冲洗喷嘴清除。图 2-16 所示为带式旋转筛的结构示意。

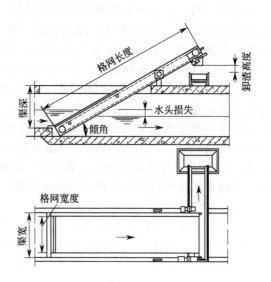

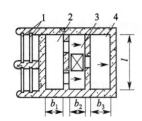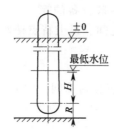

图 2-15　旋转筛网内侧向进水布置方式平面布置
1—格栅（或闸门）槽；2—进水室；
3—旋转筛网；4—吸水室

图 2-16　带式旋转筛示意图

（4）转鼓筛

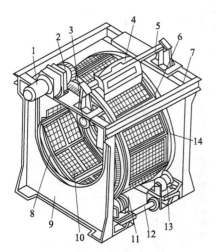

图 2-17　微滤机构造图
1—带有减速传动箱的变转速电机；
2—驱动轮；3—冲洗水出口；
4—冲洗水防护罩；5—冲洗水管；
6—滤网框架；7—机架；8—转鼓
密封圈；9—进水端机架；10—滤网；
11—支撑和原动滚圈；12—底盘架；
13—转鼓导轮；14—支撑和随动滚圈

转鼓筛采用旋转圆筒形外壳，其上覆有筛网，截留在筛网上的杂物用刮渣板或冲洗喷嘴清除。转鼓筛的水流方向有两种，从外向内或从内向外，前者因杂质截留在网的外面，便于清洗，不易堵塞。转鼓筛多用于工业废水的除毛处理。

（5）微滤机

微滤机是通过机械隔滤将浮游固体从液体里分离出来的一种简单的过滤设备，由框架、空心钢轴、设有滤网的鼓筒、排水漏斗、冲洗水嘴、传动、调节和密封装置所组成，其构造如图 2-17 所示。

微滤机的结构与转鼓筛基本相同，只是筛网的孔眼更小，可以采用孔径 $25 \sim 35 \mu m$ 的不锈钢丝筛网。水从内向外穿过滤网，滤速可采用 $30 \sim 120 m/h$（与原水水质和滤网孔径有关），水头损失为 $50 \sim 150 mm$，滤筒直径 $1 \sim 3 m$，转速 $1 \sim 4 r/min$，在转鼓上部的外面设冲洗水嘴，里面设冲洗排渣槽，把截留在滤网内表面的杂物冲走，冲洗水量约占处理水量的 1%。

微滤机在给水处理中可用于高藻水的除藻处理。国外有个别城市污水处理厂对二沉池出水再用微滤机过滤，进一步降低了出水中悬浮物的含量。

2.3 沉砂

沉砂的目的是在城市污水处理中去除砂粒等粒径较大的重质颗粒物，以防止对后续处理构筑物及设备可能产生的不利影响，包括堵塞管道、造成过量的机械磨损、占据污泥消化池池容等。

2.3.1 作用与设置

因城市污水的下水道系统会带入较多的砂粒等大颗粒物，城市污水处理在初次沉淀池前必须设置沉砂池。含砂粒较少的工业废水处理可以不设置沉砂池。

城市污水处理中沉砂池所去除的颗粒物包括砂粒、煤渣、果核等。沉砂池的设计要求是：对砂粒（密度 $2.65g/cm^3$）的去除粒径为 0.2mm，并要求外运沉砂中尽量少含附着与夹带的有机物，以免在沉砂池废渣的处置过程中产生砂渣的过度腐败问题。

沉砂池设置与设计计算的一般规定有：

① 沉砂池按去除相对密度 2.65、粒径 0.2mm 以上的砂粒设计。

② 污水流量应按分期建设考虑：当污水自流入厂时，按每期最大设计流量计算；用污水泵提升入厂时，按每期工作泵的最大组合流量计算；在合流制处理系统中，应按降雨时的设计流量计算。

③ 沉砂池的个数或分格数不应少于 2 个，并列设置，在污水量较少时可以只运行 1 个池。

④ 城市污水的沉砂量可按 $0.03L/m^3$（污水）计算，砂渣的含水率为 60%，密度为 $1500kg/m^3$；合流制污水的沉砂量需根据实际情况确定。

⑤ 砂斗容积按 2d 的沉砂量计算，斗壁与水平面夹角不小于 55°。

⑥ 一般应采用机械除砂，并设置贮砂池。排砂管直径不应小于 200mm。

⑦ 重力排砂时，沉砂池与贮砂池应尽可能靠近。

⑧ 砂渣外运处置前宜用洗砂机处理，洗去砂上黏附的有机物。

沉砂池的形式可分为平流式、曝气和旋流式沉砂池三大类。

2.3.2 平流式沉砂池

平流式沉砂池属于早期使用的沉砂池形式，池型采用渠道式，废水经消能或整流后进入池中，沿水平方向流至末端经堰板流出，砂粒沉在池底。在池的底部设有砂斗，定期排砂，其结构如图 2-18 所示。

平流式沉砂池的主要设计要求是：

① 最大流速 0.3m/s，最小流速 0.15m/s；

② 水力停留时间为 30～60s，最大流量时的停留时间不小于 30s；

③ 有效水深不应大于 1.2m，每格宽度不宜小于 0.6m；

④ 砂斗间歇排砂，排砂周期小于 2d。

平流式沉砂池的设计计算如下：

（1）池长 L（m）

$$L = vt \tag{2-14}$$

式中　v——最大设计流量时的流速，m/s；

　　　t——最大设计流量时的流动时间，s。

（2）水流断面 A（m^2）

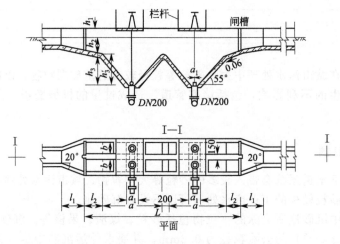

图 2-18 平流式沉砂池

$$A = \frac{Q_{\max}}{v} \tag{2-15}$$

式中 $Q_{\max}$——最大设计流量，m^3/s。

（3）池总宽 B（m）

$$B = A/h_2 \tag{2-16}$$

式中 h_2——设计有效水深，m。

（4）沉砂斗容积 V（m^3）

$$V = \frac{Q_{\max} X T \times 86400}{K_z \times 10^6} \tag{2-17}$$

式中 X——沉砂量，城市污水取 $30m^3/(10^6 m^3$ 污水$)$；

T——清除沉砂的时间间隔，d；

K_z——污水流量总变化系数，$K_z = 1.2 \sim 2.3$。

（5）池总高 H（m）

$$H = h_1 + h_2 + h_3 \tag{2-18}$$

式中 h_1——超高，m，一般 $h_1 = 0.3 \sim 0.5m$；

h_3——沉砂斗高，m。

（6）验算最小流速 $v_{\min}$（m/s）

$$v_{\min} = \frac{Q_{\min}}{n_i f_{\min}} \tag{2-19}$$

式中 $Q_{\min}$——最小流量，m^3/s；

n_i——最小流量时运行的池数，个；

$f_{\min}$——最小流量时池中过水断面，m^2。

平流式沉砂池结构简单，处理效果较好，但沉砂效果不稳定，往往不适应城市污水水量波动较大的特性。水量大时，流速过快，许多砂粒未及时沉下；水量小时，流速过慢，有机悬浮物也沉下来了，沉砂易腐败。平流式沉砂池目前只在个别小厂或老厂中使用。

国外城市污水处理厂曾采用过多尔式沉砂池，它是一种方形平流式沉淀池，典型尺寸为 $10m \times 10m \times 0.8m$，中心设旋转刮砂机，连续排砂。该池型因占地大，不能适应水量变化，在新设计中已极少采用。

2.3.3　曝气沉砂池

曝气沉砂池采用矩形长池型，在沿池长一侧的底部设置一排空气扩散器，即曝气管，通过曝气产生三个作用：①在池的过水断面上产生旋流，水呈螺旋状通过沉砂池；②水力旋流使砂粒与有机物分离，沉渣不易腐败；③气浮油脂并吹脱挥发性物质；④预曝气充氧、氧化部分有机物。重颗粒沉到底，并在旋流和重力的作用下流进集砂槽，再定期用排砂机械（刮板或螺旋推进器、移动吸砂泵等）排出池外；较轻的有机颗粒则随旋流流出沉砂池。图 2-19 为曝气沉砂池的断面图。

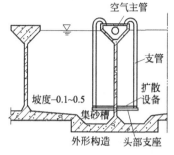

图 2-19　曝气沉砂池断面图

主要设计要求：

① 水力停留时间 3～5min，最大流量时的水力停留时间应大于 2min；

② 水平流速为 0.06～0.12m/s；

③ 有效水深 2～3m，宽深比宜为 1～1.5，长宽比在 5 左右，并按此比例进行分格；

④ 采用中孔或大孔曝气穿孔管曝气，曝气量约为 0.2m³/(m³污水)，或 3～5m³空气/(m²·h)，使水的旋流流速保持在 0.25～0.30m/s 以上；

⑤ 进水方向应与池中旋流方向一致，出水方向应与进水方向垂直，并宜设置挡板。

曝气式沉砂池的设计计算如下：

（1）池总容积 V（m³）

$$V = Q_{max} t \tag{2-20}$$

式中　Q_{max}——最大设计流量，m³/s；

　　　　t——最大设计流量时的流动时间，s。

（2）水流断面 A（m²）

$$A = \frac{Q_{max}}{v_1} \tag{2-21}$$

式中　v_1——最大设计流量时的水平流速，m/s。

（3）池总宽 B（m）

$$B = A/h_2 \tag{2-22}$$

式中　h_2——设计有效水深，m。

（4）池长 L（m）

$$L = V/A \tag{2-23}$$

（5）所需空气量 q（m³/h）

$$q = \alpha Q_{max} \times 3600 \tag{2-24}$$

式中　α——1h、1m³污水所需空气量，m³，一般取 $\alpha = 0.2$。

曝气沉砂池的主要优点是：

① 可在水力负荷变动较大的情况下保持稳定的砂粒去除效果；

② 沉砂中附着的有机物少，沉砂的性能稳定；

③ 有对污水预曝气的作用，改善了原污水的厌氧状态；

④ 还可被用于化学药剂的投加、混合、絮凝等。

曝气沉砂池的缺点是：

① 对污水的曝气产生了严重的臭气空气污染问题；

② 需要额外的曝气能耗。

曝气沉砂池在我国 20 世纪 80 年代和 90 年代初期设计的城市污水处理厂中被广泛采用。

由于污水处理厂对空气的污染问题日益得到重视，从 90 年代中期开始，城市污水处理厂设计中沉砂池的池型多已改用旋流式沉砂池。

2.3.4 旋流式沉砂池

旋流式沉砂池采用圆形浅池形，池壁上开有较大的进出水口，池底为平底 [例如"比式 (PISTA) 沉砂池"，美国 Smith & Loveness 公司专利] 或向中心倾斜的斜底 [例如"钟式 (JETA) 沉砂池"，英国 Jenes & Attwood 公司专利]，底部中心的下部是一个较大的砂斗，沉砂池中心设有搅拌与排砂设备。

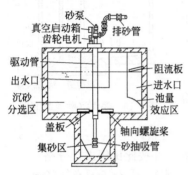

图 2-20 旋流式沉砂池

旋流式沉砂池的构造如图 2-20 所示。进水从切线方向流进池中，在池中形成旋流，池中心的机械搅拌叶片进一步促进水的旋流。在水流涡流和机械叶片的作用下，较重的砂粒从靠近池心的环形孔口落入下部的砂斗，再经排砂泵或空气提升器排出池外。

旋流式沉砂池的气味小，沉砂中夹带的有机物含量低，可在一定范围内适应水量变化，是当前的流行设计，有多种规格的定型设计可供选用。

主要设计要求：

① 最高流量时的水力停留时间不应小于 30s；

② 设计水力表面负荷为 $150 \sim 200 \mathrm{m}^3/(\mathrm{m}^2 \cdot \mathrm{h})$；

③ 有效水深宜为 1.0～2.0m，池径与池深比宜为 2.0～2.5；

④ 池中应设立式桨叶分离机。

各种沉砂池的设计参数如表 2-8 所示。

表 2-8 各种沉砂池的设计参数

主要设计参数	平流式	竖流式	旋流式	曝气式
大流速/(m/s)	0.3	0.1	0.9	旋流流速 0.25～0.3
小流速/(m/s)	0.15	0.02	0.6	水平流速 0.08～0.15
停留时间/s	30～60	30～60	20～30	60～180(预曝 600～1800)
有效水深/m	0.25～1.0	—	进水平直段长度大于渠道 7 倍以上，进出水渠间夹角大于 270°	2～3
池(格)宽/m	≥0.6	—		宽∶深 1～1.5
池底坡度	0.01～0.02	—		长∶宽约为 5
消能和整流装置	池首部	—		曝气量 0.2m³/(m³水)
进水中心管流速	—	0.3m/s		曝气器距池底 0.6～0.9m

2.3.5 操作管理

(1) 平流式沉砂池

运行操作主要是控制污水在池中的水平流速 v 和停留时间 t。污水中砂的粒径大，则可增加水平流速 v，反之应减小 v 才能使砂粒充分沉淀下来。控制要点是：当流量变化时首先应调整溢流堰高度来改变有效水深，而后考虑改变运行池数。水力停留时间影响沉砂效率，如停留时间不足，则本应沉淀下来的砂粒也会随水流走。反之，有机物将沉淀下来。

(2) 曝气沉砂池

运行操作主要是控制污水在池中的旋流速度和旋转圈数。旋流速度与砂粒粒径有关，粒径越小，需要的旋流速度越大；旋流速度也不能太大，否则沉下的砂粒会重新泛起。旋流速度与沉砂池的几何尺寸、扩散器的安装位置和曝气强度等因素有关。旋转圈数则与除砂效率有关，旋转圈数越多，除砂效率越高。要去除直径为 0.2mm 的砂粒，需要维持 0.3m/s 的旋转速度，在池中至少旋转 3 圈。在运行中可通过调整曝气强度，改变旋流速度和旋转圈数，保证稳定的除砂效率。当进入沉砂池的污水量增大时，水平流速也将加快，此时应增大曝气强度。

（3）及时排砂除渣

沉砂量取决于进水水质，运转时应认真摸索总结砂量的变化规律，及时排砂。排砂间隙过长会堵塞排砂管、砂泵，堵卡刮砂机械；如排砂间隙太短又会使排砂量增大，含水率高，增加后续处理的难度。沉砂池上的浮渣也应定期清除。

2.3.6　除砂与砂水分离设备

对于沉积在沉砂池中的沉砂，必须定期除去，以保证沉砂池的正常运行。沉砂的去除一般是采用除砂机，水处理工程中常用的除砂机主要有以下几种。

（1）抓斗式除砂机

抓斗式除砂机分门形抓斗除砂机与单臂回转式抓斗除砂机两种。前者采用较多。

门形抓斗除砂机形同一个门式起重机，横跨于沉砂池上。该机的主要部分是行走架、刚性支架、挠性支架、鞍梁、抓斗启闭装置、小车行走装置、抓斗等，其中抓斗的启闭、大车及小车的行走等由操作室内的操作盘控制。

（2）链斗式除砂机

链斗式除砂机实际上是一部带有多个 V 形砂斗的双链输送机。除砂机的两根主链每隔一定距离安装一个 V 形斗，两根主链连成一个环形。通过传动链驱动轴带动链轮旋转，使 V 形斗在沉砂池底砂沟中沿导轨移动，将沉砂刮入斗中，斗在通过链轮以后改变运动方向，逐渐将沉砂送出水面。V 形斗脱离水面后，斗中的水逐渐从 V 形斗下的无数小孔滤出，流回池内。V 形斗到达池最上部的从动链轮处，再次发生翻转，将砂斜入下部的砂槽中。与此同时，设在上部的数个喷嘴向 V 形砂斗内喷出压力水，将斗内黏附的砂子冲入砂槽，砂槽内的砂靠水冲入集砂斗中。砂在集砂斗中继续依靠重力滤除所含水分。砂积累至一定数量后，集砂斗可以翻转，将砂卸到运输车上。

（3）桁车泵吸式除砂机

桁车泵吸式除砂机由以下几部分组成。

① 结构部分　即支撑整机安装所有设备的桥架、两端的鞍梁。结构部分多为钢铁或铝合金制造。

② 驱动、行走部分　除砂机的往复行走速度为 1～2mm/min，驱动装置由电机与减速机构成，有些使用分别驱动结构，即由两台相同的电机与减速机分别驱动两端的驱动行走轮，有些使用长轴驱动结构，即用一台电机与减速机通过一根贯通整个桥架的长轴驱动两端的驱动行走轮。

行走轮有钢轮及实心胶轮两种。使用胶轮的每台车还要增加 4～6 个导向轮，以防止车在行走中跑偏。

③ 工作部分　每台除砂机安装 1～2 台离心式砂泵，用以从池底将沉积在沟底中的砂浆抽出。有些除砂机将砂浆抽到池边的砂渠，使之通过砂渠流到集砂井。有些直接将砂水混合抽送到砂水分离器中。

④ 电控部分　安装在车上的控制柜及各部位安装的传感器、保护开关等组成除砂机的电控部分。有了这一部分，除砂机才能按预定的程序运转，才能有保护功能。除此以外，一部分控制箱内还安装了一台用于时间控制的电子钟，可以根据沉砂池的来砂状况调节 24h 的工作时间及停机时间。

⑤ 电缆鼓　这是连接往复行走的桁车与外界动力电源与监控信号的通道。由于除砂机还

要和机外的砂水分离设备统一协调运转，所以监控信号最终是与总控制柜连接的。

（4）压力式斜板除砂器

压力式斜板除砂器是利用斜板沉淀的原理除砂，可直接安装于管井、大口井、渗渠等地下水取水构筑物的水泵出水管道上，也可安装于地表水源取水泵房的出水管道上，以截留大颗粒砂。除砂器内积聚的沉砂由人工或自由定期排除。

（5）XS 型除砂机

XS 型除砂机采用两只离心砂泵从平流式曝气沉淀池底砂沟中吸砂。泵在水中，电机在桥架上，吸砂管的下部有 1m 左右的弹簧橡胶管。砂泵的出水从切线方向进入水力旋流器，调节砂泵出水管上的阀门，使水力旋流器处于最佳工作状态。这种一体化设备结构简单、紧凑，操作方便，费用低，但砂水分离的效果稍差。

（6）砂水分离设备

除砂机从池底抽出的混合物，其含水量高达 97%～99% 以上，还混有相当数量的有机污泥，导致运输、处理都相当困难，必须将无机砂粒与水及有机污泥分开。常用的砂水分离设备有水力旋流器、振动筛式砂水分离器及螺旋式洗砂机。

2.4　均质与水量调节

来自各个车间的工业生产废水，排放的废水水质和水量一般来说是不稳定的，但是废水处理的装备和流程都是按一定的水质和水量设计的，它们的运行都有一定的操作指标，偏离这个指标就会降低处理效率，或使运转发生困难。当废水水质水量变化幅度过大时，对废水处理设备的正常运转是不利甚至是有害的。因此，为使处理构筑物和管渠不受废水高峰流量或浓度变化的冲击，需设调节池，不论何种废水，在送入污水处理系统之前，都需要先进行水质水量的均和调节，为后续处理系统的正常运转创造必要条件，所以一般把匀质和水量调节也归为预处理操作。匀质和水量调节的作用有：

① 提高废水的可处理性，减少在生化处理过程中产生的冲击负荷。

② 对微生物有毒的物质得到稀释，短期排出的高温废水还可以得到降温处理。

③ 使酸性废水和碱性废水得到中和，使 pH 值保持稳定，减少由于调节 pH 值所需的酸碱量。

④ 对化学处理而言，药剂投加量的控制及反应更为可靠，使操作费用降低，处理能力及负荷提高。

⑤ 当处理设备发生故障时，可起到临时的事故贮水池的作用。

用于匀质和水量调节的主要设施为调节池。工业废水处理一般都设置调节池，调节池还可兼作沉淀池或隔油池。

城市污水也存在着水量的变化问题，如白天水量大，夜晚水量小。但由于城市污水的水量较大，如设调节池则池容过大，并存在沉淀污泥的排泥问题，因此城市污水处理均不设调节池，污水处理厂中沉淀池等构筑物按最高时水量设计。

合流制雨污水排放系统在降雨时外排污水引起的污染问题已在国外引起重视，部分发达国家已开始设置初期雨水贮存池，降雨后再把所存雨污水引至污水处理厂处理。

2.4.1　调节池的分类

调节池按形式可分为圆形、方形、（自然）多边形等，可建在地下或地上。按结构分为混凝土、钢筋混凝土、石结构和自然体等。按在工艺流程中的位置分为前置原废水集中调节池，按废水性质设多个分流调节池、处理后水调节池。一般是按调节池的功能将其分为水量调节池、水质调节池和同时兼具部分预处理作用的调节池等。

① 水量调节，如"变水位水池＋泵"的方式。

② 水质调节，如"恒水位水池＋搅拌"的方式，采用机械搅拌或空气搅拌。

③ 水质水量调节，如"变水位水池＋搅拌＋泵"的方式、"多点进水变水位水池＋泵"的方式。

④ 事故储水，如旁设事故池，贮存瞬时排出的高浓度污水，事故解决后再缓慢加入到主流中。

如果调节池的作用只是调节水量，保持必要的调节池容积并使出水均匀即可。如果调节池的作用是使废水水质达到均衡，则应使调节池在构造上和功能上考虑达到水质均和的措施，使不同时段流入池内的废水能完全混合。

常见的调节池的形式有如下几种。

(1) 穿孔导流槽式调节池

出水槽沿对角线方向设置，废水由左右两侧进入池内，经过不同的时间才流出水槽，从而使不同浓度的废水可达到自动调节均和的目的。为防止水流在池内短路，可在池底设沉渣斗，定期排除沉降物。如果调节池容积很大，可将调节池做成平底，用压缩空气搅拌废水，以防止沉降物在调节池内沉降下来。空气用量为 $1.5\sim3m^3/(m^2\cdot h)$，调节池有效水深为 $1.5\sim2m$，纵向隔板间距为 $1\sim1.5m$。

(2) 分段投入式水质调节池

废水在隔墙内折流，废水通过配水槽多孔口投配到调节池前后的各个位置，达到混合、均衡的目的。

(3) 空气搅拌式调节池

废水从高位曝气沉砂池自流入调节池，池内设有曝气管，起均化和预曝气作用，池中沉渣通过曝气搅拌随水流排放。

也有的调节池就是由两三个空池子组成，池底装有空气管道，每池间歇独立运转，轮流作用。第一池充满水，水流入第二池。第一池内的水用空气搅拌均匀后，再用泵抽往后续的设备中。第一池抽空后，再循序抽第二池的水。这样虽能调节水量和水质，但是基建与运行费用均较高。

2.4.2 调节池的位置设置

调节池的设置位置有多种，以下两种最为常见。

(1) 主流线设置

调节池设置在主流线上是最为常见的布置方式，如图 2-21 所示。但是对于某些污水管道的埋深较大、调节池深度受限的情况，需设置二次提升，如图 2-21 括号中所示。

图 2-21 设在主流线上的调节池

(2) 主流线外设置

采用如图 2-22 所示的方式，该方式主要用于水量调节，调节池不受污水管道高程的限制，由于调节池后设置专用提升泵，调节池一般为半地上式，施工与维护方便，特别适合工厂生产为白班或两班制、水质波动不大、污水处理需要 24h 连续运行（如生物处理）的情况。

图 2-22　设在主流线外的调节池

2.4.3　调节池的容积计算

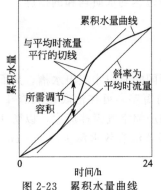

图 2-23　累积水量曲线
调节容量作图法

对于进行水量调节的变水位调节池，调节容积的计算方法有逐时流量曲线作图法和小时累积水量曲线作图法。以下介绍后一种作图法，其示意图见图 2-23。小时累积水量曲线调节容积作图求解步骤如下：

① 以小时（h）为横坐标，累积水量为纵坐标，绘制最大变化日的小时累积水量曲线；

② 图中对角线（原点与 24h 累积水量的连线）的斜率为平均小时流量，即水泵的恒定流量；

③ 平行于对角线作累积水量曲线的切线，其上下两条切线的垂直距离即为所需调节容积。

由于实际中每天的小时流量都会有所不同，得不到规律性很强的时变化流量曲线，在设计中选用调节池容量时，应视情况留有余地。

2.4.4　设计参数

调节池的设计参数包括：

① 调节池的最小有效容积应能够容纳水质水量变化一个周期所排放的全部废水量。

为了获得充分的均质效果，池容可按日排全部废水量设计。为同时获得要求的某种预处理效果，池容按同时达到均质和某种预处理效果（如生物水解酸化、脱除某种气体等）所需容积计算，计算值为最小有效均质调节池容，设计时应增加无效池容。无效池容是指不能起水量调节作用的池容，如不能排出池外的水所占池容、保护高度所占池容、生化预处理生物污泥保有量所占池容、隔墙立柱所占池容等。

② 调节池出水方式是堰顶出水，只能调节出水水质，不能调节流量。需同时调节水质和水量时，应采用图 2-24 所示的对角线出水调节池、图 2-25 所示的周边进水池底出水调节池。调节池的典型出水方式如图 2-26 所示。

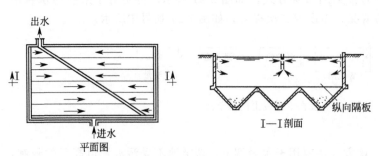

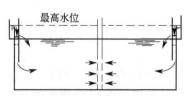

图 2-24　对角线出水调节池　　　图 2-25　周边进水池底出水
（水质水量调节）

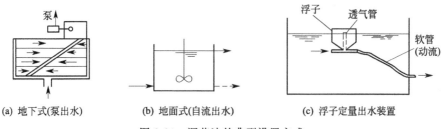

(a) 地下式(泵出水)　　　　(b) 地面式(自流出水)　　　　(c) 浮子定量出水装置

图 2-26　调节池的典型设置方式

参 考 文 献

[1] 唐受印，戴友芝. 水处理工程师手册 [M]. 北京：化学工业出版社，2001.
[2] 周立雪，周波. 传质与分离技术 [M]. 北京：化学工业出版社，2002.
[3] 杨春晖，郭亚军. 精细化工过程与设备 [M]. 哈尔滨：哈尔滨工业大学出版社，2002.
[4] 宋业林，宋襄翎. 水处理设备实用手册 [M]. 北京：中国石化出版社，2004.
[5] 廖传华，柴本银，黄振仁. 分离过程与设备 [M]. 北京：中国石化出版社，2008.
[6] 王郁，林逢凯. 水污染控制工程 [M]. 北京：化学工业出版社，2008.
[7] 张晓键，黄霞. 水与废水物化处理的原理与工艺 [M]. 北京：清华大学出版社，2011.
[8] 中国石油和化学工业联合会，中国化工经济技术发展中心编. 石油和化工设备选型指南 [M]. 北京：中国财富出版社，2012.

第❸章

澄清

利用混凝沉降的原理，使水中杂质颗粒与水分离的过程称为澄清。澄清有两个目的：一个是促使水中较大的颗粒迅速沉降；另一个是通过处理使水中较小的胶体颗粒能够沉降下来。

为了除去混凝过程所形成的絮凝物，需要使用澄清设备，利用池中泥渣层与水中杂质颗粒互相碰撞、吸附、黏合，以达到清水尽快分离的目的，提高澄清效果。这种设备通常称为澄清池。

3.1 澄清池的特点与类型

澄清池主要用于给水处理，也可用于废水处理，去除原水中的胶体（特别是无机性胶体）颗粒。在澄清池中能同时实现混凝剂与原水的混合、反应和絮体沉淀分离三种过程。

3.1.1 澄清池的特点

沉淀池中，颗粒沉淀到池底即完成沉淀过程，而在澄清池中，则是通过水力或机械的手段，将沉到池底的污泥提升起来，并使之处于均匀分布的悬浮，在池中形成稳定的悬浮泥渣层。这层泥渣层具有相当高的接触絮凝活性，当原水与泥渣层接触时，脱稳杂质被泥渣层吸附或截留，使水获得澄清。澄清池常用在给水处理中。这种把泥渣层作为接触介质的过程，实际上也是絮凝过程，一般称为接触絮凝。悬浮泥渣层称为接触凝聚区。

悬浮泥渣层通常是在澄清池开始运转时，在原水中加入较多的凝聚剂，并适当降低负荷，经过一定时间运转后逐渐形成的。澄清池的效率取决于悬浮泥渣层的活性与稳定性，因此，保持泥渣处于悬浮、浓度均匀、活性稳定的工作状态是所有澄清池的共同要求。当原水悬浮物浓度低时，为加速泥渣层的形成，也可人工投加黏土。

泥渣层的污泥浓度一般在 $3 \sim 10 g/L$。为保持悬浮层稳定，必须控制悬浮层内污泥的总容积不变。由于原水不断进入，新的悬浮物不断进入池内，如悬浮层超过一定浓度，悬浮层将逐渐膨胀，最后使出水水质恶化。因此在生产运行中要通过控制悬浮层的污泥浓度来维持正常操作。方法是：用量筒从悬浮层区取水样 $100mL$，静置 $5min$，沉下的污泥所占体积（毫升）用百分比表示，称为沉降比。根据各地水质、水温不同，沉降比宜控制在 $10\% \sim 20\%$。当沉降比超过限值时，即进行排泥。同时，澄清池的排泥能不断排出多余的陈旧泥渣，其排泥量相当于新形成的活性泥渣量，因此泥渣层始终处在新陈代谢中，从而保持接触絮凝的活性。

3.1.2　澄清池的类型

澄清池的形式很多，根据在澄清过程中泥渣与废水接触方式的不同，一般将澄清池分为泥渣悬浮型（过滤）澄清池和泥渣循环型（回流）澄清池两大类。

（1）泥渣悬浮型澄清池

又称为泥渣过滤型澄清池。它的工作特征是利用进水的位能连续地或周期地冲起泥渣，使澄清池中形成的泥渣悬浮在池中，当原水由下而上通过该悬浮泥渣层时，原水中的脱稳杂质与高浓度的泥渣接触凝聚并被泥渣层拦截下来。这种作用类似于过滤作用，浑水通过泥渣层即获得澄清，多余的泥渣经沉淀浓缩后排出。

泥渣悬浮型澄清池常用的有脉冲澄清池和悬浮澄清池。

（2）泥渣循环型澄清池

为了充分发挥泥渣接触絮凝作用，可利用搅拌机或射流器让泥渣在池内沿竖直方向上下循环流动，在循环过程中捕集水中的微小絮粒，并在分离区加以分离。回流量为设计流量的 3～5 倍。泥渣循环可借助机械抽升或水力抽升造成。前者称为机械搅拌澄清池，后者称为水力循环澄清池。

澄清池综合了混凝和泥水分离等净水过程，与沉淀池相比，具有处理水量高，澄清效果好，药剂用量节约，占地面积少，对原水水质变化有较强适应能力等优点，设计已标准化，缺点是设备结构较复杂。

几种常用澄清池的特点和适用条件见表 3-1。

表 3-1　常用澄清池的特点和适用条件

类型	特　点	适　用　条　件
机械搅拌澄清池	处理效率高，单位面积产水量大；处理效果稳定，适应性较强。但需要机械搅拌设备，维修较麻烦	进水悬浮物含量＜5000mg/L，短时间内允许 5000～10000mg/L，适用于中、大型水处理厂
水力循环澄清池	无机械搅拌设备，构筑物简单；但投药量较大，对水质、水温变化适应性差，水力损失较大	进水悬浮物含量＜2000mg/L，短时间内允许 5000mg/L，适用于中、小型水处理厂
脉冲澄清池	混合充分，布水均匀，池深较浅。但需要一套抽真空设备；对水质、水量变化的适应性较差；操作管理要求较高	进水悬浮物含量＜3000mg/L，短时间内允许 5000～10000mg/L，适用于中、小型水处理厂
悬浮澄清池	无穿孔底板式构造较简单。双层式加悬浮层，底部开孔，能处理高浊度原水，但需设气水分离器。双层式池深较大；对水质、水量变化适应性较差；处理效果不够稳定	单层池：适用于进水悬浮物含量＜2000mg/L 双层池：适用于进水悬浮物含量 3000～10000mg/L 流量变化一般每小时≤10%；水温变化每小时≤1℃

一般大、中型澄清池基本都采用钢筋混凝土结构，个别小型澄清池也有用钢板制成的。近年来，为了满足中、小型企业净化水质的要求，一些集加药、混凝、澄清的"一体化"净水器也有较广泛的应用。

3.1.3　澄清池的主要设计参数

澄清池主要设计参数见表 3-2。

表 3-2　澄清池主要设计参数

类型	清水区		悬浮层高度/m	总停留时间/h
	上升流速/(m/s)	高度/m		
机械搅拌澄清池	0.8~1.2	1.5~2.0	—	1.2~1.5
水力循环澄清池	0.7~1.0	2.0~3.0	3~4(导流筒)	1.0~1.5
脉冲澄清池	0.7~1.0	2.0~2.5	2.0~2.5	1.0~1.3
悬浮澄清池　单层	0.7~1.0	2.0~2.5	2.0~2.5	0.33~0.5(悬浮层) 0.4~0.8(清水区)
悬浮澄清池　双层	0.6~0.9	2.0~2.5	2.0~2.5	—

3.2　机械搅拌澄清池

　　机械搅拌澄清池又称加速澄清池，通常由钢筋混凝土构成（小型的池子有时也采用钢板结构），横断面呈圆形，内部有搅拌装置和各种导流隔墙，主要组成部分有混合区、反应区、导流区和分离区。整个池体上部是圆筒形，下部是截头圆锥形。混合区周围被伞形罩包围，在混合室上部设有涡轮搅拌桨，由变速电机带动涡轮转动。

3.2.1　机械搅拌澄清池的结构

　　图 3-1 所示为标准机械搅拌澄清池的结构透视图。原水由进水管进入环形配水三角槽，混凝剂通过投药管加在配水三角槽中，通过其缝隙均匀流入混合区，在此进行水、药剂与回流污泥的混合。由于涡轮的提升作用，混合后的泥水被提升到反应区，继续进行混凝反应，并溢流到导流区。导流区中有导流板，其作用在于消除反应区过来的环形运动，使废水平稳地沿伞形罩进入分离区。分离区中设有排气管，作用是将废水中带入的空气排出，减少对泥水分离的干扰。分离区面积较大，由于过水面积的突然增大，流速下降，泥渣便靠重力自然下沉，清液通过周边的集水渠收集后由集水槽和出水管流出池外。泥渣少部分进入泥渣浓缩区，定期由排泥管排出，大部分则在涡轮提升作用下通过回流缝回流到混合区。泥渣浓缩区可设一个或几个，根据水质和水量而定。为改善分离区的泥水分离条件，可在分离区增设斜板（管），以提高沉淀效率。

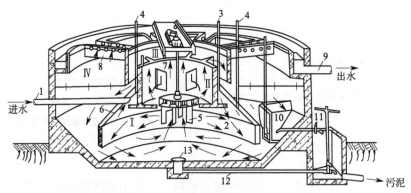

图 3-1　标准机械搅拌澄清池结构透视图

Ⅰ—混合区；Ⅱ—二反应区；Ⅲ—导流区；Ⅳ—分离区

1—进水管；2—配水三角槽；3—排气管；4—投药管；5—搅拌桨；6—伞形罩；7—导流板；
8—集水槽；9—出水管；10—泥渣浓缩室；11—排泥管；12—排空管；13—排空阀

　　搅拌设备由提升叶轮和搅拌桨组成。搅拌设备的作用有：①提升叶轮将回流液从混合区提升到反应区，使回流液的泥渣不断在池内循环；②搅拌桨使混合区内的泥渣和来水迅速混合，泥渣随水流处于悬浮和环流状态。一般回流流量为进水流量的3～5倍。

标准机械搅拌澄清池的池型布置有两种：当进水量为200m³/h和320m³/h时采用直形池壁、平板底池底，如图3-2所示；当进水量为430～1800m³/h时采用直筒壳池壁，锥壳、球壳组合池底，如图3-3所示。

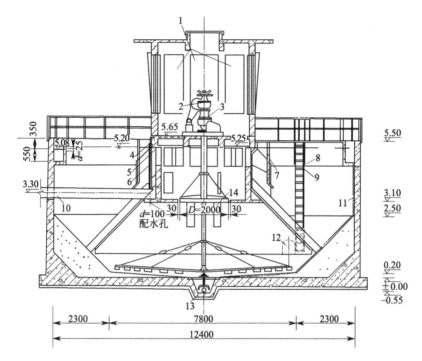

图 3-2　平板底机械搅拌澄清池

1—机械间；2—刮泥机；3—搅拌机；4—DN50套管；5—整流钢板；6—DN25备用加药管；
7—DN50排气管；8—环形集水槽；9—爬梯；10—DN400进水管；11—DN15水润管；
12　人孔，13　DN200排空管；14—叶轮

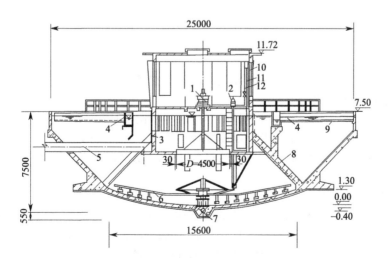

图 3-3　锥、球壳底机械搅拌澄清池

1—搅拌机；2—刮泥机；3—DN25备用加药管；4—DN25集水孔；5—DN800进水管；
6—刮泥机刮臂；7—DN300排空管；8—DN15水润管；9—集水槽；10—DN20溢流管；
11—DN20水润管；12—DN20恒位水箱给水管

标准机械搅拌澄清池的特点是利用机械搅拌的提升作用来完成泥渣回流和接触反应。加药混合后的原水进入第一反应室，与几倍于原水的循环泥渣在叶片的搅动下进行接触反应，然后经叶轮提升至第二反应室继续反应，以结成较大的絮粒，再通过导流室进入分离室进行沉淀分离。其处理水量大，澄清效果好，对原水变化的适应性也较强。不仅适用于一般的澄清，也适用于石灰软化澄清，但整个设备的结构较复杂，维修有一定的难度。

3.2.2 机械搅拌澄清池的类型

针对原水水质的不同，单池生产能力的大小、地耐力及结构的区别，以及所处地区气候条件的不同等，除标准式以外，机械搅拌澄清池还可设计成其他类型。

(1) 大型坡底机械搅拌澄清池

图 3-4 所示为大型坡底机械搅拌澄清池的结构示意图。池直径 $D=36\mathrm{m}$，为适应水量大、原水浊度较高和浊度变化大的一种大型机械搅拌澄清池。该池的设计水量为 $3650\mathrm{m}^3/\mathrm{h}$，分离区上升流速 $u_2=1.2\mathrm{mm/s}$，总停留时间 $T=73\mathrm{min}$，容积比为二反应区：一反应区：分离沉淀区 $=1:1.14:11.1$。实际出水量可达 $4700\mathrm{m}^3/\mathrm{h}$。

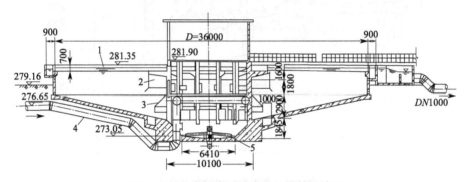

图 3-4 36m 直径大型坡底机械搅拌澄清池
1—集水槽；2—导流筒稳流板；3—伞形板；4—DN1000 进水管；5—穿孔排砂管

大型坡底机械搅拌澄清池的主要设计特点为：①因原水浊度高，为避免配水三角槽积泥及出流缝堵塞，进水采用设在池底部的 $DN800$ 穿孔布水管；②池壁构造由斜壁改为直壁，底部为小坡底；③缩小一反应区，加大分离区，在分离区内加刮泥机使之排泥通畅，刮泥机把沉泥刮集到设在分离区的 $1\mathrm{m}\times1\mathrm{m}$ 环形集泥槽内浓缩，环形集泥槽内设有刮片，不断将泥刮进四个泥斗，然后将泥排出池外；④在一反应区底部有深 2m，容积为 $97\mathrm{m}^3$ 的储砂坑，内设穿孔排砂管，作为排砂之用；⑤二反应区和导流区内设有整流和稳流板各 12 块，以起到将从叶轮提升出来的水整流和导流的作用。

运转实践表明，该池与一般标准机械搅拌澄清池相比，具有适应性强、管理方便、排泥通畅、泥渣浓缩性能好、排泥耗水率低、池高度较小等优点。底部的刮泥机、环形集泥槽解决了池底大量泥渣排除问题。在汛期短期原水浊度为 12000 度时，出水浊度为 20 度左右，净化效果比较好。

(2) 方形斜管机械搅拌澄清池

图 3-5 所示为方形斜管机械搅拌澄清池的结构示意。该池的设计水量为 $2160\mathrm{m}^3/\mathrm{h}$，上部平面尺寸为 $19\mathrm{m}\times19\mathrm{m}$，底部为圆形，$D=16\mathrm{m}$，池总高为 7.3m。池容积比为二反应区：一反应区：分离区 $=1:2:4.7$，总停留时间为 51min，分离区上升流速为 3mm/s。该池采用蜂窝斜管，斜长 1m，倾角 60°，内切圆直径为 32mm。

方形斜管机械搅拌澄清池的主要设计特点是：①该池具有适应浊度较高、占地面积少、斜管便于安装、分离区无短流等特点；②池上部为正方形，便于若干组连建，布置紧凑，节省用

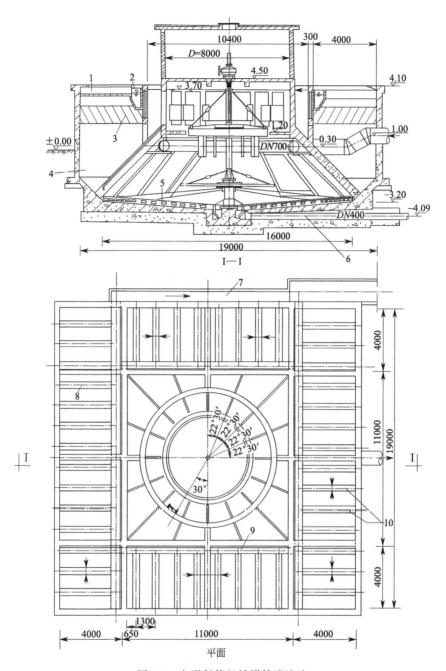

图 3-5 方形斜管机械搅拌澄清池

1，8，10—穿孔集水槽；2，9—集水槽；3—斜管；4—泥渣回流区；5—刮泥；6—排泥管；7—出水总槽

地，宜于施工；③池下部为截圆锥，一反应区底设有钢丝绳传动的刮泥机，将泥渣刮集到池底
环形集泥槽中，然后排至池外；④因原水浊度高，取消三角配水槽，采用穿孔布水管架设在一
反应区顶部（原三角配水槽位置）布水，避免三角槽集泥和出流缝堵塞，该池加药位置设在每
池进水渠道口处。

（3）IS 型机械搅拌澄清池

IS 型机械搅拌澄清池是为适应高浊度水而改进的一种机械搅拌澄清池型式，如图 3-6 所
示。由于原水浊度高，进水管设在池底部，避免三角配水槽积泥及出流缝隙堵塞。在构造上，

第一、第二反应区形状基本同一般机械搅拌澄清池，池壁则由斜壁改为直壁，底部为平底，以加大泥渣浓缩面积并提高其浓度，并设有一套刮泥机。

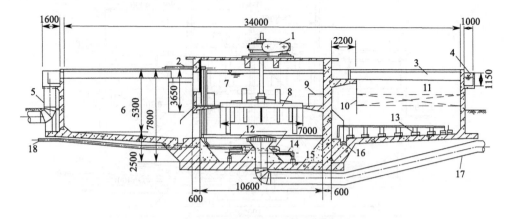

图 3-6　适应高浊度水的 IS 型机械搅拌澄清池

1—机械搅拌机；2—DN200 冲洗管；3—辐射集水槽；4—环形集水槽；5—DN1000 出水管；6—分离区；
7—二反应区；8—叶轮；9—导流板；10—导流区；11—预留斜管；12—环形冲洗管；13—机械刮泥机；
14—排砂管；15—排砂槽；16—环形排泥管；17—DN1000 进水管；18—排泥管、排砂管

运转实践表明，该池与一般标准型的机械搅拌澄清池相比，具有排泥方便、泥渣浓缩性能好等优点。由于池壁为直壁，因此池有效容积较大，高度可稍矮。底部的刮泥机解决了池底大量泥渣排除问题，在处理 40kg/m³ 以下高浊度原水时，其效果基本上是理想的。在处理 6.0kg/m³ 以下浊度的原水时，可取得同一般机械搅拌澄清池同样的效果。

该池在处理 6~40kg/m³ 高浊度原水（投加聚丙烯酰胺）时，叶轮转速宜取高值（叶轮外缘线速度为 1.33~1.67m/s），因为此时泥渣颗粒较重，如转速低则不易提升至第二反应区，直接影响净水效果。

处理高浊度水时，聚丙烯酰胺理想的投加点在第一反应区的 1/2 高度处，这时排泥浓度约为 600kg/m³。

该池由于是平底，泥渣回流较困难，第二反应室浓度一般偏低，投药量也稍大于一般机械搅拌澄清池。另外，刮泥机的构造较复杂，因此存在钢材用量较多、施工精度要求高及零件易损等缺点。

3.2.3　机械搅拌澄清池设计要点

机械搅拌澄清池的主要设计要点如下：

① 进出水管流速在 1m/s 左右。进水管接入环形配水槽后向两侧环流配水，故三角配水槽的断面按设计流量的 1/2 计算。配水槽和缝隙的流速均采用 0.4m/s 左右。

② 池容积均取决于停留时间。第一、第二反应区的停留时间一般控制在 20~30min。第二反应区计算流量为出水量的 3~5 倍（考虑回流）。设计中，第一、第二反应区（含导流区）和分离区的容积比控制在 2:1:7 左右。

③ 第二反应区和导流区的流速一般为 40~60mm/s。第二反应区应设导流板，其宽度为池径的 1/10。

④ 集水槽布置应力求避免产生局部上升流速过高或过低，可用淹没孔或三角堰出水。池径小时只设池壁环形集水槽。池径小于 6m 时加设 4~6 条辐射形集水槽；池径大于 6m 时，加设 6~8 条，槽中流速为 0.4~0.6m/s。穿孔集水槽壁开孔孔径为 20~30mm，孔口流速为 0.5~0.6m/s。穿孔集水槽尺寸计算如下。

a. 穿孔总面积按下式计算Σf:

$$\Sigma f = \frac{\beta q}{\mu \sqrt{2gh}} \tag{3-1}$$

式中 β——超载系数，$\beta = 1.2 \sim 1.5$；

$\quad q$——每只集水槽的流量，m^3/s；

$\quad \mu$——流量系数，对薄壁孔取 0.62；

$\quad h$——孔上水头，m；

$\quad g$——重力加速度，$9.81m/s^2$。

b. 穿孔集水槽的宽度（b）和高度（h）:

$$b = 0.9q^{0.4} \tag{3-2}$$

$$h = b + (7 \sim 8) \tag{3-3}$$

式中，设集水槽为正方形，$h = b +$ 孔口自由落差高度（$7 \sim 8cm$）。

⑤ 根据澄清池的大小可设泥渣浓缩斗 $1 \sim 3$ 个，泥渣斗容积为池容积的 $1\% \sim 4\%$。当进水悬浮物含量 $>1000mg/L$ 或池径 $\geqslant 24m$ 时，应设机械排泥装置；小型池可只用底部排泥。排泥宜用自动定时的电磁阀、电磁虹吸排泥装置或橡皮斗阀，也可用手用自动快开阀。

搅拌采用专用叶轮搅拌机。叶轮直径一般为第二反应区内径的 $0.7 \sim 0.8$ 倍，外缘线速率为 $0.5 \sim 1.0m/s$。叶轮提升流量为进水流量的 $3 \sim 5$ 倍。

3.2.4 机械搅拌澄清池的设计计算内容

（1）第二反应区

$$S_1 = \frac{Q'}{u_1} = \frac{(3 \sim 5)Q}{u_1} \tag{3-4}$$

式中 S_1——第二反应区截面积，m^2；

$\quad Q'$——第二反应区计算流量，m^3/s；

$\quad Q$——净产水能力，m^3/s；

$\quad u_1$——第二反应区及导流区内流速，m/s，$u_1 = 0.04 \sim 0.07$。

$$D_1 = \sqrt{\frac{4(S_1 + A_1)}{\pi}} \tag{3-5}$$

式中 D_1——第二反应区内径，m；

$\quad A_1$——第二反应区中导流板截面积，m^2。

$$H_1 = \frac{Q't_1}{S_1} \tag{3-6}$$

式中 H_1——第二反应区高度，m；

$\quad t_1$——第二反应区内停留时间，s，$t_1 = 30 \sim 60s$（按第二反应区计算水量计）。

（2）导流区

$$S_2 = S_1 \tag{3-7}$$

式中 S_2——导流区截面积，m^2。

$$D_2 = \sqrt{\frac{4}{\pi}\left(\frac{\pi D_1'^2}{4} + S_2 + A_2\right)} \tag{3-8}$$

式中 D_2——导流区内径，m；

$\quad D_1'$——第二反应区外径（内径加结构厚），m；

$\quad A_2$——导流区中导流板截面积，m^2。

$$H_2 = \frac{D_1 - D_1'}{2} \tag{3-9}$$

式中　H_2——第二反应区出水窗高度，m。

（3）分离区

$$S_3 = \frac{Q}{u_2} \tag{3-10}$$

式中　S_3——分离区截面积，m^2；

　　　u_2——分离区上升流速，m/s，$u_2 = 0.0008 \sim 0.0011$。

$$S = S_3 + \frac{\pi D_2'^2}{4} \tag{3-11}$$

式中　S——池子总面积，m^2；

　　　D_2'——导流区外径（内径加结构厚），m。

$$D = \sqrt{\frac{4S}{\pi}} \tag{3-12}$$

式中　D——池内径，m。

（4）池深

$$V' = 3600QT \tag{3-13}$$

式中　V'——池净容积，m^3；

　　　T——水在池中的停留时间，h。

$$V = V' + V_0 \tag{3-14}$$

式中　V——池子计算容积，m^3；

　　　V_0——考虑池内结构部分所占容积，m^3。

$$W_1 = \frac{\pi}{4} D^2 H_4 \tag{3-15}$$

式中　W_1——池圆柱部分容积，m^3；

　　　H_4——池直壁高度，m。

$$W_2 = \frac{\pi H_5}{3} \left[\left(\frac{D}{2}\right)^2 + \frac{D}{2}\frac{D_T}{2} + \left(\frac{D_T}{2}\right)^2 \right] \tag{3-16}$$

$$D_T = D - 2H_5 \cot\alpha \tag{3-17}$$

式中　W_2——圆台容积，m^3；

　　　H_5——圆台高度，m；

　　　D_T——圆台底直径，m。

$$W_3 = \pi H_6^2 \left(R - \frac{H_6}{3}\right) \tag{3-18}$$

$$W_3 = \frac{1}{3}\pi H_6 \left(\frac{D_T}{2}\right)^2 \tag{3-19}$$

式中　W_3——池底球冠或圆锥容积，m^3；

　　　H_6——池底球冠或圆锥高度，m；

　　　R——球冠半径，m。

$$H = H_4 + H_5 + H_6 + H_0 \tag{3-20}$$

式中　H——池总高，m；

　　　H_0——池超高，m。

（5）配水三角槽

$$B_1 = \sqrt{\frac{1.10Q}{u_3}} \tag{3-21}$$

式中 B_1——三角槽直角边长，m；

u_3——槽中流速，m/s，$u_3 = 0.5 \sim 1.0$；

1.10——考虑池排泥耗水量10%。

（6）第一反应区

$$D_3 = D_1' + 2B_1 + 2\delta_3 \tag{3-22}$$

式中 D_3——第一反应区上端直径，m；

δ_3——第一反应区与第二反应区间横隔墙厚度，m。

$$H_7 = H_4 + H_5 - H_1 - \delta_3 \tag{3-23}$$

式中 H_7——第一反应区高，m。

$$D_4 = \frac{D_T + D_3}{2} + H_7 \tag{3-24}$$

式中 D_4——伞形板延长线交点处直径，m。

$$S_6 = \frac{Q''}{u_4} \tag{3-25}$$

式中 S_6——回流缝面积，m^2；

Q''——泥渣回流量，m^3/s；

u_4——泥渣回流缝流速，m/s，$u_4 = 0.10 \sim 0.2$。

$$B_2 = \frac{S_6}{\pi D_4} \tag{3-26}$$

式中 B_2——回流缝宽，m。

$$D_5 = D_4 - 2\sqrt{2}B_2 \tag{3-27}$$

式中 D_5——伞形板下端圆柱直径，m。

$$H_8 = D_4 - D_5 \tag{3-28}$$

式中 H_8——伞形板下端圆柱体高度，m。

$$H_{10} = \frac{D_5 - D_T}{2} \tag{3-29}$$

式中 H_{10}——伞形板离池底高度，m。

$$H_9 = H_7 - H_8 - H_{10} \tag{3-30}$$

式中 H_9——伞形板锥部高度，m。

$$V_1 = \frac{\pi H_9}{12}(D_3^2 + D_3 D_5 + D_5^2) + \frac{\pi D_5^2}{4}H_8 + \frac{\pi H_{10}}{12}(D_5^2 + D_5 D_T + D_T^2) + W_3 \tag{3-31}$$

$$V_2 = \frac{\pi D_1^2}{4}H_1 + \frac{\pi}{4}(D_2^2 - D_1^2)(H_1 - B_1) \tag{3-32}$$

$$V_3 = V' - (V_1 + V_2) \tag{3-33}$$

式中 V_1——第一反应区容积，m^3；

V_2——第二反应区加导流区容积，m^3；

V_3——分离区容积，m^3。

（7）集水槽

$$h_2 = \frac{q}{u_5 b} \tag{3-34}$$

式中 h_2——槽终点水深，m；

q——槽内流量，m^3/s；

u_5——槽内流速，m/s，$u_5 = 0.4 \sim 0.6$；

$\quad b$——槽宽，m。

$$h_1 = \sqrt{\frac{2h_k^3}{h_2} + \left(h_2 - \frac{il}{3}\right)^2} - \frac{2}{3}il \tag{3-35}$$

$$h_k = \sqrt[3]{\frac{\alpha Q^2}{gb^2}} \tag{3-36}$$

式中　h_1——槽起点水深，m；

$\quad h_k$——槽临界水深，m；

$\quad i$——槽底坡；

$\quad l$——槽长度，m；

$\quad \alpha$——系数。

（8）排泥及排水

$$V_4 = 0.01V' \tag{3-37}$$

式中　V_4——污泥浓缩区总容积，m^3。

$$T_0 = \frac{10^4 V_4 (100 - P) \gamma}{(C_0 - C_e) Q} \tag{3-38}$$

式中　T_0——排泥周期，s；

$\quad P$——浓缩泥渣含水率，%，$P = 98\%$ 左右；

$\quad \gamma$——浓缩泥渣密度，kg/m^3；

$\quad C_0$——进水悬浮物含量，mg/L；

$\quad C_e$——出水悬浮物含量，mg/L。

$$q_1 = \mu S_0 \sqrt{2gh_3} \tag{3-39}$$

$$\mu = \frac{1}{\sqrt{1 + \frac{\lambda l}{d} \sum \xi}} \tag{3-40}$$

式中　q_1——排泥流量，m^3/s；

$\quad \mu$——流量系数；

$\quad S_0$——排泥管横断面积，m^2；

$\quad h_3$——排泥水头，m；

$\quad d$——排泥管管径，m；

$\quad \lambda$——摩擦系数，$\lambda = 0.03$；

$\quad \xi$——局部阻力系数。

$$t_0 = \frac{V_5}{q_1} \tag{3-41}$$

式中　t_0——排泥历时，s；

$\quad V_5$——单个污泥浓缩区容积，m^3。

（9）电功率

$$N_1 = \frac{\gamma Q' h'}{100 \eta_1} \tag{3-42}$$

式中　N_1——叶轮提升消耗功率，kW；

$\quad h'$——提升水头，一般采用 0.05m；

$\quad \eta_1$——叶轮提升的水力效率，一般采用 0.6。

$$N_2 = \lambda_1 \frac{\gamma \omega^3 B}{400g} (R_1^4 - R_2^4) Z \tag{3-43}$$

式中 N_2——桨叶消耗功率，kW；

ω——叶轮的角转速，弧度/s；

B——桨叶高度，m；

g——重力加速度，9.81m/s^2；

R_1，R_2——桨叶外缘和内半径，m；

Z——桨叶数（桨叶多于 3 片时要适当折减）。

$$N = N_1 + N_2 \tag{3-44}$$

$$N_A = N/\eta \tag{3-45}$$

式中 N——搅拌功率，kW；

η——电机效率。

3.2.5 运行管理

机械搅拌澄清池的运行管理包括如下几个方面。

（1）运行前的准备工作

①检查池内机械设备的空池运行情况；②电气控制系统应操作安全，动作灵活；③进行原水的烧杯试验，取得最佳混凝剂和最佳投药量。

（2）初次运行

① 应尽快形成所需泥渣浓度：可减少进水量，增加投药量（一般为正常投药量的 $1\sim2$ 倍），一般调整进水量为设计流量的 $1/2\sim2/3$，并减小叶轮提升量。

② 逐渐提高转速，加强搅拌。泥渣松散，絮粒较小或水温、进水浊度较低时，可适当投加黏土或石灰以促进泥渣的形成，也可将正在运行的机械搅拌澄清池的泥渣加入新运行的机械搅拌澄清池中，以缩短泥渣形成的时间。

③ 在泥渣形成过程中，进行转速和开启度的调整，在不扰动澄清区的情况下，尽量加大转速和开启度，找出开启度和转速的最佳组合。

④ 在形成泥渣的过程中，应经常取样测定池内各部位的泥渣沉降比，若第一反应区及池子底部泥渣沉降比开始逐步提高，则表明泥渣在形成（一般 $2\sim3\text{h}$ 后泥渣即可形成），此时运行已趋正常。

泥渣形成后，出水浊度达到设计要求（<10 度）时，可逐渐减少药量至正常投加量，然后逐步增大进水量。每次增加水量不宜超过设计水量的 20%。水量增加间隔不小于 1h，待水量增至设计负荷后，应稳定运行 48h 以上。

⑤ 当泥渣面高度接近导流筒出口时开始排泥，用排泥来控制泥渣面在导流筒出口以下。一般第二反应区 5min。泥渣沉降比在 $10\%\sim20\%$。

按不同进水浊度确定排泥周期和历时，用以保持泥渣面的高度。

（3）停池后重新运行

当停止运转 $8\sim24\text{h}$ 后，泥渣成压实状态，重新运转时，宜先开启底部放空阀门，排出池底少量泥渣，并控制较大的进水量和适当加大投药量，使底部泥渣松动，然后调整到正常水量的 $2/3$ 左右运转，待出水水质稳定后，再逐渐减少加药量，增大进水量。

（4）运行中的几种特殊情况及处理方法

① 当出现下列情况时，一般原因是投药量不足或原水碱度过低。

a. 分离区清水层中出现细小絮粒上升，出水水质浑浊；b. 从第一反应区取样观察，发现絮粒细小；c. 反应区的泥渣浓度越来越低。

② 当池面水体有大的絮粒普遍上浮，但颗粒间水色仍透亮时，可能是投药量过大，可适当降低投药量，观察效果。

③ 遇下列情况发生时，通常说明排泥量不够，必须缩短排泥周期或加长排泥历时。

a. 污泥浓缩斗内排出的泥渣含水量很低，泥渣沉降比已超过 80%；b. 反应区泥渣浓度增高较剧，泥渣沉降比达 25% 以上；c. 分离区泥渣层逐渐升高，出水水质变坏。

④ 在正常温度下，清水区中有大量气泡出现，可能是投加碱量过多，或由于池内泥渣回流不畅，沉积池底，日久腐败发酵，形成大块松散腐殖物，并夹带气体上漂池面。

⑤ 清水区中絮粒明显上升，甚至引起翻池，可能是由以下原因造成的：a. 进水水温高于澄清池内水温 1℃ 以上，降低了混凝效果，同时局部的上升流速比设计的上升流速大为增加；b. 强烈日光的偏晒，造成池水对流；c. 进水流量超过设计流量过多或配水三角槽堵塞，使配水不均而短流；d. 投药中断，排泥不适或其他因素。

3.3 水力循环澄清池

水力循环澄清池属泥渣循环澄清池，其工作原理与机械搅拌澄清池相同，不同之处只是在水中泥渣的循环不是依靠机械搅拌，而是利用水力在水射器的作用下进行混合和达到泥渣回流。当带有一定压力的原水（投加混凝剂后）以高速通过水射器喷嘴时，在水射器喉管周围形成负压，从而将数倍于原水的回流泥渣吸入喉管，并与原水充分混合接触。回流泥渣和原水的充分接触与反应大大加强了悬浮杂质颗粒间的吸附作用，加速絮凝，从而获得较好的澄清效果。图 3-7 所示为无伞形罩水力循环澄清池的构造。

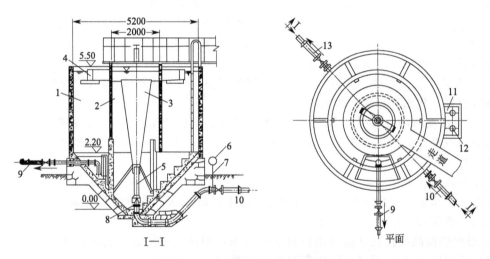

图 3-7 无伞形罩水力循环澄清池
1—分离室；2—二反应室；3——反应室；4—环形集水管；5—喉管；6—压力表；
7—白铁管；8—喷嘴；9—排泥管；10—进水管；11—出水斗；12—出水管；13—放空管

针对原水的不同水质，有些地区已对池型布置做出改造，如将普通的水力循环澄清池改成水力型澄清池，以适应西南地区原水含砂量和浊度较高的特点。

3.3.1 水力循环澄清池的特点

水力循环澄清池具有构造简单、不需要机械设备、操作维护简便等优点，但由于是靠水力循环，存在着反应欠完善，池深和池径比例受到限制，排泥耗水量大、处理水量受到限制等不足，并有混凝剂用量较大和对水质变化适应性较差的问题。为更好地适应西南地区原水浊度高、泥砂颗粒密度大的特点，做了如下改进，即充分利用快速混合、泥渣回流和旋流反应等水力条件，使水力循环澄清池具有更好的净化效果，降低排泥水量，突破池径与池深比例的限制等特点，如图 3-8 所示。

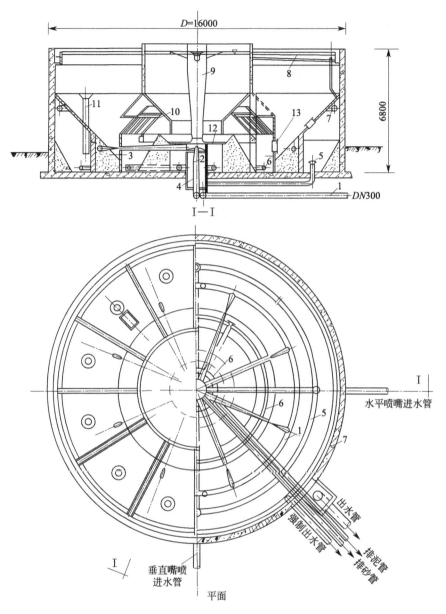

图 3-8　水力循环澄清池

1—水平喷嘴进水系统；2—垂直喷嘴进水系统；3—水平提升器；4—中心汇集筒；
5—排泥系统；6—排砂系统；7—强制出水系统；8—辐射式集水槽；9—垂直提升器；
10—除砂系统；11—渣面控制管；12—中心沉砂室盖板；13—人孔

改造内容包括：

① 增设了一套水平强制泥渣回流设备，以完成快速混合和较充分的反应，同时降低了池深，扩大了池径，图 3-8 所示的池径已达 16.0m，而池深仅 7.0m。

② 在垂直提升器上部增设了一个导向叶轮，使经充分混合的水流在反应区内呈自上而下的旋流反应，以利于泥渣的接触、碰撞，加强了反应效果。

③ 分离区上部设渣面控制管，将分离区泥渣在浓缩区强制出水的引流下进入浓缩区。渣

面控制管的作用在于保护清水区高度，并起泥渣循环接触絮凝作用，兼有悬浮泥渣碰撞絮凝作用，提高了混凝效果；浓缩区容积较大，可使泥渣充分浓缩，从而降低排泥耗水量。

3.3.2 水力循环澄清池设计要点

① 设计回流水量一般采用进水量的 2～4 倍。

② 喷嘴直径与喉管直径之比一般采用 (1∶3)～(1∶4)，喉管截面积与喷嘴截面积之比为 12～13。

③ 喷嘴流速采用 6～9m/s，喷嘴水力损失一般为 2～5m。

④ 喉管流速为 2.0～3.0m/s，喉管瞬间混合时间一般为 0.5～0.7s。

⑤ 第一反应区出口流速一般采用 50～80mm/s，第二反应区进口流速低于第一反应区出口流速，一般采用 40～50mm/s。

⑥ 反应区停留时间宜取用较大，以保证反应的完善，一般采用的停留时间为：第一反应区为 15～30s，第二反应区为 80～100s（按循环总回流量计）。

⑦ 池的斜壁与水平面的夹角一般为 45°。

⑧ 为避免池底积泥，提高回流泥渣浓度，喷嘴顶离池底的距离一般不大于 0.6m。

⑨ 为适应原水水质的变化，池中心设有可调节喷嘴与喉管进口处间距的措施。但须注意第一反应筒下口与喉管重迭调节部分的间隙不宜过小，否则易被污泥所堵塞，使调节困难。

⑩ 排泥装置同机械搅拌澄清池。排泥耗水量一般为 5% 左右；排泥量大者可考虑自动控制。池子底部应设放空管。

⑪ 在分离区内设置斜板，可提高澄清效果、增加出水量和减少药耗。在大型池内反应筒下部设置伞形罩，可避免第二反应区的出水短路和加强泥渣回流。

3.3.3 水力循环澄清池的设计计算内容

（1）水射器

$$d_0 = \sqrt{\frac{4q}{\pi v_0}} \tag{3-46}$$

式中　d_0——喷嘴直径，m；

　　　q——进水量，m^3/s；

　　　v_0——喷嘴流速，m/s。

$$h_p = 0.06 v_0^2 \tag{3-47}$$

式中　h_p——净作用水头，m。

$$v_0 = \frac{q}{1000 \omega_0} \tag{3-48}$$

式中　v_0——喷嘴流速，m/s；

　　　ω_0——喷嘴断面积，m^2。

$$d_1 = \sqrt{\frac{4q_1}{\pi v_1}} \tag{3-49}$$

式中　d_1——喉管直径，m；

　　　q_1——设计水量（包括回流泥渣量），m^3/s；

　　　v_1——喉管流速，m/s。

$$q_1 = nq \tag{3-50}$$

式中　n——回流比，一般为 2～4。

$$h_1 = v_1 t_1 \tag{3-51}$$

式中 h_1——喉管高度，m；

t_1——喉管混合时间，s。

$$d_5 = 2d_1 \tag{3-52}$$

式中 d_5——喇叭口直径，m。

$$h_5' = d_1 \tag{3-53}$$

式中 h_5'——喇叭口直壁高度，m。

$$h_5'' = \left(\frac{d_5 - d_1}{2}\right)\tan\alpha_0 \tag{3-54}$$

式中 h_5''——喇叭口斜壁高度，m；

α_0——喇叭口角度，(°)。

$$S = 2d_0 \tag{3-55}$$

式中 S——喷嘴与喉管间距，m。

（2）第一反应器

$$\omega_2 = \frac{\pi}{4}d_2^2 \tag{3-56}$$

$$d_2 = \sqrt{\frac{4q_1}{\pi v_2}} \tag{3-57}$$

$$h_2 = \frac{d_2 - d_1}{2}\tan\frac{\alpha}{2} \tag{3-58}$$

式中 ω_2——第一反应区出口断面积，m²；

d_2——第一反应区出口直径，m；

v_2——第一反应区出口流速，m/s；

h_2——第一反应区高度，m；

α——第一反应区锥形筒夹角，(°)。

（3）第二反应区

$$\omega_3 = \frac{q_1}{v_3} \tag{3-59}$$

式中 ω_3——第二反应区上口断面积，m²；

v_3——第二反应区上口流速，m/s。

$$h_6 = \frac{4q_1 t_3}{\pi(d_3^2 - d_2^2)} \tag{3-60}$$

式中 h_6——第二反应区出口至第一反应区上口高度，m；

t_3——第二反应区反应时间，s；

d_3——第二反应区上口直径，m。

$$h_3 = h_6 + h_4 \tag{3-61}$$

式中 h_3——第二反应区高度，m；

h_4——第一反应区上口水深，m。

$$\omega_1 = \frac{\pi}{4}(d_3^2 - d_2'^2) \tag{3-62}$$

式中 ω_1——第二反应区出口断面积，m²；

d_2'——第二反应区出口处到第一反应区上口处的锥形筒直径，m。

（4）澄清池各部尺寸

$$\omega_4 = \frac{q}{v_4} \tag{3-63}$$

式中　ω_4——分离区面积，m^2；

　　　v_4——分离区上升流速，m/s。

$$D = \sqrt{\frac{4(\omega_2 + \omega_3 + \omega_4)}{\pi}} \tag{3-64}$$

式中　D——澄清池直径，m。

$$H_3 = h + h_0 + h_1 + S + h_2 + h_4 \tag{3-65}$$

式中　H_3——池内水深，m；

　　　h——喷嘴法兰与池底的距离，m；

　　　h_0——喷嘴高度，m。

$$H = H_3 + h_4' \tag{3-66}$$

式中　H——池总高度，m；

　　　h_4'——第一反应区上口超高，m。

$$H_1 = \frac{D - D_0}{2}\tan\beta \tag{3-67}$$

式中　H_1——池锥体部分高度 m，；

　　　D_0——池底部直径，m；

　　　β——池斜壁与水平线的夹角，$(°)$。

$$H_2 = H - H_1 \tag{3-68}$$

式中　H_2——池直壁高度，m。

（5）各部容积及停留时间

$$t_1 = \frac{h_1}{v_1} \tag{3-69}$$

$$V_1 = \frac{\pi h_2}{3}\left(\frac{d_2^2 + d_2 d_1 + d_1^2}{4}\right) \tag{3-70}$$

$$V_2 = \frac{\pi}{4}d_3^2 h_3 - \frac{\pi h_6}{3}\left(\frac{d_2^2 + d_2 d_2' + d_2'^2}{4}\right) \tag{3-71}$$

$$V = \frac{\pi}{4}D^2[H - (H_1 + H_0)] + \frac{\pi H_1}{12}(D^2 + DD_0 + D_0^2) \tag{3-72}$$

$$T = \frac{W}{3600q} \tag{3-73}$$

式中　t_1——喉管混合时间，s；

　　　V_1——第一反应区容积，m^3；

　　　V_2——第二反应区容积，m^3；

　　　V——澄清池总容积，m^3；

　　　H_0——超高，m；

　　　T——澄清池总停留时间，h。

（6）排泥系统

$$V_4 = \frac{q(C_0 - C_e)}{C}t' \times 3600 \tag{3-74}$$

式中　V_4——泥渣浓缩区容积，m^3；

　　　C——浓缩后泥渣浓度，mg/L；

t'——浓缩时间，h；

C_0——进水悬浮物含量，mg/L；

C_e——出水悬浮物含量，mg/L。

3.3.4 运行管理

各种形式澄清池的运行管理要求大致相仿。水力循环澄清池的特殊管理要点为：①运行前须检查喉管的升降装置，应保持升降灵活，并做好提升高度的标志；②初次运行时应先调整喉管与喷口间距离，一般可先按2倍喷嘴直径调节；③池子开始出水后，细心观察出水水质及泥渣形成状况，并调节喉管与喷口间距离，观察泥渣回流状况，以确定最佳的喉管位置；④正常运转中，一般以测定第一反应区出口处的5min沉降比来控制出水水质，其沉降比宜在15%～20%之间；⑤为了保持池内泥渣的平衡，应定时进行排泥。一般当第一反应区的5min泥渣沉降比在20%～25%以上时，即宜排泥。排泥历时不可过长，以免泥渣排出太多，影响池子的正常运行。

3.4 脉冲澄清池

脉冲澄清池是一种悬浮泥渣式澄清池，利用由脉冲发生器引起的脉冲配水的方法，加速水与药剂的混合，自动调节悬浮层泥渣浓度的分布，进水按一定周期充水和放水，使泥渣悬浮层周期地上升（膨胀）和下降（收缩），从而加剧泥渣颗粒间的碰撞，以提高澄清效果。脉冲澄清池通常适用于原水中预先加有药剂的混凝处理，结构简单，对高浊度水处理效果较好，但对处理水量、水温的变化要求较高。

3.4.1 脉冲澄清池的组成及特点

（1）脉冲澄清池的组成

脉冲澄清池主要由以下四大系统组成，如图3-9所示。

① 脉冲发生器系统，现有脉冲澄清池形式很多，主要区别在脉冲发生器系统。

② 配水稳流系统，包括中央落水渠、配水干渠、多孔配水支管和稳流板。

③ 澄清系统，包括悬浮层、清水层、多孔集水管和集水槽。

④ 排泥系统，包括泥渣浓缩区和排泥管。

（2）脉冲澄清池的特点

① 急速均匀混合，泥渣充分吸附，间歇静止沉淀。

② 与其他澄清池相比池深较浅（常用4～5m），池底为平底，构造较简单。

③ 水池平面可布置成圆形、方形或矩形等，较为灵活，有利于水厂平面布置。

④ 无水下的机械设备，机械维修工作少。

⑤ 脉冲及絮凝等均发生在水下，不易观察掌握，因此操作管理要求较高，对水质、水量变化较为敏感。

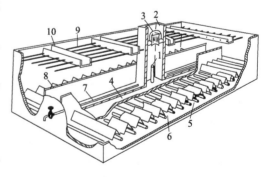

图3-9 钟罩式脉冲澄清池

1—中央进水管；2—真空室；3—脉冲阀；
4—配水干渠；5—多孔配水管；6—稳流板；
7—穿孔排泥管；8—多孔集水管；9—集水槽；
10—泥渣浓缩区

3.4.2 脉冲发生器的类型

脉冲发生器是脉冲澄清池的重要部分，它的动作完善程度直接影响脉冲澄清池的水力条件和净水效果。其设计要点是：①脉冲周期一般采用 30～40s，其中充放时间为（3：1）～（4：1）；②需自动控制周期性的脉冲；③要确保空气不进入悬浮层；④脉冲动作要稳定、可靠；⑤要能适应流量的变化；⑥高低水位调节要灵活、方便；⑦水力损失不宜过大；⑧构造简单，加工方便，造价便宜。

脉冲发生器有多种形式，几种常用脉冲发生器的工作特点及优缺点如下。

（1）真空式脉冲发生器

采用真空泵脉冲发生器的澄清池的剖面如图 3-10（a）所示，其工作原理是：原水加入混凝剂后流入进水室。由真空泵造成的真空使进水室内水位上升，此为充水过程。当水面达到进水室最高水位时，立即由脉冲自动控制系统（一般为水位电极控制）自动将进气阀打开，真空破坏，使进水室通大气。在大气压作用下，进水室内水位迅速下降，向澄清池放水，此为放水过程。原水通过设置在底部的配水管进入澄清池进行澄清净化。当水位下降到最低水位时，进气阀又自动关闭，真空泵则自动启动，再次造成进水室内的真空，进水室内水位又上升，如此反复进行脉冲工作。充水时间一般为 25～30s，放水时间一般为 6～10s。总的时间称为脉冲周期，可用电子钟、时间继电器控制，或用抽气量大小控制水位上升时间，决定脉冲周期。

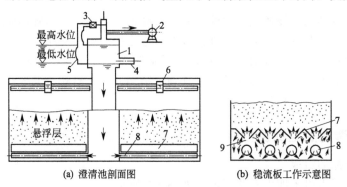

图 3-10 采用真空泵脉冲发生器的澄清池
1—进水室；2—真空泵；3—进气阀；4—进水管；
5—水位电极；6—集水槽；7—稳流板；8—穿孔配水管；9—缝隙

脉冲澄清池底部的配水系统采用稳流板 [图 3-10（b）]，投加过混凝剂的原水通过穿孔管喷出，水流在池底折流向上，在稳流板下的空间剧烈翻腾，形成小涡体群，造成良好的碰撞反应条件，最后水流通过稳流板的缝隙进入悬浮层，进行接触凝聚。

在脉冲作用下，池内悬浮物一直周期性地处于膨胀和压缩状态，进行一上一下的运动，这种脉冲作用使悬浮层的工作稳定，其原因是：由于池子底部的配水系统不可能做到完全均匀的配水，所以悬浮层区和澄清区的断面水流速度总是不均匀的，水流不均匀性产生的后果是高速度的部分把矾花带出悬浮层区，使矾花浓度降低，没有起到足够的接触凝聚作用，使水质变坏。当池子的水流连续向上时，上述现象就会加剧，而且会成为一种恶性循环，这就是一般澄清池（特别是悬浮澄清池）工作恶化的原因。脉冲澄清池则在充水时间内，由于上升水流停止，在悬浮物下沉及扩散的过程中，会使断面上的悬浮物浓度分布均匀化，并加强颗粒的接触碰撞，改善混合絮凝的条件，从而提高净水效果。由于脉冲作用的优点，脉冲澄清池的单池面积可以很大，为其他类型澄清池所不及，因而占地少，造价低。但真空设备复杂，噪声较大。

（2）钟罩虹吸式脉冲发生器

图 3-11 所示为钟罩虹吸式脉冲发生器，其工作原理是：加药后的原水进入进水区，区内

水位逐步上升，钟罩内空气逐渐被压缩；当水位超过中央管顶时，有部分原水溢流入中央管，溢流作用将压缩在钟罩顶部的空气逐步带走，形成真空，发生虹吸，进水区的水迅速通过钟罩、中央管，进入配水系统。当水位下降至破坏管口（即低水位时）时，因空气进入，虹吸被破坏，这时进水区水位重新上升，进行周期性的循环。脉冲周期可用虹吸发生与破坏的时间来控制。

虽然钟罩虹吸式脉冲发生器结构简单，但调节较困难，水力损失也较大。

（3）S形虹吸式脉冲发生器

图3-12所示为S形虹吸式脉冲发生器的结构示意，其工作特点是：加药后的原水进入进水区，区内水位上升，钟罩内空气逐渐被压缩。当进水区内水位到达最高点时，钟罩内的压力

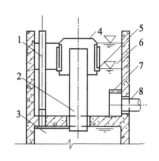

图3-11 钟罩虹吸式脉冲发生器
1—透气管；2—中央管；3—中央竖井；
4—钟罩；5—虹吸破坏管口；6—进水区；
7—挡水板；8—进水管

大于水封管的水封压力，水封即被冲破，钟罩内被压缩的空气经水封管喷出，造成虹吸，进水区内水位急骤下降，水经中央虹吸管流入澄清池。当进水室内水位降低至露出虹吸破坏管口时，空气进入钟罩，钟罩内负压消失，虹吸被破坏，于是进水区内水位重新上升，进行周期性的循环。平衡水箱内装有插板，可调节水封高度。脉冲周期可由水位上升时间控制。

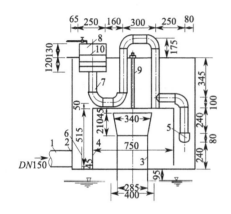

图3-12 S形虹吸式脉冲发生器
1—进水管；2—进水区；3—中央虹吸管；4—钟罩；
5—虹吸破坏管；6—穿孔进水挡板；7—水封管；
8—平衡水箱；9—调节丝杆；10—插板

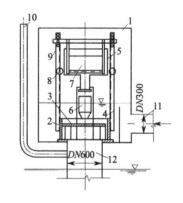

图3-13 浮筒切门式脉冲发生器
1—进水区；2—切门；3—圆形盖板；
4—联轴架；5—浮筒水箱；6—小浮筒；
7—大浮筒；8—导向滑轮；9—调节孔；
10—排气孔；11—进水管；12—中央竖井

虽然S形虹吸式脉冲发生器的构造较简单，但调节困难，水力损失较大，一般只适用于100m³/h以下的小流量。

（4）浮筒切门式脉冲发生器

图3-13所示为浮筒切门式脉冲发生器的结构示意。其工作特点是：加药后的原水进入进水区，当区内水位处于低水位时切门关闭，随着水位逐渐上升，小浮筒6上浮封闭浮筒水箱5的出水孔，当水位继续上升超过浮筒水箱5的上缘时，水迅速进入浮筒水箱5内，大浮筒7上浮，通过联轴架把切门2提起，水进入中央管，水位迅速下降。当小浮筒6的浮力小于浮筒水箱5内的水压力时，浮筒水箱5内的出水孔打开，箱内的水迅速泄空，大浮筒在自重作用下将切门关闭。不断进水，则形成连续脉冲。脉冲周期由水位升降时间控制。

浮筒切门式脉冲发生器的优点是构造简单，脉冲阀动作较灵活、可靠，不耗动力，但调节不很灵活，如浮筒漏气进水，发生器的动作将失灵。

3.4.3 其他类型的脉冲澄清池

除采用上述脉冲发生器外，脉冲澄清池还有如下几种类型。

（1）定泥量虹吸自动排泥脉冲澄清池

脉冲澄清池的排泥浓度和时间是否恰当直接关系到悬浮层的性能和净水效果。以往许多脉冲澄清池的排泥都采用定量控制，未和悬浮层的高度、浓度联系，往往使悬浮层浓度过高或不足，影响净水效果。采用定泥量虹吸自动排泥能取得良好的效果，并可节约排泥耗水量。

定泥量虹吸自动排泥脉冲澄清池利用悬挂在悬浮泥渣层中的信号漏斗，模拟相对应的泥渣层浓度和高度作为启、停虹吸排泥的依据；能随原水浊度的变化做到适时排泥，自动保持池内的泥水平衡，使悬浮泥渣层保持稳定；利用水力、虹吸、泥渣浓度、重量变化等原理，采用简单的电气设备实现排泥自动化。

定泥量虹吸自动排泥系统由排泥、抽气和计量自控三部分组成，如图 3-14 所示。当悬浮泥渣层达到一定高度和浓度时，悬挂在泥渣层中的信号泥斗由于泥的重量使杠杆失去平衡而偏转，计量箱内的水银开关接通，联动电磁吸铁把工作水箱阀盖打开，水经抽气丁字管形成负压，开始对虹吸管进行抽气，形成虹吸，沉泥由穿孔排泥管、虹吸排泥管排出，同时通过虹吸支管排除信号泥斗中的沉泥。

当信号泥斗内的沉泥排出后，泥斗重量减轻，杠杆复位，水银开关切断，电磁吸铁落下，关闭工作水箱阀盖，停止工作水流和抽气丁字管的抽气。由于虹吸排泥管的虹吸作用，水封箱 10 内的水不断被抽出，破坏管口露出水面，空气进入虹吸管内，真空破坏，排泥终止，自动完成一次自动排泥过程。

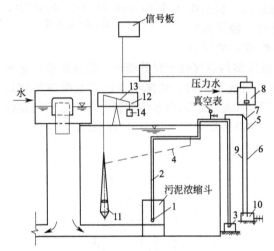

图 3-14 定泥量虹吸自动排泥系统示意图
1—穿孔管；2—虹吸排泥管；3—虹吸管水封箱；
4—虹吸排泥支管；5—抽气管；6—水气排出管；
7—工作水管；8—工作水箱；9—虹吸破坏管；
10—水封箱；11—信号泥斗；12—计量箱；
13—水银开关；14—重锤

（2）超脉冲澄清池

超脉冲澄清池（superpulsator）由法国德格雷蒙（Degremont）公司研制，在脉冲澄清池悬浮区增设带导流片的斜板并取消池底人字稳流板。带导流片的斜板对上升水流产生涡流，增大悬浮层泥渣浓度，提高净水效果和负荷，其水力负荷为普通脉冲澄清池的 1～2.5 倍。脉冲发生器多采用真空式，一方面可确保放水快速（5～10s）；另一方面超脉冲澄清池排泥采用多只虹吸管排泥，可利用真空泵控制，如图 3-15 所示。

超脉冲澄清池运转操作不比普通脉冲澄清池复杂，对水量、水温变化有良好的适应性，短期间歇运转也没问题，池内检修时只需移除一组斜板，即可进入池底。

主要参考数据为：悬浮层的上升流速一般为 8～12m/h，最高可达 4～5mm/s；配水支管的孔口最大流速为 4m/s；混合的速度梯度 G 较高，可达 400～100s^{-1}；在池底与斜板底之间有 5～15min 混合絮凝时间；斜板与水平倾斜角为 60°，板间间距为 0.30～0.50m；混合及反应时间共 15～30min；鼓风机通过节流装置调整真空度，使吸气口端的真空度变化在 （7～9）×10^{3}Pa；适用于原水悬浮物含量 1500mg/L 以下；水深 4.75m，池深 4.95m，斜板单元组件宽 5m，浓缩区宽取决于原水中最大浊度和所用上升流速。

4 种标准的超脉冲澄清池的布置如图 3-16 所示。

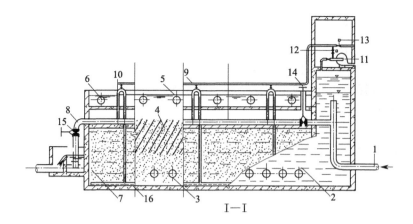

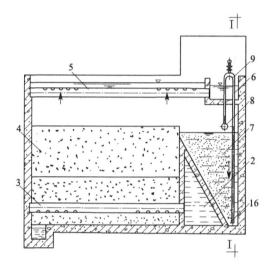

图 3-15 超脉冲澄清池

1—进水管；2—三角配水渠；3—穿孔配水管；4—带阻流板的斜板；
5—穿孔集水管；6—出水槽；7—泥渣浓缩区；8—排泥干管；
9—虹吸真空管；10—虹吸排泥管；11—风机；12—电磁阀；
13—自动空气阀；14，15—自动阀门；16—穿孔排泥管

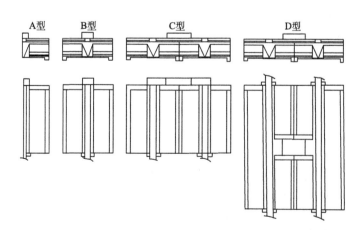

图 3-16 标准超脉冲型澄清池布置

3.4.4 脉冲澄清池设计要点

① 脉冲澄清池视具体情况可选用真空式、钟罩虹吸式或切门式等发生器。

② 一般采用穿孔配水管，上设人字稳流板，其主要设计数据为：配水管最大孔口流速为 2.5~3.0m/s；配水管管底距池底 0.2~0.3m；配水管中心距为 0.4~1.0m；稳流板缝隙流速为 50~80mm/s；稳流板夹角一般采用 60°~90°。

③ 在原水浊度较高，排泥频繁地区，宜采用自动排泥装置。排泥周期及历时可根据原水水质、水量变化、悬浮层泥渣沉降等情况随时调整。

脉冲澄清池容积、各部尺寸、穿孔配水管等的计算与一般澄清池相同。

3.4.5 钟罩脉冲发生器的设计内容

(1) 脉冲平均流量 Q_m

$$Q_m = \frac{Q(1-\alpha)}{t_1} t_2 + Q_S \tag{3-75}$$

式中　Q——脉冲澄清池设计水量，m^3/s；

Q_S——日设计用水量，m^3/s；

α——悬浮水量/设计水量；

t_2——充水时间，s；

t_1——放水时间，s。

(2) 放水时间 t_1

$$t_1 = \frac{A\Delta H}{\dfrac{\mu \sum \omega \sqrt{2g \Delta h_{max}}}{\alpha} - Q} \tag{3-76}$$

$$\alpha = \frac{脉冲最大流量 Q_{max}}{脉冲平均流量 Q_m} \tag{3-77}$$

式中　α——峰值系数，钟罩式为 1.23~1.28，切门式为 1.34~1.44，真空式为 1.50~1.80；

ΔH——脉冲时进水区高低水位差，m，一般取 0.6~0.8；

Δh_{max}——最大自由水头，钟罩式、切门式为 0.35~0.50m；

A——进水区有效面积，m^2；

$\sum \omega$——配水管孔眼总面积，m^2；

$\dfrac{A}{\sum \omega}$——孔眼面积比，钟罩式为 15~18，切门式为 10~12，真空式为 6~8；

μ——流量系数，一般采用 0.5~0.55。

(3) 脉冲过程中相当于最大流量时，配水管孔口处的最大自由水头 Δh_{max}

$$\Delta h_{max} = \frac{h}{C} - \sum h_i \tag{3-78}$$

$$h = C(\sum h_i + \Delta h_{max}) \tag{3-79}$$

$$\sum h_i = h_{i1} + h_{i2} + h_{i3} + h_{i4} \tag{3-80}$$

式中　h——进水区最高水位与澄清池出水水位之差，m；

C——水位修正系数（考虑发生最大脉冲流量时的水位与最高脉冲水位两者不一致），钟罩式、切门式为 1.10~1.20，真空式为 1.0；

$\sum h_i$——发生器和池体总的水力损失，m；

h_{i1}——发生器局部损失，m；

h_{i2}——发生器沿程损失，m，一般很小，可忽略不计；

h_{i3}——池体局部损失，m；

h_{i4}——池体沿程损失，m。

h_{i3} 和 h_{i4} 要按澄清池的构造分别计算。

（4）钟罩式脉冲发生器及进水区：中央虹吸管直径 d

$$d=\sqrt{\frac{4Q_m}{\pi v_{01}}} \tag{3-81}$$

式中　v_{01}——中央管脉冲平均流速，m/s，一般取 $2\sim4$。

（5）钟罩直径 D

$$D=2d \tag{3-82}$$

式中　D——根据经验为中央管直径的 2 倍。

（6）进水区面积 F

$$F=\frac{Q(t_2+\Delta t)}{\Delta H}+\frac{\pi}{4}D^2 \tag{3-83}$$

式中　Δt——发生脉冲前，瞬时溢流时间折算为计算流量的当量时间，一般取 $1\sim3$s。

（7）钟罩顶面距离中央虹吸管管顶的高度 h_4

$$h_4=(1.2\sim1.5)\frac{Q_m}{\pi d v_{01}} \tag{3-84}$$

（8）中央虹吸管高度 h_l

$$h_l=h_1+\sum h_i+\Delta H-\frac{2}{3}h_4 \tag{3-85}$$

$$h_{i1}=\alpha^2\left(\frac{\xi_1 v_{01}^2}{2g}+\frac{\xi_2 v_{02}^2}{2g}+\frac{\xi_3 v_{03}^2}{2g}\right) \tag{3-86}$$

式中　h_1——中央虹吸管水封深度，一般取 $0.05\sim0.15$m；

h_{i1}——发生器局部损失，m；

v_{02}——钟罩脉冲平均流速，m/s；

v_{03}——钟罩和中央管间隙脉冲平均流速，m/s；

ξ_1——中央管局部阻力系数（包括出口），一般 $\xi_1=1.0+0.7=1.7$；

ξ_2——钟罩局部阻力系数，一般 $\xi_2=1.0$；

ξ_3——钟罩和中央管间隙局部阻力系数，一般 $\xi_3=1.0$。

（9）钟罩高度 h_x

$$h_x=\frac{1}{3}h_4+\Delta H+h_3+h_2 \tag{3-87}$$

式中　h_4——中央管管顶与钟罩顶之间的高度，m；

h_3——虹吸破坏管总高度，一般取 $0.05\sim0.15$m；

h_2——钟罩底边保护高度，m。

（10）进水区高度 H_1

$$H_1=\sum h_i+\Delta H+h_5-\delta \tag{3-88}$$

式中　h_5——进水区超高，一般取 $0.3\sim0.5$m，以便调整周期，增加产水量；

δ——进水区底板厚度，m。

3.4.6　脉冲澄清池的运行管理

（1）初次运行

① 调整进水量到设计流量，记录充水和放水时间、高低水位差及孔口最大自由水头等。

② 在悬浮层未形成前，需适当加大投矾量（通常多加 20%～50%），以促进悬浮层形成（一般需 4～8h），然后逐步减小到正常投加量。

③ 测定悬浮层 5min 沉降比（通常为 10%～15%），用来指导加矾和排泥。

（2）正常运行

① 每小时测定悬浮层 5min 沉降比和出水浊度，确定增减矾量和控制排泥。

② 运行时水量不应突变，增加水量以不超过 20% 为限，并提前增加矾量。

③ 要控制脉冲发生器正常可靠工作，保持悬浮层处于稳定状态。

④ 最好连续运行，如果需要间歇运行，停池前应先将泥渣浓缩区泥渣排泄，以防止停池太久泥渣结块造成排泥困难。如停池超过 3d，最好将池体存泥放空，以免泥渣变质，影响下次运行的出水水质。

（3）"翻浑"处理

原水水质变坏，加矾不够或断矾，长时间不排泥（泥渣浓缩室积满泥），充放比例失调，排气不畅，空气窜入悬浮层把泥渣带到清水层等，都会引起脉冲澄清池"翻浑"。此时应迅速查明原因，及时采取相应措施，如迅速排泥、增加矾量、减少水量，以及调整充放时间等。

3.5　悬浮澄清池

投加混凝剂的原水先经过空气分离器分离出水中空气，再通过底部穿孔配水管进入悬浮泥渣层。清水向上分离，原水得到净化，悬浮泥渣在吸附了水中悬浮颗粒后将不断增加，多余的泥渣便自动地经排泥孔进入浓缩区，浓缩到一定浓度后，由底部穿孔管排走。

悬浮澄清池应用较早，最初大都为穿孔底板式，20 世纪 90 年代开始使用无穿孔底板式澄清池。目前，新建的悬浮澄清池不多，但我国西南等地区把立式沉淀池、水力循环澄清池改建成悬浮澄清池，对增加出水量、改善出水水质及适应高浊度水的处理仍显示了一定的优越性。

无穿孔底板悬浮澄清池一般分为单层式和双层式两种，以适应不同浊度的原水。

根据实践，双层式悬浮澄清池的悬浮层底部增设排渣孔，对高浊度水（原水悬浮物含量 3000～10000mg/L）的处理有一定的适应性。

3.5.1　悬浮澄清池的分类

（1）单层式悬浮澄清池

单层式悬浮澄清池的结构如图 3-17 所示，适用于悬浮物含量不超过 3000mg/L 的原水，对于含砂量较大的原水，可在原水进水管上加装比进水管管径略小的排砂管，定期排砂及放空，并在池内另设放空管。

（2）双层式悬浮澄清池

双层式悬浮澄清池的结构如图 3-18 所示，适用于浊度较高且含有细砂的原水，原水悬浮物含量一般在 3000～10000mg/L。泥渣浓缩室设于悬浮层下部，在排渣筒下部设有底部排渣孔，以调节悬浮层的浓度和排除悬浮层下部的砂粒，孔口应有调节开启度的设备。孔口总面积为排渣筒面积的 50%。泥渣浓缩区设于悬浮层下部，容量较大，配水区底部设有能调节开启度的底部

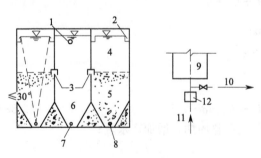

图 3-17　单层式悬浮澄清池

1—强制出水管；2—清水集水槽；3—排渣孔；
4—清水区；5—悬浮层；6—泥渣浓缩区；
7—穿孔排泥管；8—穿孔配水管；9—澄清池；
10—排砂（水）；11—原水；12—空气分离器

排渣孔。圆形池可用喷嘴配水，其底部排渣孔（总面积等于排渣筒进口面积）在 V 形底外侧，位于喷嘴出口的后面。矩形池可用穿孔管配水。

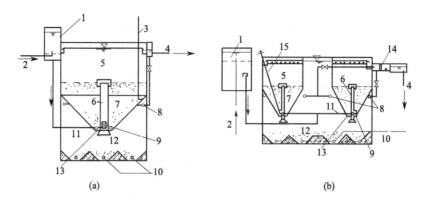

图 3-18 双层式悬浮澄清池

1—空气分离器；2—原水；3—排气管；4—出水；5—清水池；
6—排渣筒；7—悬浮层；8—强制出水管；9—底部排渣孔；10—空孔排泥管；
11—配水管；12—泥渣浓缩区；13—配水区；14—计量设备；15—手轮

（3）立式沉淀池改造型

立式沉淀池改造型是由立式沉淀池改造而成的悬浮澄清池，其结构如图 3-19(a) 所示。其适用条件及特点与上述的单层式悬浮澄清池和双层式悬浮澄清池相似。

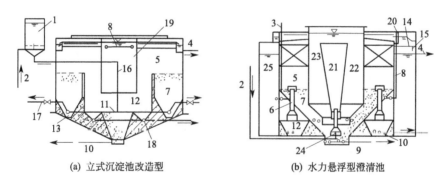

(a) 立式沉淀池改造型   (b) 水力悬浮型澄清池

图 3-19 立式沉淀池改造型和水力悬浮型澄清池

1—空气分离器；2—原水；3—排气管；4—出水；5—清水池；6—排渣筒；
7—悬浮层；8—强制出水管；9—底部排渣孔；10—穿孔排泥管；11—配水管；
12—泥渣浓缩区；13—配水区；14—计量设备；15—手轮；16—原进水管；
17—增设排砂管；18—增设排泥管；19—原沉淀池反应区；20—强制出水控制阀；
21—反应区；22—二反应区；23—斜板；24—双喷嘴；25—清水池

（4）水力悬浮型澄清池

水力悬浮型澄清池是一种综合性池型，其结构如图 3-19(b) 所示，适用于处理较高浊度的原水（原水中悬浮物含量可达 10000mg/L）。采用喷嘴进水使泥渣回流，可加强接触絮凝，降低药耗。

3.5.2 悬浮澄清池设计要点

① 单池面积不宜超过 150m² 。矩形池每格池宽在 3m 左右。单层式澄清池池高一般不小于 4m，双层式池高一般不大于 7m。澄清池不少于 2 座。

② 混凝剂的加入量应与澄清池出水量的变化相适应。药剂品种的选择、最佳投加量的确定，可参考同一水源相近水厂的运行经验或通过试验确定。

③ 原水与混凝剂一般应在空气分离器前完成混合，如混凝剂直接加入空气分离器时，应考虑均匀混合的设施。当原水悬浮物含量超过 3000mg/L 时，在进入配水系统前的混合时间不得超过 3min。当采用石灰软化水时，药剂可直接加入澄清池的底部。

④ 对含有较多细砂的高浊度水，可增设底部排渣孔，通过澄清池下部排除不能凝聚并滞留在悬浮层底部的砂粒和老化的泥渣，以保证配水系统和悬浮层的正常工作。

当原水浊度较低时，需增设泥渣回流设备，将泥渣区的部分泥渣经空气分离器回流入池，以增大悬浮层浓度，也可采用间歇回流，在半小时内将悬浮层浓度提高到不低于 2kg/m³。无回流设备时，则需增大投药量。

⑤ 每池设一个空气分离器，如图 3-20 所示，或一组池共用一个空气分离器，将进入澄清池的水中的空气或二氧化碳气体释放掉。设计数据为：a. 停留时间不小于 45s；b. 进水管流速不大于 0.75m/s；c. 格网（栅）设在进水管口下缘附近，网（栅）孔尺寸的选择既要防止水中粗大杂质进入配水孔或堵塞配水喷嘴，又不致由于网（栅）孔眼太小而被截留杂质堵塞，一般采用（10mm×10mm）～（20mm×20mm）；d. 分离器内水流向下流动速度不大于 0.05m/s，出水管流速为 0.4～0.6m/s，底部呈平底或锥形；e. 空气分离器内水位高度按穿孔配水管的水力损失确定，一般高出澄清池水面 0.5～0.6m；f. 水深不小于 1m，进水管口上缘应低于澄清池内水面 0.1m，空气分离器底位于澄清池内水面下不少于 0.5m。

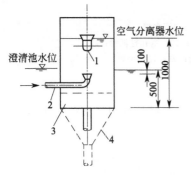

图 3-20 空气分离器示意图
1—溢流管；2—进水管；
3—格网（栅）；4—接澄清池配水管

⑥ 采用穿孔管配水，孔口流速为 1.5～2.0m/s，孔眼直径为 20～25mm，孔距不大于 0.5m，孔向下与水平面成 45° 交错排列。

⑦ 采用喷嘴旋流配水时，喷嘴出口流速随着原水浊度的增加而提高，可按下值采用：原水悬浮物含量分别为 100～500mg/L、500～1000mg/L、1000～5000mg/L 时，分别采用 1m/s、1.25m/s 和 1.25～1.75m/s。

目前国内运行的弯管旋流配水，当弯管出口流速控制在 0.75m/s 时，可取得较好的澄清效果。喷嘴流速及消除旋流的整流板数量均需通过生产试验加以调整。

⑧ 悬浮层高度应按原水浊度、温度而定，当用于混凝澄清时，一般为 2.0～2.5m（其中直壁高度不得小于 0.6m）；当用于石灰软化时，不小于 1.5m，低温、低浊度的原水宜取大值。停留时间一般为 20～30min，水流通过悬浮层的水力损失为 5～8cm/m（高值适用于浑浊度较高的原水）。底部斜边与水平夹角不应小于 45°，一般为 50°～60°，底部呈锥形或锯齿形（用于方池）。

⑨ 清水区上升流速与水池构造形式、原水悬浮物数量、混凝剂种类和投加量、水温等因素有关，可参照相关条件运行的澄清池运转资料确定。无此资料时，可参考表 3-3。

表 3-3 悬浮澄清池上升流速及悬浮层浓度

原水悬浮物浓度/(mg/L)	清水区上升流速/(mm/s)	悬浮层平均浓度/(g/L)	泥渣浓缩区上升流速/(mm/s)
100～1000	0.8～1.0	2.0～5.0	0.3～0.4
1000～3000	0.9～1.0	5.0～11	0.3～0.4
3000～5000	0.8～0.9	11～12	0.4～0.6
5000～10000	0.7～0.8	12～18	0.5～0.6
10000～15000	0.6～0.7	18～25	0.4～0.5
15000～20000	0.5～0.6	25～33	0.3～0.4

⑩ 排渣筒下部应设导流筒或其他措施，以提高容积利用率。布置在泥渣浓缩区侧壁的排渣孔应在离内壁某一距离处加装导流板，以改变从澄清池引入的水流方向，有助于分离悬浮物，如图 3-21 所示。

导流筒（板）高度为 0.5～0.8m。每个排渣筒（孔）的作用范围随悬浮物浓度和悬浮层高度增加而增加，一般 <3m。上部排渣孔口或排渣筒口应加导流板和进口罩，排渣孔处流速为 20～40m/h，排渣筒进口及筒内流速为 200m/h。

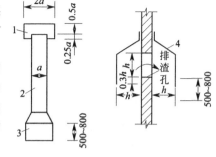

图 3-21 排渣孔导流板和排渣筒进口罩
1—进口罩；2—排渣筒；
3—导流筒；4—导流板

⑪ 泥渣区有效浓缩高度（导流筒或导流板下缘与泥渣区底部距离）不得少于 1.0～1.5m。

⑫ 泥渣区内强制出水量折合成清水区的上升流速一般采用 0.4～0.6mm/s，也可参考表 3-3。

⑬ 泥渣浓缩的计算时间和相应的泥渣浓度应根据试验的泥渣浓缩曲线确定。无此资料时，可参考表 3-4。

表 3-4 泥渣浓缩后的泥渣浓度

进入泥渣浓缩区的泥渣浓度/(g/L)	泥渣浓缩后的泥渣浓度/(g/L)				
	2h	3h	4h	6h	20～30h
2～5	—	—	—	200	400
5～11	—	—	—	200	400
11～12	190	210	220	250	400
15	200	220	230	270	400
20	210	230	240	300	
25	220	260	290	33	
30	240	280	300	350	—

⑭ 排泥周期及历时与原水水质、排泥条件、浓缩区构造等因素有关，应参照附近澄清池运行经验确定。

排泥方式一般采用穿孔管（将穿孔管设于边坡角不小于 45°的斗槽内），穿孔排泥管可与厂内给水管接通，必要时可用压力水反冲，以防堵塞。

⑮ 强制出水穿孔管管内流速不大于 0.5m/s，孔口流速不小于 1.5m/s，孔径不小于 20mm，孔眼一般朝上布置。

强制出水量，单层池占设计水量的 20%～30%；双层池占设计水量的 25%～45%，运转时可根据原水浊度与上升流速来调节。

⑯ 双层式澄清池的强制出水穿孔管应设于泥渣区上部；单层式澄清池的强制出水管一般设在水面下 0.3m 左右（也可根据最大强制出水量时的水力损失确定），并离泥渣区的设计泥面不小于 1.5m。

⑰ 位于底部的泥渣区应设置清洗人孔，泥渣区顶部应设排气竖管。当澄清池面积小于 10m² 时，设 DN40mm 管 1 根；当澄清池面积为 10～20m² 时，设 DN50mm 管 1 根；当澄清池面积为 20～50m² 时，设 DN50mm 管 2 根。

⑱ 澄清池的工作区和泥渣区必须安装取样管，用来控制药剂投加量、监视悬浮泥渣层高度及调整浓缩区工况，以保证出水水质。

3.5.3 悬浮澄清池的计算内容

（1）设计流量 Q_0

$$Q_0 = Q(1 + \beta_n) \tag{3-89}$$

$$\beta_n = \frac{C_0}{C_n - C_0} \tag{3-90}$$

$$C_n = \frac{C_y + C_B}{2} \tag{3-91}$$

式中　C_n——平均排泥浓度，g/L；

　　　C_B——进入泥渣区的泥渣浓度，g/L；

　　　C_y——浓缩后的泥渣浓度，g/L，参见表 3-4；

　　　β_n——排泥耗水率；

　　　C_0——设计原水悬浮物含量，g/L；

　　　Q——澄清池有效出水量，m^3/h。

（2）清水区出水量 Q_1、强制出水量 Q_2

$$Q_2 = Q_0(1 - K) \tag{3-92}$$

$$Q_1 = Q_0 - Q_2 = KQ_0 \tag{3-93}$$

$$K = \frac{Q_1}{Q_1 + Q_2} = \frac{Q_1}{Q_0} = \frac{v_1}{v_1 + v_2} \tag{3-94}$$

$$v_2 = \frac{Q_2}{3600\omega_1} \times 1000 \tag{3-95}$$

式中　Q_2——泥渣区中强制出水量，m^3/h；

　　　Q_1——清水区出水量，m^3/h；

　　　K——澄清区与泥渣区间出水水量分配系数，参照同类型水源资料或参见表 3-3；

　　　v_1——清水区上升流速，mm/s；

　　　v_2——泥渣浓缩区内的强制出水量折合成清水区上升流速，mm/s，$v_2 = 0.4 \sim 0.6$mm/s；

　　　ω_1——清水区面积，m^2。

（3）澄清池面积

$$\Omega = \omega_1 + \omega_2 = \frac{Q_1}{3.6v_1} + \frac{Q_2}{3.6v_2'} \tag{3-96}$$

式中　Ω——单层式澄清池面积，m^2；

　　　ω_2——泥渣区上部面积，m^2；

　　　v_2'——泥渣区上部上升流速，mm/s，$v_2' = (0.8 \sim 0.9)v_1$。

$$\Omega' = \omega_1 + \omega_3 = \frac{Q_1}{3.6v_1} + \frac{Q_2}{3.6v_3} \tag{3-97}$$

式中　Ω'——双层式澄清池面积，m^2；

　　　ω_3——排渣筒（管）进口面积，m^2；

　　　v_3——排渣筒进口及筒内流速，m/h，$v_3 = 200$m/h。

（4）排渣孔面积 ω_3'（m^2）

$$\omega_3' = \frac{Q_2}{v_3'} \tag{3-98}$$

式中　v_3'——排渣孔进口流速，m/h，$v_3' = 20 \sim 40$m/h。

（5）穿孔集水槽

$$b = 0.9q^{0.4} \tag{3-99}$$

式中　b——槽宽，m；

　　　q——每槽担负的流量，m^3/s。

$$h_1 = 0.75b \tag{3-100}$$

式中 h_1——槽起点水深，m。

$$h_2 = 1.25b \tag{3-101}$$

式中 h_2——槽终点水深，m，孔口出流，孔口前淹没水深5cm，孔口后水位跌落7cm。集水槽超高15～20cm。

（6）排泥

$$D = 1.68d\sqrt{L} \tag{3-102}$$

式中 D——穿孔排泥管直径，m，$D \geqslant 0.15$m；

d——孔眼直径，m，$d = 0.025 \sim 0.03$m；

L——穿孔排泥管长度，m，$L < 10$m。

$$q_n = \frac{\pi}{4}D^2 v_n \tag{3-103}$$

式中 q_n——穿孔管末端流量，m³/s；

v_n——穿孔管末端流速，m/s，一般为1.8～2.5m/s。

$$W = \frac{(S_1 - S_4)Q_0 T}{C_n} \tag{3-104}$$

式中 W——泥渣区有效容积（排泥周期内泥渣体积），m³；

T——泥渣浓缩时间（排泥周期），h；

S_1——进水悬浮物含量，kg/m³；

S_4——出水悬浮物含量，kg/m³。

$$T_0 = \frac{W'}{q_n} \tag{3-105}$$

$$W' = \frac{W}{n} \tag{3-106}$$

式中 T_0——排泥历时，s；

W'——每根穿孔管在排泥周期内的排泥量，m³；

n——穿孔排泥管数量。

3.5.4 运行管理

悬浮澄清池的运行管理除与机械搅拌澄清池相同的内容外，还应注意以下几点。

① 空池启动运行时，应采用较小的上升流速（进水量可控制为设计水量的1/3～1/2）及较大的混凝剂投量（为正常投药量的1.5～2倍），必要时可适当投加黏土以促进泥渣形成。当出水悬浮物含量降至20mg/L以下，同时悬浮泥渣层到达排渣筒进口下0.3m时，即表明悬浮层已经形成。这时可将水量逐渐加大，使上升流速逐渐提高到设计值，然后降低投药量至正常投加量。

② 悬浮澄清池一般不宜间歇运转。长期停运后重新启动时，在开始几分钟宜高负荷运行，即以较大的上升流速（1.6～2.0mm/s）冲动悬浮层泥渣（以消除压实的泥渣积聚在澄清池底部）。当悬浮层达到设计高度后暂停进水，待其下沉至距进口0.8m左右时，即以正常流速投入运转，一般在1h左右可出清水。当澄清池在未充满水的情况下启动，水流开始上升时，出水非常浑浊，这时应把最初的水排入下水道。

③ 悬浮澄清池启动后的初期或出水量急剧增加，应加大进入泥渣浓缩区的泥水量；当澄清池运行达到稳定后，要减小并调整进入泥渣浓缩区内的泥水量。

④ 在运转中改变水量不应过于频繁，一般短时间（20～30min）内出水量的变化不宜超过10%～20%。

⑤ 处理低浊度水时，为加速悬浮层形成或保证悬浮层浓度，除适当增加混凝剂投量外，还可用泥渣回流的方法将底部泥渣回流至空气分离器中。

⑥ 当原水悬浮物含量在 500mg/L 以上时，可考虑开启底部排泥管，并进行连续排泥。

⑦ 穿孔排泥管排泥不净时，可在泥渣室加设压力水冲洗设备。冲洗水的压力为 0.3～0.4MPa，冲洗管设有与垂直线成 45°角向下交错排列的孔眼，一般冲洗一次约 2min，这样可使排泥获得较好的效果。

参 考 文 献

[1] 唐受印，戴友芝. 水处理工程师手册 [M]. 北京：化学工业出版社，2001.

[2] 周立雪，周波. 传质与分离技术 [M]. 北京：化学工业出版社，2002.

[3] 杨春晖，郭亚军. 精细化工过程与设备 [M]. 哈尔滨：哈尔滨工业大学出版社，2002.

[4] 宋业林，宋襄翎. 水处理设备实用手册 [M]. 北京：中国石化出版社，2004.

[5] 廖传华，柴本银，黄振仁. 分离过程与设备 [M]. 北京：中国石化出版社，2008.

[6] 王郁，林逢凯. 水污染控制工程 [M]. 北京：化学工业出版社，2008.

[7] 张晓健，黄霞. 水与废水物化处理的原理与工艺 [M]. 北京：清华大学出版社，2011.

[8] 中国石油和化学工业联合会，中国化工经济技术发展中心编. 石油和化工设备选型指南 [M]. 北京：中国财富出版社，2012.

第**4**章

沉淀

天然水体和废水中含有各种各样的杂质，如天然水体中含有大量细小的黏土颗粒，废水中含有的藻类、细菌、细小的颗粒物等。这些杂质按其尺寸可分为三类：悬浮物（＞$0.1\mu m$）、胶体（$1nm\sim0.1\mu m$）以及分子和离子（＜$1nm$）。大部分悬浮颗粒可通过颗粒与水的密度差，在外力（如重力、离心力、磁力等）的作用下进行分离。依靠重力对水中的悬浮物颗粒进行分离是废水处理中一种重要的处理技术，在各类型的废水处理系统中，重力分离几乎是不可缺少的，并且是在同一系统中可能多次采用的单元操作，其分离原理是利用废水中的悬浮物与废水的相对密度不同，使悬浮物在重力的作用下沉降，从而达到与水分离的目的。

当悬浮物的相对密度大于废水的相对密度时，在重力作用下，悬浮物下沉形成沉淀物，称之为沉降或沉淀。这种方法简单易行，一般适用于去除$20\sim100\mu m$以上的颗粒。当悬浮物的相对密度小于废水的相对密度时，悬浮物上浮到水面，称之为自然上浮（或重力浮选）。若悬浮物的相对密度与废水的相对密度接近时，必须通入空气或药剂进行机械搅拌，形成大量气泡，将悬浮物带至水面，这种强制上浮又称气浮或浮选。胶体不能直接用沉淀法去除，需要经混凝处理后，使颗粒尺寸变大，才能通过沉淀法去除。

4.1 沉淀的原理与分类

重力沉降法是利用沉淀作用分离废水中悬浮固体的既简单又经济的方法，可去除废水中的砂粒、化学沉降物、化学混凝处理所形成的化学絮凝体和生物处理所形成的生物污泥，既可作为化学处理和生物处理的预处理，也可以用于化学处理或生物处理后分离化学沉淀物、活性污泥或生物膜，还可以用于污泥的浓缩脱水和灌溉农田前作灌前处理。

根据废水中悬浮颗粒的浓度高低和絮凝性能的强弱，沉淀可分为四种基本类型。各类沉淀发生的水质条件如图4-1所示。

（1）自由沉淀

也称离散沉淀。颗粒在沉淀过程中呈离散状态，互不干扰，

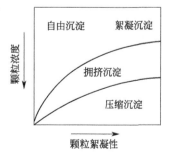

图 4-1　四种类型沉淀与
颗粒浓度和絮凝性的关系

其形状、尺寸、密度等均在沉淀过程中不发生改变，下沉速度恒定。自由沉淀是一种无絮凝倾向或弱絮凝倾向的固体颗粒在稀溶液中的沉淀。这种现象通常发生在废水处理工艺中的沉砂池和初沉池的前期。

（2）絮凝沉淀

当水中悬浮颗粒浓度不高，但具有絮凝性时，在沉淀过程中，颗粒相互干扰，其尺寸、质量均会随沉淀深度的增加而增大，沉速亦随深度而增加。这种现象通常发生在废水处理工艺中的初沉池后期、二沉池前期以及给水处理工艺中的混凝沉淀单元。

（3）拥挤沉淀

也称分层沉淀、成层沉淀、集团沉淀。当悬浮颗粒浓度较大时，每个颗粒在下沉过程中都要受到周围其他颗粒的干扰，在清水与浑水之间形成明显的交界面，但相对位置不变而成为一个整体覆盖层并逐渐向下移动。这种现象主要发生在高浊水的沉淀单元、活性污泥的二沉池等。

（4）压缩沉淀

当悬浮颗粒浓度很高时，颗粒相互接触，相互支撑，在上层颗粒的重力作用下，下层颗粒间的水被挤出界面，颗粒群被压缩。这种现象发生在沉淀池底部。

以上四种沉淀类型中，自由沉淀是沉淀法的基础，沉淀池的理论分析与设计都是基于自由沉淀的。

水处理中遇到的大多数颗粒，如给水处理中的矾花、污水中的许多悬浮物质、活性污泥等，都属于絮凝性颗粒。由于絮凝沉淀的颗粒沉速在沉淀过程中逐渐加快，其颗粒的去除率略高于自由沉淀。对于絮凝沉淀，一般仍按自由沉淀理论对沉淀池进行分析与设计。

拥挤沉淀理论在给水处理中主要用于高浊度水源水（如黄河水）的预沉淀。压缩沉淀主要用于污泥浓缩池的设计。在有关的实际设计中，需要增加固体通量设计参数来体现拥挤沉淀和压缩沉淀对沉淀池的设计要求。

此外，近年来在国外的水处理中还发展了一种压重沉淀法（ballasted flocculent settling）。该工艺是在混凝过程中向水中加入一定量的沉淀核心，一般用 0.1mm 左右的细砂，以形成很重的矾花絮体，在后续的沉淀池可以高速沉淀分离。沉泥中所含细砂经过水力旋流分离器分离后再重复使用。

4.2 颗粒的沉淀特性

4.2.1 自由沉淀

（1）颗粒沉速公式

对于低浓度的离散性颗粒，如砂砾、铁屑等，其在水中的沉淀过程不受相互间的干扰。假设：

① 颗粒外形为球形，不可压缩，也无凝聚性，沉淀过程中其大小、形状和质量等均不改变；

② 水处于静止状态。

颗粒在水中开始沉淀时，受到重力 F_g、浮力 F_b 和流体阻力 F_D 的作用：

$$F_g = m_s g = \frac{\pi}{6} d_p^3 \rho_s g \tag{4-1}$$

$$F_b = m_1 g = \frac{\pi}{6} d_p^3 \rho_1 g \tag{4-2}$$

$$F_D = C_D A_p \frac{\rho_1 u^2}{2} = C_D \frac{\pi d_p^2}{4} \frac{\rho_1 u^2}{2} \tag{4-3}$$

式中　d_p——颗粒直径，m；

m_s——颗粒质量，kg；

ρ_s——颗粒密度，kg/m³；

ρ_1——水的密度，kg/m³；

m_1——水的质量，kg；

A_p——颗粒在垂直于运动方向水平面的投影面积，对于球形颗粒，$A_p = \dfrac{\pi d_p^2}{4}$，m²；

C_D——阻力系数；

u——颗粒与流体之间的相对运动速度，m/s；

g——重力加速度，m/s²。

根据牛顿第二定律（$F=ma$），可以建立以下关系：

$$F_g - F_b - F_D = m_s \frac{du}{dt} \tag{4-4}$$

颗粒下沉时，初始沉速 u 为 0。然后在重力作用下产生加速运动，但同时水的阻力 F_D 也逐渐增大。经过一段很短的时间后，作用于水中颗粒的重力 F_g、浮力 F_b 和阻力 F_D 达到平衡，加速度 $\dfrac{du}{dt}=0$。此后，颗粒开始匀速下沉。

$$\frac{\pi d_p^3}{6}\rho_s g - \frac{\pi d_p^3}{6}\rho_1 g - C_D \frac{\pi d_p^2}{4}\frac{\rho_1 u^2}{2} = 0 \tag{4-5}$$

根据以上关系，可以求得颗粒沉速的基本公式为：

$$u = \sqrt{\frac{4}{3}\frac{g}{C_D}\frac{\rho_s - \rho_1}{\rho_1}d_p} \tag{4-6}$$

沉速计算公式(4-6)中的阻力系数 C_D 与颗粒的雷诺数 Re 有关，由实验确定。对于球形颗粒，阻力系数 C_D 与雷诺数 Re（$Re = \dfrac{\rho_1 u d_p}{\mu}$）的关系曲线如图 4-2 所示。

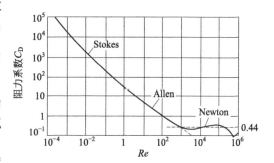

图 4-2　球形颗粒阻力系数与雷诺数的关系

颗粒沉淀的阻力系数 C_D 可以用不同区域的公式来表示，由此得到了在不同区域内的颗粒沉速公式。

① 当 $Re<1$ 时　在此范围内颗粒沉降速度很慢，颗粒表面附近绕流的流态为层流，阻力系数的关系式为：

$$C_D = 24/Re$$

把此关系代入颗粒沉速的基本公式[式(4-6)]，就可得到在该区域内颗粒的沉速公式——斯托克斯（Stokes）公式：

$$u = \frac{1}{18}\frac{\rho_s - \rho_1}{\mu}g d_p^2 \tag{4-7}$$

式中　μ——水的黏度，Pa·s。

② 当 $1<Re<1000$ 时　该范围内的流态属于过渡区，阻力系数 C_D 的表达式为：

$$u = \frac{24}{Re} + \frac{3}{\sqrt{Re}} + 0.34 \text{ 或 } u = \frac{10}{\sqrt{Re}}$$

由此得到该区域内颗粒的沉速公式——阿兰（Allen）公式：

$$u=\left[\frac{4}{255}\times\frac{(\rho_s-\rho_1)^2g^2}{\mu\rho_1}\right]^{\frac{1}{3}}d_p \tag{4-8}$$

③ 当 $Re>1000$ 时　在此范围内的流态属于紊流区，阻力系数 C_D 保持为常数，近似为 0.4。因此得到该区域的颗粒沉速公式——牛顿（Newton）公式：

$$u=\sqrt{3.33\frac{\rho_s-\rho_1}{\rho_1}gd_p}=1.83\sqrt{\frac{\rho_s-\rho_1}{\rho_1}gd_p} \tag{4-9}$$

采用上述公式，可以计算出颗粒的沉速。在研究水处理的沉淀问题时经常使用的颗粒沉速公式是斯托克斯公式和阿兰公式。

因为在选用沉速公式时需要先知道 Re，而计算 Re 又需要知道沉速 u。因此，在实际计算中一般是先选用某一沉速公式，再根据所得的沉速结果进行 Re 校核，看是否在该沉速公式的适用范围内，以确定所用公式是否正确。

应用斯托克斯公式计算颗粒的沉速，要求围绕颗粒的水流呈层流状态，因此该公式的应用有很大的局限性，但该公式有助于理解影响沉速的诸因素：①沉速与颗粒和水的密度差（$\rho_s-\rho_1$）成正比，密度差越大，沉速越快；②与颗粒直径的二次方成正比，颗粒直径越大，沉速越快；一般地，沉淀只能去除 $d_p>20\mu m$ 的颗粒。通过混凝处理可以增大颗粒的粒径；③与水的黏度成反比，黏度越小，沉速越快。因此提高水温有利于加速沉淀。

对于某种物质的颗粒，一定的粒径有着一定的沉速，或者说，一定的沉速就代表着一定的颗粒。在沉淀设计与计算中，往往用某个沉速来代表一定的颗粒，而不再标注密度与粒径。

（2）颗粒沉淀实验

对于含有不同粒径离散颗粒的水样，可以通过沉淀柱试验测定水中颗粒的沉淀特性，用颗粒沉速分布曲线表示。

取一个下部开有取样口的柱子作为沉淀试验柱，如图 4-3 所示。沉淀柱的有效水深为 H（因是自由沉淀，沉速不随水深变化，因此试验柱的水深可以与实际沉淀池的水深不同），在柱下部距柱底一定距离（防止已经沉淀在柱底的污泥对上面的沉淀过程产生影响）的柱壁上设一个取样口。

沉淀试验开始前，先把柱中的水缓慢地搅拌均匀，水样中悬浮物的原始浓度为 C_0(mg/L)。在时间为 t_1 时从水深为 H 处取一水样，测出其悬浮物的浓度 C_1(mg/L)，则沉速大于 u_1($u_1=H/t_1$）的所有颗粒已通过取样点，而残余颗粒的沉速必然小于 u_1。这样，沉速小于 u_1 的颗粒与全部颗粒的比例为 $p_1=C_1/C_0$。注意，沉淀试验柱的直径应较大，一般应大于 300mm，并且尽量控制每次取样的水量，使沉淀试验中柱内水位的降低较小，不致影响沉速的计算精度。

在时间为 t_2，t_3，…时重复上述过程，则沉速小于 u_2，u_3，…的颗粒比例 p_2，p_3，…也可求得。将这些数据整理即可绘出如图 4-4 所示的曲线。

对于指定的沉淀时间 t_0 可求得颗粒沉速 u_0，沉速 $u \geqslant u_0$ 的颗粒在 t_0 时可全部去除，而沉速 $u<u_0$ 的颗粒则只有一部分去除，其去除的比例为 h_i/H，h_i 代表在 t_0 时沉速 $u<u_0$ 的颗粒 i 的沉降距离，如图 4-5 所示。

设 p_0 代表沉速 $u<u_0$ 的颗粒所占百分数，因此对于所有的悬浮颗粒，沉速 $u \geqslant u_0$ 的颗粒去除的百分数可用（$1-p_0$）表示。

由于

$$\frac{h_i}{H}=\frac{u_it_0}{u_0t_0}=\frac{u_i}{u_0} \tag{4-10}$$

所以沉速 $u<u_0$ 的各种粒径的颗粒在 t_0 时间内按 u/u_0 的比例被去除。考虑颗粒粒径分布时，总去除率为：

 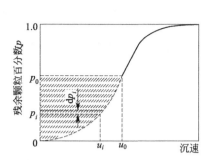 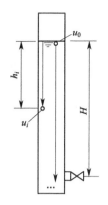

图 4-3 沉淀试验柱　　图 4-4　颗粒沉速累计频率分配曲线　　图 4-5　不同尺寸颗粒的静置沉降

$$P = (1-p_0) + \frac{1}{u_0}\int_0^{p_0} u\,\mathrm{d}p \qquad (4-11)$$

式中第二项可将沉淀实验曲线用图解积分法确定，见图 4-4 中的阴影部分。

除采用式(4-11)确定沉淀特性曲线外，还可采用另一种方法确定沉淀特性曲线。

从上述实验可知，在 $t=0$ 时，沉淀柱中任何一点的悬浮物浓度是均匀一致的。随着沉淀历时的增加，由于不同粒度颗粒的下沉速度及下沉距离不同，因此沉淀柱中悬浮物浓度不再均匀，其浓度随水深而增加。严格地讲，经过沉淀时间 t 后，应将沉淀柱中有效水深内的水样全部取出，测出其剩余的悬浮物浓度 C，来计算沉淀时间为 t 时的沉淀效率：

$$p = \frac{C_0 - C}{C_0} \times 100\% \qquad (4-12)$$

但由于这样做实验工作量太大，通常可以从有效水深的上、中、下部取相同数量的水样混合后求出有效水深内（污泥层以上）的平均悬浮物浓度。或者，为了简化，可以假设悬浮物浓度沿深度呈直线变化。因此，可以将取样口设在 $H/2$ 处，则该处水样的悬浮物浓度可近似地代表整个有效水深内的平均浓度。由此计算出沉淀时间为 t 时的沉淀效率。

依此类推，在不同的沉淀时间 t_1，t_2，…分别从中部取样测出悬浮物浓度 C_1，C_2，…，并同时测量水深的变化 H，H_1，…（如沉淀柱直径足够大，如在 0.15m 以上，则 H，H_1，…相差很小），可以计算出 u_1，u_2，…，再绘制出沉淀特性曲线。这种采用中部取样的方法得到的沉淀特性曲线，与用式(4-11)计算得出的沉淀特性曲线是很相近的。

应当指出的是，实验用的沉淀柱的有效水深 H 应尽可能与拟采用的实际沉淀池的水深相同，否则 P-t 曲线不能反映实际沉淀过程。例如，有效水深 H 减少一半，达到相同沉淀效率的时间也可减少一半，因为沉速仍保持相等。因此，可以认为，自由沉降过程 P-u 曲线与实验水深无关。

4.2.2　絮凝沉淀

当原水中含有絮凝性悬浮物时（如投加混凝剂后形成的矾花、活性污泥等），在沉降过程中，絮凝体相互碰撞凝聚，使颗粒尺寸变大，因此沉速将随深度而增加，沉淀的轨迹呈如图 4-6 所示的曲线。在絮凝沉淀过程中，由于颗粒的质量、形状和沉速是变化的，因此，颗粒的实际沉速很难用理论公式来描述，需通过沉淀实验来测定。

进行絮凝性颗粒的沉降实验，通常可采用如图 4-7(a)所示的实验柱。沉淀柱的高度应与拟采用的实际沉淀池的高度相同，而且要尽量避免水样剧烈搅动造成絮体破碎，影响沉淀效果。沉淀柱在不同的深度设有多个取样口。实验前，先将沉淀柱内的水样充分搅拌并测定其初始浓度，然后开始实验。每隔一定时间，同时从不同深度的取样口取水样并测定悬浮物的浓度，计算出相应的颗粒去除百分数。以沉淀柱取样口高度 h 为纵坐标，以沉降时间 t 为横坐标，将各个深度处的颗粒去除百分数 p 的数据绘于坐标纸上。在点出足够的数据后，把去除百分数 p 相同的各点连成光滑曲线，称为"去除百分数等值线"，如图 4-7(b)所示。这些曲线代表相等的去除百分数，也表示在絮凝悬浮液中对应于指明的去除百分数时，颗粒沉淀路线的最远轨迹。深度与时间的比值即为指明去除百分数时的颗粒的最小平均沉速。

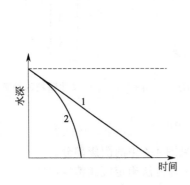

图 4-6　自由沉淀与絮凝沉淀的轨迹
1—离散颗粒；2—絮凝颗粒

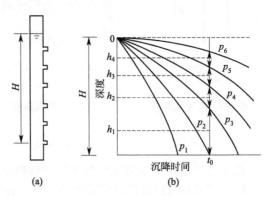

图 4-7　絮凝性颗粒沉淀实验
柱及颗粒去除百分数等值线

某一指定时间的悬浮物总去除率可以参照与自由沉淀相似的计算方法按如下方法求得：

当沉降时间为 t_0 时，其相应的沉速 $u_0 = H/t_0$。为方便起见，时间 t_0 一般选在曲线与横坐标相交处。根据离散性颗粒的沉降特性，凡沉速 $u \geqslant u_0$ 的能全部去除，而沉速小于 u_0 的颗粒则按照 u/u_0 比值仅部分去除。沉降时间 t_0 时，相邻两条曲线所表示的数值之间的差值反映出同一时间不同深度的颗粒去除百分数的差异。说明有这样一部分颗粒，对上面一条曲线而言，被认为已沉降下去了，而对下面一条曲线来说，则被认为尚未沉降下去。介于两曲线之间的这一部分颗粒的数量为两曲线所表示的数值之差，其平均沉速等于其平均高度除以时间 t_0。

根据上述分析，对于某一沉淀时间 t_0，由图 4-7(b)所示的凝聚性颗粒去除百分数等值线，可以得出总的颗粒去除率：

$$P = P_0 + \frac{u_1}{u_0}(p_3 - p_2) + \frac{u_2}{u_0}(p_4 - p_3) + \cdots + \frac{u_n}{u_0}(p_{n+2} - p_{n+1}) \tag{4-13}$$

式中　　　　　P_0——沉降高度为 H、沉降时间为 t_0 时的去除百分数［在图 4-7(b)中等于 p_2］，即沉速 $u \geqslant u_0$ 的颗粒的去除百分数；

　　$p_2, \cdots, p_n$——去除百分数；

$u_1, u_2, \cdots, u_n$——沉速小于 u_0 颗粒的沉速，分别为 $u_1 = h_1/t_0$，$u_2 = h_2/t_0$，$\cdots, u_n = h_n/t_0$。

应当指出，与自由沉淀过程不同的是，在絮凝沉淀过程中，对于一定的颗粒，不同水深将有不同的沉淀效率，水深增大，沉淀效率增高，这是因为絮凝后颗粒沉速加大。若水深增加 1 倍，沉淀时间并不需要增加 1 倍，因此某些沉速小于 u_0 的颗粒也可以沉到底部，也就是说可以去除更多的颗粒。所以 P-u 曲线与实验水深有关。这点是与自由沉淀过程不同的。

4.2.3　拥挤沉淀

当原水中的悬浮物浓度较高时，在沉降过程中会产生颗粒彼此干扰的拥挤沉淀现象。发生这种沉淀现象的颗粒可以是混凝后的矾花，也可以是曝气池的活性污泥，或者是高浊度水中的泥砂。一般地，当矾花浓度达到 $2 \sim 3 g/L$ 以上，或活性污泥含量达 $1 g/L$ 以上，或泥砂含量达 5g/L 以上时，将会产生拥挤沉淀现象。拥挤沉淀的特点是：在沉淀过程中，会出现一个清水和浑水的交界面，沉淀过程也就是交界面的下沉过程，因此又称为分层沉淀，如图 4-8 所示。

如图 4-8(a) 所示，污泥开始沉淀时，沉淀柱内的污泥浓度是均匀一致的，浓度为 C_0。沉淀一段时间后，沉淀柱内出现 4 个区：清水区 A、等浓度区 B、变浓度区 C 和压实区 D，见图 4-8(b)。清水区下面的各区可以总称为悬浮物区或污泥区。等浓度区中的污泥浓度都是均匀的，这一区内的颗粒大小虽然不同，但由于相互干扰的结果，大颗粒的沉速变慢，小颗粒的沉速变快，因而形成等速下沉的现象，整个区似乎都是由大小完全相等的颗粒组成。当最大粒度与最小粒度之比约为 6∶1 以下时，就会出现这种沉速均一化的现象。等浓度区又称为受阻沉降区。随着等浓度区的下沉，清水区和污泥区之间存在明显的分界面（界面 1—1）。颗粒间的絮凝过程越好，交界面就越清晰，清水区的悬浮物就越少。该界面的沉降速度 v_s 等于等浓度区颗粒的平均沉降速度。与此同时，在沉淀柱的底部，由于悬浮固体的累积，出现压实区 D。压实区内的悬浮物有两个特点：一个是从压实区的上表面起至沉淀柱底止，

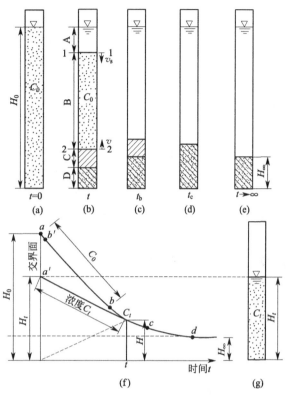

图 4-8 拥挤沉淀的沉降过程

颗粒沉降速度逐渐减小为零；另一个是，由于柱底的存在，压实区内悬浮物缓慢下沉的过程也就是这一区内悬浮物缓慢压实的过程。在压实区与等浓度区之间存在一个过渡区，即从等浓度区的浓度逐渐变为压实区顶部的变浓度区。变浓度区和压实区之间的分界面（界面 2—2）以一恒定的速度 v 上升。当沉淀时间继续增大，界面 1—1 以 v_s 匀速下降，界面 2—2 以 v 匀速上升，等浓度区的高度逐渐减小，而开始时变浓度区的高度基本不变。当等浓度区消失后[见图 4-8(c)]，变浓度区也逐渐减小至消失时[见图 4-8(d)]，只剩下 A 区和 D 区。此时称为临界沉降点。此后，压实区内的污泥进一步压实，高度逐渐减小，但很缓慢，因为被顶换出来的水必须通过不断减少的颗粒间空隙流出，最后直到完全压实[见图 4-8(e)]。

如以交界面 1—1 的高度为纵坐标，沉淀时间为横坐标，可得交界面沉降过程曲线，如图 4-8(f) 所示。各区的沉降速度可由沉降曲线上各点的切线斜率绘出。曲线 $a-b'$ 段的上凸曲线可解释为沉淀初期由于颗粒间的絮凝导致颗粒凝聚变大，沉降速度逐渐变大。$b'-b$ 段为直线，表明交界面等速下降。$a-b'$ 段一般较短，有时不甚明显，可以作为 $b'-b$ 直线段的延伸。曲线 $b-c$ 段为下凹的曲线，表明交界面的下降速度逐渐减小。B 区和 C 区消失的 c 点即为临界沉降点。$c-d$ 段表示临界沉降点之后压实区沉淀物的压实过程。压实区最终高度为 $H\infty$。

由图 4-8(f) 可知，曲线 $a-b$ 段的悬浮物浓度为 C_0，$b-d$ 段的悬浮物浓度均大于 C_0。在 $b-d$ 段任何一点 $t(C_t > C_0)$ 作切线与纵坐标相交于 a' 点，得高度 H_t。根据肯奇（Kynch）沉淀理论可得：

$$C_t = \frac{C_0 H_0}{H_t} \qquad (4-14)$$

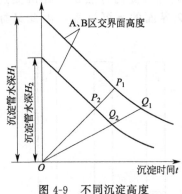

图 4-9 不同沉淀高度
的沉降过程相似关系

上式的含义是：高度为 H_t、均匀浓度为 C_t 的沉淀柱中所含的悬浮物量和原高度为 H_0、均匀浓度为 C_0 的沉淀柱中所含悬浮物量相等。曲线 $a'\text{-}C_t\text{-}c\text{-}d$ 为图 4-8(g)所虚拟的沉淀柱中悬浮物拥挤沉淀曲线。该曲线与图 4-8(a)所示沉淀柱中悬浮物沉淀曲线在 C_t 点前不一致，但之后两曲线重合，过 C_t 点切线的斜率表示浓度为 C_t 的悬浮液交界面下沉速度：

$$v_t = \frac{H_t - H}{t} \tag{4-15}$$

由实验可知，用同样的水样、不同水深的沉淀柱进行沉淀实验，其得到的拥挤沉淀过程曲线是相似的，等浓度区的浑液面的下沉速度完全相同，如图 4-9 所示。两条沉降过程曲线之间存在相似关系 $\dfrac{OP_1}{OP_2} = \dfrac{OQ_1}{OQ_2}$。因此，当某一沉淀过程曲线已知时，就可以利用该关系画出任何沉淀高度的沉淀曲线。利用这种沉淀过程与沉淀高度无关的现象，就可以用较短的沉淀柱做实验，来推测实际水深的沉淀效果。

4.3　沉淀池的颗粒去除特性

4.3.1　理想沉淀池的工作模型

沉淀池的设计与计算都是基于理想沉淀池的。

理想沉淀池由图 4-10 中 $ABCD$ 构成纵断面的沉淀池组成，AC 为沉淀池的进水断面，BD 为沉淀池的出水断面，水深 H，池长 L，池宽 B。

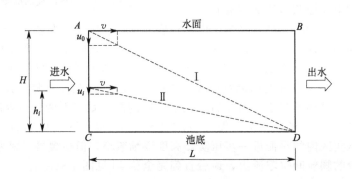

图 4-10　理论沉淀池的工作模型

在理想沉淀池中，沉淀过程应符合以下假设：

① 沉淀过程属于离散颗粒的自由沉淀，在沉淀过程中各颗粒的沉速不变；

② 理想沉淀池中的水从左向右水平流动，进水均匀分布在整个过水断面上（AC 断面），在池中各点水流流速均为 v；

③ 在沉淀过程中，各颗粒的水平运动分量等于水流的水平流速 v；

④ 颗粒沉到池底（CD 线）就算已被去除。

原水进入沉淀池，在进水区被均匀分配在 $A—C$ 断面上，其水平流速为：

$$v = \frac{Q}{HB} \tag{4-16}$$

式中　v——沉淀池的水平流速，m/s；

　　　Q——沉淀池的设计流量，m³/s；

　　　H——沉淀池的有效水深，m；

　　　B——沉淀池的宽度，m。

4.3.2　理想沉淀池对颗粒的去除率

在理想沉淀池中，颗粒在垂直方向受重力作用，以沉速 u 下沉；而在水平方向，颗粒随水流的水平流速 v 向前走。因此颗粒在沉淀池中的运动方向将是沿着以 u 和 v 构成的长方形的对角线方向向斜下方运动。

对于从水面 A 处进入理想沉淀池的某一特定颗粒，其运动轨迹正好与理想沉淀池的对角线（AD 线）重合，如图 4-10 中虚线 I 所示，该颗粒的沉速称为特定颗粒沉速，以 u_0 表示。

凡是沉速 $u \geqslant u_0$ 的颗粒，在理想沉淀池中都能全部沉到池底而被去除，其去除率为 $1 - p_0$（p_0 为沉速小于 u_0 的颗粒所占的比例）。

对于沉速 $u < u_0$ 的颗粒，则只能部分去除。例如，对于图 4-10 中所示的沉速为 u_i 的颗粒；在距池底高度 h_i 以上部分进入池中的这种颗粒，在流到沉淀池出水断面时仍未能沉到底，将随水流出池外；而在池底附近 $\leqslant h_i$ 部分进入池中的这种颗粒可以沉到池底被去除，所去除的比例为 $\dfrac{h_i}{H} = \dfrac{u_i}{u_0}$，相应的去除率为 $\dfrac{u_i}{u_0} \times \Delta p_i$（式中，$\Delta p_i$ 表示这种 u_i 颗粒在总颗粒质量中所占的比重）。对于 $u < u_0$ 的各种颗粒，其去除率用下式计算：

$$\int_0^{p_0} \frac{u}{u_0}\mathrm{d}p = \frac{1}{u_0}\int_0^{p_0} u\,\mathrm{d}p \tag{4-17}$$

这个积分可以根据颗粒沉速累积频率分布曲线用图解积分法求得，见图 4-4 中的阴影部分。

因此，理想沉淀池对水中各种悬浮颗粒的总的去除率为

$$E = (1 - p_0) + \frac{1}{u_0}\int_0^{p_0} u\,\mathrm{d}p \tag{4-18}$$

式中　E——理想沉淀池的颗粒去除率。

4.3.3　理想沉淀池中特定颗粒沉速与表面负荷的关系

在理想沉淀池中：

$$L = v t_0$$

$$H = u_0 t_0$$

即

$$t_0 = \frac{L}{v} = \frac{H}{u_0}$$

所以：

$$u_0 = \frac{vH}{L} = \frac{vHB}{LB} = \frac{Q}{A} = q_0$$

式中　t_0——沉淀池的水力停留时间，s；

　　　B——池宽，m；

　　　A——沉淀池的表面面积，m²；

　　　Q——水的流量，m³/s；

　　　q_0——沉淀池的表面负荷，也称为液面负荷、过流率，即单位时间内单位池表面面积所处理的水量，m³/(m²·h)。

从以上分析可得到理想沉淀池的基本特性，即沉淀池的特定颗粒沉速等于沉淀池的表面负荷：

$$u_0 = q_0 \tag{4-19}$$

例如，对于一个表面负荷为 $1.5m^3/(m^2 \cdot h)$ 的理想沉淀池，对应的特定颗粒沉速等于 $1.5m/h$，在这个理想沉淀池中，沉速 $u \geqslant u_0 = 1.5m/h$ 的颗粒被全部去除，沉速 $u < u_0 = 1.5m/h$ 的颗粒则只能部分去除，沉淀池对颗粒的总去除率可由颗粒的沉速分布曲线按式(4-18)求得。又如，如果想要完全去除沉速 $\geqslant 1.5m/h$ 的颗粒，对应的理想沉淀池的表面负荷就是 $1.5m^3/(m^2 \cdot h)$。尽管特定颗粒沉速 u_0 与表面负荷 q_0 在物理意义上完全不同，但在数值上是相等的。

4.3.4 影响沉淀池沉淀效果的因素

实际运行的沉淀池与理想沉淀池是有区别的，造成实际沉淀池偏离理想沉淀池状态的主要因素包括水流状态和颗粒的凝聚作用。

(1) 水流状态对沉淀效果的影响

在理想沉淀池中，假定水流稳定，流速均匀分布，其理论水力停留时间为

$$t_0 = \frac{V}{Q} \tag{4-20}$$

式中 V——沉淀池容积，m^3；

Q——沉淀池设计流量，m^3/s。

但在实际沉淀池中，水力停留时间总是偏离理想沉淀池，表现在一部分水流通过沉淀区的时间小于 t_0，而另一部分水流则大于 t_0，这种现象称为短流。造成短流的主要原因有：

① 沉淀池进口与出口构造的局限使水流在整个断面上分布不均匀，横向速度分布不均比竖向速度分布不均更使沉淀效率降低。沉淀池部分区域还存在死区。

② 由于水温变化及悬浮物浓度的变化，进入的水可能在池内形成股流。如当进水温度比池内低，进水密度比池内大时，形成潜流；相反，则出现浮流。潜流和浮流都使池内容积未能被充分利用。

③ 此外，池内水流往往达不到层流状态，由于湍流扩散与脉动，颗粒的沉淀受到干扰。

衡量水流状态常采用雷诺数（Re）、弗劳德数（Fr）及容积利用系数来表示。

雷诺数 Re 是水流紊乱状态的指标，表示水流的惯性力与黏滞力两者之间的对比：

$$Re = \frac{vR}{\nu} \tag{4-21}$$

式中 v——水平流速，m/s；

R——水力半径，m；

ν——水的运动黏度，m^2/s。

一般认为，$Re < 500$，水流处于层流状态。平流式沉淀池中水流的 Re 一般为 $4000 \sim 15000$，属湍流状态。水流的增加一方面可在一定程度上使密度不同的水流能较好地混合，减弱分层现象，但另一方面不利于颗粒的沉淀。在沉淀池中，通常要求降低雷诺数以利于颗粒的沉降。

弗劳德数 Fr 是水流稳定性指标，反映水流的惯性力与重力两者之间的对比：

$$Fr = \frac{v^2}{gR} \tag{4-22}$$

增大弗劳德数，表明惯性力作用相对增加，重力作用相对减少，水流对温差、密度差异重流及风浪等影响的抵抗力增加，使沉淀池中的流态保持稳定。一般认为，平流式沉淀池的弗劳德数 Fr 宜大于 10^{-6}。

在平流式沉淀池中，降低 Re 和提高 Fr 的有效措施是减小水力半径。池中的纵向分格及

斜板（管）沉淀池都能达到上述目的。在沉淀池中增大水平流速，一方面提高了雷诺数而不利于沉淀，但另一方面却提高了弗劳德数而加强水的稳定性，从而提高沉淀效果。水平流速可以在很宽的范围内选用而不至于对沉淀效果有明显影响。

沉淀池的实际停留时间和理论停留时间的比值称为容积利用系数。实际沉淀池的停留时间可采用在进口处脉冲投加示踪剂，测定出口的响应曲线的方法求得。容积利用系数可作为考察沉淀池设计和运行好坏的指标。

由于实际沉淀池受各种因素的影响，采用沉淀实验数据时，应考虑相应的放大系数。一般可采取：

$$u = \frac{u_0}{1.25 \sim 1.75}, q = \frac{q_0}{1.25 \sim 1.75}, t = (1.5 \sim 2.0) t_0 \tag{4-23}$$

必须指出，上式中的 u_0 或 q_0，在絮凝沉降过程中沉淀柱水深与设计水深一致时才能采用。t_0 不论是自由沉淀还是絮凝沉淀，沉淀柱水深都应与实际水深一致才能采用。

（2）颗粒凝聚作用对沉淀效果的影响

对于絮凝性颗粒（如混凝反应生成的矾花、活性污泥絮体等），当进入沉淀池后，其絮凝过程仍可继续进行。如前所述，沉淀池内水流流速分布实际上是不均匀的，水流中存在的速度梯度将引起颗粒相互碰撞而促进絮凝。此外，水中絮凝颗粒的大小也是不均匀的，它们将具有不同的沉速，沉速大的颗粒在沉淀过程中能追上沉速小的颗粒而引起絮凝。水在池内的沉淀时间越长，由速度梯度引起的絮凝便越强烈；池中的水深越大，因颗粒沉速不同而引起的絮凝也进行得越完善。因此，实际沉淀池的沉淀时间和水深所产生的絮凝过程对沉淀效果有影响。

4.3.5 絮凝沉淀的沉淀池颗粒去除率

在混凝处理中，投加混凝剂产生的矾花属于絮凝性颗粒，在后续沉淀池中的沉降过程中，絮凝性颗粒仍可以相互碰撞凝聚，颗粒会进一步长大，使颗粒沉速逐渐增大，这种絮凝沉淀的颗粒在沉淀池中的沉降轨迹如图 4-11 中的曲线所示。

从图 4-11 中可以看出，絮凝沉淀的沉淀效果要略优于自由沉淀，对于某特定的表面负荷 $q_0 = \dfrac{Q}{A}$，絮凝沉淀所能全部去除的颗粒实际上要略小于沉速为 u_0 的颗粒。

在实际中，通常对絮凝沉淀的沉淀池的特性及其计算仍按照自由沉淀的理论来考虑，即认为沉淀池仍存在 $u_0 = q_0$ 的关系，絮凝沉淀的沉淀池的基本关系仍为 $u_0 = \dfrac{H}{t} = q_0 = \dfrac{Q}{A}$，只是在设计参数值（$u_0, q_0$）的选取时已考虑絮凝沉淀能提高去除能力的因素，或者是把所提高的去除能力归入了安全系数，使设计更为安全。

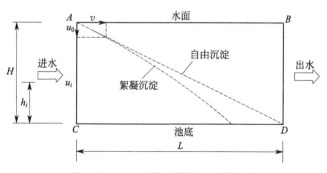

图 4-11 自由沉淀与絮凝沉淀的轨迹

确定絮凝沉淀的沉淀池颗粒去除率需要进行絮凝沉淀试验。

4.4 沉淀池

在水处理中，为了防止已经形成的矾花破碎，沉淀池一般与絮凝反应池合建，反应池出水通过两池之间的穿孔花墙或栅缝直接进入沉淀池。

沉淀池多为钢筋混凝土的水池，一般分为普通沉淀池和斜板（管）式沉淀池两大类。普通沉淀池是废水处理中分离悬浮颗粒的最基本的构筑物，应用十分广泛。根据池内水流方向的不同，普通沉淀池可分为平流式沉淀池、竖流式沉淀池、辐流式沉淀池三种形式。斜板（管）式沉淀池又分为异向流式和同向流式两种。

4.4.1 平流式沉淀池

（1）构造

平流式沉淀池应用很广，特别是在城市给水处理厂和污水处理厂中被广泛采用。平流式沉淀池为矩形水池，如图 4-12 所示，原水从池的一端进入，在池内做水平流动，从池的另一端流出。其基本组成包括进水区、沉淀区、存泥区和出水区四部分。

平流式沉淀池的优点是：沉淀效果好；对冲击负荷和温度变化的适应能力较强；施工简单；平面布置紧凑；排泥设备已定型化。但缺点是：配水不易均匀；采用多斗排泥时，每个泥斗需要单独设排泥管各自排泥，操作量大；采用机械排泥时，设备较复杂，对施工质量要求高。平流式沉淀池主要适用于大、中、小型给水和污水处理厂。

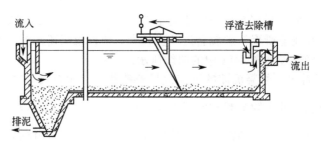

图 4-12　设刮泥车的平流式沉淀池

① 进水区　进水区的作用是使水流均匀地分配在沉淀池的整个进水断面上，并尽量减少扰动。

在给水处理中，沉淀单元可以与混凝单元联合使用，但在经过反应后的矾花进入沉淀池时，要尽量避免被湍流打碎，否则将显著降低沉淀效果。因此，反应池与沉淀池之间不宜用管渠连接，应当使水流经过反应后缓慢、均匀地直接流入沉淀池。为防止来自絮凝池的原水中的絮凝体破碎，通常可采用图 4-13 所示的穿孔花墙将水流均匀地分布于沉淀池的整个断面，孔口流速不宜大于 0.15～0.2m/s；孔口断面形状宜沿水流方向逐渐扩大，以减少进口的射流。

在污水处理工艺中，进水可采用：溢流式进水方式，并设置多孔整流墙[穿孔墙，见图 4-14(a)]；底孔式入流方式，底部设有挡流板 [大致在 1/2 池深处，见图 4-14(b)]；浸没孔与挡板的组合[见图 4-14(c)]；浸没孔与有孔整流墙的组合[见图 4-14(d)]。原水流入沉淀池后应尽快地消能，防止在池内形成短流或股流。

② 沉淀区　为创造一个有利于颗粒沉降的条件，应降低沉淀池中水流的雷诺数和提高水流的弗劳德数。采用导流墙将平流式沉淀池进行纵向分隔可减小水力半径，改善沉淀池的水流条件。

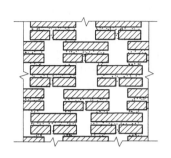

图 4-13 进水穿孔花墙

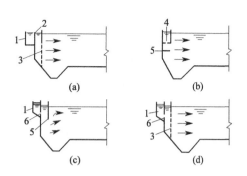

图 4-14 沉淀池进水方式

1—进水槽；2—溢流槽；3—有孔整流墙；
4—底孔；5—挡流板；6—淹没孔

沉淀区的高度与前后相关的处理构筑物的高程布置有关，一般为 3~4m。沉淀区的长度取决于水流的水平流速和停留时间，一般认为沉淀区的长宽比不小于 4，长深比不小于 8。在给水处理中，水流的水平流速一般为 10~25mm/s；在废水处理中，初次沉淀池一般不大于7mm/s，二次沉淀池一般不大于 5mm/s。

③ 出水区　沉淀后的水应尽量地在出水区均匀流出，一般采用溢流出水堰，如自由堰[图4-15(a)]和三角堰[图 4-15(b)]，或采用淹没式出水孔口[图 4-15(c)]。其中锯齿三角堰应用最普遍，水面宜位于齿高的 1/2 处。为适应水流的变化或构筑物的不均匀沉降，在堰口处需设置能使堰板上下移动的调节装置，使出口堰口尽可能水平。堰前应设挡板，以阻拦漂浮物，或设置浮渣收集和排除装置。挡板应当高出水面 0.1~0.15m，浸没在水面下 0.3~0.4m，距出水口 0.25~0.5m。

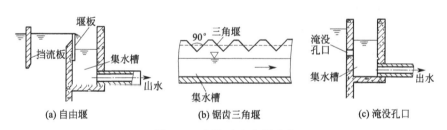

图 4-15 沉淀池出水堰形式

为控制平稳出水，溢流堰单位长度的出水负荷不宜太大。给水处理中应小于 5.8L/(m·s)。废水处理中，初沉池不宜大于 2.9L/(m·s)；二次沉淀池不宜大于 1.7L/(m·s)。为了减轻溢流堰的负荷，改善出水水质，溢流堰可采用多槽布置，如图 4-16 所示。

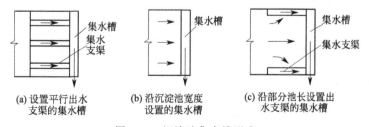

图 4-16 沉淀池集水槽形式

④ 存泥区及排泥措施　沉积在沉淀池底部的污泥应及时收集并排出，以不妨碍水中颗粒的沉淀。污泥的收集和排出方法有很多，一般可设置泥斗，通过静水压力排出[图 4-17(a)]。泥斗设置在沉淀池的进口端时，应设置刮泥车(图 4-12)和刮泥机(图 4-18)，将沉积在全池的

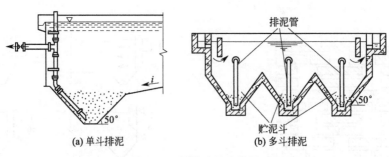

(a) 单斗排泥   (b) 多斗排泥

图 4-17　沉淀池泥斗排泥

污泥集中到泥斗处排出。链带式刮泥机装有刮板，当链带刮板沿池底缓慢移动时，把污泥缓慢推入到污泥斗中，当链带刮板转到水面时，又可将浮渣推向出水挡板处的排渣管槽。链带式刮泥机的缺点是机械长期浸没于水中，易被腐蚀，且难维修。行车刮泥小车沿池壁顶的导轨往返行走，刮板将污泥刮入污泥斗，浮渣刮入浮渣槽。由于整套刮泥车都在水面上，因此不易腐蚀，易于维修。

　　如果沉淀池体积不大，可沿池长设置多个泥斗。此时无需设置刮泥装置，但每个污泥斗应设单独的排泥管及排泥阀，如图 4-17(b) 所示。排泥所需要的静水压力应视污泥的特性而定，如为有机污泥，一般采用 1.5～2.0m，排泥管直径不小于 200mm。

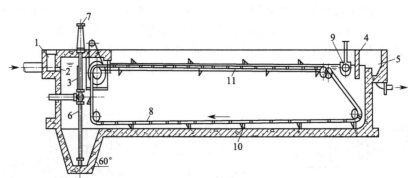

图 4-18　设链带刮泥机的平流式沉淀池
1—进水槽；2—进水孔；3—进水挡板；4—出水挡板；5—出水槽；
6—排泥管；7—排泥阀门；8—链带；9—排渣管槽（能转动）；
10—刮板；11—链带支撑

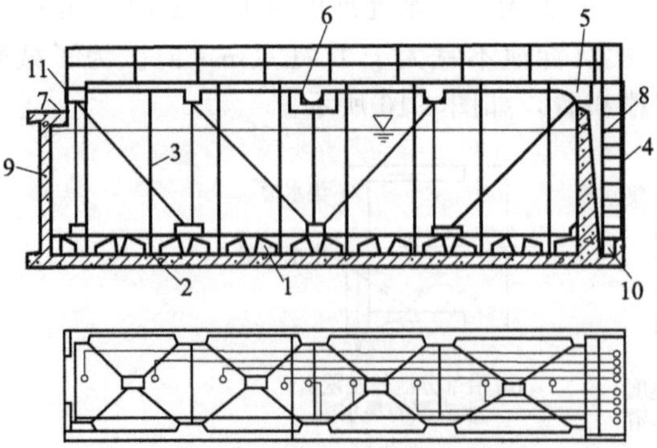

图 4-19　多口虹吸式吸泥机
1—刮泥板；2—吸口；3—吸泥管；4—排泥管；
5—桁架；6—电机和传动机构；7—轨道；8—梯子；
9—沉淀池壁；10—排泥沟；11—滚轮

　　此外，也可以不设泥斗，采用机械装置直接排泥。如采用多口虹吸式吸泥机排泥（见图 4-19）。吸泥动力是利用沉淀池水位所能形成的虹吸水头。刮泥板 1、吸口 2、吸泥管 3、排泥管 4 成排地安装在桁架 5 上，整个桁架利用电机和传动机械通过滚轮架设在沉淀池壁的轨道上行走。在行进过程中将池底积泥吸出并排入排泥沟 10。这种吸泥机适用于具有 3m 以上虹吸水头的沉淀池。由于吸泥动力较小，池底积泥中颗粒太粗时不易吸起。

　　除多口吸泥机外，还有一种单口扫描式吸泥机。其特点是无需成排的吸口和吸管装置，当吸泥机沿沉淀池纵向移动时，泥泵、吸泥管和吸口沿横向往复行走吸泥。

（2）工艺设计计算

① 设计参数的确定　沉淀池设计的主要控制指标是表面负荷和停留时间。如果有悬浮物沉降实验资料，表面负荷 q_0（或颗粒截留沉速 u_0）和沉淀时间 t_0 可由沉淀实验提供。需要注意的是，对于 q_0 或 u_0 的计算，如沉淀属于絮凝沉降，沉淀柱实验水深应与沉淀池的设计水深一致；对于 t_0 的计算，不论是自由沉淀还是絮凝沉淀，沉淀柱水深都与实际水深一致。同时考虑实际沉淀池与理想沉淀池的偏差，应按式(4-23)对实验数据进行一定的放大，获得设计表面负荷 q（或颗粒截留沉速 u）和设计沉淀时间 t。

如无沉降实验数据，可参考经验值选择表面负荷和沉淀时间，如表 4-1 所示。沉淀池的有效水深 H、沉淀时间 t 与表面负荷 q 的关系见表 4-2。

表 4-1　城市给水和城市污水沉淀池设计数据

沉淀池类型		表面负荷/[m³/(m²·h)]	沉淀时间/h	堰口负荷/[L/(m·s)]
给水处理(混凝后)		1.0~2.0	1.0~3.0	≤5.8
初次沉淀		1.5~4.5	0.5~2.0	≤2.9
二次沉淀池	活性污泥法后	0.6~1.5	1.5~4.0	≤1.7
	生物膜法后	1.0~2.0	1.5~4.0	≤1.7

表 4-2　沉淀池的有效水深 H、沉淀时间 t 与表面负荷 q 的关系

表面负荷 /[m³/(m²·h)]	沉淀时间 t/h				
	$H=2.0$m	$H=2.5$m	$H=3.0$m	$H=3.5$m	$H=4.0$m
2.0	1.0	1.3	1.5	1.8	2.0
1.5	1.3	1.7	2.0	2.3	2.7
1.2	1.7	2.1	2.5	2.9	3.3
1.0	2.0	2.5	3.0	3.5	4.0
0.6	3.3	4.2	5.0	—	—

② 设计计算　平流式沉淀池的设计计算主要是确定沉淀区、污泥区、池深度等。

a. 沉淀区。可按表面负荷或停留时间来计算。从理论上讲，采用前者较为合理，但以停留时间作为指标积累的经验较多。设计时应两者兼顾，或者以表面负荷控制，以停留时间校核，或者相反也可。

第一种方法——按表面负荷计算，通常用于有沉淀实验资料时。

沉淀池面积为：

$$A = \frac{Q}{q} \tag{4-24}$$

沉淀池长度为：

$$L = vt \tag{4-25}$$

沉淀池宽度为：

$$B = \frac{A}{L} \tag{4-26}$$

沉淀池的有效水深为：

$$H = \frac{Qt}{A} \tag{4-27}$$

上述式中　Q——沉淀池设计流量，m³/s；

　　　　　q——沉淀池设计表面负荷，m³/（m²·s）；

　　　　　A——沉淀池面积，m²；

　　　　　L——沉淀池长度，m；

　　　　　B——沉淀池宽度，m；

　　　　　v——水平流速，m/s；

t——停留时间，s；

H——沉淀区水深，m。

第二种方法——以停留时间计算，通常用于无沉淀实验资料时。

沉淀池有效容积 V 为：

$$V=Qt \qquad (4\text{-}28)$$

根据选定的有效水深，计算沉淀池宽度为：

$$B=\frac{V}{LH} \qquad (4\text{-}29)$$

b. 污泥区。污泥区容积视每日进入的悬浮物量和所要求的贮泥周期而定，可由下式进行计算：

$$V_s=\frac{Q(C_0-C_e)100t_s}{\gamma(100-W_0)} \qquad 或 \qquad V_s=\frac{SNt_s}{1000} \qquad (4\text{-}30)$$

式中　V_s——污泥区容积，m^3；

C_0，C_e——沉淀池进、出水的悬浮物浓度，kg/m^3；

γ——污泥密度，如系有机污泥，由于含水率高，γ 可近似采用 $1000kg/m^3$；

W_0——污泥含水率，%；

S——每人每日产生的污泥量，$L/(人 \cdot d)$，生活污水的污泥量见表4-3；

N——设计人口数；

t_s——两次排泥的时间间隔，d，初次沉淀池一般按不大于 2d，采用机械排泥时可按 4h 考虑，曝气池后的二次沉淀池按 2h 考虑。

表 4-3　城市污水沉淀池污泥产量

沉淀池类型		污泥量		污泥含水率/%
		g/(人·d)	L/(人·d)	
初次沉淀池		14~27	0.36~0.83	95~97
二次沉淀池	活性污泥法后	10~21	—	99.2~99.6
	生物膜后	7~19	—	96~98

c. 沉淀池总高度。

$$H_T=H+h_1+h_2+h_3+h_3'+h_3'' \qquad (4\text{-}31)$$

式中　H_T——沉淀池总高度，m；

H——沉淀区有效水深，m；

h_1——超高，至少采用 0.3m；

h_2——缓冲区高度，无机械刮泥设备时一般取 0.5m，有机械刮泥设备时其上缘应高出刮泥板 0.3m；

h_3——污泥区高度，m，根据污泥量、池底坡度、污泥斗几何高度以及是否采用刮泥机决定，一般规定池坡度纵坡不小于 0.01，机械刮泥时纵坡为 0，污泥斗倾角：方斗不宜小于 60°，圆斗不宜小于 55°；

h_3'——泥斗高度，m；

h_3''——泥斗以上梯形部分高度，m。

4.4.2　竖流式沉淀池

（1）构造

竖流式沉淀池可设计成圆形、方形或多角形，但大部分为圆形。图 4-20 为圆形竖流式沉淀池。原水由中心管下口流入池中，通过反射板的拦阻向四周分布于整个水平断面上，缓慢向上流动。由此可见，在竖流式沉淀池中水流方向是向上的，与颗粒沉降方向相反。

当颗粒发生自由沉淀时，只有沉降速度大于水流上升速度的颗粒才能沉到污泥斗中而被去除，因此沉淀效果一般比平流式沉淀池和辐流式沉淀池的差。但当颗粒具有絮凝性时，则上升的小颗粒和下沉的大颗粒之间相互接触、碰撞而絮凝，使粒径增大，沉速加快。另一方面，沉速等于水流上升速度的颗粒将在池中形成一悬浮层，对上升的小颗粒起拦截和过滤作用，因而沉淀效率将有提高。澄清后的水由沉淀池四周的堰口溢出池外。沉淀池贮泥斗倾角为 45°～60°，污泥可借静水压力由排泥管排出。排泥管直径为 0.2m，排泥静水压力为 1.5～2.0m，排泥管下端距池底不大于 2.0m，管上端超出水面不少于 0.4m。可不必装设排泥机械。

竖流式沉淀池的直径与沉淀区的深度（中心管下口和堰口的间距）的比值不宜超过 3，使水流较稳定和接近竖流。直径不宜超过 10m。沉淀池中心管内流速不大于 30mm/s，反射板距中心管口采用 0.25～0.5m，如图 4-21 所示。

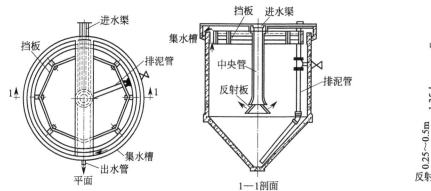

图 4-20　圆形竖流式沉淀池　　　　　　图 4-21　竖流式沉淀池中心管出水口

竖流式沉淀池的优点是：排泥方便，管理简单；占地面积较小。但缺点是：池深较大，施工困难；对冲击负荷和温度变化的适应能力较差；池径不宜过大，否则布水不匀，因此仅适用于中、小型给水和污水处理厂。

（2）设计计算

竖流式沉淀池的设计内容包括沉淀池各部尺寸。

① 中心管面积与直径

$$f_1 = \frac{Q'}{v_0}, d_0 = \sqrt{\frac{4f_1}{\pi}} \tag{4-32}$$

式中　f_1——中心管截面积，m^2；

　　　Q'——每个池设计流量，m^3/s；

　　　d_0——中心管直径，m。

② 沉淀池的有效沉淀高度　即中心管高度：

$$H = vt \tag{4-33}$$

式中　H——有效沉淀高度，m；

　　　v——污水在沉淀区的上升流速，m/s，如有沉淀实验资料，v 不能大于设计的颗粒截留速度 u，后者通过沉淀实验确定 u_0 后求得，如无沉淀实验资料，对于生活污水，v 一般可采用 0.5～1.0mm/s；

　　　t——沉淀时间，s。

③ 中心管喇叭口与反射板之间的缝隙高度

$$h_2 = \frac{Q'}{v_1 \pi d_1} \tag{4-34}$$

式中　h_2——中心嗽叭口与反射板之间的缝隙高度，m；

　　　d_1——喇叭口直径，$d_1=1.35d_0$，m。

④ 沉淀池总面积和池径

$$f_2=\frac{Q'}{v} \tag{4-35}$$

$$A=f_1+f_2 \tag{4-36}$$

$$D=\sqrt{\frac{4A}{\pi}} \tag{4-37}$$

式中　f_2——沉淀区面积，m²；

　　　A——沉淀池面积（含中心管面积），m²；

　　　D——沉淀池直径，m。

⑤ 污泥斗及污泥斗高度　污泥斗的高度与污泥量有关，污泥量的计算参见式（4-30）。污泥斗的高度 h_4 用截圆锥公式：

$$V_1=\frac{\pi h_4}{3}(r_{\mathrm{u}}^2+r_{\mathrm{u}}r_{\mathrm{d}}+r_{\mathrm{d}}^2) \tag{4-38}$$

式中　V_1——截圆锥部分容积，m³；

　　　r_{u}——截圆锥上部半径，m；

　　　r_{d}——截圆锥下部半径，m。

⑥ 沉淀池总高度

$$H_{\mathrm{T}}=H+h_1+h_2+h_3+h_4 \tag{4-39}$$

式中　H_{T}——沉淀池高度，m；

　　　H——有效沉淀高度，m；

　　　h_1——池超高，m；

　　　h_2——中心嗽叭口与反射板之间的缝隙高度，m；

　　　h_3——缓冲层高度，m，一般为 0.3m；

　　　h_4——污泥斗截圆锥部分高度，m。

4.4.3　辐流式沉淀池

（1）构造

辐流式沉淀池呈圆形或正方形。直径较大，一般为 20～30m，最大直径达 100m，中心深度为 2.5～5.0m，周边深度为 1.5～3.0m。池直径与有效水深之比不小于 6，一般为 6～12。辐流式沉淀池内水流的流态为辐射形，为达到辐射形的流态，原水由中心或周边进入沉淀池。

中心进水辐流式沉淀池如图 4-22(a)所示，在池中心处设有进水中心管。原水从池底进入中心管，或用明渠自池的上部进入中心管，在中心管的周围常有穿孔挡板围成的流入区，使原水能沿圆周方向均匀分布，向四周辐射流动。由于过水断面不断增大，因此流速逐渐变小，颗粒在池内的沉降轨迹是向下弯的曲线（如图 4-23 所示）。澄清后的水从设在池壁顶端的出水槽堰口溢出，通过出水槽流出池外，见图 4-24。为了阻挡漂浮物质，出水槽堰口前端可加设挡板及浮渣收集与排出装置。

周边进水的向心辐流式沉淀池的流入区设在池周边，出水槽设在沉淀池中心部位的 $R/4$、$R/3$、$R/2$ 处或设在沉淀池的周边，俗称周边进水中心出水向心辐流式沉淀池[如图 4-22(b)所示]或周边进水周边出水向心辐流式沉淀池[如图 4-22(c)所示]。由于进、出水的改进，向心辐流式沉淀池与普通辐流式沉淀池相比，其主要特点有：

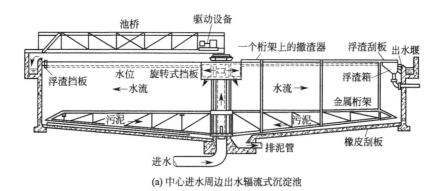

(a) 中心进水周边出水辐流式沉淀池

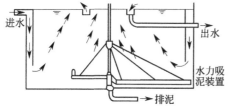

(b) 周边进水中心出水向心辐流式沉淀池

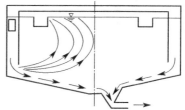

(c) 周边进水周边出水向心辐流式沉淀池

图 4-22 辐流式沉淀池

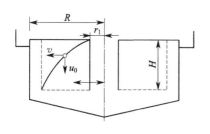

图 4-23 辐流式沉淀池中颗粒沉降轨迹

图 4-24 辐流式沉淀池出水堰

① 出水槽沿周边设置，槽断面较大，槽底孔口较小，布水时水力损失集中在孔口上，使布水比较均匀。

② 沉淀池容积利用系数提高。根据实验资料，向心辐流式沉淀池的容积利用系数高于中心进水的辐流式沉淀池。随出水槽的设置位置，容积利用系数的提高程度不高，从 $R/4$ 到 R 的设置位置，容积利用系数分别为 $85.7\%\sim93.6\%$。

③ 向心辐流式沉淀池的表面负荷比中心进水的辐流式沉淀池提高约 1 倍。

辐流式沉淀池大多采用机械刮泥。通过刮泥机将全池的沉积污泥收集到中心泥斗，可借静水压力或污泥泵排出。刮泥机一般是一种桁架结构（见图 4-25），绕中心旋转，刮泥机安装在桁架上，可中心驱动或周边驱动。当池径小于 20m 时，用中心传动；当池径大于 20m 时，用周边传动。池底以 0.05 的坡度坡向中心泥斗，中心泥斗的坡度为 $0.12\sim0.16$。

如果沉淀池的直径不大（小于 20m），也可在池底设多个泥斗，使污泥自动滑进泥斗，形成斗式排泥。

图 4-25 辐流式沉淀池机械刮泥装置

辐流式沉淀池的主要优点是：机械排泥设备已定型化，运行可靠，管理较方便，但设备复杂，对施工质量要求高，适用于大、中型污水处理厂，用作初次沉淀池或二次沉淀池。

（2）设计计算

① 每座沉淀池表面积

$$A = \frac{Q}{nq} \tag{4-40}$$

② 沉淀池有效水深

$$H = qt \tag{4-41}$$

③ 沉淀池总高度

$$H_T = H + h_1 + h_2 + h_3 + h_4 \tag{4-42}$$

上述式中　Q——沉淀池设计流量，m^3/s；

A——沉淀池表面积，m^2；

n——池数；

q——沉淀池表面负荷，$m^3/(m^2 \cdot s)$；

t——停留时间，s；

H_T——沉淀池总高度，m；

H——有效水深，m；

h_1——池超高，m，一般取 0.3m；

h_2——缓冲层高，m，非机械排泥时宜为 0.5m，机械排泥时，缓冲层上缘宜高于刮泥板 0.3m；

h_3——沉淀池底坡落差，m；

h_4——污泥斗高度，m。

沉淀池虽然能比较有效地去除废水中的悬浮物，但还不能将其全部去除，一般在 40%～60%。另外，沉淀池的体积较大，占地面积也较大。

为了提高沉淀池的分离效果和处理能力，一是从原水水质入手，改变废水中悬浮物的状态，使之易于与水分离沉淀，预曝气就是最常采用的一种方法，即在废水进入沉淀池之前，先进行 10～20min 的曝气过程，目前主要采用的预曝气方式有两种：一种是单纯曝气，即曝气时不加入任何物质，进行的是自然絮凝。这种方法可使沉淀池的工作效率提高 5%～8%，每平方米污水的曝气量为 0.5m³；另一种是在曝气的同时加入生物处理单元排出的活性污泥，利用活性污泥具有较大的生物絮凝作用，可使沉淀池的沉淀效率达到 80% 以上，BOD_5 的去除率可增加 15% 以上。活性污泥的投入量一般为 100～400mg/L。另外，从沉淀池的结构方面着手，创造更宜于颗粒分离的边界条件，通常采用对普通池进行改进后的各种新型沉淀池，如根据"浅层理论"开发和研制出的一种沉淀效率是普通沉淀池 10 倍以上的斜板（管）式沉淀池，目前已在污水处理系统中得到广泛应用。

4.4.4　斜板（管）式沉淀池

（1）基本原理

由前述的理想沉淀池的特性分析可知，沉淀池的工作效率仅与颗粒的沉降速度和沉淀池表面负荷有关，而与沉淀池的深度无关。

如图 4-26 所示，将池长为 L、水深为 H 的沉淀池分隔成 n 个水深为 H/n 的沉淀池。设水平流速（v）和沉速（u_0）不变，则分层后的沉降轨迹线坡度不变。如仍保持与原来沉淀池相同的处理水量，则所需的沉淀池长度可减少为 L/n。这说明，减少沉淀池的深度可以缩短沉淀时间，从而减少沉淀池体积，也就可以提高沉淀效率。这便是 1904 年 Hazen 提出的浅层沉淀理论。

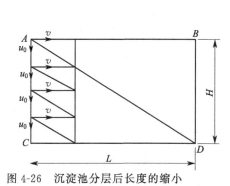

图 4-26 沉淀池分层后长度的缩小

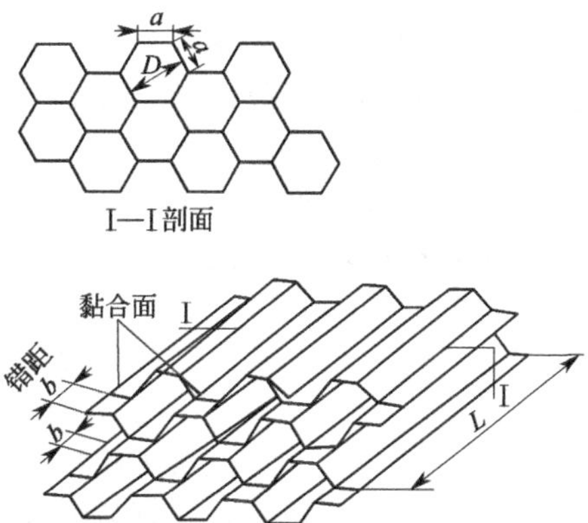

图 4-27 塑料片正六角形斜管黏合示意图

　　沉淀池分层和分格还将改善水力条件。在同一个断面上进行分层或分格，使断面的湿周增大，水力半径减小，从而降低雷诺数，增大弗劳德数，降低水的紊乱程度，提高水流稳定性，增大沉淀池的容积利用系数。

　　根据上述的浅层沉淀理论，过去曾经把普通的平流式沉淀池改建为多层多格的池子，使沉淀面积增加。但在工程实际应用中，采用分层沉淀时，排泥十分困难，因此一直没有得到应用。将分层隔板倾斜一个角度，以便能自行排泥，这种形式即为斜板沉淀池。如各斜隔板之间还进行分格，即成为斜管沉淀池。

　　斜板（管）的断面形状有圆形、矩形、方形和多边形。除圆形以外，其余断面均可同相邻断面共用一条边。斜板（管）的材料要求轻质、坚固、无毒、价廉，目前使用较多的是厚0.4～0.5mm的薄塑料板（无毒聚氯乙烯或聚丙烯）。一般在安装前将薄塑料板制成蜂窝状块体，块体平面尺寸通常不宜大于1m×1m。块体用塑料板热轧成半六角形，然后黏合，其黏合方法如图 4-27 所示。

　　（2）斜板（管）沉淀池的分类

　　根据水流和泥流的相对方向，可将斜板（管）沉淀池分为逆向流（异向流）、同向流、横向流（侧向流）三种类型，如图 4-28 所示。

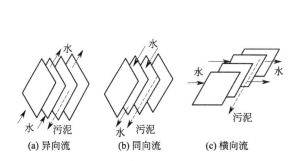

图 4-28 三种类型的斜板（管）沉淀池

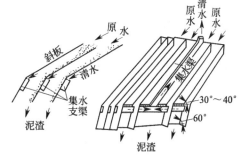

图 4-29 同向流斜板（管）沉淀装置

　　逆向流的水流向上，泥流向下。斜板（管）倾角为60°。

　　同向流的水流、泥流都向下，靠集水支渠将澄清水和沉泥分开（见图 4-29）。水流在进水、出水的水压差（一般在 10cm 左右）推动下，通过多孔调节板（平均开孔率在 40% 左右），进入集水支渠，再向上流到池子表面的出口集水系统，流出池外。集水装置是同向流斜板（管）的关键装置之一，它既要取出清水，又不能干扰沉泥。因此，该处的水流状态必须保持稳定，不应出现流速的突变。同时在整个集水横断面上应做到均匀集水。同向流斜板（管）的优点是：水流促进泥的向下滑动，保持板（管）的清洁，因而可以将斜板（管）倾角减为30°～40°，从而提高沉淀效果。但缺点是构造比较复杂。

横向流的水流水平流动，泥流向下，斜板（管）的倾角为60°。横向流斜板（管）的水流条件比较差，板间支撑也较难于布置，在国内很少应用。斜板（管）的长度通常采用1～1.2m。同向流斜板（管）的长度通常采用2～2.5m。上部倾角为30°～40°，下部倾角为60°。为了防止污泥堵塞及斜板变形，板间垂直间距不能太小，以80～120mm为宜；斜管内切圆直径不宜小于35～50mm。

（3）设计计算

① 异向流斜板（管）　设斜板（管）长度为l，倾斜角为α。原水中颗粒在斜板（管）间的沉降过程可看作是在理想沉淀池中进行。颗粒沿水流方向的斜向上升流速为v，受重力作用往下沉降的速度为u_0，颗粒沿两者的矢量之和的方向移动（见图4-30）。当颗粒由a点移动到b点，假设碰到斜板（管）就认为是结束了沉降过程，可理解为颗粒以v的速度上升$(l+l_1)$的同时以u_0的速度下沉l_2的距离，两者在时间上相等，即

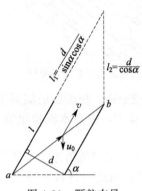

图4-30　颗粒在异向流斜板间的沉降

$$\frac{l_2}{u_0}=\frac{l+l_1}{v} \tag{4-43}$$

设共有m块斜板（管），断面间的高度为d，则每块斜板（管）的水平间距为$x=\dfrac{L}{m}=\dfrac{d}{\sin\alpha}$（板厚忽略）。式（4-43）可变化成下式：

$$\frac{v}{u_0}=\frac{l+\dfrac{d}{\sin\alpha\cos\alpha}}{\dfrac{d}{\cos\alpha}}=\frac{l\cos\alpha\sin\alpha+d}{d\sin\alpha} \tag{4-44}$$

斜板（管）中的过水流量为与水流垂直的过水断面面积乘以流速：

$$Q=vLBd\sin\alpha$$

即

$$v=\frac{Q}{LBd\sin\alpha}=\frac{Q}{mdB} \tag{4-45}$$

式中　B——沉淀池宽度，m；

　　　L——沉淀池长度，m。

将式（4-45）代入到式（4-44），并移项整理，可得：

$$Q=u_0\left(mlB\cos\alpha+\frac{md}{\sin\alpha}B\right)=u_0(mlB\cos\alpha+LB)=u_0(A_{斜}+A_{原}) \tag{4-46}$$

式中　$A_{斜}$——全部斜板（管）的水平断面投影；

　　　$A_{原}$——沉淀池的原表面积。

与未加斜板（管）的沉淀池的出流量$u_0A_{原}$相比，斜板（管）沉淀池在相同的沉淀效率下，可大大提高处理能力。

考虑到在实际沉淀池中，由于进出口构造、水温、沉积物等的影响，不可能全部利用斜板（管）的有效容积，故在设计斜板（管）沉淀池时，应乘以斜板效率η，此值可取0.6～0.8，即

$$Q_{设}=\eta u_0(A_{斜}+A_{原}) \tag{4-47}$$

② 同向斜板（管）　如图4-31所示，设颗粒由a移动到b，则颗粒以v的速度流经ad的距离所需时间应和以u_0的速度沉降至ac的距离所需要的时间相同。因此可列出下式：

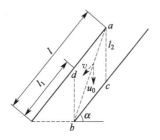

图 4-31 颗粒在同向流斜板（管）间的沉降

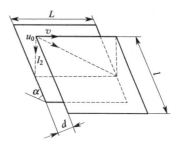

图 4-32 横向流沉淀过程

$$\frac{l_2}{u_0} = \frac{l - l_1}{v}$$

即

$$\frac{v}{u_0} = \frac{l - \dfrac{d}{\sin\alpha\cos\alpha}}{\dfrac{d}{\cos\alpha}} = \frac{l\cos\alpha\sin\alpha - d}{d\sin\alpha} \tag{4-48}$$

仿照异向斜板（管）公式的推导，可以得到：

$$Q = u_0(A_{斜} - A_{原}) \tag{4-49}$$

$$Q_{设} = \eta u_0(A_{斜} - A_{原}) \tag{4-50}$$

③ 横向流斜板（管） 横向流斜板（管）沉淀池的沉淀情况如图 4-32 所示。

由相似定律，得：

$$\frac{v}{u_0} = \frac{L}{l_2} = \frac{L}{\dfrac{d}{\cos\alpha}} \tag{4-51}$$

沉淀池的处理流量为：

$$Q = mldv \tag{4-52}$$

将式(4-51)代入到式(4-52)中，并整理，可得

$$Q = mld\,\frac{u_0 L\cos\alpha}{d} = u_0 A_{斜} \tag{4-53}$$

$$Q_{设} = \eta u_0 A_{斜} \tag{4-54}$$

斜板（管）内的水流速度 v，对于异向流，宜小于 3mm/s；对于同向流，宜小于 8～10mm/s。颗粒截留速度 u_0 根据静置沉淀试验确定。如无实验资料，对于给水处理，可取 $u_0 = 0.2～0.4$mm/s。

（4）运行

斜板（管）沉淀池由于沉淀面积增大，水深降低，生产能力比一般沉淀池大幅度提高。如平流式沉淀池的表面负荷一般为 $1～2$m³/(m²·s)，而斜板（管）沉淀池的表面负荷可以增加到 $9～11$m³/(m²·s)。另外，斜板（管）沉淀池的雷诺数 $Re < 200$，远低于平流式沉淀池（$Re > 500$），属层流状态，有利于颗粒的沉淀。但斜板（管）沉淀池在运行中也存在一些问题，停留时间短（几分钟），缓冲能力小，如混凝反应不善，或未根据出水水质、水量的变化及时调整加药量，将会很快影响出水水质；斜板（管）之间有时积泥，发生堵塞，给运行带来不便。

斜板（管）沉淀池常用于给水处理和污水隔油池。

4.4.5 操作管理

（1）工艺条件的控制

一般污水处理厂（站）进水的水质和水量随时间大幅度变化，工艺条件的控制目标是将沉

淀池的工艺参数控制在要求的范围之内。运行中主要控制污水在池中的水平流速、水力停留时间和出水堰板溢流负荷三个参数。水平流速不能大于冲刷流速，即 $u \leqslant 50\text{mm/s}$，水力停留时间 $t \geqslant 1.5\text{h}$，堰板溢流负荷 $q_1' \leqslant 10\text{m}^3/(\text{m}^2 \cdot \text{h})$。如发现上述参数超过要求范围，可按下式对运行池的各参数进行调整。

$$n = \frac{Q}{qBL} \tag{4-55}$$

$$t = \frac{nBLh_2}{Q} \tag{4-56}$$

$$v = \frac{Q}{nBh_2} \tag{4-57}$$

$$q_1' = \frac{Q}{l'n} \tag{4-58}$$

式中　　Q——原污水入厂（站）流量，m^3/h；

　　　　n——运行池数，个；

　　　　q——水力表面负荷，$\text{m}^3/(\text{m}^2 \cdot \text{h})$；

L，B，h_2——沉淀池长、宽和有效水深，m；

　　　　l'——每个池子的溢流堰总长，m。

（2）刮泥和排泥操作

运行一段时间后，沉淀池中会沉积一定数量的污泥，如不将其去除，就会影响沉淀池的正常运行，因此需对其进行排泥处理。常用的刮泥和排泥有两种方式，间歇刮（排）泥和连续刮（排）泥。

① 刮泥　通过刮泥机械把池底污泥刮至泥斗，有的刮泥机同时将池面浮渣刮入浮渣槽。平流式初沉池采用桁车刮泥机时，一般间歇刮泥；采用链条式刮泥机时，既可间歇也可连续刮泥。刮泥周期的长短取决于泥的量和质，当污泥量大或已腐败时，应缩短周期，但刮板行走速度不能超过其极限，即 1.2m/min，否则会搅起已沉淀的污泥。连续刮泥易于控制，但链条和刮板的磨损较严重。辐流式初沉池周边沉淀的污泥要较长时间才能被刮板推移到中心泥斗，一般需采用连续刮泥。采用周边刮泥机时，周边线速率不可超过 3m/min，否则周边沉淀污泥会被搅起。

② 排泥　对排泥操作的要求是既要把污泥排净，又要使污泥浓度较高。平流式初沉池采用桁车刮泥机时，其间歇刮泥、排泥周期时间一致，协同操作。初沉池排泥含固量可达到 3% 左右，当有部分剩余活性污泥进入沉淀池产生良好的絮凝作用时，排泥含固量可达 5%。排泥时间长短取决于污泥量、排泥泵流量和浓缩池要求的进泥浓度。排泥时间的确定方法如下：在排泥开始时，从排泥管定时连续取样测定含固量变化，直至含固量降至基本为零，所需时间即为排泥时间。大型污水处理厂一般采用自动控制排泥，多用时间程序控制，即定时开停排泥泵或阀，这种方式不能适应泥量的变化。较先进的排泥控制方式是定时排泥，并在排泥管路上安装污泥浓度计和密度计，当排泥浓度降至设定值时，泥泵自动停止。PLC 自动控制系统能根据积累的污泥量和设定的排泥浓度自动调整排泥时间，既不降低污泥浓度，又能将污泥较彻底排除。

（3）排浮渣

平流池桁车刮泥机和辐流池回转式刮泥机都是用刮板收集浮渣并将其推送到浮渣槽（斗）内，由于刮板和浮渣槽配合常出问题，浮渣难以进入浮渣槽，应进行调整。露天敞池应防止风雨对浮渣的冲刷。

（4）联动

沉淀池的运行控制应注意与前后工艺的联动。当格栅运行不正常时，应采取措施防止大块杂物、砂或渣堵塞排泥管；当发现初沉池排泥颜色或气味异常时，应注意检查是否有毒物进入系统；当后续的浓缩池或消化池运行不正常时，回流入沉淀池的上清液中含固量增加，会增加沉淀池的负荷和泥量，应相应增大沉淀池的排泥量；如果二沉池发生污泥膨胀，应暂停排放剩余污泥；当二级处理系统处于硝化阶段时，二沉池的剩余污泥不宜排入初沉池，以免引起初沉池污泥上浮。

（5）异常情况分析

导致 SS 去除率降低的原因可能有 4 个方面：①工艺控制不合理，主要是表面负荷太大或者水力停留时间太短；②水流短路，减小了沉淀池的有效容积，通常是因为出水堰板溢流负荷太大，堰板不平整，池设计不合理，有死区，入流温度或 SS 变化太大，形成密度异重流，进水整流板设置不合理或损坏，风力引起出水不均匀等；③排泥不及时，池内积砂或浮渣太多，或者由于设备本身故障，可能堵塞排泥管，影响刮泥机、排泥泵正常工作；④入流污水严重腐败，其中的有机固体不易沉淀。导致浮渣从堰板溢流的原因可能是浮渣刮板与浮渣槽不密合；浮渣挡板淹没深度不够；入流中油脂类物质多或者清渣不及时。导致排泥下降的原因可能是排泥时间太长；各池排泥不均匀；泥斗严重积砂，有效容积减小；刮泥与排泥步调不一致；SS去除率太低。

4.5 清泥设备

为了保证沉淀池的正常运行，必须连续或定期地将沉淀池中沉积的污泥清排。常用机械方式清泥。根据清除污泥的方式，清泥机械可分为刮泥机和吸泥机两种。

4.5.1 刮泥机和浓缩机

刮泥机是将沉淀池中的污泥刮到一个集中部位（或沉淀池进水端的集泥斗）的设备，多用于污水处理厂的初次沉淀池，用在重力式污泥浓缩池时称为浓缩机。常用的刮泥机有链条刮板式刮泥机、桁车式刮泥机和回转式刮泥机及浓缩机。

（1）链条刮板式刮泥机

链条刮板式刮泥机是在两根主链上每隔一定间距装有一块刮板。两条节数相等的链条连成封闭的环状，由驱动装置带动主动链轮转动，链条在导向链轮及导轨的支承下缓慢转动，并带动刮板移动，刮板在池底将沉淀的污泥刮入池端的污泥斗，在水面回程的刮板则将浮渣导入渣槽。

（2）桁车式刮泥机

桁车式刮泥机安装在矩形平流沉淀池上，往复运动。每一个运行周期包括一个工作行程和一个不工作的返回行程。这种刮泥机的优点是：在工作行程中，浸没于水中的只有刮泥板及浮渣刮板，而在返回行程中全机都提出水面，给维修保养带来了很大的方便；由于刮泥与刮渣都是正面推动，因此污泥在池底停留的时间短，刮泥机的工作效率高。缺点是运动较为复杂，故障率相对较高。

（3）回转式刮泥机及浓缩机

在辐流式沉淀池和圆形污泥浓缩池上使用的回转式刮泥机和浓缩机，除了具有刮泥及防止污泥板结的作用外，还利用很多纵向的栅条对池中污泥进行搅拌，用于促进泥水分离。

回转式浓缩机与回转式刮泥机在结构上的不同是在斜板式刮泥板的上方加了一些纵向栅条，栅条间隔 100～300mm。通过栅条缓慢转动时的搅拌作用，促进污泥颗粒的聚结，加快污泥的沉降过程。在运转管理方面，其进泥应连续运转，以保持泥的流动性。如因维修等原因造成较长时间停机后，在池中有泥时，重新启动时应特别注意，板结在池底的泥可能造成很大的阻力。

4.5.2 吸泥机

吸泥机是将沉淀于池底的污泥吸出的机械设备，一般用于二次沉淀池，吸出活性污泥回流至曝气池。大部分吸泥机在吸泥过程中有刮泥板辅助，因此也称为刮吸泥机。吸泥机的吸泥方式有以下几种。

（1）静压式

适用于回转式刮吸泥机。

这种装置将数根吸泥管的上端与一个集泥槽相连，集泥槽半浸入水中使其底面低于沉淀池的水面，每个吸泥管与集泥槽的连接部位安装一个锥形阀门。当泥水满罐时打开锥形阀，由液位差形成的压力使池底的活性污泥不断地经吸泥管流入集泥槽，再由集泥槽通过中心泥罐流入配水井或者回流至污泥泵房。

静压式吸泥的优点是操作方便，每个吸泥管的吸泥量可用锥形阀控制，只要池中液面高于中心泥罐的液面即可工作。缺点是由于结构限制，液位差不能很大，特别是靠近边缘的吸泥管压力差更小一些，当吸取较稠的污泥时有一定的困难，有时需要借助其他方式来强制提升污泥。另外，桁车式吸泥机无法使用静压式吸泥。

气提是静压式吸泥的一种辅助手段，它的主要作用是疏通被堵塞的吸泥管，当因故障停机造成池底污泥变稠时，大量上升的气泡有助于污泥与水混合，有助于污泥向上流动。气提装置的气源来自两个方面：一种是主动式，即利用每台吸泥机上安装的气泵供气；另一种是被动式，即压力空气直接从鼓风机房用管道引来，这需要在池底敷设管道。压力空气用一根根软管从机桥引到吸泥管下端。

（2）虹吸式

利用虹吸的原理将污泥抽到辐流池底的中心罐或平流池的边侧泥槽中。形成虹吸的条件是虹吸管出口的液面应低于沉淀池的液面。使用这种方式需要在初始时将虹吸管充满水。

（3）泵吸式

在吸泥机上安装一台或数台污水泵直接吸取池底污泥。这种方式由于可以把液面提高到曝气池内，因此不需要有液位差，打开水泵即可抽泥，甚至省去了回流污泥泵及剩余污泥泵。如果沉淀池排空系统失效，这些泵可以把池水抽空做排空泵使用。

（4）静压式与虹吸式、泵吸式配合吸泥

利用静压式吸泥原理使污泥自动流入集泥槽后，再利用虹吸管或吸泥泵从泥槽中将污泥吸到池外。这种方式的适应面广，在不适用静压式吸泥的桁车式吸泥机上也能应用，还可以使用气提协助提升污泥，用锥形阀来调节污泥的流量与浓度。

常用的有回转式吸泥机与桁车式吸泥机，前者用于辐流式二沉池，后者用于平流式二沉池。

4.6 隔油池

在石油开采与炼制、煤化工、石油化工及轻工等行业的生产过程中会排放大量的含油废水，如不加以回收利用，不仅是很大的浪费，而且大量的油品排入河流、湖泊或海湾，会对水体造成严重的污染。因此有必要对废水中的油品进行回收利用和处理。

生产废水中的油品相对密度一般都小于1，焦化厂或煤气发生站排出的含焦油废水中的重

焦油的相对密度则大于 1。油品在废水中以三种状态存在:

① 悬浮状态 油珠粒径较大,这种状态的油品含量占 $60\% \sim 80\%$。

② 乳化状态 油珠粒径在 $0.5 \sim 25\mu m$。

③ 溶解状态 油品在水中的溶解度甚小,一般每升水只有几毫克油品。

隔油池可以去除上述悬浮状态的油珠,其原理与沉淀池相似,利用油珠与水的相对密度差可以容易地将油珠从废水中分离出来。对于乳化状态的油珠,一般不易用沉淀法去除,需采用气浮法或混凝沉淀法去除。

隔油池有平流式隔油池和斜板隔油池两种形式。

4.6.1 平流式隔油池

图 4-33 所示是平流式隔油池。普通平流隔油池与沉淀池相似,废水从池的一端流入池内,从另一端流出。在流经隔油池的过程中,由于流速较低($2 \sim 5mm/s$),相对密度小于 1 而粒径较大的油珠在浮力作用下上浮并且聚积在池的表面,通过设在池面的集油管和刮油机收集浮油,浮油一般可以回用。相对密度大于 1 的颗粒杂质则沉于池底。

集油管一般以直径为 $200 \sim 300mm$ 的钢管制成,沿其长度在管壁的侧向开有 $60°$ 或 $90°$ 角的槽口。集油管可用螺杆控制,使集油管能绕管轴转动。平时集油管的槽口位于水面以上,排油时将集油管的槽口转向水平面以下以收集浮油,并将浮油导出池外。集油管常设在池的出口处及进水间,管轴线安装高度与水面相平或低于水面5cm,大型隔油池还设有刮油刮泥机,用以推动水面浮油和刮集池底沉渣。

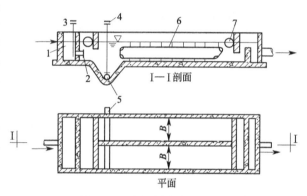

图 4-33 平流式隔油池示意图
1—布水间;2—进水孔;3—进水间;4—排渣阀;5—排渣管;6—刮油刮泥机;7—集油管

刮油机可以是链条牵引或钢索牵引的。用链条牵引时,刮油机在池面上刮油,将浮油推向池末端,而在池底部可起着刮泥作用,将下沉的油泥刮向池进口端的泥斗。池底部应保持在 $0.01 \sim 0.02$ 的底坡,贮泥斗深度一般为 $0.5m$,底宽不小于 $0.4m$,侧面倾角不应小于 $45° \sim 60°$。一般隔油池水面的油层厚度不应大于 $0.25m$。

隔油池的进水端一般采用穿孔墙进水,在出水端采用溢流堰。

平流式隔油池的特点是构造简单,便于运行管理,油水分离效果稳定。平流隔油池一般不少于 2 个,池深 $1.5 \sim 2.0m$,超高 $0.4m$,每单格的长宽比不小于 4,工作水深与每格宽度之比不小于 $0.4m$,池内流速一般为 $2 \sim 5mm/s$,停留时间一般为 $1.5 \sim 2h$,可将废水中的含油量从 $400 \sim 1000mg/L$ 降至 $150mg/L$ 以下,去除效率达 70% 以上。平流式隔油池可以去除的最小油珠直径为 $100 \sim 150\mu m$,相应的上升流速不高于 $0.9mm/s$。

为了保证隔油池的正常工作,平流式隔油池表面一般设置盖板,以防火、防水、防雨及防止油气散发,污染大气。在寒冷地区或季节,为了增大油的流动性,隔油池内应采取加温措施,在池内每隔一定距离加设蒸汽加热管,提高废水温度。

平流式隔油池的设计可按油粒上升速度或废水停留时间计算。油粒上升速率 u(cm/s)可通过试验求出(与平流式沉淀池基本相同)或直接应用修正的 Stokes 公式计算:

$$u = \frac{\beta g d^2 (\rho_0 - \rho_1)}{18\mu}$$

$$(4\text{-}59)$$

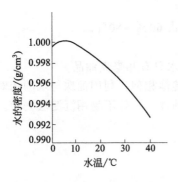

图 4-34 水密度与温度的关系

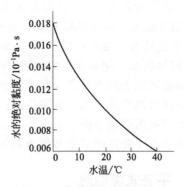

图 4-35 水黏度与温度的关系

式中水的密度 ρ 和绝对黏度 μ 分别由图 4-34 和图 4-35 查得。β 表示由于水中悬浮物的影响，油粒上浮速度降低的系数。

$$\beta = \frac{4\times10^4 + 0.8s^2}{4\times10^4 + s^2} \tag{4-60}$$

式中 s——废水中悬浮物的浓度，mg/L。

隔油池的表面积 A（m^2）可按下式计算

$$A = \alpha \frac{Q}{u} \tag{4-61}$$

式中 Q——废水的设计流量，m^3/h；

α——考虑池容积利用系数及水流紊流状态对池表面积的修正值，它与 v/u 的比值有关（v 为水平流速），其值可按表 4-4 选取。

表 4-4 α 与 v/u 的关系

v/u	20	15	10	6	3
α	1.74	1.64	1.44	1.37	1.28

4.6.2 斜板隔油池

为了提高单位池容积的处理能力，可对平流式隔油池稍加改造，即在池内安装倾斜的平行板，即可成为斜板隔油池。斜板隔油池如图 4-36 所示。池内斜板大多采用聚酯玻璃钢波纹斜板，板间距为 20～50mm，倾角不小于 45°。斜板采用异向流形式，污水自上而下流入斜板组，油珠沿斜板上浮。实践表明，斜板隔油池可分离油珠的最小直径约为 60μm，相应的上升速率约为 0.2mm/s。含油废水在斜板隔油池中的停留时间一般不大于 30min，为平流式隔油池的 1/4～1/2。

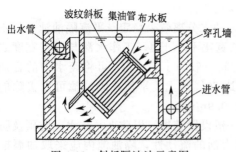

图 4-36 斜板隔油池示意图

用斜板隔油池处理石油炼制厂废水时，出水含油量可控制在 50mg/L 以内。国内目前设计的斜板隔油池的斜板板长为 1750mm，板宽为 750mm，厚 1～1.5mm，波长为 130mm，波高为 16.5mm，波纹板展开宽度为 913mm，板间距为 40mm。池内废水停留时间为 15～30min，板间流速为 0.7～0.8mm/s。布水栅用厚 6～10mm 的钢板制成，板上开孔直径为 20mm，总开孔面积为布水面积的 6%，在处理石油炼制厂废水时，表面负荷为 0.6～0.8 $m^3/(m^2 \cdot h)$。

为了防止油类物质附着在斜板上，应选用不亲油材料做斜板，但实际上比较困难，所以，在斜板隔油池的运行中也常有挂油现象，应定期用蒸汽及水冲洗，防止斜板间堵塞。废水含油量大时，可采用较大的板间距（或管径），含油量小时，间距可以减小。

壳牌石油公司研制的斜板隔油池即 PPI（parallel plate intercepter）型油水分离池如图 4-37 所示。该装置可去除大于 $60\mu m$ 的油珠。

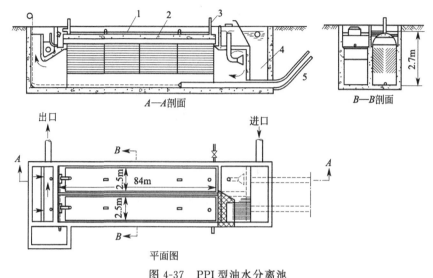

图 4-37　PPI 型油水分离池
1—顶盖；2—分离油；3—排气口；4—沉砂池；5—排泥管

对水中悬浮物的去除，除可利用重力通过颗粒和水的密度差进行分离外，还可利用其他外力实现分离。最常用的有离心分离法和磁力分离法。

4.7　离心分离

4.7.1　离心分离的原理

高速旋转的物体能产生离心力，利用离心力分离水中杂质的方法称为离心分离法。

含悬浮物（或乳化油）的水在高速旋转时，由于颗粒和水的质量不同，因此受到的离心力大小也不同，质量大的颗粒所受到的离心力也大，被甩到外围；质量小的颗粒受到的离心力也小，则留在内围，然后通过不同的出口分别引出，从而使废水中的悬浮颗粒（或乳化油）得以分离。

在离心力场中，水中颗粒受到的净离心力为：

$$F_c = (m_s - m_1)\frac{v^2}{r} = (\rho_s - \rho_1)\Delta V \frac{v^2}{r} = (\rho_s - \rho_1)\Delta V \omega^2 r \tag{4-62}$$

式中　F_c——颗粒在水中所受到的净离心力，N；

m_s，m_1——废水中杂质颗粒的质量与水的质量，kg；

ρ_s，ρ_1——废水中杂质颗粒的密度与水的密度，kg/m^3；

ΔV——颗粒的体积，m^3；

v——颗粒旋转时沿圆周的线速度，m/s；

r——颗粒的旋转半径，m；

ω——角速度，s^{-1}。

若 F_c 为正值，表示离心沉降，F_c 为负值，表示离心上浮。

同一颗粒在水中所受的净重力 F_g 为：

$$F_g = (m_s - m_1)g = (\rho_s - \rho_1)\Delta V g \tag{4-63}$$

式中　F_g——颗粒在水中所受的净重力，N；

　　　g——重力加速度，m/s^2。

定义离心力和重力之比为分离因数 α，从而得到分离因数的计算式：

$$\alpha = \frac{F_c}{F_g} = \frac{(\rho_s - \rho_1)\Delta V \dfrac{v^2}{r}}{(\rho_s - \rho_1)\Delta V g} = \frac{v^2}{rg} = \frac{\omega^2 r}{g} \approx \frac{rn^2}{900} \tag{4-64}$$

式中　α——分离因数；

　　　n——转速，r/min。

由式(4-64)可知，分离因数 α 值越大，不同颗粒越易分离。$r=0.1m$，$n=500r/min$，$\alpha=28$；$n=1800r/min$，$\alpha=110$。可见，进行离心分离时，离心力对悬浮颗粒的作用远远超过重力或压力，故离心分离可强化悬浮液和乳浊液的分离。

4.7.2　悬浮颗粒离心分离径向运动速度

水中的颗粒在净离心力的作用下产生径向加速度运动。随着颗粒运动速度的增加，颗粒所受到的来自流体的阻力也随之增加：

$$F_D = C_D \frac{\pi d_p^2}{4} \rho_1 \frac{u^2}{2} \tag{4-65}$$

式中　F_D——颗粒运动所受阻力，N；

　　　C_D——阻力系数，与雷诺数 Re 有关；

　　　ρ_1——水的密度，kg/m^3；

　　　d_p——颗粒的直径，m；

　　　u——颗粒的径向运动速度，m/s。

当 F_c 与 F_D 相等时，颗粒径向运动速度保持稳定不变。根据颗粒的受力关系：

$$F_c = F_D$$

即

$$(\rho_s - \rho_1)\frac{\pi d_p^3}{6}\omega^2 r = C_D \frac{\pi d_p^2}{4}\rho_1 \frac{u^2}{2}$$

可以得到颗粒径向运动速度的通式：

$$u = \sqrt{\frac{4}{3}\frac{\omega^2 r}{C_D}\frac{\rho_s - \rho_1}{\rho_1}d_p} \tag{4-66}$$

对于 $Re<1$ 的颗粒运动，存在关系 $C_D = 24/Re$，代入上式可以得到颗粒径向运动的速度计算式：

$$u = \frac{1}{18}\frac{\rho_s - \rho_1}{\mu}\omega^2 r d_p^2 \tag{4-67}$$

式中　μ——水的黏度，$Pa\cdot s$。

把式(4-67)与重力沉淀的颗粒沉降速度公式（斯托克斯公式）相比，可以得到离心分离与重力沉淀的速度比值就等于分离因数 α。对于 α 远大于1的离心处理，颗粒的离心分离速度远大于重力分离。

对于其他 Re 条件下的离心颗粒运动，由相应的 C_D 关系，也可以求得相对应的离心条件下颗粒的径向运动速度计算式。

4.7.3　离心分离设备

离心分离设备按离心力产生的方式可分为两种类型：一类是由水流自身旋转产生离心力的

水力旋流器，或称为旋液分离器，它可以分为压力式和重力式两种；另一类是由容器旋转来带动分离器内的废水转动而产生离心力的高速离心机，主要用于废水的污泥处理。

利用离心分离法除去废水中的悬浮物时，如果悬浮物的密度比较大，采用一般的水力旋流器即可；如果悬浮物的密度较小，如废水中的有机悬浮物、活性污泥等，则应采用高速离心沉降机进行分离。

（1）水力旋流器

① 压力式水力旋流器 压力式水力旋流器的构造是：上部为圆筒形，下部为锥形，中心设一个中心连通管，进水管与上部的圆筒部分相切接入。其结构与工作原理如图 4-38 所示。

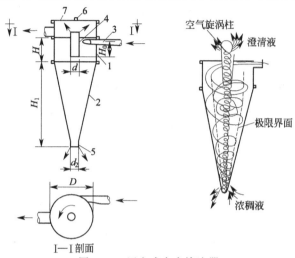

图 4-38 压力式水力旋流器
1—圆筒；2—圆锥体；3—进水管；4—上部清液排
出管；5—底部浓液排出管；6—放气管；7—顶盖

压力式水力旋流器的运行方式是：水泵将水由逐渐收缩的管口沿切线方向高速（6～10m/s）射入水力旋流器上部的圆筒，水沿器壁先向下旋转运动（称为一次涡流），然后再向上旋转（称为二次涡流），通过中心连通管，再从上部清液排出管排出澄清液。密度比水大的悬浮颗粒在离心力的作用下随一次涡流被甩向器壁，并在其本身重力的作用下沿器壁向下滑动，随浓液从底部排出。旋流器的中心还上下贯通有空气旋涡柱，空气从下部进入，从上部排出。

压力式水力旋流器内水的旋转动量由进口管压力水的流速所提供，由于过高流速条件下的水力损失很大，进水管口的流速一般在 6～10m/s。根据式(4-62)，在旋转流速确定的条件下，离心力与旋转半径成反比，因此，压力式水力旋流器的直径一般在 500mm 以内。

压力式水力旋流器可用于纸浆、矿浆、洗毛废水的除砂处理，轧钢废水的除氧化铁皮处理等。压力式水力旋流器单台设备的处理水量大，但处理能耗较高，且设备内壁磨损严重。

② 重力式水力旋流器 重力式水力旋流器又称为水力旋流沉淀池。废水由切线方向靠重力进入池内，形成一定的旋流，在离心力及重力作用下，比水重的颗粒物

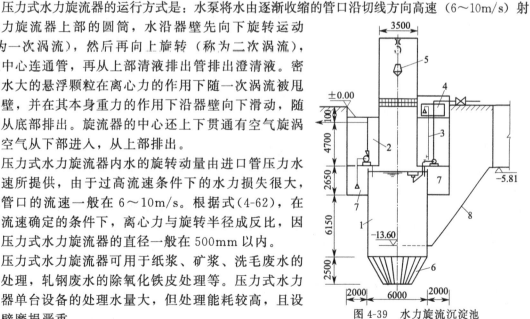

图 4-39 水力旋流沉淀池
1—重力式水力旋流器；2—水泵室；3—集油槽；
4—油泵室；5—抓斗；6—护壁钢轨；7—吸水井；
8—进水管（切线方向进入）

向池壁和池底运动，并在池底集中，定期用抓斗抓出。水力旋流沉淀池的构造如图 4-39 所示。

水力旋流沉淀池是约定俗成的名称，通过对该池型的离心分离因数的计算可以发现，该池中的离心作用有限，分离作用主要靠重力沉淀。

（2）离心机

离心机的工作原理是利用旋转的转鼓带动鼓内物料作高速旋转时产生的离心力将两种密度不同且互不相溶的液体与固体颗粒的悬浮液进行分离。用于污泥脱水的离心脱水机采用的就是离心分离的原理。

离心机是一种应用最广的分离机械，可用于固液分离、液液分离，所以种类很多。水处理常用的离心机按分离因数 α 分类，有低速离心机（$\alpha < 1500$）、中速离心机（$\alpha = 1500 \sim 3000$）和高速离心机（$\alpha > 3000$）。

按工作原理可分为过滤式离心机和沉降式离心机，其中过滤式离心机按操作形式又分为间歇式过滤离心机和连续式过滤离心机，可根据需要选用定型产品。

① 间歇式过滤离心机　间歇式过滤离心机的结构是：在立式外桶内设有一个绕垂直轴旋转的转鼓，转鼓壁上有很多圆孔，转鼓内衬滤布。污泥或沉渣由上部投入鼓内，在离心力的作用下冲向鼓壁，水穿过滤布流出鼓外，固体颗粒则被滤布截留在鼓内，从而完成固液分离过程，停机后可将滤渣从鼓内取出。其结构示意如图 4-40 所示。

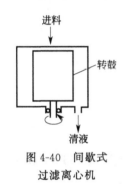

进料

转鼓

清液

图 4-40　间歇式
过滤离心机

间歇式过滤离心机的操作特点是间歇进料、间歇卸料。按结构形式可分为三足离心机、上悬式离心机、卧式刮刀离心机和翻袋式离心机。按卸料方式又可分为人工卸料、气力卸料、吊袋卸料、刮刀卸料、重力卸料等。

a. 三足式离心机及平板式离心机。三足式离心机的结构是底盘、外壳及装在底盘上的主轴和转鼓用三根摆杆悬挂在三根支柱上的球面座上，摆杆上有缓冲弹簧，离心机由装在外壳侧面的电动机通过三角皮带驱动。平板离心机是三足式离心机的改型，采用四点阻尼弹性支承系统。常见的三足式离心机按出料方式可分为上卸料和下卸料两种；按构造特点可分为普通式、刮刀式和吊袋式；按照工作原理可分为过滤式和沉降式。

三足式离心机是具有固定过滤床的间隙操作离心机，其主要优点是对物料的适应性非常强，分离物料的颗粒尺寸分为大、中、小。由于过滤、洗涤工序时间可以任意控制，因此通过调整各工序的延续时间，可用于分离难易程度不同的各种悬浮液，并且满足不同的滤饼洗涤要求。在结构上由于采用弹性悬挂支撑结构，能够减轻由于负载不均匀引起的机器振动，因此离心机运行较平稳。三足式离心机的缺点是间歇操作，每个循环周期较长，生产能力较小，人工上部卸料的机型劳动强度大，因此一般只适用于小批量生产。

b. 上悬式离心机。上悬式离心机是一种间歇操作的立式离心机。转鼓主轴上端悬挂在支架横梁上，转鼓装在细长主轴下端。上悬式离心机的特点在于主轴的支点远高于转动部件的质量中心，轴本身又有较大的挠性，使转动部件具有自动对中性能，保证离心机运转平稳。

上悬式离心机均采用下部卸料，卸料方式有重力卸料、刮刀卸料及离心卸料。上悬式离心机的操作循环包括加料、分离、洗涤、再次分离、卸料、冲洗滤布等工序，其中加料和卸料均在低速下进行。

上悬式离心机适用于分离中等颗粒（0.1~1.0mm）和细颗粒（0.01~0.1mm）固相的悬浮液，广泛用于化工、制糖、轻工、环保等领域。

c. 卧式刮刀卸料离心机。卧式刮刀卸料离心机的结构是卧式转鼓安装在水平的主轴上，由液压传动机构驱动转鼓高速旋转。过滤式卧式刮刀卸料离心机过滤后转鼓内的滤饼由卸料刮刀刮下，并沿排料斜槽（或螺旋输送器）排出离心机。其卸料方式又分为机械刮刀卸料和虹吸刮刀卸料。卸料刮刀按刮刀切入滤饼的方式分为径向移动式和旋转式两种；按形状分为宽刮刀和窄刮刀两种，其中窄刮刀适用于黏稠的物料。

　　卧式刮刀卸料离心机是连续运转、间歇操作的过滤式离心机，其控制方式为自动控制，也可手动控制。其最大的优点是对物料的适应性很强，对悬浮液浓度的变化及进料量的变化也不敏感。过滤时间、洗涤时间均可自由调节。由于是在全速下完成进料、分离、洗涤、脱水、卸料及滤布再生等工序，因此单次循环时间短，处理量大，并可获得较干的滤渣和良好的洗涤效果。刮刀离心机的缺点是刮刀无法刮尽转鼓上的滤渣，所以不能用于滤布无法清洗、再生的物料；对固相颗粒破坏严重；电机负荷不均匀（有高峰负荷）；刮刀磨损大；振动较大。

　　使用卧式刮刀离心机时，必须确保工艺系统的进料量稳定、进料中的固相浓度稳定，否则将会使离心机产生较大的振动和噪声，影响离心机的使用效果或产生不安全因素。

　　d. 翻袋式离心机。翻袋式离心机将转鼓结构分成轴向固定部分及轴向运动部分。滤袋的两端分别固定于离心转鼓和轴向水平移动部分，这样水平移动部分的轴向运动可以翻转滤袋，物料在离心作用下被甩离滤袋并保证滤袋上不留任何残余物料。

　　翻袋式离心机的主要优点是：在离心脱水的同时，可对加工区域（转鼓）加压以降低滤饼的含湿量，提供了在加压条件下对滤饼进行洗涤的可能性。没有液压装置，适合于对环境的清洁及无菌有很高要求的产品过滤。由于翻袋式离心机在下料时没有与任何辅助工具和物料接触（如刮刀），所以能保证物料晶体的完整。翻袋式离心机可以在完全密封的情况下下料，确保了完全密封的加工区域。

　　② 连续式过滤离心机。连续式过滤离心机是连续进料、连续排出滤料、滤饼连续或脉动排出机外的过滤式离心机。按照卸料方式分为活塞推料、离心卸料、振动卸料、进动卸料和螺旋卸料等形式。

　　a. 活塞推料离心机。活塞推料离心机是一种连续加料、脉动卸料的卧式过滤式离心机。该离心机的转鼓位于主轴端部，其内圆柱面上装滤网。主轴全速运转后，悬浮液通过进料管进入转鼓上的分配盘，由于离心力的作用，悬浮液均匀地分布在内转鼓的板网上，液相经板网孔和鼓壁滤孔被甩出，而固相则被板网截留形成滤渣层。由于推料器的往复推动，滤饼间歇向前移动，最后从转鼓端部经集料槽卸出。

　　活塞推料离心机分为单级、双级、多级以及柱锥复合式等多种类型。单级活塞离心机产品主要是向大产量发展，已经出现了大直径转鼓和双转鼓活塞离心机。工业上使用最多的是双级活塞推料离心机。

　　活塞推料离心机的主要优点是操作连续，生产能力大，滤饼回收效率高；由于可对滤饼进行充分地洗涤，洗涤效率高，得到的滤饼含液量低；另外，离心机运行平稳，能耗低。其缺点是只能分离含有中、粗颗粒的易过滤悬浮液，并且对悬浮液浓度的波动较敏感。

　　一般认为，为保证活塞推料离心机正常工作，悬浮液的浓度（体积分数）应大于 20%。料液中的固相浓度越高，生产能力越大。在实际生产中，对颗粒浓度较稀的料液一般要采用预增浓设备。

　　b. 螺旋卸料离心机。螺旋卸料过滤离心机主要由高速旋转的转鼓、与转鼓转向相同转速略低的螺旋和差速器等部件组成。差速器的作用是使转鼓和螺旋之间形成一定的转速差。当物料进入离心机转鼓腔后，由于螺旋和转鼓的转速不同，二者存在相对运动（即转速差），把密度大、沉积在转鼓壁上的固相颗粒推向转鼓小端出口处排出，分离出的密度小的液相则从转鼓的另一端排出。螺旋卸料过滤离心机的结构有立式和卧式两种，卧式的占地面积较大，但密封性好，检修和维护方便。

　　螺旋卸料过滤离心机的优点是生产能力大，能耗低；脱水效率高、滤饼的含液量也较低；对悬浮液的浓度波动不敏感，可分离较黏的物料，但对差速器的精度要求高。其缺点是固相颗粒磨损较大，部分细颗粒固体会漏入滤液，固相损失大，影响滤液的澄清度，滤饼难以进行充分洗涤。

螺旋卸料离心机转鼓半锥角较大（一般大于或等于 20°）时，适宜处理较粗的颗粒；半锥角较小（一般小于 20°）时，多用于处理颗粒较细的分散物料。

螺旋卸料过滤离心机适用于分离含粗颗粒固体（其中大于 0.2mm 的颗粒占大多数）的悬浮液，悬浮液的浓度（质量分数）应高于 40%。悬浮液浓度过低会影响生产能力，并使滤液的含固量升高。

c. 离心卸料离心机。离心卸料离心机又称锥篮离心机，分立式和卧式两种。转鼓呈截头圆锥形，内壁装有滤网，由电动机带动转鼓高速旋转。悬浮液通过进料管经过布料器后，在一定角速度下均布于转鼓小端滤网上。在离心力的作用下，液相经滤网和转鼓壁上的小孔排出转鼓；固体颗粒在滤网上形成滤饼，并在离心力的分力作用下向转鼓大端滑动，最后排出转鼓。

离心卸料离心机的特点是能耗低，物料运动过程中，随着所在位置转鼓半径增大，分离因数逐渐增大，因此分离效率较高，生产能力大，但对物料特性和悬浮液浓度的变化都很敏感，适应性差；不同的物料需要不同锥角的转鼓分离，滤饼在转鼓中的停留时间难以控制；滤饼的洗涤效果不佳。

离心卸料离心机的适用范围与固体颗粒的大小有关，一般固体颗粒大于 $30\mu m$ 的都能得到较好的分离效果。

d. 振动卸料离心机。振动卸料离心机是附加了轴向振动或固相振动的离心卸料离心机，由旋转部分、激振器、筛篮、机体和润滑系统等组成，也分为卧式和立式两种结构。过滤时物料经过入料管沿筛座进入筛篮的底部，筛篮内的物料受离心力作用紧贴筛面，在振动力的作用下，料层均匀地向筛篮大端移动，脱水后的物料从筛篮大端甩出，落入机壳下部的排料口，向下排出。物料中的水在离心力作用下，透过料层和筛缝甩向机壳四周沿内壁流向排水口排出。振动卸料离心机滤网一般采用条网，转鼓直接由条网组焊而成。

振动卸料离心机的优点是处理量大，脱液效果好，能耗低，固体颗粒破碎小；缺点是受本身结构限制，其分离因数较低。振动卸料离心机适于分离含粗颗粒大于 $200\mu m$、悬浮液浓度高于 30% 的物料。

e. 进动卸料离心机。进动卸料离心机也称摆式离心机，其卸料方式是通过转鼓运动将滤饼连续排出机外。进动卸料离心机的转鼓不仅做自转运动，还做公转运动。由于自转与公转有转速差，卸料区在转鼓上连续变换位置，转鼓大端依次轮流在局部弧段上卸料。进料卸料离心机也有立式和卧式两种结构。

与其他离心机相比，进动卸料离心机只需要较小的分离因数就能达到与其他离心机相同的分离效果。其主要优点是生产能力增大，结构较简单，对物料的适应性好；滤饼在滤网上的停留时间可在一定范围内调节，适用的范围较广，滤饼的含液量较低，固体颗粒破碎程度小；噪声和振动较小。其缺点是滤料不能进行充分地洗涤，滤液和洗液不容易分开。

采用进动卸料离心机分离的悬浮液浓度（质量分数）应大于 55%，所含固相颗粒尺寸为 0.1～20mm。

③ 沉降式离心机

a. 三足式沉降离心机。三足式沉降离心机主要是将三足式过滤机过滤式转鼓换成沉降转鼓，并增加撇液管装置，其他结构与三足式过滤离心机相同。三足式沉降离心机的卸料方式是人工卸料或刮刀卸料。加料是在转鼓达到全速后进行，方法有两种：第一种是将悬浮液引入转鼓直至转鼓加满，悬浮液沉降分离后用撇液管撇除清液，沉渣在低速下用刮刀卸料或停车后人工卸料；第二种是将悬浮液连续加入转鼓，清液经拦液板溢流（或用撇液管连续撇出）。当转鼓内沉渣沉积较多而影响分离时停止加料，残留在转鼓内的液体用撇液管撇出，然后用人工或刮刀卸出沉渣。

b. 螺旋卸料沉降离心机。螺旋卸料沉降离心机的结构原理与螺旋过滤离心机结构相同，只是采用无孔转鼓。该机型的主要优点是可以自动连续操作，由于不需要滤布，更适合于分离对滤布再生有困难的物料；结构紧凑，容易实现结构上的密闭，密闭式机器可在一定的正压下操作；单机生产能力大，操作费用低，占地面积小。缺点是沉渣的含渣量一般较高；虽能对沉渣进行洗涤，但洗涤效果不好；结构复杂，机器造价较高。

螺旋卸料沉降离心机是一种使用面很广的离心机，可用于固体脱液、液体澄清、固体颗粒按粒度分级以及浓度、颗粒度变化范围较大的悬浮液，滤饼亦可洗涤。该机具有连续操作、处理量大、电耗低的特点，被广泛用于化工、食品、环保、轻工、采矿等领域。立式沉降离心机更适合于有密闭、防爆要求的场合。

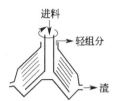

图4-41 盘式离心机

c. 卧式刮刀卸料沉降离心机。卧式刮刀卸料沉降离心机的结构与卧式刮刀卸料过滤离心机结构相似，主要的不同在于采用沉降式转鼓，并且离心机装有撇液管装置。

d. 盘式离心机。盘式离心机是一种用于固液分离或液液分离的设备，运行时连续进料，连续出料，机内设有多层分离盘，其原理与斜板沉淀池的原理相似，可以提高分离效率。盘式离心机的结构示意如图4-41所示。

4.8 磁力分离法

磁分离技术的基本原理就是通过外加磁场产生磁力，把废水中具有磁性（如磁铁）或顺磁性（如铁屑）的颗粒吸出，使之与废水分离，达到去除的目的。对于水中非磁性或顺磁性的颗粒，还可以利用投加磁种（铁粉）和混凝剂的方法，形成顺磁性的絮体，再用磁分离设备去除。

4.8.1 原理

外加磁场作用于颗粒上的磁力可表示为：

$$F_m = VXH \frac{dH}{dx} = \frac{\pi d_p^2}{6} XH \, \text{grad} H \tag{4-68}$$

式中 F_m——磁场作用于颗粒上的磁力；

V——磁性颗粒的体积；

X——磁性颗粒的磁化率；

H——磁场强度；

$\dfrac{dH}{dx}$——磁场梯度（亦写成 $\text{grad}H$）。

在磁场中引入某种物质后，其磁场强度会发生变化，这种能影响磁场强弱的物质，如铁、钴、镍等，称为磁介质。磁介质可以影响原磁场，同时本身也被磁化，其磁化程度随物质的性质不同有很大的差别。根据磁学性质不同可把物质分为3类：

① 铁磁性物质 属于此类物质的有铁、钴、镍及其合金和化合物以及锰、银、铝的某些合金。它们的磁化率都很大，产生的磁化磁场和外磁场同向，能显著增强外磁场的强度。因此用磁分离法从废水中分离铁磁性物质十分有效。

② 顺磁性物质 属于这类物质的有锰、铬、铂、钡、钙、镁等50多种元素。它们的磁化率为正值，但数值不大。这类物质虽然可以产生与外磁场同向的磁场，但当外加磁场较弱时，它们不能产生明显的磁效应，因此要除去此类物质，需酌情采用磁粉接种等辅助措施。

③ 抗磁性物质　属于此类物质的有汞、铜、银、铅、锌等 40 多种元素。它们的磁化率为数值不大的负值，在外电场作用下产生的附加磁矩与外电场方向相反，因此不能用磁分离法将其分离除去。一般通过预处理使它们和投加的磁性接种团聚后，才能在磁分离装置中予以除去。

4.8.2　磁分离技术的特点

根据磁分离技术的作用原理，利用磁分离水处理技术具有以下优点：

① 磁分离设备体积小、占地少。

② 磁分离技术具有多功能性和通用性。在原水中通过投加磁种和混凝剂，使悬浮物和胶体颗粒在高梯度磁场中得到高效去除。

③ 磁分离技术处理水量大，高梯度磁分离器的过滤速度相当于沉淀池的 100 倍，适合于在寒冷地区进行室内处理。

磁分离技术也存在一定的技术难度和局限性，从而影响着它的广泛应用：

①介质的剩磁使得磁分离设备在系统反冲洗时难以把所吸附的磁性颗粒冲洗干净，因而影响下一周期的工作效率；②磁种的分离与再利用是磁分离技术发展的瓶颈，磁种的选择与生产也有一定难度；③高梯度磁分离器的电气设备较大。

4.8.3　磁分离装置

磁分离装置按产生磁场的方法可分为永磁型分离器、电磁型分离器和超导磁分离器三种。

① 永磁型分离器　永磁型分离器的磁场是由永久磁铁产生的，其优点是不消耗电能，但产生的磁场强度及相应的分离能力和效率较低，而且磁场强度不能调节，因而只能分离铁磁性物质。

② 电磁型分离器　电磁型分离器是采用电磁铁来产生高磁场强度和高磁场梯度的。它的特点是分离能力大、效率高、可分离细小的铁磁性物质和弱磁性物质。

③ 超导磁分离器　超导磁分离器采用的截流导线由超导材料组成。由于超导材料没有或基本没有电阻，可在极低的温度下工作，因此可产生 2T 以上的超强磁场。这类磁分离器在运行上基本不消耗电能，但造价高、要求严，目前还处于试验阶段。

上述 3 种磁分离器按设备功能又可分成磁聚凝器和磁吸离器两种。按照磁源位置又可分为内磁式和外磁式等。

（1）磁聚凝器

磁聚凝器依靠磁力使废水中的污染物通过聚凝而除去，应用最多的是磁水处理器。

磁水处理器由形成磁场的装置和被处理液的通路组成，适用于工业和民用用水系统水质的防垢、除垢、杀菌、灭藻等处理。

当水以一定流速在通路内依次通过一个或多个磁路间隙时，磁场即对被处理水产生下述作用：

① 劳伦磁力作用　水系与磁流的相互移动能够产生感应电流，弱极性水分子和其他杂质的带电离子在流经磁场时，将受到劳伦磁场力的作用，使水合离子或带电颗粒作反向运动。在这个过程中，正负离子或颗粒的相互碰撞会形成一定数量的"离子缔合体"。这种"离子缔合体"具有足够的稳定性，不会因溶剂分子的热运动冲击而被拆散。"离子缔合体"在水溶液中形成大量的结晶核心，以这些晶体为核心所形成的悬浮颗粒可以稳定地存在于水中，从而避免在热交换器壁上结垢。

② 极化作用　磁场的极化作用使盐类的结晶成分发生变化，微粒子极性增强，在强离子化区域内分极作用消失，凝聚力减弱。所有这些都改变了上述分子和离子外层电子云的分布，

导致水中原有较长的缔合分子链被截断，成为较短的缔合分子链和带电离子的变形，破坏了离子间的静电吸引力和改变了结晶条件，于是对形成水垢的结晶颗粒的影响是：或形成分散的小晶体稳定地浮散在水中，或松散地附着在器壁上，成为易被清除的泥浆状水垢，随排污水去除，起到防垢作用。

③ 磁滞效应　液体横向切割磁场，会引起水中盐类分子或离子磁性力偶的磁滞效应，改变盐类在水中的溶解性，同时也使盐类分子间的相互亲和力（即结晶性）减弱或"消失"，因而可以防止在水溶液中形成大结晶的分子或离子体，削弱水的结垢过程。

④ 氢链变形　磁场对水的偶极性发生定向极化作用后，水分子的电子云会发生变化，造成氢键弯曲和局部断裂，使单个水分子的数量增多。这些"自由化"的水分子占据溶液的空隙，抑制盐类晶体的形成，并使水的整体性能发生变化。

需要指出的是，磁水处理器的上述作用是单纯的物理过程，而不是真正意义上的"软化"，水中的离子浓度也未发生变化，因此，一般磁水处理器不适用于处理发电用锅炉给水。

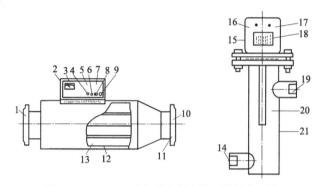

图 4-42　DS-GP 型电子式磁水处理器结构示意
1，14—进水口；2，15—电控器主机；3—显示仪表；
4—自检开关；5，16—工作指示；6—调谐开关；
7，17—电源指标；8—电源开关；9—保险；
10，19—出水口；11—法兰；12，21—辅机筒体；
13，20—电极；18—铭牌

图 4-42 所示为某电子式磁水处理器结构示意。该装置在安装时应注意如下几点：

① 磁水处理器一般应垂直安装，水流方向自下而上，位置应尽量接近用水设备（以 1m 左右为宜）。

② 磁水处理器的处理水流速以 1.0～1.5m/s 为适，不宜过快或过慢。

③ 磁水处理器与用水设备间应安装止回阀，以免用水设备发生问题时产生热水倒流，损坏磁水处理器。

④ 磁水处理器的出水管应直接接至用水设备，不设中间水箱，以避免降低磁化效果。

⑤ 磁水处理器应远离热源，并采取措施避免撞击。应有防雷电措施。

（2）磁吸离器

磁吸离器是依靠磁场力的作用使废水中的磁性杂质得以分离的设备，应用较多的是高梯度磁分离器。

高梯度磁分离器适用于水中杂质成分以磁性材料为主的水质处理，多用于电厂凝结水、化工厂冷凝水等的除铁处理；也可用于轧钢氧化铁皮废水、连续浇铸二次冷却水、转炉除尘废水等的处理。

高梯度磁力分离器的筒体内填充着带毛刺的导磁钢毛（或镀镍铁球），用直流电通过电磁铁产生磁场形成很高的磁场梯度，使钢毛（球）被磁化，当处理水从底部进入分离器时，在磁场的作用下，水中所含的磁性或磁化杂质被吸附于钢毛盒部位，处理后的水则从顶部流出，供循环使用或排放。当分离器内的吸附量达到饱和时，将磁分离器定期断电（使磁场消失）后用水和压缩空气进行反冲洗，将分离器内的"泥渣"排出。反冲合格后的分离器可重新投入使用。其结构示意见图4-43。

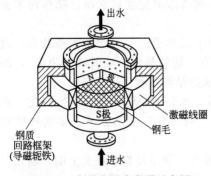

图4-43 高梯度磁分离器示意图

由于形成的磁场梯度较高，因此处理水可以较高的流速穿过磁分离器，一般流速在300～500m/h，适用于处理量较大的场合。

高梯度磁分离器在安装时应注意以下几点：

① 磁分离器应安装垂直，其外壳的垂直误差不得大于壳体高度的0.25%。

② 磁分离器的填料装填高度应符合设计要求，装填时不得混入杂物。

③ 各种电气、化学仪表的安装位置与磁分离器本体的距离不得小于1m。

④ 磁分离器安装场地应空气流通，相对湿度不大于90%，环境温度不超过90℃。应无影响绝缘的蒸汽、腐蚀性气体或粉尘，以免影响磁分离器的正常运行。

4.8.4 磁分离技术的应用

磁分离法在废水处理中的主要应用在以下几个方面：

① 用于钢铁工业废水的处理。钢铁工业是目前磁分离技术应用最多而且最成功的领域。钢铁工业废水中通常含有大量顺磁性微粒，如强磁性氧化亚铁、四氧化三铁和其他铁磁性悬浮物，它们均可采用磁分离法直接吸出，有时也需加入少量的混凝剂，通常能取得较好的效果。

② 用于重金属废水的处理。废水中处于离子状态的重金属物质是不能直接用磁分离法予以除去的，必须先通过预处理，使重金属离子转变为不溶于水且具有磁性的固体物，然后再进行磁分离。采用的预处理方法有铁氧化法、接种-化学沉淀法和亚铁氧化-吸附法等。应用上述预处理和磁分离（包括高磁分离）相结合的处理工艺，可有效去除废水中的 Hg^{2+}、Cd^{2+}、Cr^{6+}、Pb^{2+} 等重金属离子，处理效果可达99%左右。

③ 用于城市给水处理。低温低浊水源水的混凝沉淀处理难度较大，改用磁分离技术可以有效提高处理效果。此方法是在投加混凝剂的同时加入铁粉（磁种），形成顺磁性矾花絮体，再用高梯度磁分离器代替沉淀池去除，出水再进砂滤池过滤。磁分离器截留絮体中的铁粉可以回收再用。

④ 用于处理其他工业废水、生活污水等的处理。利用投加磁种和混凝剂的方法，磁分离技术还可以用来处理工业冷却循环水、原子能发电厂的冷凝水、纺织印染废水、造纸废水、放射性废水、食品工业废水、油漆废水、玻璃工业废水等。

参 考 文 献

[1] 唐受印，戴友芝. 水处理工程师手册 [M]. 北京：化学工业出版社，2001.
[2] 周立雪，周波. 传质与分离技术 [M]. 北京：化学工业出版社，2002.
[3] 杨春晖，郭亚军. 精细化工过程与设备 [M]. 哈尔滨：哈尔滨工业大学出版社，2002.
[4] 宋业林，宋襄翎. 水处理设备实用手册 [M]. 北京：中国石化出版社，2004.
[5] 廖传华，柴本银，黄振仁. 分离过程与设备 [M]. 北京：中国石化出版社，2008.
[6] 王郁，林逢凯. 水污染控制工程 [M]. 北京：化学工业出版社，2008.
[7] 张晓健，黄霞. 水与废水物化处理的原理与工艺 [M]. 北京：清华大学出版社，2011.
[8] 中国石油和化学工业联合会，中国化工经济技术发展中心编. 石油和化工设备选型指南 [M]. 北京：中国财富出版社，2012.

第5章

气浮

上浮是一种广泛用于固液分离或液液分离的方法，是废水处理中不可缺少的处理方法。上浮法通过在水中通入空气，产生高度分散的微细气泡，以气泡为载体，黏附废水中密度接近于水的固体或液体污染物，形成密度小于水的气浮体，利用浮力从废水中除去相对密度比废水小的悬浮物或粒子附着气泡后相对密度比废水小的杂质，上浮至水面形成浮渣层，从而回收水中的悬浮物质，同时改善水质。前者属于自然上浮法，后者为强制上浮法（或称气浮法）。

在上浮法中使用最普遍的是气浮法，即向废水中通入空气，然后降低压力，使空气呈细小气泡形式向水面上升，把吸附在气泡表面的悬浮物带到水面。为改善水中悬浮物与微细气泡的黏结程度，通常还需要同时向水中加入混凝剂或浮选剂。

气浮法可用于废水中靠自然沉淀难以去除的悬浮物，如石油工业、煤气发生站、化工废水中所含的悬浮油和乳化油类（粒径在 $0.5 \sim 25 \mu m$），毛纺工业洗毛废水中所含的羊毛脂及洗涤剂，食品工业废水中所含的油脂，选煤车间废水中的细煤粉（粒径在 $0.5 \sim 1mm$），以及相对密度接近1的固体颗粒，如造纸废水中的纸浆、纤维及填料、纤维工业废水中的细小纤维等。在给水处理中，气浮法也可用来进行固液分离，特别是含藻类多的低温低浊的湖水，处理效果比沉淀法显著。

利用气浮法取代二沉池用于分离和浓缩剩余活性污泥，可获得含水率比沉淀法更低的污泥，浮渣体积可比沉淀浓缩污泥小 $2 \sim 10$ 倍。此外，利用气浮法还可分离、回收以分子或离子状态存在的污染物，如表面活性剂和金属离子。

5.1 气浮的理论基础

5.1.1 悬浮物与气泡的附着条件

上浮法处理过程包括微小气泡的产生、微小气泡与污染物的黏附以及上浮分离等步骤。使用上浮法处理工艺必须满足三个基本条件，即废水中的被处理污染物必须呈悬浮状态、废水中必须通入足量的细微气泡、气泡和悬浮物颗粒必须产生黏附作用。

（1）废水中的污染物性质

废水中如果含有疏水性很强的物质（如植物纤维、油珠和碳粉）等，不投加化学药剂即可获得较理想的固液分离效果。如果污染物为疏水性不强或亲水性物质，就必须向废水中投加化学药剂来改变颗粒的表面性质，以增加气泡与污染物质的吸附性。添加的化学药剂有混凝剂、浮选剂、助凝剂、抑制剂、调节剂。

各种无机或有机高分子混凝剂不仅可以改变污水中悬浮颗粒的亲水性，还能使细小的悬浮颗粒絮凝成较大的絮凝体；浮选剂大多由极性-非极性分子组成，向废水中投加浮选剂后可使亲水物质转化为疏水物质，从而能使其与细微气泡发生黏附作用；助凝剂能提高悬浮颗粒表面的水密性，增加颗粒的可浮性；抑制剂可以暂时抑制某些物质的上浮性能而又不妨碍污染物颗粒的上浮；调节剂的主要作用是调节污水的酸碱性，以此改进和提高气泡和悬浮颗粒的黏附能力。

（2）气泡的产生

目前产生气泡常用的方法有电解、分散空气和溶解空气再释放三种。

在中小规模的工业废水处理中所使用的气泡主要通过电解产生，向水中通入 $2\sim10V$ 的直流电，废水被电解产生 H_2、O_2 和 CO_2 等气体，形成气泡。电解法产生的气泡细微、密度小，浮升过程不会引起废水紊流，浮载能力大，很适合于脆弱絮凝体的分离。但是电耗大，并且电极板易结垢。

分散空气主要有三种方法：①利用粉末冶金、素烧陶瓷或塑料制成微孔板，然后通过微孔板将空气分散为小气泡，这种方法简单易行，但气泡直径大（$1\sim10mm$），较容易引起水流紊流，微孔板易堵塞；②利用鼓风机将空气引入一个高速旋转的叶轮附近，通过叶轮的剪切运动，将吸入的空气分散为小气泡，该法适用于悬浮物浓度高的废水，如含油脂、羊毛等废水的处理；③利用水泵吸入分散空气，这种方法的优点是设备简单，但缺点是吸气量小，不超过进水量的 10%（体积分数）。

溶解空气再释放是指在一定压力下使空气溶于水并呈饱和状态，然后骤然降低废水压力，使溶解的空气以微小的气泡从水中析出，在析出过程中气泡与悬浮物黏附，达到废水处理的目的。该法即为溶解空气上浮法，可根据气泡从水中析出时所处的压力不同分为真空上浮法和加压溶气上浮法两种，气泡在负压下析出叫做真空上浮法，在常压下析出叫做加压溶气上浮法。

（3）悬浮颗粒与气泡的黏附作用

悬浮颗粒与气泡的黏附作用有两种基本形式：①絮凝体内裹带着微细气泡；②气泡与悬浮颗粒之间由于界面张力而吸附。

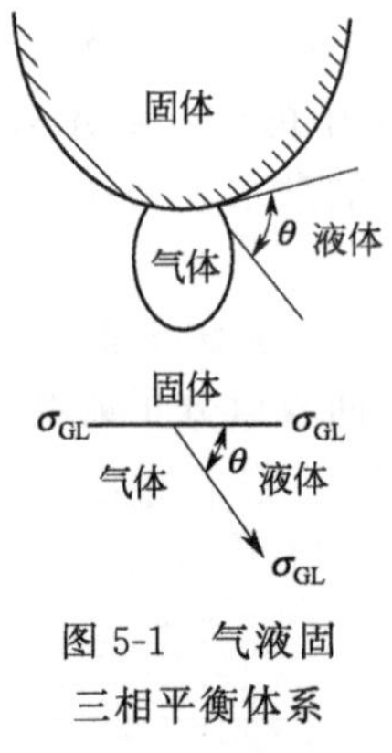

图 5-1 气液固三相平衡体系

气泡能否与悬浮颗粒发生附着作用主要取决于颗粒的表面性质，若颗粒易被水润湿，则称该颗粒为亲水性物质；如颗粒不易被水润湿，则为疏水性物质。颗粒的润湿性程度常用气、液、固三相互相接触时所形成的接触角的大小来解释。在静止状态下，当气、液、固三相接触时，每两相之间都存在界面张力，三相构成一个平衡体系，三相间的吸附界面构成的交界线称为润湿周边，如图 5-1 所示。气液界面张力线和固液界面张力线之间的夹角（对着液相）称为平衡接触角 θ（也称润湿接触角）。在三相接触点上，三个界面张力处于平衡状态。当接触角 $\theta=0°$ 时，固体表面全被润湿；当 $\theta=180°$ 时，固体颗粒完全不被水润湿；接触角 $\theta<90°$ 的物质称为为亲水性物质，接触角 $\theta>90°$ 的物质为疏水性物质。

按照物理化学的热力学理论，在由水、气泡和颗粒构成的三相体系中，存在着体系界面自由能（W），并存在力图减少为最少的趋势。

$$W=\sigma S_i \tag{5-1}$$

式中　σ——界面张力，N/m；

　　　S_i——界面面积，m^2。

在气泡未与颗粒附着之前，体系界面自由能为 W_1（假设颗粒和气泡为单位面积，

$S_i = 1$），则

$$W_1 = \sigma_{水气} + \sigma_{水粒} \tag{5-2}$$

当颗粒与气泡附着以后，体系界面能减少为 W_2：

$$W_2 = \sigma_{气粒} \tag{5-3}$$

附着前后，体系界面能的减少值为 ΔW：

$$\Delta W = W_1 - W_2 = \sigma_{水气} + \sigma_{水粒} - \sigma_{气粒} \tag{5-4}$$

根据热力学的概念，气泡和颗粒的附着过程是向该体系界面能量减少的方向自发地进行，因此 ΔW 必须大于 0。ΔW 值越大，推动力越大，越易于气浮处理。反之则相反。

当颗粒与气泡黏附，处于稳定状态时，由图 5-1 可知，水、气、颗粒三相界面张力的关系应该为

$$\sigma_{水粒} = \sigma_{气粒} + \sigma_{水汽} \cos(180° - \theta) \tag{5-5}$$

将式(5-5)代入式(5-4)中，得

$$\Delta W = \sigma_{水气}(1 - \cos\theta) \tag{5-6}$$

式(5-6)说明在水中并非所有物质都能黏附到气泡上。当 $\theta \to 0$ 时，$\cos\theta \to 1$，$\Delta W \to 0$，这种物质不能气浮；当 $\theta < 90°$，$\cos\theta < 1$，$\Delta W < \sigma_{水气}$，这种颗粒附着不牢，易脱落，此为亲水吸附；当 $\theta > 90°$，$\Delta W > \sigma_{水气}$，易气浮（疏水吸附）；当 $\theta \to 180°$，$\Delta W \to 2\sigma_{水气}$，这种物质最易被气浮。

例如乳化油类，$\theta > 90°$，其本身相对密度又小于 1，采用气浮法就特别有利。当油粒黏附到气泡上以后，油粒的上浮速度将大大增加。如 $d = 1.5\mu m$ 的油粒单独上浮时，根据 Stokes 公式计算，浮速 $< 0.001mm/s$，黏附到气泡上后，由于气泡的平均上浮速率可达 $0.9mm/s$，粒油浮速可增加约 900 倍。

在图 5-1 所示的气液固三相平衡体系中，当接触角 $\theta < 90°$ 时，由式(5-6)可知，水的表面张力越小，体系的界面能减少值 ΔW 越小，即界面的气浮活性越低。反之，则有利于气浮。如石油废水中表面活性物质含量小，$\sigma_{水气}$ 较大（$5.34 \times 10^{-3} \sim 5.78 \times 10^{-3} J$），乳化油粒疏水性强，其本身的相对密度又小于 1，直接气浮效果好。而煤气洗涤水中的乳化焦油，因水中含大量杂酚和脂肪酸盐，而且表面活性物质含量也较多，水的表面张力小（$4.9 \times 10^{-3} \sim 5.39 \times 10^{-3} J$），直接气浮效果就比石油废水差很多。

对于细分散的亲水性颗粒（如 $d < 0.5 \sim 1mm$ 的煤粉、纸浆等），若用气浮法进行分离，则需要将被气浮的物质进行表面改性，即用浮选剂处理，使被气浮的物质表面变成疏水性而易于附着在气泡上，同时浮选剂还有促进起泡的作用，可使废水中的空气泡形成稳定的小气泡，这样有利于气浮。浮选剂大多数是由极性-非极性分子所组成的。浮选剂的极性基团能选择性地被亲水性物质所吸附，非极性基团朝向水，这样，亲水性物质的表面就被转化成疏水性物质而黏附在空气气泡上，随气泡一起上浮到水面，如图 5-2 所示。

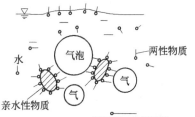

图 5-2 亲水性物质与浮选剂作用后与气泡相黏附的情况

浮选剂的种类很多，如松香油、煤油产品、脂肪酸及其盐类、表面活性剂等。对不同性质的废水，应通过试验选择合适的品种和投加量，必要时可参考矿冶工业的浮选资料。

5.1.2 气泡的分散度和稳定性

为保证稳定的气浮效果，在气浮过程中要求气泡具有一定的分散度和稳定性，实践表明，气泡直径在 $100\mu m$ 以下才能很好地附着在悬浮物上面，如果形成大气泡，附着的表面积将会显著减少。如一个 $1mm$ 直径的气泡所含的空气相当于 8000 个直径 $50\mu m$ 的气泡所含有的空

气，而后者的总表面积为前者的 400 倍。另一方面，大气泡在上升过程中将产生剧烈的水力搅动，不仅不能使气泡很好地附着在颗粒表面，而且会将絮体颗粒撞碎，甚至把已附着的小气泡也撞开。

在洁净的水中，由于表面张力较大，注入水中的气泡有自动降低表面自由能的倾向，即所谓的气泡合并的作用。由于这一作用的存在，在表面张力较大的洁净水中气泡常常很难达到气浮操作所要求的极细分散度。同时，如果水中表面活性物质较少，则气泡外表面由于缺乏表面活性物质的包裹和保护，气泡上升到水面以后，水分子很快会蒸发，使气泡发生破灭，以致在

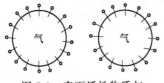

图 5-3　表面活性物质与
气泡黏附的电荷相斥作用

水面得不到稳定的气泡层。这样，即使颗粒可以附着在气泡上，而且能够上浮到水面，但由于所形成的气泡不够稳定，已浮起的悬浮物颗粒也会由于气泡的破灭又重新落回到水中，使气浮效果降低。为了防止上述现象，保持气泡一定的分散度和稳定性，当水中表面活性物质较少时，可向水中添加一定的表面活性物质。表面活性物质由极性-非极性分子组成，极性基团易溶于水，伸向水中；非极性基团为疏水基，伸入气泡，如图 5-3 所示。由于同号电荷的相斥作用可防止气泡的兼并和破灭，从而保证气泡的极细分散度和稳定性。

对于有机污染物含量不多的废水，在进行气浮时，气泡的稳定性可能成为影响气浮效果的主要因素。投加适当的表面活性剂是必要的。但当表面活性物质过多时，会导致水的表面张力降低，水中污染粒子严重乳化，表面 ζ 电势增高，此时水中含有与污染粒子相同荷电性的表面活性物质的作用则转向反面。这时尽管气泡稳定，但颗粒与气泡黏附不好，气浮效果下降。因此，如何掌握好水中表面活性物质的最佳含量成为气浮处理需要探讨的重要课题之一。

5.1.3　乳化现象与脱乳

对于废水中的疏水性颗粒的气浮，在多数情况下气浮效果并不好，究其原因，主要是乳化现象的发生。以油粒为例，乳化现象通常在下列情况下发生。

水中有表面活性物质存在。表面活性物质的非极性端吸附在油粒上，极性端则伸向水中，形成乳化油，如图 5-4 所示。在水中的极性端进一步电离，导致油珠表面被一层负电荷所包围。由此产生双电层现象，提高粒子的表面 ζ 电势。ζ 电势的增大不仅阻碍细小油珠的相互兼并，而且影响油珠向气泡表面的黏附，从而使乳化油成为稳定体系。

当废水中含有亲水性固体粉末，如粉砂、黏土等时，也会产生如图 5-5 所示的乳化现象。这些粉砂、黏土等由于其亲水性质，其表面的一小部分与油珠接触，而大部分被水润湿。油珠被这些亲水性固体粉末所覆盖，从而阻碍相互间的兼并，形成稳定的乳化油体系。这种固体粉末称为固体乳化剂。

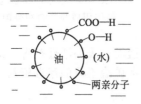

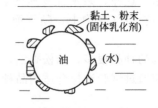

图 5-4　表面活性物质在水中与油珠的黏附　　　　图 5-5　固体粉末在水中与油珠的黏附

上述这种稳定的乳化体系是不利于气浮的，因此在气浮前有必要采取脱稳和破乳措施。有效的方法是投加混凝剂，使水中增加相反电荷胶体，以压缩双电层，降低 ζ 电势，使其达到电中和。投加的混凝剂有硫酸铝、聚合氯化铝、三氯化铁等。投加量视废水的性质不同而异，应

根据试验确定。

5.2 气浮法的特性

5.2.1 气浮法的特点

气浮法是使水中产生大量的微小气泡，以微小气泡作为载体，黏附水中的杂质颗粒，使其视密度小于水，然后颗粒被气泡挟带浮升至水面而与水分离去除的方法。与重力法相比较，气浮法具有如下特点。

① 由于气浮池的表面负荷有可能高达 $12m^3/(m^2 \cdot h)$，水在池中的停留时间很短，只需 $10 \sim 20min$，而且池深只需 2m 左右，因此占地少，占地面积为沉淀法的 $1/8 \sim 1/2$，池容积仅为沉淀法的 $1/8 \sim 1/4$，节省基建费用约 25%。

② 气浮池具有预曝气、脱色、降低 COD 等作用，出水和浮渣都含有一定量的氧，有利于后续处理或再用，泥渣不易腐化。

③ 对那些很难用沉淀法去除的低浊含藻水，气浮法处理效率高，甚至还可以去除原水中的浮游生物，出水水质好。

④ 浮渣含水率低，一般在 96% 以下，比沉淀法污泥的体积减少 $2 \sim 10$ 倍，简化了污泥处置，节省了费用，而且表面刮渣比池底排泥方便。

⑤ 可以回收有用物质，如造纸白水中的纸浆。

⑥ 气浮法所需药剂量比沉淀法少。

但是，气浮法也存在着一些缺点，如电耗较大，约 $0.02 \sim 0.04kW \cdot h/m^3$；目前使用的溶气释放器易堵塞；浮渣受风雨影响较显著。

5.2.2 气浮法的适用对象

根据气浮法的特点，气浮法主要适用于以下一些水处理场合：

① 固液分离。污水中固体颗粒的粒度很细小，颗粒本身及其形成的絮体密度接近或低于水，很难利用沉淀法实现固液分离的各种污水。

② 在给水方面，可应用于高含藻水源、低温低浊水源、受污染水源和工业原料盐水等的净化。

③ 液液分离，从污水中分离回收石油、有机溶剂的微细油滴、表面活性剂及各种金属离子等。

④ 要求获得比重力沉淀法更高的水力负荷和固体负荷，或用地受到限制的场合。

⑤ 有效地用于活性污泥浓缩。

传统的气浮法通常用来去除水中处于乳化状态的油或密度接近于水的微细悬浮颗粒状杂质。为了促进气泡与颗粒状杂质的黏附和使颗粒杂质聚结成较大尺寸的颗粒，通常在处理水进入气浮设备前，向污水中投加混凝剂进行混凝处理。

此外，气浮法还可以作为对含油污水隔油后的补充处理（即二级生物处理前的预处理）：隔油池出水一般含有 $50 \sim 150mg/L$ 的乳化油。经一级气浮法处理后，可使水中的含油量降至 $30mg/L$ 左右，再经二级气浮处理，出水含油量可达 $10mg/L$ 以下。

5.2.3 气浮法的分类

气浮过程包括气泡产生、气泡与颗粒（固体或液滴）附着以及气泡上浮分离等连续步骤，实现气浮法分离的必要条件有两个：第一，必须向水中提供足够数量的微细气体，气泡理想尺寸为 $15\sim30\mu m$；第二，必须使目的物呈悬浮或疏水性质，从而附着于气泡上浮升。由此可以分析出影响气浮效果的因素：①微气泡的尺寸，而微气泡的尺寸决定于溶气方式和释放器的构造；②气固比，这取决于向水中释放的空气量；③进水浓度、工作压力、上浮停留时间；④药剂的作用。

按产生气泡的方式，气浮法可分为溶气气浮（分为真空溶气气浮和加压溶气气浮两种类型）、充气气浮（可分为微孔扩散器布气上浮法和剪切气泡上浮法）、电解气浮。主要气浮法的比较见表 5-1。

表 5-1 主要气浮法的比较

名称	溶气气浮	充气气浮	电解气浮
产气方式	①加压溶气 ②真空产气	①压缩空气通过微孔板 ②机械力高速剪切空气	电解池正负极板产生氢气泡和氧气泡
气泡尺寸	加压 $50\sim150\mu m$ 真空 $20\sim100\mu m$	$0.5\sim100mm$	氢气泡$\leqslant30\mu m$ 氧气泡$\leqslant60\mu m$
表面负荷/[m³/(m²·h)]	$5\sim10$	$5\sim10$	$10\sim50$
主要用途	给水净化、生活污水、工业废水处理。可取代给水和废水处理中的沉淀和澄清；可用于废水深度处理的预处理及污泥浓缩	矿物浮选、生活污水和工业废水处理。如油脂、羊毛脂等废水的初级处理；表面活性剂的泡沫分离	工业废水处理,如含各种金属离子、油脂、乳酪、色度和有机物的废水处理

5.3 加压溶气气浮工艺

加压溶气气浮是目前水处理领域中应用最为广泛的一种，与其他两种气浮法相比具有如下优点：

① 在加压条件下，空气溶解度大，能够提供足够的微气泡，可满足不同要求的固液分离，确保去除效果。

② 加压溶入的气体经急骤减压，释放出大量尺寸微细（$20\sim120\mu m$）、粒度均匀、密集稳定的微气泡。微气泡集群上浮过程稳定，对液体的扰动微小，确保了气浮效果。因此特别适用于细小颗粒和疏松絮凝体的固液分离。

③ 工艺过程及设备比较简单，管理维修方便，特别是处理水部分回流方式，处理效果显著且稳定，并能较大地节省能量。

④ 采用共聚（微气泡直接参与凝聚并和微絮粒共聚长大）气浮技术，可以简化气浮工艺，节省混凝剂用量。

5.3.1 加压溶气气浮法的工艺组成及特点

（1）加压溶气气浮法的工艺组成

加压溶气气浮是目前效果最好、应用最为广泛的一种气浮方法，其基本原理是使空气在加压条件下溶于水中，再将压力降至常压，使过饱和的空气以细微气泡的形式释放出来。

加压溶气上浮法的设备由三部分组成：加压溶气设备、空气释放设备和固液分离设备。加压溶气设备包括加压泵、溶气罐、空气供给设备及附属设备。加压泵用来提升废水，将水、气以一定压力送入溶气罐。溶气罐是促进空气溶解，使水与空气充分接触的场所。溶气罐类型很多，常用的是罐内填充填料的溶气罐。溶气方式有水泵吸气式、水泵压水管射流器挟气式和空压机供气式。空气释放系统由溶气释放装置和溶气管路组成，常用的溶气释放装置有减压阀、溶气释放喷嘴、释放器等。常用的气浮池有平流式和竖流式两种。

（2）加压溶气气浮法的基本流程

加压溶气气浮法按溶气水的不同，其基本流程可分为全溶气（全部原水溶气）流程、部分溶气（部分原水溶气）流程和回流加压溶气（部分回流溶气）流程。

① 全溶气流程　全溶气流程如图5-6所示。在该流程中将全部入流废水用泵加压至0.3～0.5MPa后，送入加压溶气罐。在溶气罐内，空气溶于废水中，再经减压释放装置进入气浮池进行固液分离。

全溶气流程的优点是溶气量大，增加了悬浮颗粒与气泡的接触机会。在处理相同量废水时，所用的气浮池较部分回流溶气气浮法小，可以节约基建费用，减少占地。缺点是含油废水的乳化程度增加，所需的压力泵和溶气泵比另两种流程大，增加投资；由于对全部废水进行加压溶气，其动力消耗也较高。

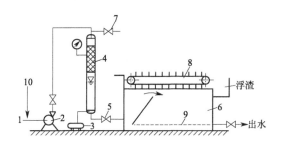

图5-6　全加压溶气气浮法工艺流程
1—废水进入；2—加压泵；3—空压机；
4—压力溶气罐；5—减压释放阀；6—气浮池；
7—放气阀；8—刮渣机；9—出水系统；10—混凝剂

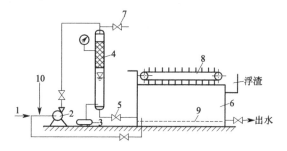

图5-7　部分加压溶气气浮法工艺流程
1—废水进入；2—加压泵；3—空压机；4—压力溶气罐；
5—减压释放阀；6—气浮池；7—放气阀；8—刮渣机；
9—出水系统；10—混凝剂

② 部分溶气流程　部分溶气气浮法是取部分废水（一般为30%～35%）加压和溶气，剩余部分直接进入气浮池与溶气废气混合，其工艺流程如图5-7所示。这种流程的特点是由于只有部分废水进入溶气罐，加压水泵所需加压的水量和溶气罐的容积比全溶气流程的小，因此可节省部分设备费用和动力消耗；压力泵所造成的乳化油量低。但由于仅部分废水进行加压溶气所能提供的空气量较少，因此若欲提供与全溶气方式同样的空气量，必须加大溶气罐的压力。

③ 回流加压溶气流程　回流加压溶气气浮工艺流程如图5-8所示。部分处理后的回流水被加压泵送往压力溶气罐。空压机将空气送入压力溶气罐，使空气充分溶于水中。压力溶气水经释放器进入气浮池，并与废水来水混合。由于突然减到常压，溶解于水中的过饱和空气从水中逸出，形成许多微细的气泡，从而产生气浮作用。气浮池形成的浮渣由刮渣机刮到浮渣槽内排出池外。处理水从气浮池的中下部排出。回流量取原废水的25%～50%，一般取30%。这种流程的优点是加压水量少，动力消耗少，

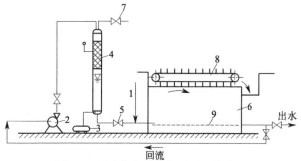

图5-8　回流加压溶气气浮法工艺流程
1—废水进入；2—加压泵；3—空压机；4—压力溶气罐；
5—减压释放阀；6—气浮池；7—放气阀；8—刮渣机；
9—出水系统

不会促成含油废水的乳化，但气浮池的容积较大。该方式适用于悬浮物浓度高的废水，但由于回流水的影响，气浮池所需的容积比其他方式的要大。

5.3.2 加压溶气气浮法的工艺计算

（1）设计条件

① 用待处理废水进行气浮小试或现场试验，确定溶气压力及其释气量、回流比（溶气水量与待处理水量之比）。无试验资料时，溶气压力采用 0.2～0.4MPa，释气量对接近生活污水的废水可取 40～45mL/L，回流比取 25%～50%。

② 根据试验结果选定混凝剂种类和用量，确定混合及反应方式和时间。为获得充分的共聚与气浮效果，一般混合时间取 2～3min，反应时间 5～10min。

③ 根据对处理水质的要求、气浮作业与前后处理构筑物的衔接、施工难易程度等技术经济指标，确定气浮池的池型。气浮池的有效水深为 2.0～2.5m，长宽比一般为(1:1)～(1:1.5)，以单格宽度不超过 10m、长度不超过 15m 为宜。水力停留时间一般为 10～20min，表面负荷为 5～10m³/(m²·h)。

④ 反应池应与气浮池紧密相连，并注意水流的衔接，防止打碎絮体，进入气浮池接触室的水流速度宜控制在 0.1m/s 以下。

⑤ 接触室的尺寸应综合下列因素确定：水流的上升流速一般应控制在 10～20mm/s，水流在室内的停留时间应不小于 60s。接触室的高度以 1.5～2.0m 为宜，平面尺寸应满足溶气释放器的要求。

⑥ 气浮分离室水流的下向流速一般取 1.5～3.0mm/s 为宜。在给水方面，浊度在 100 度以下时，取 2～3mm/s；在废水方面，固体纯度大于 100 度时，取 1～1.5mm/s，以保证分离室表面负荷在 5.5～10.8m³/(m²·h)之间。分离室的深度一般取 1.5～2.5m。复核停留时间一般取 10～15min，有大量絮凝体的废水可延长至 20～30min。

⑦ 气浮池的排渣，一般设置专用刮渣机定期排渣。对于集渣槽，方形池设在池的一端或两端，圆形池设在径向。为使刮板移动速度不大于浮渣溢入集渣槽的速度，刮渣机行走速度应控制在 5～8cm/s。

⑧ 气浮池集水应保持进、出水的平衡，以保持气浮池的正常水位。一般采用穿孔集水管与出水井连通，集水管的最大流速应控制在 0.5m/s 左右。中小型气浮池在出水井的上部设置水位调节管阀，大型气浮池则设可控溢流堰板，以便升降水位、调节流量。

⑨ 压力溶气罐以阶梯环、拉西环、规整填料等为填料，填料层高取 1～1.5m，罐高 2.5～3.0m。罐径按过水断面积负荷 100～200 m³/(m²·h)计算。溶气罐的水力停留时间以 3min 计。溶气罐顶需设放气阀，以便定期将罐内顶部积存的受压空气放掉，否则溶气罐的有效容积将减少，而且会有大量气泡窜出，影响气浮效果。

⑩ 溶气释放器使水充分减压消能，保证溶入水中的气泡全部释放出来，防止气泡互相碰撞而增大，保证气泡的微细度；防止水流冲击，保证气泡与颗粒的黏附条件。释放器前管道的流速应控制在 1m/s 以下，释放器出口的流速控制在 0.4～0.5m/s，每个释放器的作用直径一般为 30～110cm。

⑪ 气浮池的工艺形式多种多样，常用的有平流式气浮池、竖流式气浮池以及将气浮池与混凝反应、出水沉淀、出水过滤等综合为一体的综合气浮池等。在实际应用时应根据废水水质、水温、建造条件（如地形、用地面积、投资、建材等）及管理水平等综合考虑。

竖流式气浮池的高度为 4～5m，其他工艺参数与平流式相同。

（2）工艺计算

① 气固比　气固比是设计加压溶气气浮系统时最基本的参数，反映溶解空气量（A）与原水中悬浮固体含量（S）的比值，即

$$\alpha = \frac{A}{S} = \frac{\text{经减压释放的溶解空气总量}}{\text{原水带入的悬浮固体总量}} \tag{5-7}$$

根据被处理废水中污染物的不同，气固比 α 有两种不同的表示方法：当分离乳化油等密度

小于水的液态悬浮物时，α 常用体积比表示；当分离密度大于水的固态悬浮物时，α 采用质量比计算。当 α 采用质量比时，经减压后理论上释放的空气量 A 可由下式计算：

$$A = \gamma C_a (fP - 1) R / 1000 \tag{5-8}$$

式中　A——减压至 1atm（1atm=101325Pa）时理论上释放的空气量，kg/d；

　　　γ——空气密度，g/L，见表 5-2；

　　　C_a——一定温度下，1atm 时的空气溶解度，mL，见表 5-2；

　　　P——溶气绝对压力，atm；

　　　f——加压溶气系统的溶气效率，为实际空气溶解度与理论空气溶解度之比，与溶气罐形式等因素有关；

　　　R——压力水回流量或加压溶气水量，m^3/d。

表 5-2　空气密度及在水中的溶解度

温度/℃	空气密度/(mg/L)	溶解度/(mg/L)	温度/℃	空气密度/(mg/L)	溶解度/(mg/L)
0	1252	29.2	30	1127	15.7
10	1206	22.8	40	1092	14.2
20	1164	18.7			

气浮的悬浮固体干重为

$$S = QC_s \tag{5-9}$$

式中　S——悬浮固体的干重，kg/d；

　　　Q——气浮池的设计，m^3/d；

　　　C_s——废水中的悬浮颗粒浓度，kg/m^3。

因此，气固比 α 可写成

$$\alpha = \frac{A}{S} = \frac{\gamma C_a (fP - 1) R}{QC_s \times 1000} \tag{5-10}$$

参数 α 的选择影响气浮效果（如出水水质、浮渣浓度等），应针对所处理的废水进行气浮试验后确定。气固比的确定可采用间歇实验，如图 5-9 所示。

试验表明，参数 α 对气浮效果影响很大。图 5-10 为三种废水的气浮试验结果。由图 5-10 可以看出，对于同种废水，α 值增大，出水悬浮物浓度降低，浮渣固体含量提高；而对于不同的废水，其气浮特性不同。因此，合适的 α 值应由试验确定。如无资料或无试验数据时，α 一般可选用 0.05~0.06，废水中悬浮固体含量高时，可选用上限，低时可采用下限。剩余污泥气浮浓缩时一般采用 0.03~0.04。

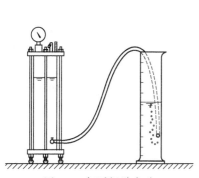

图 5-9　气浮间歇实验

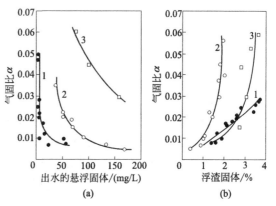

图 5-10　气固比与出水中悬浮固体和浮渣中固体含量的关系
曲线 1—污泥容积指数为 85 的活性污泥混合液；
曲线 2—污泥容积指数为 400 的活性污泥混合液；曲线 3—造纸废水

废水中悬浮固体总量应包括：废水中原有的呈悬浮状的物质量 S_1，因投加化学药剂使原水中呈乳化状的物质、溶解性的物质或胶体状物质转化为絮状物的增加量 S_2，以及因加入的化学药剂所带入的悬浮物质量 S_3，即

$$S = S_1 + S_2 + S_3 \tag{5-11}$$

② 气浮所需空气量 Q_g

$$Q_g = Q R' a_c \psi \tag{5-12}$$

式中　Q——气浮池的设计水量，m^3/h；

　　　R'——试验条件下的回流比，%；

　　　a_c——试验条件下的释气量，L/m^3；

　　　ψ——水温校正系数，取 1.0～1.3（主要考虑水的黏度影响，试验条件下的水温与冬季水温相差大者取高值）。

空气溶解在水中需要一个过程，而且与水的流态有关。在静止或缓慢流动的水流中，空气的扩散溶解过程相当缓慢。空气的溶解量与加压时间的关系如图 5-11 所示。生产上溶气罐内停留时间一般采用 2～4min，水中空气含量为饱和含量的 50%～60%。

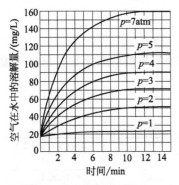

图 5-11　空气在水中的溶解量与加压时间的关系（20℃）

1atm=101325Pa

设计时空气量应按 25% 的过量考虑，留有余地，保证气浮效果。

③ 加压溶气水量 Q_p

$$Q_p = \frac{Q_g}{736 \eta p K_T} \tag{5-13}$$

式中　Q_p——加压溶气水量，m^3/h；

　　　p——选定的溶气压力，MPa；

　　　K_T——溶解度系数，根据水温查表 5-3；

　　　η——溶气效率，用阶梯环作填料的溶气罐可按表 5-4 查得。

表 5-3　不同温度下的 K_T 值

温度/℃	0	10	20	30	40
K_T	3.77×10^{-2}	2.95×10^{-2}	2.43×10^{-2}	2.06×10^{-2}	1.79×10^{-2}

表 5-4　阶梯环填料罐（层高 1m）的水温、压力与溶气效率的关系

水温/℃	5			10			15			20			25			30		
溶气压力/MPa	0.2	0.3	0.4～0.5	0.2	0.3	0.4～0.5	0.2	0.3	0.4～0.5	0.2	0.3	0.4～0.5	0.2	0.3	0.4～0.5	0.2	0.3	0.4～0.5
溶气效率/%	76	83	80	77	84	81	80	86	83	85	90	90	88	92	92	93	98	98

（3）气浮池的计算

气浮池有效容积和面积可分别根据水力停留时间和表面负荷进行计算，但在回流加压溶气流程中，应考虑加压溶气水回流量使气浮池处理水量的增加。

① 接触室表面积 A_c　选定接触室中水流的上升流速后，按下式计算：

$$A_c = \frac{Q + Q_p}{v_c} \tag{5-14}$$

接触室的容积一般应按停留时间大于 60s 进行复核。接触室的平面尺寸如长、宽比等数据的确定应考虑施工的方便和释放器的合理布置等因素。

② 分离室表面积 A_s　选定分离速度（分离室的向下平均水流速度）（v_s）后按下式计算：

$$A_s = \frac{Q + Q_p}{v_s} \qquad (5\text{-}15)$$

对于矩形池，分离室的长宽比一般取（1～2）:1。

③ 气浮池的净容积 W 选定池的平均水深 H（一般指分离池深），气浮池的净容积可按下式计算：

$$W = (A_c + A_s)H \qquad (5\text{-}16)$$

同时以池内停留时间（t）进行校核，一般要求 t 为 10～20min。

④ 溶气罐直径 D_d 选定过流密度（I）后，溶气罐的直径可按下式计算：

$$D_d = \sqrt{\frac{4Q_p}{\pi I}} \qquad (5\text{-}17)$$

一般对于空罐，I 选用 1000～2000m³/(m²·d)，对填料罐，I 选用 2500～5000 m³/(m²·d)。

⑤ 溶气罐高度 Z

$$Z = 2Z_1 + Z_2 + Z_3 + Z_4 \qquad (5\text{-}18)$$

式中 Z_1——罐顶、底封头的高度（根据罐直径而定），m；

Z_2——布水区高度，一般取 0.2～0.3m；

Z_3——贮水区高度，一般取 1.0m；

Z_4——填料层高度，当采用阶梯环时，可取 1.0～1.3m。

⑥ 空压机的额定气量 Q'_g（m³/min）

$$Q'_g = \psi' \frac{Q_g}{60 \times 1000} \qquad (5\text{-}19)$$

式中 ψ'——安全系数，一般取 1.2～1.5。

5.4 气浮系统的主要设备

加压溶气系统的主要设备包括加压水泵、压力溶气罐、空气供给设备、气浮池及其他附属设备。

5.4.1 加压水泵

用来提升污水，将水、气以一定压力送至压力溶气罐。加压泵的压力决定空气在水中的溶解程度。

5.4.2 气浮设备

气浮设备是使空气以高度分散的微小气泡形式进入水中，从而实现固液分离的设备。气浮设备决定气浮系统的溶气方式。

按产生气泡的方式，气浮设备可分为微孔布气气浮设备、压力溶气气浮设备和电解凝聚气浮设备三种。

（1）微孔布气气浮设备

微孔布气气浮设备是利用机械剪切力，将混合于水中的空气粉碎成微细气泡，从而进行气浮处理的设备。按粉碎方法的不同，又可分为水泵吸水管吸气气浮、射流气浮、扩散曝气气浮和叶轮气浮四种。

① 水泵吸水管吸气气浮设备 水泵吸水管吸气气浮设备利用水泵吸水管部位的负压，使

空气经气量调节阀进入水泵吸水管，在水泵叶轮的高速搅拌及剪切作用下形成气水混合流体，进入气浮池进行气浮处理。水泵吸水管吸气溶气方式所需设备简单，但在经济性和安全方面都不理想，长期运行还会发生水泵气蚀。

② 水泵压水管射流气浮设备 水泵压水管射流气浮设备利用喷射器喷嘴将水以高速喷出，并在吸入室形成负压，从进气管吸入的空气与水混合进入喉管后，空气被粉碎成微小气泡，并在扩散段进一步被压缩，增大空气在水中的溶解度，气溶水在气浮池中进行气浮处理。这种气浮方式的能量损失大，但不需要另设空气机。

③ 叶轮气浮设备 叶轮气浮设备的充气是靠叶轮高速旋转时在固定盖板上形成负压，从空气管中吸入空气。进入水中的空气与水流被叶轮充分搅拌，成为细小的气泡甩出导向叶片外面。经过稳流挡板消能稳流后，气泡垂直上浮，形成气溶水。

叶轮气浮设备适用于处理水量不大，但污染物浓度较高的废水，除油效果一般在80%左右。

(2) 压力溶气气浮设备

压力溶气气浮设备有加压溶气气浮设备和溶气真空气浮设备。溶气真空气浮设备由于可能得到的空气量受设备真空度的影响，析出的微泡数量有限，且构造复杂，现已逐步淘汰。

目前常用的压力溶气气浮方式是水泵-空压机加压溶气气浮方式。在图 5-6、图 5-7、图 5-8 表示的不同工艺流程中采用的都是水泵-空压机加压溶气气浮方式。空气由空压机供给，利用水泵将部分气浮出水提升到溶气罐，也有将压缩空气管接在水泵压水管上一起进入溶气罐的。加压到 0.3~0.55MPa，同时注入压缩空气使之过饱和，然后瞬间减压，骤然释放出大量微细气泡，因此气浮处理较好。水泵-空压机加压溶气气浮方式的优点是能耗相对较低，是一种使用广泛的溶气气浮方式，多用于废水（特别是含油废水）的处理。但空压机的噪声较大。

加压溶气气浮法所用的空气压缩机在安装时必须注意如下几点：

① 按空压机的大小选用成对斜垫铁，对超过 300r/min 的空压机，每块垫铁间、垫铁与基础间、垫铁与底座间的接触面积不应小于接合面的 70%，局部间隙不应大于 0.05mm。

② 底座上导向键（水平平键或垂直平键）与机体间的间隙应均匀，键在装配的键槽内的过盈应为 0.01~0.02mm，固定键的埋头螺丝钉应低于键 0.3~0.5mm。

③ 空压机安装的允许偏差应符合表 5-5 的要求。

表 5-5 空压机安装允许偏差

项目		允许偏差/(mm/m)	检查方法
机身	纵向水平	≤0.1	用水平尺检查下列部位：
	横向水平	≤0.1	纵向在滑道上，横向在主轴上
皮带轮	端面垂直度	0.5	吊线锤用尺检查
	端面在同一平面	0.5	吊线锤用尺检查
联轴器组装同轴度		用塞尺直接测量(或用百分尺及专用工具测量)	

(3) 电解凝聚气浮设备

电解凝聚气浮设备利用不溶性阳极和阴极直接电解水，靠电解产生的氢气和氧气的微小气泡将已絮凝的悬浮物载浮至水面，从而达到分离的目的。

电解法产生的气泡尺寸远小于溶气气浮和布气气浮所产生的气泡尺寸，且不产生紊流，因而电解凝聚气浮法去除的污染物范围广，对有机废水不但可降低 BOD，还有氧化、脱色和杀菌的作用，对废水负荷变化的适应力也强，设备占地面积小，生成的污泥量也少，有很大的发展前途，但目前存在电能消耗和极板消耗较大、运行费用较高的问题。

5.4.3 压力溶气罐

压力溶气罐的作用是使水与空气充分接触，促进空气溶解。溶气罐的形式多样，如图 5-12 所示。其中填充式溶气罐由于加有填料可加剧紊动程度，提高液相的分散程度，不断地更新液相与气相的界面，因而效率较高，使用普遍。

影响填充式溶气罐效率的主要因素有：填料的种类和特性、填料层高度、罐内液位高、布水方式和温度等。

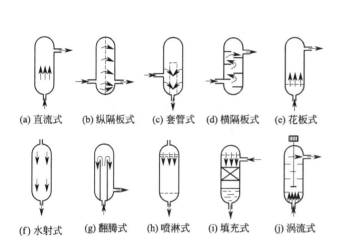

(a) 直流式　(b) 纵隔板式　(c) 套管式　(d) 横隔板式　(e) 花板式

(f) 水射式　(g) 翻腾式　(h) 喷淋式　(i) 填充式　(j) 涡流式

图 5-12　溶气罐的几种形式

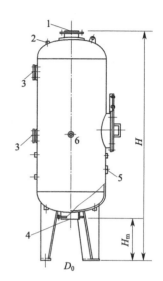

图 5-13　喷淋式填料罐
1—进水管；2—进气管；3—观察窗
（进出料孔）；4—出水管；5—液位
传感器；6—放气管

填充式溶气罐的主要工艺参数如下：
① 过流密度　$2500\sim5000m^3/(m^2 \cdot d)$；
② 填料层高度　$0.8\sim1.3m$；
③ 液位的控制高　$0.6\sim1.0m$（从罐底计）；
④ 溶气罐承压能力　$>0.3MPa$。

填充式溶气罐中的填料有各种形式，如阶梯环、拉西环、波纹片卷等。其中阶梯环的溶气效率最高，拉西环次之，波纹片卷最低。推荐使用低能耗、空压机供气、阶梯环填料、喷淋式溶气罐，其构造形式如图 5-13 所示。

溶气罐在安装时必须注意如下几点：
① 安装前应认真检查基础尺寸、强度、标高及地脚螺栓孔位置，必须符合设计要求。
② 将溶气罐吊装就位，用垫铁找正后，进行二次灌浆，经 3～5d 水泥砂浆干固后，重新进行找正，待水泥砂浆完全干固，拧紧地脚螺栓螺帽，保证设备安装牢固。
③ 溶气罐安装的允许偏差应符合表 5-6 的要求。

表 5-6　溶气罐安装的允许偏差

项目		允许偏差/mm	检查方法
罐体	横向水平度	≤5/1000L	用水平尺检查
	垂直度	≤3/1000D	吊线锤用尺检查
	标高	±15	用水平尺检查
	中心线位移	5	用尺检查

项目		允许偏差/ mm	检查方法
管道	位置	5	用尺检查
	垂直度	5	用尺检查
平台 （走梯）	标高	±10	用水平尺检查
	水平度	≤5/1000L	用水平尺检查
	垂直度	≤10/1000L	吊线锤用尺检查

5.4.4 溶气释放器

减压释放系统的作用是将来自压力溶气罐的溶气水减压后迅速使溶于水中的空气以极为细小的气泡形式释放出来，要求微气泡的直径在 $20\sim100\mu m$ 范围内。微气泡的直径大小和数量对气浮效果影响很大。目前在生产中采用的减压释放设备分两类：一类是减压阀；另一类是专用释放器。

减压阀可以利用现成的截止阀，设备经济方便，但运行稳定性不够高。专用释放器是根据溶气释放规律制造的。在国外，有英国水研究中心开发的 WRC 喷嘴、针形阀等。在国内有 TS 型、TJ 型和 TV 型等，如图 5-14 所示。三种溶气释放器的基本结构与特性比较见表 5-7。

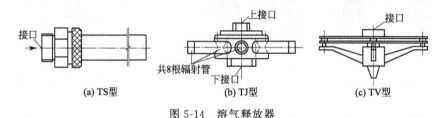

(a) TS型   (b) TJ型   (c) TV型

图 5-14 溶气释放器

表 5-7 三种溶气释放器的结构及其特性

名称	基本结构	特性
TS 溶气 释放器	孔口-多孔室-小平行 圆盘缝隙-管嘴	(1)在 0.15MPa 以上,可释放溶气量的 99%。释出的微气泡密集,直径为 $20\sim40\mu m$。在 0.2MPa 压力下即能正常工作 (2)孔盒易堵塞,单个释放器出流量小,作用范围小
TJ 溶气 释放器	孔口-单孔室-大平行 圆盘缝隙-舌簧-管嘴	(1)在 0.15MPa 以上,可释放溶气量的 99%。释出的微气泡密集,直径为 $20\sim40\mu m$。在 0.2MPa 压力下即能正常工作 (2)单个释放器出流量和作用范围较大,堵塞时可用水射器提起舌簧,清除堵塞物
TV 溶气 释放器	孔口-单孔室-上下大 平行圆盘缝隙	(1)在 0.15MPa 以上,可释放溶气量的 99%。释出的微气泡密集,直径为 $20\sim40\mu m$。在 0.2MPa 压力下即能正常工作 (2)单个释放器出流量和作用范围较大,堵塞时可用压缩空气使下盘移动,清除堵塞物

TS 型溶气释放器的工作原理如图 5-15 所示。当压力溶气水通过孔盒时，反复经过收缩、扩散、撞击、返流、挤压、旋涡等流态，在 0.1s 的瞬间，压力损失高达 95% 左右，创造了既迅速又充分地释放出溶解空气的条件。经这种释放器后，可产生均匀稳定的雾状气泡，而且释放器出口流速低，不致打碎矾花。

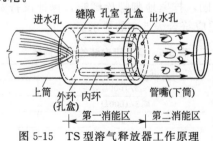

图 5-15 TS 型溶气释放器工作原理

5.4.5　气浮池

气浮池的功能是提供一定的容积和池表面，使微气泡与水中悬浮颗粒充分混合、接触、黏附，并进行气浮。根据水流流向，气浮池有平流式和竖流式两种基本形式。

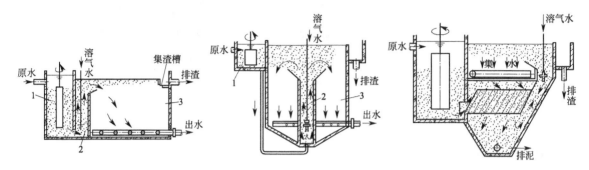

图 5-16　平流式气浮池　　　　图 5-17　竖流式气浮池　　　　图 5-18　与同向流斜
1—反应池；2—接触室；3—气浮池　　1—反应池；2—接触室；3—气浮池　　板沉淀池结合的气浮池

平流式气浮池（图 5-16）是目前最常用的一种形式。气浮池一般为方形池，与反应池（可用机械搅拌、折板、孔室旋流等池型）共壁相连，废水从下部进入反应池，完成与混凝剂的混合反应后，经挡板底部进入接触室，与溶气水接触混合。清水由分离室底部集水管集取，浮渣刮入集渣槽，实现固液分离。

平流式气浮池的优点是池身浅、造价低、结构简单、管理方便。缺点是分离部分的容积利用率不高，与后续处理构筑物在高程上配合较困难。

竖流式气浮池（图 5-17）也是一种常用的形式，反应后的废水从气浮池底部进入中心接触室，向上进入环形分离室，实现固液分离。其优点是接触室在池中央，水流由接触室向四周扩散，水力条件比平流式好，便于与后续处理构筑物在高程上配合；缺点是与反应较难衔接，构造比较复杂，容积利用率较低。

除上述两种基本形式外，还有各种组合式一体化气浮池，如气浮-沉淀一体化（图 5-18）、气浮-过滤一体化（图 5-19）、气浮-反应一体化（图5-20）。

气浮-沉淀一体化气浮池的悬浮去除率高，主要应用于原水浑浊度较高及水中含有一部分密度较大、不易进行气浮的杂质时，将高效同向流斜板置于分离区，先将部分易沉杂质去除，而不易

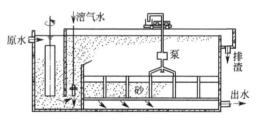

图 5-19　与移动冲洗罩滤池结合的气浮池

沉淀的较轻杂质则由后续的气浮加以去除。这种形式结构紧凑，占地小，也能照顾后续构筑物的高程需要。

气浮-过滤一体化气浮池主要为充分利用气浮分离池下部的容积，在其中设置了滤池。滤池可以是普通快滤池，也可以是移动冲洗罩滤池。一般以后者的配合更为经济和合理。气浮池的刮泥机可以兼作冲洗罩的移动设备。同时由于设置了滤池，气浮集水更为均匀。

气浮-反应一体化气浮池可分为涡流反应式和孔室反应式两种形式。涡流反应式是在池中部切向进水，入口水流旋动较剧，由于反应区断面扩大，因而流速减缓，部分絮体沉淀。孔室反应式是将池体分隔成两部分，下部划分9格，外围8格为孔室旋流反应池，中央一格为气浮接触室。气浮-反应一体化气浮池的优点是部分絮凝颗粒沉于池底，减轻了气浮池的负荷。气浮池和反应池隔开，出水水质较好。

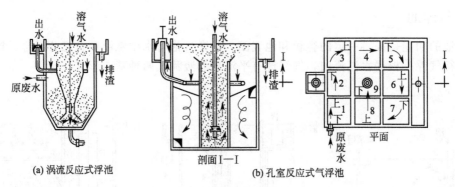

图 5-20　气浮-反应一体化气浮室

5.4.6　刮渣机

矩形气浮池采用桥式刮渣机（如图 5-21 所示），圆形气浮池推荐采用行星式刮渣机（如图 5-22 所示）。

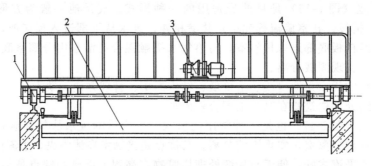

图 5-21　桥式刮渣机
1—行走部分；2—刮板；3—驱动机构；4—桁架

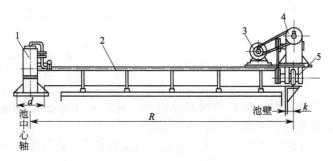

图 5-22　行星式刮渣机
1—中心管柱；2—行星臂；3—电机；4—传动部分；5—行走轮

5.4.7　运行管理

（1）气浮系统的调试

① 调试前的工作：拆下所有释放器，反复清洗管路及溶气罐，直至出水中无杂质；检查连接溶气罐和空压机间管路上的单向阀的水流方向是否指向溶气罐。

② 调试时的工作：先用清水调试压力溶气罐和溶气释放系统，待该系统运行正常后，再向气浮池内注入原废水。

③ 控制压力溶气罐内的水位距罐底 $60\sim100cm$（既不淹没填料，也不能过低），将进出水阀门完全打开，防止出水阀门处截流，气泡提前释出。

④ 异常现象及解决办法：接触区浮渣面不平，局部冒出大气泡或水流不稳定，应取下释放器排除堵塞；分离区浮渣面不平，池面常见大气泡破裂，则表明气泡与絮凝颗粒黏附不好，应验查并对混凝系统进行调整；不合格出水返回集水井，合格出水进入后续处理系统。

⑤ 控制气浮池出水调节阀或可动堰板，将气浮池水位稳定在集渣槽口以下 $5\sim10cm$。待水位稳定后，用进出水阀门调节并测量处理水量，直至达到设计流量。

⑥ 待浮渣积至 $5\sim8cm$ 后，开动刮渣机进行刮渣。检查刮渣和排渣能否正常进行，出水水质是否受到影响。

（2）日常维护及管理

① 根据反应池的絮凝、气浮池分离区浮渣及出水水质，调整混凝剂投加量等混凝参数。检查并防止加药管堵塞。

② 掌握浮渣积累规律和刮渣时间，建立刮渣制度。

③ 经常观察溶气罐的水位指示管，控制管内水位在 $60\sim100cm$ 之内，防止大量空气窜入气浮池。

④ 冬季水温过低时，絮凝效果差，除增加投药外，有时还需增加回流水量或溶气压力，以增加微气泡数量及絮凝颗粒的黏附，以弥补因水流黏度的增加而降低带气絮粒的上浮性能，保证出水水质。

⑤ 做好日常运行记录，包括处理水量、水温、进出水水质、投药量、溶气水量、溶气罐压力、刮渣周期、泥渣含水率等。

5.5 其他气浮法

除了常用的加压溶气气浮法外，电解凝聚气浮法和散气气浮法在废水处理领域中也有一定的应用。

5.5.1 电解气浮法

电解气浮法是在直流电的电解作用下，利用正极和负极产生的氢气和氧气的微气泡，对水中的悬浮物进行黏附并将其带至水面以进行固液分离的方法，其装置示意如图 5-23 所示。

电解法产生的气泡远小于溶气法和散气法产生的气泡，可用于去除细分散悬浮物固体和乳化油。电解法除可用于固液分离外，还具有多种作用，如对有机物的氧化作用、脱色作用和杀菌作用，主要用于工业废水的处理，对废水负荷的变化适应性强，生成污泥量少，占地省，噪声低。但由于电解凝聚气浮的电耗较高，较难适用于大型废水处理厂。

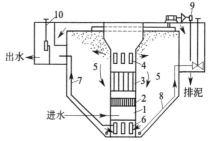

图 5-23 电解气浮法装置示意图
1—入流室；2—整流栅；3—电极组；
4—出流孔；5—分离室；6—集水孔；
7—出水管；8—排沉泥管；9—刮渣机；
10—水位调节器

5.5.2 射流气浮法

射流气浮是采用以水带气射流器向水中充入空气，射流器的构造如图 5-24 所示。高压水经过喷嘴喷射产生负压而从吸气管吸入空气，气水混合物通过喉管时将气泡撕裂、粉碎、剪切成微气泡。进入扩散段后，动能转化为势能，进一步压缩气泡，随后进入气浮池。

射流气浮池多为圆形竖流式，其结构示意如图 5-25 所示。采用射流气浮池时应注意如下几点：

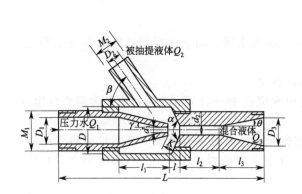

图 5-24　水射器结构图

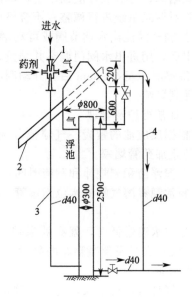

图 5-25　3t/h 射流气浮池基本尺寸

1—射流器；2—排渣槽；3—进水管；4—出水管

① 为保证射流器不堵塞，要求悬浮物颗粒粒径小于喷嘴直径，喉管直径与喷嘴直径之比为 2～2.5；

② 反应段内的上升流速应控制在 60～80m/h；

③ 分离段内的上升流速应控制在 6～8m/h；

④ 停留时间为 8～15min；

⑤ 进水压力为 0.1～0.3MPa；

⑥ 浮渣由液位控制溢流排出；

⑦ 空气量为水量的 5%～8%；

⑧ SS 的去除率一般为 90%～95%。

5.5.3　扩散板曝气气浮法

扩散板曝气气浮法是使压缩空气通过具有微孔结构的扩散板或扩散管，以微小气泡形式进入水中，与水中悬浮物发生黏附并气浮。这种方法的优点是简单易行，但扩散装置的微孔容易堵塞，产生的气泡较大，气浮效果不好。装置示意如图 5-26 所示。

5.5.4　叶轮气浮法

（1）叶轮气浮设备的构造

叶轮气浮法的装置示意如图 5-27 所示。在叶轮气浮池的底部设置有叶轮叶片，由转轴与池上部的电机连接，并由后者驱动叶轮转动。在叶轮的上部装有带导向叶轮的盖板。盖板下的导向叶轮为 12～18 片，与直径成 60°角（见图 5-28）。盖板与叶轮间距为 10mm，在盖板上开 12～18 个孔，孔径为 20～30mm，位置在叶轮叶片中间，作为循环水流的入口。叶轮有 6 个叶片，叶轮与导向叶轮之间的间距为 5～8mm。

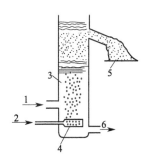

图 5-26　扩散板曝气气浮法

1—入流液；2—空气进入；3—分离柱；
4—微孔扩散板；5—浮渣；6—出流液

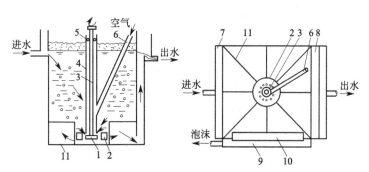

图 5-27　叶轮气浮法装置示意图

1—叶轮；2—盖板；3—转轴；4—轴套；5—轴承；
6—进气管；7—进水槽；8—出水槽；9—泡沫槽；
10—刮沫板；11—整流板

　　叶轮气浮的充气是靠设置在池底的叶轮高速旋转时在固定的盖板下形成负压，从空气管中吸入空气，而废水由盖板上的小孔进入。在叶轮的搅动下，空气被粉碎成细小的气泡，并与水充分混合，水气混合体甩出导向叶轮之外。导向叶轮使水流阻力减小，又经整流板稳流后，在池体内平稳地垂直上升，进行气浮。形成的泡沫不断地被缓慢转动的刮板刮出池外。

　　叶轮直径一般为 $200\sim600mm$，叶轮的转速多采用 $900\sim1500r/min$，圆周线速度为 $10\sim15m/s$，气浮池充水深度与吸气量有关，一般为 $1.5\sim2.0m$ 而不超过 $3m$。

　　叶轮气浮一般适用于悬浮物浓度高的废水的气浮，例如，用于从洗煤废水中回收洗煤粉，设备不易堵塞。叶轮气浮产生的气泡直径约为 $1mm$，效率比加压溶气气浮法的差，约为加压溶气气浮法的 80%。

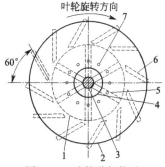

图 5-28　叶轮盖板构造

1—叶轮；2—盖板；3—转轴；
4—轴承；5—叶轮叶片；6—导
向叶轮；7—循环进水口

　　（2）设计与计算

　　① 外形与面积：叶轮气浮池多为正方形，边长 L 不宜超过叶轮直径 D 的 6 倍，一个叶轮气浮池的面积 $S=36D^2$。

　　② 叶轮安装在池底，直径 D 多为 $0.2\sim0.4m$，最大不超过 $0.6\sim0.7m$，转速多采用 $900\sim1500r/min$，圆周线速度为 $10\sim15m/s$；叶片与直径成60°角安装，叶轮上方装有带导向叶片的固定盖板，二者之间隙为 $10mm$。叶轮与导向叶片之间有 $5\sim8mm$ 的间隙。盖板上沿圆周开有孔径为 $20\sim30mm$ 的圆孔 $12\sim18$ 个。

　　③ 气浮池的工作水深 h 一般为 $2\sim3m$，不超过 $3m$，即一个气浮池的有效容积 V 为：

$$V=36D^2h=kQt \tag{5-20}$$

式中　Q——处理水量，m^3/h；

　　　　t——气浮时间，一般取 $16\sim20min$；

　　　　k——系数，一般取 $1.1\sim1.4$。

　　④ 叶轮吸入的气水混合量 q：

$$q=\frac{1000Q}{1-\alpha} \tag{5-21}$$

式中　α——曝气系数，根据试验采用 0.35。

　　⑤ 水进入叶轮所受到的静水压力 H：

$$H=\rho h \tag{5-22}$$

式中　ρ——气水混合物的密度，等于 $0.67kg/L$。

静水压力也可按下式计算：

$$H = \Phi \frac{u^2}{2g} \tag{5-23}$$

式中　Φ——压力系数，等于 0.2～0.3；

　　　u——叶轮周边线速度，m/s。

⑥ 叶轮所需功率 N：

$$N = \frac{q\rho h}{1.02\eta} \tag{5-24}$$

式中　η——叶轮效率，0.2～0.3。确定值后，电机功率可取 1.2N。

5.6　气浮法的应用

5.6.1　气浮法在废水处理中的应用

气浮法在废水处理中有着广泛的应用，主要用于自然沉淀难于去除的乳化油类、相对密度接近 1 的悬浮固体等。可应用的废水包括含油废水、造纸废水、染色废水、电镀废水等，还可用于剩余污泥的浓缩。

(1) 处理含油废水

含油废水的范围很广，石油化工、机械加工、食品加工等行业都会产生大量的含油废水。油品在废水中以三种状态存在：①悬浮状态；②乳化状态；③溶解状态。气浮法主要用于去除乳化状态的油类。

如某炼油厂废水经平流式隔油池处理后，再进一步用气浮工艺进行处理。采用回流加压溶气流程，聚合氯化铝作为混凝剂，投加量为 20mg/L。石油类污染物从 80mg/L 降到 17mg/L，COD 浓度从 400mg/L 降到 250mg/L，硫化物从 5.45mg/L 降到 2.54mg/L，酚从 21.9mg/L 降到 18.4mg/L。

(2) 处理印染废水

印染废水色度高、水质复杂，BOD_5/COD 的比值比较低。可以采用气浮法对印染废水进行处理。对于含硫化物、分散不溶性染料的印染废水，应用气浮法的效果显著。

(3) 处理造纸废水

造纸工业是耗水量最大的工业之一，其中抄纸工段产生的白水约占整个造纸过程排水量的一半。造纸白水含有大量的纤维、填料、松香胶状物等，采用气浮对白水进行处理，不仅可以回收纤维，提高资源利用率，而且可以使白水循环使用，节约水资源，减少废水的排放量。根据实际运行经验，用气浮法处理白水，一般只需 15～20min，时间短，悬浮物的去除率为 90% 以上，COD 的去除率为 80% 左右，浮渣浓度在 5% 以上。

5.6.2　气浮法在给水处理中的应用

(1) 净化高含藻水源

我国有许多水厂的水源都是湖泊及水库水。由于受生活污水和工业废水的污染，富营养化程度逐年增加，致使藻类繁殖严重，对于高含藻水源水的净化，采用气浮法净化的效果显著。如武汉东湖水厂以湖水为水源，在每年 5～11 月的高藻期，含藻量高达 5600 万个/L，沉淀池效果不佳。1978 年将沉淀池改造为气浮池后，藻类的去除率达 80% 以上。高藻期滤池的冲洗周期由过去的 2～3h 延长至 8～16h，节约了大量的冲洗水。1980 年该厂又将另一组沉淀池改建成 40000m³/d 的气浮-移动冲洗罩滤池，藻类去除率达 90%。接着于 1982 年又新建一座

$40000m^3/d$ 的气浮-移动冲洗罩滤池，成为我国第一个全部采用气浮净水工艺的饮用水水厂。

此外，昆明水厂（以滇池为水源）、无锡冲山水厂（以太湖为水源）等采用气浮工艺除藻均取得了良好的效果。

（2）净化低温低浊水源

低温低浊水的净化是给水处理领域中的难题之一，不管是北方还是南方，一到冬季，水厂的沉淀、澄清设备的净化效果就会变差。尤其是在东北地区，冬季水温在0℃左右时，投加混凝剂后絮体不仅不沉淀，而且还会出现处理水浊度反而增高的现象。对沉淀法难以取得良好效果的低温低浊水源水的净化，采用气浮法可以取得较好的效果。如吉林市第三水厂、沈阳市自来水厂等采用气浮净水工艺处理水。

（3）净化受污染水体

我国江河水源的污染是各地区普遍存在的问题。采用一般的沉淀法很难去除其中的色、臭、味及某些有机污染物。采用气浮法由于可释放出大量微细气泡，对水体产生曝气充氧作用，因此能减轻臭味与色度，增加水中溶解氧，降低耗氧量。苏州自来水公司所属胥江水厂地处胥江与外城河交汇外，河道航行频繁，又受上游排放污水的影响，污染十分严重。采用气浮法后，水中溶解氧明显提高，色度去除率达$60\%\sim80\%$，出水浊度也比沉淀法降低2~5NTU。

（4）电解凝聚净水

电解凝聚采用铝板做电极，当在阴、阳极之间加上直流电后，产生电化学反应。

阳极：铝以离子形态进入水中：

$$Al-3e \longrightarrow Al^{3+} \tag{5-25}$$

阴极：

$$O_2+2H_2O+e \longrightarrow 4OH^- \tag{5-26}$$

在pH值适宜的条件下，从阳极进入水中的Al^{3+}与水中迁回阳极的OH^-反应生成$Al(OH)_3$：

$$Al^{3+}+3OH^- \longrightarrow Al(OH)_3 \downarrow \tag{5-27}$$

带正电荷的氢氧化铝胶体在水中失去稳定的胶体物，重金属离子等凝聚成较大的中性绒体，进而可沉淀分离，并在后续工序中得到去除。

电解凝聚过程中，OH^-向阳极迁移后，可部分失去电子生成H_2O和$[O]$：

$$4OH^--4e \longrightarrow 2H_2O+2[O] \tag{5-28}$$

新生态的$[O]$会对水中的氰化物、氟化物、酚类、有机磷及铁、锰离子等产生氧化作用，并通过电化学沉淀将其除掉。

图5-29所示的DNJ-S型电解凝聚净水器就是基于上述原理工作的，该装置主要由电凝聚槽、反应槽、斜管沉降分离槽和过滤槽等组成。被处理水进入电解凝聚槽后，水中杂质在电化学的作用下产生混凝、氧化、吸附、沉淀等反应，形成凝絮；凝絮水先后进入斜管沉降分离槽和过滤槽后，水中的矾花和微细颗粒被去除，净化后的水进入净水池后供出。

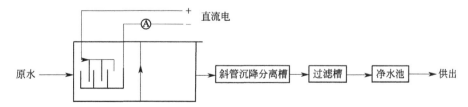

图5-29 DNJ-S型电解凝聚净水器工艺示意

DNJ-S型电解凝聚净水器可用于离子交换除盐工艺或电渗析工艺的预处理；生活饮用水的制备、脱色、除臭处理；纯净水的深度净化处理；各种工业废水的除油、除氟、除铬、除氧、除汞等的处理。

DNJ-S 型电解凝聚净水器在安装时应注意如下几点：

① DNJ-S 型电解凝聚净水器一般安放在室内，冬季应有防冻措施。

② 净水器安装应水平，基础找正后使净水器的水平偏差不大于±2mm。

③ 电解槽、整流电源外壳及水泵外壳应用铜线接地，接地方法要正确，接地面积要充足。

④ 净水器进水管线、出水管线与净水器器体中心线应相互垂直，管线的水平偏差不大于±2mm。

参 考 文 献

[1] 唐受印，戴友芝．水处理工程师手册 [M]．北京：化学工业出版社，2001．

[2] 周立雪，周波．传质与分离技术 [M]．北京：化学工业出版社，2002．

[3] 杨春晖，郭亚军．精细化工过程与设备 [M]．哈尔滨：哈尔滨工业大学出版社，2002．

[4] 宋业林，宋襄翎．水处理设备实用手册 [M]．北京：中国石化出版社，2004．

[5] 廖传华，柴本银，黄振仁．分离过程与设备 [M]．北京：中国石化出版社，2008．

[6] 王郁，林逢凯．水污染控制工程 [M]．北京：化学工业出版社，2008．

[7] 张晓健，黄霞．水与废水物化处理的原理与工艺 [M]．北京：清华大学出版社，2011．

[8] 中国石油和化学工业联合会，中国化工经济技术发展中心编．石油和化工设备选型指南 [M]．北京：中国财富出版社，2012．

第6章

过滤

过滤是以某种多孔物质为介质来处理悬浮液,在外力作用下,悬浮液中的液体通过介质的孔道,而固体颗粒被截留下来,从而实现固、液分离的一种操作。过滤操作所处理的悬浮液称为滤浆,所用的多孔物质称为过滤介质,通过介质孔道的液体称为滤液,被截留的物质称为滤饼或滤渣。图6-1为过滤操作示意图。

赖以实现过滤操作的外力可以是重力或惯性离心力,但在过程工业中应用最多的还是多孔物质上、下游两侧的压强差。

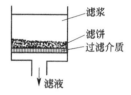

图6-1 过滤操作示意图

用沉降法处理悬浮液,需要较长时间,而且沉渣中的液体含量较高。过滤操作则可使悬浮液得到迅速分离,滤渣中的液体含量也较低。但若被处理的悬浮液比较稀薄而且其中固体颗粒较易沉降,则应先在增稠器中进行沉降,然后将沉渣送至过滤机,以提高经济效益。过滤属于机械分离操作,与蒸发、干燥等非机械的分离操作相比,其能量消耗较低。

6.1 过滤的基本原理及其应用

在给水处理中,过滤一般是指以石英砂等粒状颗粒的滤层截留水中的悬浮杂质,从而使水获得澄清的工艺过程。在给水处理中,过滤通常置于沉淀池或澄清池之后,是保证净化水质的一个不可缺少的关键环节。滤池的进水浊度一般在10NTU以上,经过滤后的出水浊度可以降到小于1NTU,满足饮用水标准。过滤的功效不仅在于进一步降低水的浊度,而且水中的有机物、细菌乃至病毒等也将随水的浊度降低而被部分去除。随着废水资源化需求的日益提高,过滤在废水处理中也得到了广泛应用。在废水处理中,过滤主要用于深度处理或再生处理,以进一步去除二级处理出水中残留的少量悬浮物。

6.1.1 过滤的分类

根据过滤的原理,水处理所涉及的各项过滤技术可以分成两大类:表层过滤和深层过滤。

表层过滤,有时也叫饼层过滤,其特点是固体颗粒呈现饼层状沉积于过滤介质的上游一侧,适用于处理固相含量稍高(固相体积分率约在1%以上)的悬浮液。表层过滤的颗粒去除机理是机械筛除,过滤介质按其孔径大小对过滤液体中的颗粒进行截留分离。这种按机械筛除机理工作的水处理设备通常称为过滤机械，常用的有硅藻土预涂层过滤、污泥脱水机（真空过滤机、带式压滤机、板框压滤机）、微滤机、各种膜分离技术（微滤、超滤、纳滤、反渗透）等。

深层过滤的特点是固体颗粒的沉积发生在较厚的粒状过滤介质床层内部，其颗粒去除的主要机理是接触凝聚，悬浮液中的颗粒直径小于床层孔道直径，当颗粒随流体在床层内的曲折孔道穿过时与滤料颗粒进行接触凝聚，水中颗粒附着在滤料颗粒上而被去除。这种过滤适用于悬浮液中颗粒甚小且含量甚微（固相体积分率在1%以下）的场合，例如，自来水厂里用很厚的石英砂作为过滤介质来实现水的净化。

按深层过滤机理工作的主要水处理设备称为滤池，工程上也称其为过滤设备（与前述的过滤机械相对应，两者的最大区别是过滤设备属于静设备，而过滤机械属于动设备）。当然，在滤池中滤料层的表面对大颗粒也有机械筛除作用，但这不是深层过滤的主要工作机理。因此，滤池的工作机理是接触凝聚和机械筛除，其中以接触凝聚为主要机理。

根据滤池过滤速度的不同，过滤操作可分为两大类：慢速过滤（又称表面滤膜过滤）和快速过滤（又称深层过滤）。

慢速过滤的滤速通常低于10m/d，它利用在砂层表面自然形成的滤膜去除水中的悬浮物杂质和胶体，同时由于滤膜中微生物的生物化学作用，水中的细菌、铁、氨等可溶性物质以及产生色、臭、味的微量有机物可被部分去除。由于慢速过滤的生产效率低，并且设备占地面积大，目前已很少采用，基本上都被快速过滤技术所取代。

快速过滤是把滤速提高到10m/d以上，使水快速通过砂等粒状颗粒滤层，在滤层内部发生固体颗粒的沉积，从而去除水中的悬浮物杂质。快速过滤的前提条件是必须先投加混凝剂。当投加混凝剂后，水中胶体的双电层得到压缩，容易被吸附在砂粒表面或已被吸附的颗粒上，这就是接触黏附作用。这种作用机理在实践中得到了验证：自来水厂里用很厚的石英砂作为过滤介质来实现水的净化时，表面砂层粒径为0.5mm，空隙尺寸为80μm，进入滤池的颗粒大部分小于30μm，但仍能被去除。快滤池自1884年在世界上正式使用以来，已有100多年的历史，目前在水处理中得到了广泛应用。

6.1.2 过滤的要素

一个完整的快滤池的组成要素包括：滤料、滤饼和助滤剂。

（1）滤料

滤料也叫过滤介质，是滤饼的支承物，应具有足够的机械强度和尽可能小的流动阻力。过滤介质中的微细孔道的直径稍大于一部分悬浮颗粒的直径，所以过滤之初会有一些细小颗粒穿过介质而使滤液浑浊，此种滤液应送回滤浆槽重新处理。过滤开始后，颗粒会在孔道中迅速地

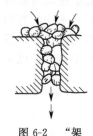

图6-2 "架桥"现象

发生"架桥"现象，如图6-2所示，使得尺寸小于孔道直径的细小颗粒被拦住，滤饼开始生成，滤液也变得澄清，此时过滤才能有效地进行。可见，在饼层过滤中，真正发挥分离作用的主要是滤饼层，而不是过滤介质。

工业上常用的过滤介质主要有以下几类。

① 织物介质：又称滤布，包括由棉、毛、丝、麻等天然纤维及各种合成纤维制成的织物，以及由玻璃丝等织成的网。织物介质在过程工业中应用最为广泛。

② 粒状介质：包括细砂、木炭、硅藻土等细小坚硬的颗粒状物质，多用于深床过滤。

③ 多孔固体介质：是具有很多微细孔道的固体材料，如多孔陶瓷、多孔塑料和多孔金属制成的管或板。此类介质耐腐蚀，孔道细微，适用于处理只含少量细小颗粒的腐蚀性悬浮液及

其他特殊场合。

（2）滤饼

滤饼是由被截留下来的颗粒垒积而成的固定床层，滤饼的厚度与流动阻力随着过滤的进行逐渐增加。构成滤饼的颗粒如果是不易变形的坚硬固体，如硅藻土坯、碳酸钙等，当滤饼两侧的压强差增大时，颗粒的形状和颗粒间的空隙都没有显著变化，单位厚度床层的流体阻力可以认为恒定，这种滤饼称为不可压缩性滤饼。反之，如果滤饼是由某些氢氧化物之类的胶体物质所构成，则当两侧压强差增大时，颗粒的形状和颗粒间的空隙有显著的改变，单位厚度滤饼的流动阻力增大，这种滤饼称为可压缩性滤饼。

（3）助滤剂

对于可压缩性滤饼，当过滤压强差增大时，颗粒间的孔道变窄，有时因颗粒过于细密而将通道堵塞。逢此情况可将质地坚硬而能形成疏松床层的某种固体颗粒预先涂于过滤介质上，或混入悬浮液中，以形成较为疏松的滤饼，使滤液得以畅流。这种预涂或预混的粒状物质称为助滤剂。对助滤剂的基本要求如下。

① 能够形成多孔床层，以使滤饼有良好的渗透性和较小的流动阻力；

② 具有化学稳定性，不与悬浮液发生化学反应，也不溶解于溶液之中；

③ 在过滤操作的压差范围内，具有不可压缩性，以保持较高的空隙率。

6.1.3 快速过滤的机理

在快速过滤过程中，水中悬浮杂质在滤层内部被去除的主要机理涉及两个方面：一是迁移机理，即被水流挟带的杂质颗粒如何脱离水流流线而向滤料颗粒表面接近或接触；二是黏附机理，即当杂质颗粒与滤料表面接触或接近时，依靠哪些力的作用使得它们黏附于滤料表面。

（1）迁移机理

在过滤过程中，滤层空隙中的水流一般处于层流状态。随着水流流线移动的杂质颗粒之所以会脱离流线而趋向滤料颗粒表面，主要是受拦截、沉淀、惯性、扩散和水动力等作用力的影响，如图 6-3 所示。颗粒尺寸较大时，处于流线中的杂质颗粒会直接被滤料颗粒所拦截；颗粒沉速较大时会在重力作用下脱离流线，在滤料颗粒表面产生沉淀；颗粒具有较大惯性时也可以脱离流线与滤料表面接触；颗粒较小、布朗运动较剧烈时会扩散至滤料颗粒表面；水力作用是由于在滤料颗粒表面附近存在速度梯度，非球体颗粒在速度梯度作用下，会产生转动而脱离流线与滤料表面接触。

图 6-3 过滤过程中颗粒迁移机理示意图

对于上述迁移机理，目前只能定性描述，其相对作用大小尚无法定量估算。虽然也有某些数学模型，但还不能解决实际问题。在实际的过滤过程中，几种机理可能同时存在，也可能只有其中某些机理起作用。

（2）黏附机理

当水中的杂质颗粒迁移到滤料表面上时，是否能黏附于滤料表面或滤料表面上原先黏附的杂质颗粒上主要取决于它们之间的物理化学作用力。这些作用力包括范德华引力、静电斥力以及某些化学键和某些特殊的化学吸附力等。此外，絮凝颗粒的架桥作用也会存在。黏附过程与澄清过程中的泥渣所起的黏附作用基本类似，不同的是滤料为固定介质，效果更好。因此，黏附作用主要受滤料和水中杂质颗粒的表面物理化学性质的影响。未经脱稳的杂质颗粒，过滤效果很差。不过，在过滤过程中，特别是过滤后期，当滤层中的空隙逐渐减小时，表层滤料的筛滤作用也不能完全排除，但这种现象并不希望发生。

在杂质颗粒与滤料表面发生黏附的同时，还存在由于空隙中水流剪力的作用而导致杂质颗粒从滤料表面上脱落的趋势。黏附力和水流剪力的相对大小决定了杂质颗粒黏附和脱落的程度。过滤初期，滤料较干净，滤层内的空隙率较高，空隙流速较小，水流剪力较小，因而黏附作用占优势。随着过滤时间的延长，滤层中杂质逐渐增多，空隙率逐渐减小，水流剪力逐渐增大，导致黏附在最外层的杂质颗粒首先脱落下来，或者被水流挟带的后续杂质不再继续黏附，促使杂质颗粒向下层推移，从而使下层滤料的截留作用渐次得到发挥。

6.1.4 过滤在水处理中的应用

过滤在给水处理和废水处理过程中是一个不可或缺的环节。在给水处理中，过滤一般置于沉淀池或澄清池之后。过滤的功效不仅在于进一步降低水的浊度，而且水中的有机物、细菌乃至病毒等也将随水的浊度降低而被部分去除。当原水浊度较低（一般小于50NTU），且水质较好时，原水可以不经沉淀而进行"直接过滤"。直接过滤有两种方式：

① 原水投加混凝剂后直接进入滤池过滤，滤前不设任何絮凝设备。这种过滤方式称为"接触过滤"。

② 滤池前设一简易的微絮凝池，原水投加混凝剂后先经微絮凝池形成粒径大致在 $40\sim60\mu m$ 的微絮粒后，进入滤池过滤。这种过滤方式称为"微絮凝过滤"。微絮凝池的絮凝条件不同于一般絮凝池，一般要求形成的絮凝体尺寸较小，便于絮体深入滤层深处以提高滤层含污能力。因此，微絮凝池水力停留时间一般较短，通常为几分钟。

采用直接过滤工艺必须注意以下几点：

① 原水浊度和色度较低且变化较小。若对原水水质变化趋势无充分把握时，不应轻易采用直接过滤方式。

② 通常采用双层、三层或均质滤料。滤料粒径和厚度适当增加，否则滤层表面空隙易被堵塞。

③ 滤速应根据原水水质决定。浊度偏高时应采用较低滤速，反之亦然。

随着废水资源化需求的日益提高，过滤在废水处理中得到了广泛应用，主要用于深度处理或再生处理。二级生物处理后的出水中残留有少量的悬浮物，可经混凝沉淀后再进行过滤，以进一步去除残存有机物、悬浮杂质等，出水可用于一般市政杂用或对水质要求不高的工业用水，如补充工业冷却用水等。此外，过滤还可以作为活性炭吸附以及离子交换、电渗析、反渗透、超滤等工艺的前处理。

6.2 过滤的基本方程式及操作方式

6.2.1 过滤基本方程式

（1）滤液的流动

滤饼是由被截留的颗粒垒积而成的固定床层，颗粒之间存在网络的空隙，滤液从中流过。这样的固定床层可视为一个截面形状复杂多变而空隙截面维持恒定的流通管道。流道的当量直径可依照非圆形管道当量直径的定义。非圆形管道当量直径 d_e 为：

$$d_e = 4 \times 水力半径 = 4 \times \frac{管道截面积}{润湿周边长} \tag{6-1}$$

故颗粒床层的当量直径为：

$$d_e \propto \frac{流道截面积 \times 流道长度}{润湿周边长 \times 流道长度} \tag{6-2}$$

则

$$d_e \propto \frac{流道容积}{流道表面积} \tag{6-3}$$

取面积为 $1m^2$、厚度为 $1m$ 的滤饼进行考虑，即

$$床层体积 = 1m^2 \times 1m = 1m^3 \tag{6-4}$$

$$流道容积（即空隙体积） = 1m^3 \times \varepsilon = \varepsilon m^3 \tag{6-5}$$

ε 为床层空隙率。若忽略床层中因颗粒相互接触而彼此覆盖的表面积，则

$$流道表面积 = 颗粒体积 \times 颗粒比表面 = 1 \times (1-\varepsilon) S_v \tag{6-6}$$

式中 S_v——颗粒比表面积，m^{-1}。

所以床层的当量直径为：

$$d_e \propto \frac{\varepsilon}{(1-\varepsilon) S_v} \tag{6-7}$$

式中 d_e——床层流道的当量直径，m。

由于构成滤饼的固体颗粒通常很小，颗粒间孔隙十分细微，流体流速颇低，而液、固之间的接触面积很大，故流动为黏性摩擦力所控制，常属于滞流流型。因此，可以仿照圆管内滞流流动的泊谡叶公式来描述滤液通过滤饼的流动。泊谡叶公式为：

$$u = \frac{d^2 (\Delta p)}{32 \mu L} \tag{6-8}$$

式中 u——圆管内滞流流体的平均流速，m/s；

d——管道内径，m；

L——管道长度，m；

Δp——流体通过管道时产生的压强降，Pa，

μ——流体黏度，Pa·s。

依照上式，可以写出滤液通过滤饼床层的流速与压强降的关系

$$u_1 = \frac{d^2 (\Delta p_c)}{32 \mu L} \tag{6-9}$$

式中 u_1——滤液在床层孔道中的流速，m/s；

L——床层厚度，m；

Δp_c——流体流过滤饼床层产生的压强降，Pa；

μ——滤液黏度，Pa·s。

在与过滤介质相垂直的方向上，床层空隙中的滤液流速 u_1 与按整个床层截面积计算的滤液平均流速 u 之间的关系为：

$$u_1 = \frac{u}{\varepsilon} \tag{6-10}$$

将式(6-7)和式(6-9)代入式(6-10)，并写成等式，得：

$$u = \frac{1}{K'} \frac{\varepsilon^3}{S_v^2 (1-\varepsilon)^2} \left(\frac{\Delta p_c}{\mu L} \right) \tag{6-11}$$

式(6-11)中的比例常数 K' 与滤饼的空隙率、粒子形状、排列与粒度范围诸因素有关。对于颗粒床层内的滞流流动，K' 值可取为 5，于是：

$$u = \frac{\varepsilon^3}{5S_v^2 (1-\varepsilon)^2}\left(\frac{\Delta p_c}{\mu L}\right) \tag{6-12}$$

（2）过滤速度与过滤速率

上式中的 u 为单位时间通过单位过滤面积的滤液体积，称为过滤速度，m/s。通常将单位时间获得的滤液体积称为过滤速率，单位 m^3/s。过滤速度是单位过滤面积上的过滤速率，应防止将二者混淆。若过滤进程中其他因素维持不变，随着滤饼厚度不断增加，过滤速率将逐渐变小。任一瞬间的过滤速度应写成如下形式：

$$u = \frac{dV}{A d\tau} = \frac{\varepsilon^3}{5S_v^2 (1-\varepsilon)^2}\left(\frac{\Delta p_c}{\mu L}\right) \tag{6-13}$$

而过滤速率为：

$$\frac{dV}{d\tau} = \frac{\varepsilon^3}{5S_v^2 (1-\varepsilon)^2}\left(\frac{A\Delta p_c}{\mu L}\right) \tag{6-14}$$

式中　V——滤液量，m^3；

　　　τ——过滤时间，s。

（3）滤饼的阻力

对于不可压缩性滤饼，式（6-14）中的空隙率 ε 可视为常数，颗粒的形状、尺寸也不改变，因而比表面积 S_v 亦为常数。$\dfrac{\varepsilon^3}{5S_v^2 (1-\varepsilon)^2}$ 反映了颗粒的特性，其值随物料而不同。若 r 代表其倒数，则式（6-13）可写成

$$\frac{dV}{A d\tau} = \frac{\Delta p_c}{\mu r L} \tag{6-15}$$

式中　r——滤饼的比阻，m^{-2}。其计算式为：

$$r = \frac{5S_v^2 (1-\varepsilon)^2}{\varepsilon^3} \tag{6-16}$$

R——滤饼阻力，m^{-1}。其计算式为：

$$R = rL \tag{6-17}$$

式（6-15）表明，当滤饼不可压缩时，任一瞬间单位面积上的过滤速率与滤饼上、下游两侧的压强差成正比，而与当时的滤饼厚度成反比，并与滤液黏度成反比。还可看出，过滤速率也可表示成推动力与阻力之比的形式：过滤推动力，即促成滤液流动的因素，是压强差 Δp_c；而单位面积上的过滤阻力便是 $\mu r L$，其中又包括两方面的因素：滤液本身的黏性 μ 与滤饼阻力 rL。

比阻 r 是单位厚度滤饼的阻力，它在数值上等于黏度为 $1Pa\cdot s$ 的滤液以 $1m/s$ 的平均流速通过厚度为 $1m$ 的滤饼层时所产生的压强降。比阻反映了颗粒形状、尺寸及床层空隙率对滤液流动的影响。床层空隙率 ε 越小及颗粒比表面 S_v 越大，则床层越致密，对流体流动的阻滞作用也越大。

（4）过滤介质的阻力

饼层过滤中，过滤介质的阻力一般都比较小，但有时却不能忽略，尤其是在过滤初始阶段滤饼尚薄期间。过滤介质的阻力当然也与其厚度和本身的致密程度有关，通常把过滤介质的阻力视为常数，仿照式（6-15）可以写出滤液穿过过滤介质的速度关系式：

$$\frac{dV}{A d\tau} = \frac{\Delta p_m}{\mu R_m} \tag{6-18}$$

式中　Δp_m——过滤介质上、下游两侧的压强差，Pa；

　　　R_m——过滤介质的阻力，m^{-1}。

由于很难划定过滤介质与滤饼之间的分界面，更难测定分界面处的压强，因而过滤介质的

阻力与最初所形成的滤饼层的阻力往往是无法分开的，所以过滤操作中总是把过滤介质与滤饼联合起来考虑。滤液通过这两个多孔层的速度表达式为：

滤饼层

$$\frac{dV}{A\,d\tau}=\frac{\Delta p_c}{\mu R} \tag{6-19}$$

滤布层：

$$\frac{dV}{A\,d\tau}=\frac{\Delta p_m}{\mu R_m} \tag{6-20}$$

通常，滤饼与滤布的面积相同，所以两层中的过滤速率相等，即

$$\frac{dV}{A\,d\tau}=\frac{\Delta p_c+\Delta p_m}{\mu(R+R_m)}=\frac{\Delta p}{\mu(R+R_m)} \tag{6-21}$$

式中，$\Delta p=\Delta p_c+\Delta p_m$，代表滤饼与滤布两侧的总压强降，称为过滤压强差。在实际过滤设备上，一侧常处于大气压下，此时 Δp 就是另一侧表压的绝对值，所以 Δp 也称为过滤的表压强。式(6-21)表明，可用滤液通过串联的滤饼与滤布的总压强降来表示过滤推动力，用两层的阻力之和来表示总阻力。

为方便起见，设想以一层厚度为 L_e 的滤饼来代替滤布，而过程仍能完全按照原来的速率进行，那么，这层设想中的滤饼就应当具有与滤布相同的阻力，即 $rL_e=R_m$。

于是，式(6-21)可写成：

$$\frac{dV}{A\,d\tau}=\frac{\Delta p}{\mu(rL+rL_e)}=\frac{\Delta p}{\mu r(L+L_e)} \tag{6-22}$$

式中 L_e——过滤介质的当量滤饼厚度，或称虚拟滤饼厚度，m。

在一定的操作条件下，以一定介质过滤一定悬浮液时，L_e 为定值；但同一介质在不同的过滤操作中，L_e 值不同。

若每获得 $1m^3$ 滤液所形成的滤饼体积为 $\nu\,m^3$，则在任一瞬间的滤饼厚度与当时已经获得的滤液体积之间的关系应为 $LA=\nu V$，则

$$L=\frac{\nu V}{A} \tag{6-23}$$

式中 ν——滤饼体积与相应的滤液体积之比。

同时，如生成厚度为 L_e 的滤饼所应获得的滤液体积以 V_e 表示，则

$$L_e=\frac{\nu V_e}{A} \tag{6-24}$$

式中 V_e——过滤介质的当量滤液体积或称虚拟滤液体积，m^3。

在一定操作条件下，以一定介质过滤一定的悬浮液时，V_e 为定值；但同一介质在不同的过滤操作中，V_e 值不同。

将式(6-23)和式(6-24)代入式(6-22)，可得：

$$\frac{dV}{A\,d\tau}=\frac{\Delta p}{\mu r\nu\left(\dfrac{V+V_e}{A}\right)} \tag{6-25}$$

或

$$\frac{dV}{d\tau}=\frac{A^2\Delta p}{\mu r\nu(V+V_e)} \tag{6-26}$$

式(6-26)是过滤速率与各有关因素间的一般关系式。

可压缩滤饼的情况比较复杂，它的比阻是两侧压强的函数。考虑到滤饼的压缩性，可借用下面的经验公式来粗略估算压强差增大时比阻的变化，即

$$r = r'(\Delta p)^s \tag{6-27}$$

式中　r'——单位压强差下滤饼的比阻，m^{-2}；

　　　Δp——过滤压强差，Pa；

　　　s——滤饼的压缩性指标，一般情况下，$s = 0 \sim 1$，对于不可压缩滤饼，$s = 0$。

在一定压强差范围内，上式对大多数可压缩滤饼适用。

将式(6-27)代入式(6-26)，得：

$$\frac{dV}{d\tau} = \frac{A^2 \Delta p^{1-s}}{\mu r' \nu (V + V_e)} \tag{6-28}$$

上式称为过滤基本方程式，表示过滤进程中任一瞬间的过滤速率与各有关因素之间的关系，是进行过滤计算的基本依据。该式适用于可压缩性滤饼及不可压缩性滤饼。对于不可压缩滤饼，因 $s = 0$，故上式简化为式(6-26)。

应用过滤基本方程式做过滤计算时，还需针对过程进行的具体方式对上式进行积分。一般说来，过滤操作有恒压、恒速及先恒速、后恒压三种方式。

6.2.2　恒压过滤与恒速过滤

（1）恒压过滤

若过滤操作是在恒定压强下进行的，称为恒压过滤，恒压过滤是最常见的过滤方式。连续过滤机上进行的过滤都是恒压过滤，间歇过滤机上进行的过滤也多为恒压过滤。恒压过滤时，滤饼不断变厚，导致阻力逐渐增加，但推动力恒定，因而过滤速率逐渐变小。

对于一定的悬浮液，若 μ、r' 及 ν 皆可视为常数，令：

$$k = \frac{1}{\mu r' \nu} \tag{6-29}$$

式中　k——过滤物料特性的常数。

将式(6-29)代入式(6-28)，得：

$$\frac{dV}{d\tau} = \frac{kA^2 \Delta p^{1-s}}{V + V_e} \tag{6-30}$$

恒压过滤时，压强差 Δp 不变，k、A、s、V_e 又都是常数，故上式的积分形式为：

$$\int (V + V_e) dV = kA^2 \Delta p^{1-s} \int d\tau \tag{6-31}$$

如前所述，与过滤介质阻力相对应的虚拟滤液体积为 V_e（常数），假定获得体积为 V_e 的滤液所需的过滤时间为 τ，则积分的边界条件为：

过滤时间　　　$0 \rightarrow \tau_e$，$\tau_e \rightarrow \tau + \tau_e$

滤液体积　　　$0 \rightarrow V_e$，$V_e \rightarrow V + V_e$

此处过滤时间是指虚拟的过滤时间（τ_e）与实际过滤时间（τ）之和；滤液体积是指虚拟滤液体积（V_e）与实际滤液体积（V）之和，于是可写出：

$$\int_0^{V_e} (V + V_e) d(V + V_e) = kA^2 \Delta p^{1-s} \int_0^{\tau_e} d(\tau + \tau_e) \tag{6-32}$$

及

$$\int_{V_e}^{V+V_e} (V + V_e) d(V + V_e) = kA^2 \Delta p^{1-s} \int_{\tau_e}^{\tau+\tau_e} d(\tau + \tau_e) \tag{6-33}$$

分别积分式(6-32)和式(6-33)，并令

$$K = 2k \Delta p^{1-s} \tag{6-34}$$

得到

$$V_e^2 = KA^2 \tau_e \tag{6-35}$$

及

$$V^2 + 2V_e V = KA^2\tau \tag{6-36}$$

上二式相加，可得

$$(V + V_e)^2 = KA^2(\tau + \tau_e) \tag{6-37}$$

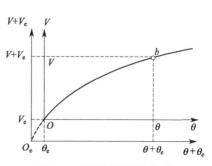

图6-4 恒压过滤滤液体积
与过滤时间的关系曲线

上式称为恒压过滤方程式，它表明恒压过滤时滤液体积与过滤时间的关系为一抛物线方程，如图6-4所示。图中曲线的 Ob 段表示实际过滤时间 τ 与实际滤液体积之间 V 的关系，而 O_eO 段则表示与介质阻力相对应的虚拟过滤时间 τ_e 与虚拟滤液体积 V_e 之间的关系。

当过滤介质阻力可以忽略时，$V_e = 0$，$\tau_e = 0$，则式(6-37)可简化为：

$$V^2 = KA^2\tau \tag{6-38}$$

又令

$$q = \frac{V}{A}$$

及

$$q_e = \frac{V_e}{A}$$

则式(6-35)、式(6-36)、式(6-37)可分别写成如下形式，即

$$q_e^2 = K\tau_e \tag{6-39}$$

$$q^2 + 2q_e q = K\tau \tag{6-40}$$

$$(q + q_e)^2 = K(\tau + \tau_e) \tag{6-41}$$

式(6-41)亦称恒压过滤方程。

恒压过滤方程式中的 K 是由物料特性及过滤压强差所决定的常数，称为滤饼常数，其单位为 m^2/s；τ_e 与 q 是反映过滤介质阻力大小的常数，均称为介质常数，其单位分别为 s 及 m，三者总称为过滤常数。

当介质阻力可以忽略时，$q_e = 0$，$\tau_e = 0$，则式(6-41)可简化为：

$$q^2 = K\tau \tag{6-42}$$

（2）恒速过滤与先恒速后恒压的过滤

过滤机械（如板框式压滤机）内部空间的容积是一定的，当料浆充满此空间后，供料的体积流量就等于滤液流出的体积流量，即过滤速率。所以，当用排量固定的正位移泵向过滤机供料而未打开支路阀时，过滤速率便是恒定的。这种过滤方式称为恒速过滤。

恒速过滤时的过滤速率为：

$$\frac{dV}{d\tau} = \frac{V}{\tau} = 常数 \tag{6-43}$$

若过滤面积以 A 表示，过滤速度为：

$$\frac{dV}{Ad\tau} = \frac{dq}{d\tau} = u_R = 常数 \tag{6-44}$$

所以

$$q = u_R\tau \tag{6-45}$$

或写成

$$V = Au_R\tau \tag{6-46}$$

式中 u_R——恒速阶段的过滤速度，m/s。

上式表明，恒速过滤时 V 与 τ 的关系是一条通过原点的直线。

对于不可压缩滤饼，根据过滤基本方程式（6-28）及式（6-44）可以写出

$$\frac{dq}{d\tau} = \frac{\Delta p}{\mu r v q + \mu R_m} = u_R = 常数 \tag{6-47}$$

式中，过滤介质阻力 R_m 为常数，μ、r、ν、u_R 亦为常数，仅 Δp 及 q 随时间 τ 而变化，又因

$$q = u_R \tau \tag{6-45}$$

则得

$$\Delta p = \mu r \nu u_R^2 \tau + \mu u_R R_m \tag{6-48}$$

或写成

$$\Delta p = a\tau + b \tag{6-49}$$

式中，常数 $a = \mu r \nu u_R^2$，$b = \mu u_R R_m$。

式(6-49)表明，在滤饼不可压缩的情况下进行恒速过滤时，其过滤压强差应与过滤时间成直线关系。

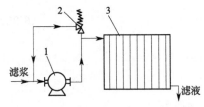

图 6-5　先恒速、后恒压的过滤装置
1—正位移泵；2—支路阀；3—压滤机

由于过滤压强差随过滤时间呈直线增长，所以实际上几乎没有把恒速方式进行到底的过滤操作，通常，只是在过滤开始阶段以较低的恒定速率操作，以免滤液浑浊或滤布堵塞。当表压升至给定数值后，便采用恒压操作。这种先恒速、后恒压的过滤装置如图 6-5 所示。

由于采用正位移泵，过滤初期维持恒定速率，泵出口表压强逐渐升高。经过 τ_R 时间后，获得体积为 V_R 的滤液，若此时表压强恰已升至能使支路阀自动开启的给定数值，则开始有部分料浆返回泵的入口，进入压滤机的料浆流量逐渐减小，而压滤机入口表压强维持恒定。这后一阶段的操作即为恒压过滤。

对于恒压阶段 V-τ 的关系，仍可用过滤基本方程式(6-30)求得，即

$$\frac{dV}{d\tau} = \frac{kA^2 \Delta p^{1-s}}{V + V_e} \tag{6-30}$$

若令 V_R、τ_R 分别代表升压阶段终了瞬间的滤液体积及过滤时间，则上式的积分形式为

$$\int_{V_R}^{V} (V + V_e) \, dV = kA^2 \Delta p^{1-s} \int_{\tau_R}^{\tau} d\tau \tag{6-50}$$

积分并将式(6-34)代入，得

$$(V^2 - V_R^2) + 2V_e(V - V_R) = KA^2 (\tau - \tau_R) \tag{6-51}$$

此式即为恒压阶段的过滤方程，式中 $(V - V_R)$、$(\tau - \tau_R)$ 分别代表转入恒压操作后所获得的滤液体积及所经历的过滤时间。

将式(6-51)中各项除以 $(V - V_R)$，得

$$(V + V_R) + 2V_e = KA^2 \frac{(\tau - \tau_R)}{V - V_R} \tag{6-52}$$

或

$$\frac{(\tau - \tau_R)}{V - V_R} = \frac{1}{KA^2}(V + V_R) + \frac{2V_e}{KA^2} = \frac{1}{KA^2}V + \frac{V_R + 2V_e}{KA^2} \tag{6-53}$$

上式中 K、A、V_R、V_e 皆为常数，可见恒压阶段的过滤时间对所得滤液体积之比 $\dfrac{\tau - \tau_R}{V - V_R}$ 与总滤液体积 V 成直线关系。

（3）过滤常数的测定

前述过滤方程中的过滤常数 K、V_e 及 τ_e 都可由实验测定，或采用已有的生产数据计算。过滤常数的测定，一般应对规定的悬浮液在恒压条件下进行。

首先将式(6-40)微分，得

$$\frac{d\tau}{dq} = \frac{1}{K}q + \frac{2}{K}q_e \tag{6-54}$$

为便于根据测定的数据计算过滤常数，上式左端的 $\dfrac{\mathrm{d}\tau}{\mathrm{d}q}$ 可用增量比 $\dfrac{\Delta\tau}{\Delta q}$ 代替，即

$$\frac{\Delta\tau}{\Delta q}=\frac{1}{K}q+\frac{2}{K}q_e \tag{6-55}$$

从该式可知，若以 $\dfrac{\Delta\tau}{\Delta q}$ 对 q 作图，可得一直线，其斜率为 $\dfrac{1}{K}$，截距为 $\dfrac{2}{K}q_e$。这样可先测出不同时刻 τ 的单位面积的累积滤液量 q，然后以 $\dfrac{\Delta\tau}{\Delta q}$ 为纵坐标，q 为横坐标作图，即可求出 K、q_e 或 V_e。再利用式(6-41)便可求得 τ_e。但必须注意，K 与操作压力差有关，故上述求出的 K 值仅适用于过滤压力差与实验压力差相同的生产中。若实际操作压力差与实验不同，则对于不可压缩滤饼，依式(6-26)可得下述关系：

$$\frac{K_1}{K_2}=\frac{\Delta p_1}{\Delta p_2} \tag{6-56}$$

式中　K_1——过滤压差为 Δp_1 时的过滤常数；
　　　K_2——过滤压差为 Δp_2 时的过滤常数。

对于不可压缩性滤饼：

$$K=\frac{2\Delta p^{1-s}}{\mu r\upsilon}$$

将该式取对数，则有：

$$\lg K=\lg\frac{2}{\mu r\nu}+(1-s)\lg\Delta p \tag{6-57}$$

由该式可知，若在不同的压力差下进行过滤实验，以 $\lg K$ 对 $\lg\Delta p$ 作图可得一直线，该直线的斜率为 $1-s$，截距为 $\lg\dfrac{2}{\mu r\nu}$。从而可求得滤饼的压缩指数和单位压力差下滤饼的比阻 r_0，然后利用式(6-57)即可求得任意压差下的过滤常数 K。

6.3　快滤池的结构与工作过程

6.3.1　普通快滤池的结构

普通快滤池一般建成矩形的钢筋混凝土池子。通常情况下宜双行排列，当池个数较少时（特别是个数成单的小池子），可采用单行排列。图 6-6 为普通快滤池构造示意图。快滤池包括集水渠、洗砂（冲洗）排水槽、滤层、承托层（也称垫层）及配水系统五个部分。两行滤池之间布置管道、阀门及一次仪表部分，称为管廊，主要管道包括浑水进水、清水出水、冲洗来水、冲洗排水（或称废水渠）等管道。管廊的上面为操作室，设有控制台。快滤池常与全厂的化验室、消毒间、值班室等建在一起成为全厂的控制中心。

6.3.2　快滤池的工作过程与周期

（1）工作过程

快滤池的运行过程主要是过滤和冲洗两个过程的交替循环。过滤是截留杂质、生产清水的过程；冲洗是把截留的杂质从滤层中洗去，使之恢复过滤能力。

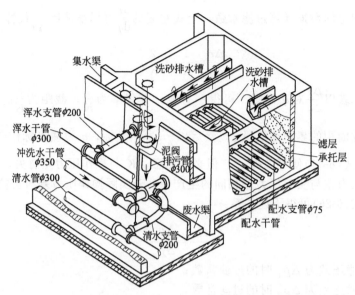

图 6-6　普通快滤池构造剖视图（箭头表示冲洗水流方向）

① 过滤　过滤开始时，原水自进水管（浑水管）经集水渠、冲洗排水槽分配进入滤池，在池内自上而下通过滤层、承托层（垫层），由配水系统收集，并经清水管排出。经过一段时间的过滤，滤层逐渐被杂质所堵塞，滤层的空隙不断减小，水流阻力逐渐增大至极限值，以致滤池出水量锐减。另外，由于水流的冲刷力又会使一些已截留的杂质从滤料表面脱落下来而被带出，影响出水水质。此时，滤池应停止过滤，进行冲洗。

② 冲洗　冲洗时，关闭浑水管及清水管，开启排水阀和冲洗进水管，冲洗水自下而上通过配水系统、承托层、滤层，并由冲洗排水槽收集，经集水渠内的排水管排走。在冲洗过程中，冲洗水流逆向进入滤层，使滤层膨胀、悬浮，滤料颗粒之间相互摩擦、碰撞，附着在滤料表面的杂质被冲刷下来，由冲洗水带走。从停止过滤到冲洗完毕，一般需要 20～30min，在这段时间内，滤池停止生产。冲洗所消耗的清水约占滤池生产水量的 1％～3％（视水厂规模而异）。

滤池经冲洗后，过滤和截污能力得以恢复，又可重新投入运行。如果开始过滤的出水水质较差，则应排入下水道，直到出水合格，这称为初滤排水。

（2）工作周期

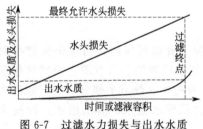

图 6-7　过滤水力损失与出水水质
随过滤时间的变化

随着过滤过程的进行，理想情况下滤池的水力损失和滤后水浊度的变化如图 6-7 所示。当滤池的水力损失达到最大允许值（2.5～3.0m）或出水浊度超过标准时，则应停止过滤，对滤池进行冲洗。从过滤开始到过滤终止的运行时间称为滤池的过滤周期，一般应大于 8～12h，最长可达 48h 以上。冲洗操作包括反冲洗和其他辅助冲洗方法，所需要的时间称为滤池的冲洗周期。过滤周期和冲洗周期以及其他辅助时间之和称为滤池的工作周期或运转周期。滤池的生产能力则可以用工作周期中得到的净清水量除以工作周期表示，所以提高滤池的生产能力应在保证滤后水质的前提下，设法提高滤速，延长过滤周期，缩短冲洗周期和减少冲洗水量的消耗。

6.3.3　滤池的水力损失

在过滤过程中，滤层中截留的杂质颗粒量不断增加，必然会导致过滤过程中水力条件的改变,即造成水流通过滤层的水力损失及滤速的变化。

（1）清洁滤层水力损失

过滤开始时,滤层是干净的。水流通过干净滤层的水力损失称为"清洁滤层水力损失"或称"起始水力损失"。就砂滤池而言,滤速为 8～10m/h 时,该水力损失为 30～40cm。在通常所采用的滤速范围内,清洁滤层中的水流处于层流状态。此时,水力损失与滤速的一次方成正比。诸多学者提出了不同形式的水力损失计算公式,虽然各公式中的有关常数或公式形式有所不同,但其中所包括的基本因素之间的关系基本上是一致的,计算结果相差有限。常用的计算公式是卡曼-康采尼（Carman-Kozony）公式：

$$h_0 = 180 \frac{\nu}{g} \frac{(1-m_0)^2}{m_0^3} \left(\frac{1}{\phi d_0}\right)^2 l_0 v \tag{6-58}$$

式中 h_0——水流通过清洁滤层的水力损失,m;

ν——水的运动黏度,m^2/s;

g——重力加速度,$9.81m/s^2$;

m_0——滤料空隙率;

d_0——与滤料体积相同的球体直径,m;

l_0——滤层厚度,m;

v——滤速,m/s;

ϕ——滤料颗粒的球形度。

实际滤层是非均匀滤层。非均匀滤层水力损失的计算可按图 6-8 所示的筛分曲线分成若干层,取相邻两筛子的筛孔孔径的平均值作为各层的计算粒径,各层的水力损失之和即为整个滤层的总水力损失。设粒径为 d_i 的滤料质量占全部滤料质量的比例为 p_i,则清洁滤层的总水力损失为：

$$H_0 = \sum h_0 = 180 \frac{v}{g} \frac{(1-m_0)^2}{m_0^3} \left(\frac{1}{\phi}\right)^2 l_0 v \times \sum_{i=1}^{n} \left(\frac{p_i}{d_i^2}\right) \tag{6-59}$$

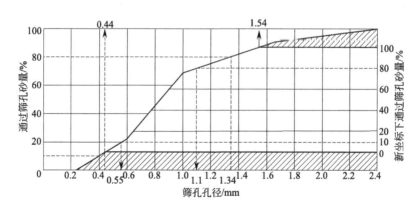

图 6-8 滤料筛分曲线

分层数 n 越多,计算的精确度越高。

（2）过滤过程中的水力损失

了解过滤过程中水力损失的变化是深入了解过滤过程的基础。随着过滤过程的进行,滤层中截留的杂质颗粒量不断增加,必然会导致过滤水力损失的变化。为了便于理解,假定在过滤周期内滤池的水位和滤速都不变。如果测定滤池进水、滤池出水和出水滤速控制闸门的水位就可以得到滤池的各项水力损失变化的关系,如图 6-9 和图 6-10 所示。

滤池的总水头由以下几部分组成：

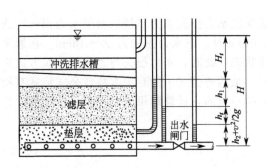

图 6-9 滤池工作时水力损失示意图

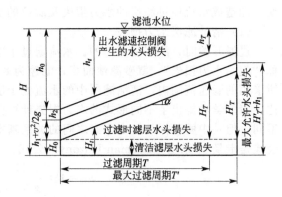

图 6-10 滤池各项水力损失随过滤时间的变化

$$H = H_t + h_1 + h_t + \frac{v^2}{2g} + h_2 \tag{6-60}$$

式中 H——滤池总水头，m；

H_t——滤层的水力损失，m；

h_1——承托层和配水系统的水力损失，m；

h_t——出水滤速控制阀的水力损失，m；

$\dfrac{v^2}{2g}$——流速水头，m；

h_2——剩余水头，m。

随着过滤的进行，滤层内截留的杂质颗粒逐渐增多，导致空隙减少，滤层的水力损失从清洁滤层的 H_0 增加到 H_t，但由于承托层和配水系统在整个过程中基本上是保持干净的，只要滤速不变，h_1 是不变的，$\dfrac{v^2}{2g}$ 也是不变的。因此，为了保持滤速不变，当 H_0 增加到 H_t 后，出水滤速控制阀门的调节阻力必须从原来的 h_0 减少到 h_t。剩余水头 h_2 仍可不动用。

H_t 随过滤时间的变化曲线实际上反映了滤层截留的杂质量与过滤时间的关系。根据实验，H_t 随过滤时间的变化一般呈直线关系（如图 6-10 所示），H_t 直线与过滤时间轴之间的夹角 α 不变。从图 6-10 可以看出，当 h_t 变为最小值 h_T 后（即出水滤速控制闸门全开，阻力最小），滤层的水力损失增加到 H_t。这时过滤时间为 T。如果继续过滤，则剩余水力 h_2 就要开始被动用。当剩余水头 h_2 被消耗完时过滤时间为 T'。如果再继续过滤，滤池水量就会开始减少而且很快杂质颗粒就会把滤池堵死以致不出水。过滤时间 T' 为滤池的最大可能过滤周期，但实际上过滤周期到 T 时滤池也就停止运行了。

6.3.4 滤池的过滤方式

滤池的过滤方式一般有以下三种：

（1）等水头等速过滤

当滤池过滤速度和水位保持不变时，称为"等水头等速过滤"。普通快滤池即属于等水头等速过滤的滤池（见图 6-11）。随着过滤的进行，滤层内截留的杂质量逐渐增加，在等速过滤状态下，水力损失随时间逐渐增加，滤池内的水位自然会逐渐上升，但是为了维持在等水头状态下的等速过滤，需要在出口处设置滤速控制阀，以调节滤速和水位恒定。滤速控制阀的调节原理如图 6-10 所示。

（2）变水头等速过滤

随着过滤的进行，在等速过滤状态下，滤层的水力损失随时间而逐渐增加，由于自由进水，滤池内的水位会自动上升，以保持过滤速度不变，见图 6-12。当水位上升至最高允许水位时，过滤停止以待冲洗，这种过滤方式称为"变水头等速过滤"，虹吸滤池和无阀滤池均属变水头等速过滤的滤池。滤池的最高水位和最低水位的差值 ΔH_T 为从清洁滤层的状态开始增加的最大滤层水力损失，由截留在滤层中的杂质颗粒所引起。h 为配水系统、承托层及管渠的水力损失之和。

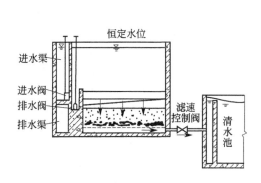

图 6-11　等水头等速过滤

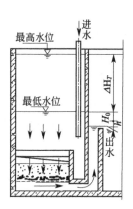

图 6-12　变水头等速过滤

（3）等水头变速过滤

在过滤过程中，如果过滤水力损失始终保持不变，随着滤层内部空隙被杂质颗粒所堵塞，空隙率逐渐减小，由式(6-59)可知，此时滤速必然会逐渐减小，这种情况称为"等水头变速过滤"或者"等水头减速过滤"。这种变速过滤方式在普通快滤池中一般不可能出现，因为一级泵站流量基本不变，即滤池的进水总流量基本不变，因此，根据水流进、出平衡关系，滤池的出水总流量是不可能减少的。不过，在分格数很多的移动冲洗罩滤池中，每个滤池的工作状态有可能达到近似的"等水头变速过滤"状态。

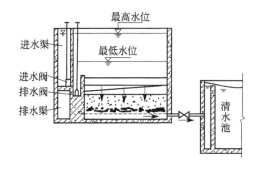

图 6-13　减速过滤（一组 4 座滤池）

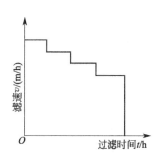

图 6-14　一座滤池滤速变化（一组共 4 座滤池）

设 4 座滤池组成 1 个滤池组，进入滤池组的总流量不变。当滤池组进水渠相互连通，且每座滤池进水阀均处于滤池最低水位以下（见图 6-13）时，则减速过滤将按如下方式进行：由于进水渠相互连通，4 座滤池内的水位或总水力损失在任何时间基本上都是相等的，因此，最干净的滤池滤速最大，截污最多的滤池滤速最小。但在整个过程中，4 座滤池的平均滤速始终不变以保持滤池组总的进、出流量平衡。对某一座滤池而言，其滤速则随着过滤时间的增加而逐渐降低。最大滤速发生在该座滤池刚冲洗完毕投入运行的初期，而后滤速呈阶梯形下降。图 6-14 表示一组 4 座滤池中某一座滤池的滤速变化。折线的每一突变表明其中某座滤池刚冲洗干净投入过滤。由此可知，如果一组滤池的滤池数很多，则相邻两座滤池的冲洗间隔时间很短，阶梯式下降折线将变为近似连续下降曲线。

在变速过滤中，当某一座滤池刚冲洗完毕投入运行时，因该座滤层干净，滤速往往过高。为防止滤后水质恶化，往往在出水管上装设流量控制设备，保证过滤周期内的滤速比较均匀，以控制清洁滤池的起始滤速。因此，在实际操作中，滤速变化较上述分析还要复杂些。

6.3.5 滤层内的杂质分布情况

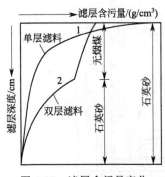

图 6-15 滤层含污量变化

图 6-15 表示滤层中的杂质分布情况。图中的滤层含污量是指单位体积滤层中所截留的杂质量，单位为 g/cm^3 或 kg/m^3。由该图可见，滤层中所截留的杂质颗粒在滤层深度方向变化很大。滤层含污量在上部最大，随着滤层深度的增加而逐渐减少。这是因为，滤料经反冲洗后，滤层因膨胀而分层，表层滤料粒径最小，黏附比表面积最大，截留悬浮杂质量最多，而空隙尺寸又最小。因此，过滤到一定时间后，表层滤层的空隙逐渐被堵塞，甚至产生筛滤作用而形成泥膜，使过滤阻力剧增。其结果是，在一定的过滤水头下滤速减小（或在一定滤速下水力损失达到极限值），或者因滤层表面受力不均匀而使泥膜产生裂缝，大量水流自裂缝中流出，以致悬浮杂质穿过滤层而使出水水质恶化。当上述两种情况之一出现时，过滤被迫停止。此时，下层滤料截留悬浮杂质的作用远未得到发挥，出现如图 6-15 所示的滤层含污量沿滤层深度方向分布不均的现象。在一个过滤周期内，如果按整个滤层计，单位体积滤料中的平均含污量称为"滤层含污能力"，单位仍以 g/cm^3 或 kg/m^3 计。图 6-15 中曲线与坐标轴所包围的面积除以滤层总厚度即为滤层含污能力。在滤层厚度一定时，此面积越大，滤层含污能力也越大。悬浮颗粒量在滤层深度方向变化越大，表明下层滤料的截污作用越小，就整个滤层而言，含污能力越小，反之亦然。

为了改变上细下粗的滤层中杂质分布严重不均匀的现象，提高滤层的含污能力，出现了双层滤料、三层滤料或混合滤料及均质滤料等滤层组成。

（1）双层滤料组成

上层采用密度较小、粒径较大的轻质滤料（如无烟煤），下层采用密度较大、粒径较小的重质滤料（如石英砂）。由于两种滤料间存在密度差，在一定的反冲洗强度下，反冲后轻质滤料仍在上层，重质滤料位于下层。虽然每层滤料的粒径仍由上而下递增，但就整个滤层而言，上层的平均粒径大于下层的平均粒径。实践证明，双层滤料的含污能力较单层滤料约高 1 倍以上。在相同滤速下，过滤周期增长；在相同过滤周期下，滤速可提高。图 6-15 中的曲线 2（双层滤料）与坐标轴所包围的面积大于曲线 1（单层滤料），表明在滤层厚度相同、滤速相同时，前者的含污能力大于后者，间接表明前者的过滤周期长于后者。

（2）三层滤料组成

上层为大粒径、小密度的轻质滤料（如无烟煤），中层为中等粒径、中等密度的滤料（如石英砂），下层为小粒径、大密度的重质滤料（如石榴石）。各层滤料的平均粒径由上而下递减。如果三层滤料经反冲洗后在整个层中适当混杂，即滤层的每一横断面上均有煤、砂、重质矿石三种滤料存在，则称"混合滤料"。尽管称之为混合滤料，但绝非三种滤料在整个滤层内完全均匀地混合在一起，上层仍以煤粒为主，掺有少量的砂、石；中层仍以砂粒为主，掺有少量的煤、石；下层仍以重质矿石为主，掺有少量的砂、煤。平均粒径仍由上而下递减。这种滤料组成不仅含污能力大，且因下层重质滤料的粒径较小，对保证滤后水质有很大作用。

（3）均质滤料组成

所谓"均质滤料"，并非指滤料粒径完全相同，滤料粒径仍存在一定程度的差别（但此差别比一般单层级配滤料小），而是指沿整个滤层深度方向的任一横断面上，滤料组成和平均粒径均匀一致。要做到这一点，必要的条件是反冲洗时滤层不能膨胀。当前应用较多的气水反冲滤池大多属于均质滤料滤池。这种均质滤层的含污能力大于上细下粗的级配滤层。

总之，滤层组成的改变改善了单层级配滤层中的杂质分布状况，提高了滤层的含污能力，相应地也降低了滤层中水力损失的增长速率。无论采用双层、三层还是均质料，滤池的构造和工作过程与单层滤料滤池均无大的差别。在过滤过程中，滤层中悬浮杂质的截留量随过滤时间和滤层深度而变化的规律，以及由此而导致的水力损失变化规律，不少研究者都试图用数学模型加以描述，但由于影响过滤的因素很多，诸如水质、水温、滤速、滤料粒径、形状和级配、杂质表面性质和尺寸等，都会对过滤产生影响，因此理论的数学模型往往与实际情况差异较大。目前滤池的设计和操作基本上仍需根据实验或经验来确定。

6.4 滤料及承托层

6.4.1 滤料

（1）滤料的选择

滤料的种类很多，使用最早和应用最广的滤料是天然的石英砂，其他常用的滤料还有无烟煤、石榴石、磁铁矿、金刚砂等。此外还有人工制造的轻质滤料（如聚苯乙烯发泡塑料颗粒等）。水处理工艺中使用的滤料必须满足以下要求：

① 有足够的机械强度，以免在冲洗过程中颗粒发生过度的磨损而破碎。

② 具有良好的化学稳定性，以免滤料与水发生反应而引起水质恶化。

③ 具有一定的颗粒级配和适当的空隙率。

④ 能就地取材，价廉易得。

（2）滤料的粒径级配

滤料颗粒的粒径是指能把滤料颗粒包围在内的一个假想球面的直径。滤料粒径级配是指滤料中各种粒径级配所占的质量比例，一般有以下两种表示方法。

① 有效粒径和不均匀系数法 以滤料的有效直径和不均匀系数来表示滤料粒径级配。

$$K_{80} = \frac{d_{80}}{d_{10}} \tag{6-61}$$

式中 d_{80}——通过滤料质量80%的筛孔直径，m；

d_{10}——通过滤料质量10%的筛孔直径，m。

其中 d_{10} 反映细颗粒尺寸，小于它的颗粒是产生水力损失的主要部分；d_{80} 反映粗颗粒尺寸。K_{80} 越大，表示粗细颗粒尺寸相差越大，颗粒越不均匀，这对过滤和冲洗都很不利。因为 K_{80} 较大时，过滤时滤层的含污能力减小；反冲洗时，冲洗强度难以确定。为满足粗颗粒膨胀的要求，细颗粒可能被冲出滤池，而若为满足细颗粒膨胀的要求，粗颗粒将得不到很好的清洗。K_{80} 越接近于1，滤料越均匀，过滤和反冲洗效果越好，但滤料价格会提高。

② 最大粒径、最小粒径和不均匀系数法 采用最大粒径 d_{max}、最小粒径 d_{min} 和不均匀系数 K_{80} 来控制滤料粒径分布，这是我国规范中通常采用的方法，如表6-1所示。

表6-1 滤料组成及滤池滤速

类别	滤料组成			滤速 /(m/h)	强制滤速 /(m/h)
	粒径/mm	不均匀系数 K_{80}	厚度/mm		
单层石英砂滤料	$d_{max}=1.2, d_{min}=0.5$	<2.0	700	8~10	10~14
双层滤料	无烟煤 $d_{max}=1.2, d_{min}=0.5$	<2.0	300~400	10~14	14~18
	石英砂 $d_{max}=1.2, d_{min}=0.5$	<2.0	400		

续表

类别	滤料组成			滤速 /(m/h)	强制滤速 /(m/h)
	粒径/mm	不均匀系数 K_{80}	厚度/mm		
三层滤料	无烟煤 $d_{max}=1.2, d_{min}=0.5$	<1.7	450	18~20	20~25
	石英砂 $d_{max}=1.2, d_{min}=0.5$	<1.5	230		
	重质砂石 $d_{max}=1.2, d_{min}=0.5$	<1.7	70		

（3）滤料筛分方法

滤料颗粒的级配分布可由筛分试验求得。具体方法如下。

取某天然河砂样约 300g，洗净后置于 105℃ 的恒温箱中烘干，待冷却后称取砂样 100g，放于一组筛子中过筛，最后称出留在每一筛上的砂量，得如表 6-2 所示的筛分结果，并绘制如图 6-8 所示的筛分曲线。

表 6-2　砂样筛分试验结果

筛孔/mm	留在筛上的砂量		经过该号筛子的砂量	
	质量/g	百分比/%	质量/g	百分比/%
2.362	0.1	0.1	99.9	99.9
1.651	9.3	9.3	90.6	90.6
0.991	21.7	21.7	68.9	68.9
0.589	46.6	46.6	22.3	22.3
0.246	20.6	20.6	1.7	1.7
0.208	1.5	1.5	0.2	0.2
筛底盘	0.2	0.2	—	—
合计	100.0	100.0		

从图 6-8 的筛分曲线，求得有效粒径 $d_{10}=0.4$mm，$d_{80}=1.34$mm，并算得 $K_{80}=1.34/0.4=3.35$。

上述结果表明试验砂样的不均匀系数较大。如设计要求：$d_{10}=0.55$mm，$K_{80}=2.0$，则 $d_{80}=2\times0.55$mm$=1.1$mm。可按此要求筛分滤料，具体方法如下：

自横坐标 0.55mm 和 1.1mm 两点，分别作垂线与筛分曲线相交，然后自两交点作平行线与右边纵坐标相交，并以此交点作为 10% 和 80%，在 10% 和 80% 之间分成 7 等份，则每等份为 10% 的砂量，以此向上下两端延伸，即得 0 和 100% 之点，如图 6-8 右侧纵坐标所示，以此作为新坐标，然后自新坐标原点和 100% 点作平行线与筛分曲线相交，此两点之间即为所选滤料，余下部分应全部筛除。由图 6-8 可见，大粒径（$d>1.54$mm）颗粒约筛除 13%，小粒径（$d<0.44$mm）颗粒约筛除 13%，共需筛除 26% 左右。

上面介绍的方法是筛分试验的一般表示方法，在生产中应用比较方便。但用于理论研究时，存在以下不足：①筛子孔径未必精确；②未反映出滤料颗粒的形状因素。

为了改进上述不足，另有一种表示粒度的方法，即用"筛的校准孔径"代替筛子的名义孔径。校准孔径 d' 的求法如下：将滤料砂样放在筛孔为 d 的筛子里过筛后，将筛子放在另一张纸上，将筛盖好。再将筛用力振动几下，这样又有一些颗粒筛落下来，这些颗粒代表恰好通过筛孔 d 的颗粒，从此中取出 n 个，在分析天平上称其质量，按以下公式计算筛的校准孔径：

$$d'=\sqrt{\frac{6W}{\pi n \rho_s}} \tag{6-62}$$

式中　ρ_s——滤料颗粒的密度，kg/m³；

　　　W——颗粒质量，kg；

　　　n——颗粒数。

d' 相当于恰好通过筛孔 d 的砂粒的等体积球体的直径。

（4）滤料的空隙率与形状

滤料的空隙率 m 可按下式计算：

$$m = 1 - \frac{W}{\rho_s V} \qquad (6\text{-}63)$$

式中　V——滤料体积，m^3。

滤料空隙率与滤料颗粒形状、均匀程度以及压实程度等因素有关。均匀粒径和不规则形状的滤料，空隙率大。一般所用石英砂滤料的空隙率在 0.42 左右。

滤料颗粒形状影响滤层中的水力损失和滤层空隙率，迄今还没有一种满意的方法可以确定不规则形状颗粒的形状系数。一般用颗粒球形度 ϕ 表示：

$$\phi = \frac{\text{同体积球体表面积}}{\text{颗粒实际表面积}} \qquad (6\text{-}64)$$

不同形状的颗粒具有不同的球形度。天然砂滤料的球形度一般为 0.75～0.80。

（5）滤层的规格

滤层的规格是指对滤料的材质、粒径与厚度的规定。滤料的粒径都比较小，一般在 0.5～2mm 范围内。因粒径小，滤料的比表面积比较大，有利于在过滤过程中吸附杂质。但粒径小滤层也易被堵塞。滤层的厚度可以理解为杂质穿透深度和保护厚度的和。穿透深度与滤料的粒径、滤速及水的混凝效果有关。粒径大、滤速高、混凝效果差的，其穿透深度都较大。一般情况下穿透深度约为 400mm，相应的保护厚度为 200～300mm，滤层总厚度为 600～700mm。

表 6-1 列出了一般情况下单层滤料、双层滤料和三层滤料滤池的滤速与滤层的规格。表中强制滤速是指全部滤池中有一个或两个滤池停产进行检修时其他工作滤池的滤速。滤池设计中以正常情况下的滤速来设计滤池面积，以检修情况下的强制滤速进行校核。

对于多层滤料，一般都存在滤料混杂现象。关于滤料混杂对过滤的影响，存在两种不同的观点。一种认为，两种滤料在交界面上适度混杂，可避免交界面上积累过多杂质而使水力损失增加较快，因此适度混杂是有益的。另一种认为滤料交界面上不应有混杂现象，因为粒径较大的上层滤料起大量截留杂质的作用，而粒径较小的下层滤料则起精滤作用，而界面分层清晰，起始水力损失将较小。实际上，滤料交界面上不同程度的混杂是很难避免的。生产经验表明，滤料交界面的混杂程度在 5cm 左右，对过滤有益无害。

6.4.2 承托层

承托层的作用有两个：①阻挡滤料进入配水系统中；②在反冲洗中均匀配水。当单层或双层滤池采用管式大阻力配水系统时，承托层采用天然卵石或砾石，其粒径和厚度如表 6-3 所示。

表 6-3　单层或双层滤料滤池大阻力配水系统承托层粒径和厚度

层次（自上而下）	粒径/mm	厚度/mm
1	2～4	100
2	4～8	100
3	8～16	100
4	16～32	本层顶面高度至少应高出配水系统孔眼 100

三层滤料滤池，由于下层滤料粒径小而重度大，承托层必须与之相适应，即上层应采用重质矿石，以免反冲洗时承托层移动，见表 6-4。

表 6-4　三层滤料滤池承托层材料、粒径和厚度

层次（自上而下）	材料	粒径/mm	厚度/mm
1	重质矿石（如石榴石、磁铁矿等）	0.5～1.0	50
2	重质矿石（如石榴石、磁铁矿等）	1～2	50

续表

层次（自上而下）	材料	粒径/mm	厚度/mm
3	重质矿石（如石榴石、磁铁矿等）	2～4	50
4	重质矿石（如石榴石、磁铁矿等）	4～8	50
5	砾石	8～16	100
6	砾石	16～32	本层顶面高度至少应高出配水系统孔眼100

注：配水系统如用滤砖且孔径为4mm时，第6层可不设。

如果采用小阻力配水系统，承托层可以不设或者适当铺设一些粗砂或细砾石，视配水系统的具体情况而定。

6.5 配水系统与滤池冲洗

6.5.1 滤池配水系统

（1）配水系统的作用

配水系统的主要作用在于保证进入滤池的冲洗水能够均匀分配在整个滤池面积上，但在过滤时，它也起均匀集水的作用。配水系统的合理设计是滤池正常工作的重要保证。当配水系统不能均匀配水时，会产生两个不利的现象：一是由于冲洗水没有均匀分配在整个滤池面积上，在冲洗水量小的地方冲洗不干净，这些不干净的滤料逐渐会形成"泥球"或"泥饼"，影响冲洗效果，进而影响过滤水质；另外，在冲洗水量大的地方，流速很大，会使承托层发生移动，引起滤料和承托层混合，使砂子漏入过滤水中，产生"走砂"现象。

（2）配水不均匀的原因

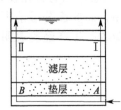

图6-16 反洗水水流路线

如上所述，配水均匀性对维持滤池的稳定运行十分重要。因此，配水系统的设计必须充分考虑冲洗时配水的均匀性。为保证冲洗配水的均匀，首先分析配水不均匀的原因。

图6-16表示滤池冲洗时的水流情况。靠近进口的 A 点及配水系统末端 B 点的水流路线分别为 I 和 II 。假设 A 和 B 点间的冲洗强度（单位时间、单位面积的冲洗水量）相差最大，分别以 q_A 和 q_B 表示。在 A 、 B 两点相等的微小面积 Δa 的流量分别为 $\Delta a q_A$ 和 $\Delta a q_B$ ，按图6-16所示的 I 和 II 两条流线流动。各水流路线的总水力损失应包括配水系统、出水孔眼、承托层和滤层的水力损失，即进水压力 H 为

流线 I ：

$$H_1 = s_{1A}(\Delta a q_A)^2 + s_{2A}(\Delta a q_A)^2 + s_{3A}(\Delta a q_A)^2 + s_{4A}(\Delta a q_A)^2 + 流速水头 \qquad (6-65)$$

流线 II ：

$$H_2 = s_{1B}(\Delta a q_B)^2 + s_{2B}(\Delta a q_B)^2 + s_{3B}(\Delta a q_B)^2 + s_{4B}(\Delta a q_B)^2 + 流速水头 \qquad (6-66)$$

式中 s_1 , s_2 , s_3 , s_4 ——配水系统、出水孔眼、承托层和滤层的水力阻抗系数。

由于流线 I 和流线 II 采用同一洗砂排水槽排水，因此有： $H_1 = H_2$ 。

由于两个流线中的承托层和滤层差异不大，配水系统中的出水孔眼可控制为各处是一致的，因此，可以认为上两式中的 $s_{2A} = s_{2B} = s_2$ ， $s_{3A} = s_{3B} = s_3$ ， $s_{4A} = s_{4B} = s_4$ 。则 A 和 B 点处的冲洗强度之比为：

$$\frac{q_B}{q_A} = \sqrt{\frac{s_{1A} + s_2 + s_3 + s_4}{s_{1B} + s_2 + s_3 + s_4}} \qquad (6-67)$$

式（6-67）中 $s_{1A} \neq s_{1B}$ ，所以 $q_A \neq q_B$ ，因此配水的不均匀性总是存在的。但在设计中必

须尽可能使 q_A 与 q_B 接近，两点的冲洗强度差小于 5%，这样滤池配水均匀性大于 95%，从而使滤池的配水达到相对均匀。

要使滤池的配水达到相对均匀，可采取两种方法：

① 尽可能增大配水系统中出水孔眼的阻力，即减少孔眼尺寸，使 $s_2 \gg s_1 + s_3 + s_4$，从而使式 (6-67) 右边根号内的分子接近于分母值。这种增大孔眼阻力的配水系统称为大阻力配水系统。

② 尽可能地减少配水系统的水力阻抗 s_1 的数值，亦即使水从进水端流到末端的水力损失可以忽略不计，$s_1 \ll s_2 + s_3 + s_4$，从而使 q_A 与 q_B 接近。这种配水系统称为小阻力配水系统。

（3）配水系统的类型

通常采用的配水系统有：①由干管和穿孔支管组成的大阻力配水系统，其水力损失＞3m；②滤球式、管板式及二次配水滤砖式等组成的中阻力配水系统，其水力损失为 0.5～3m；③豆石滤板、格栅、滤头等小阻力配水系统，$1m^2$ 滤板配置 36～50 个滤头。小阻力配水系统适用于面积较小的滤池，面积较大不易做到配水均匀。而大阻力配水系统，不论面积大小都可以利用。

① 大阻力配水系统 快滤池中常用的穿孔管式配水系统就是大阻力配水系统，如图 6-17 所示。在池底中心位置设有一根干管或干渠，在干管或干渠的两侧接出若干根相互平行的支管。支管埋在承托层中间，距池底有一定高度，下方开两排小孔，与中心线成 45°角交错排列，如图 6-18 所示。支管上孔的间距由孔总面积及孔径决定，孔的总面积与滤池面积之比称为开孔比，一般为 0.2%～0.25%，孔距为 75～200mm。为排除配水系统中可能进入的空气，在干管的末端设有排气管。冲洗时，水流自干管起端进入后，流入各支管，由支管孔口流出，再经承托层和滤层流入排水槽。

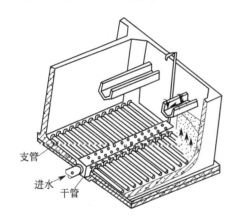

支管

进水

干管

图 6-17 穿孔管大阻力配水系统

45° 45°

图 6-18 穿孔支管孔口位置

除穿孔管大阻力配水系统外，其他的管式大阻力配水系统如图 6-19 所示。

根据配水均匀性要求和生产实践经验，大阻力配水系统的主要设计要求如下：

a. 干管起端流速为 1.0～1.5m/s，支管起端流速为 1.5～2.0m/s，孔口流速为 5～6m/s。

b. 孔口总面积与滤池面积之比（即开孔比）的值按下式计算：

$$\alpha = \frac{f}{F} \times 100\% = \frac{Q_b / v_2}{Q_b / q} \times \frac{1}{1000} \times 100\% = \frac{q}{1000 v_2} \times 100\% \tag{6-68}$$

式中　α——配水系统开孔比，%；

　　f——配水系统的孔口总面积，m^2；

　　F——滤池面积，m^2；

　　Q_b——冲洗流量，m^3/s；

　　q——滤池反冲洗强度，$L/(m^2 \cdot s)$；

　　v_2——孔口流速，m/s。

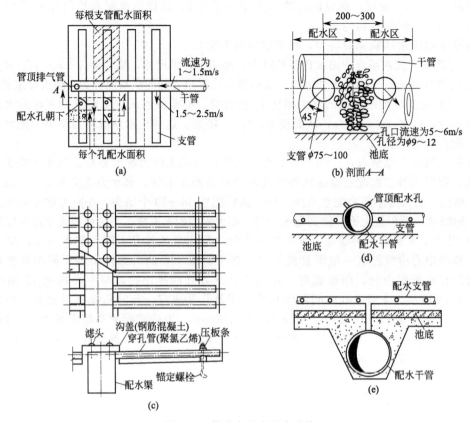

图 6-19　管式大阻力配水系统

对于普通快滤池，若取 $v_2＝5\sim6$m/s，$q＝12\sim15$L/(m^2·s)，则 $\alpha＝0.2\%\sim0.25\%$。

c. 支管中心距为 0.2~0.3m，支管长度与直径之比一般不大于 60。

d. 孔口直径取 9~12mm。当干管直径大于 300mm 时，干管顶部也应开孔布水，并在孔上方设置挡板。

大阻力配水系统的优点是配水均匀性较好，在生产实践中工作可靠，但结构较复杂；孔口水力损失大，冲洗时动力消耗大；管道易结垢，增加检修困难。

② 中阻力配水系统　介于大阻力和小阻力配水系统之间的是中阻力配水系统。中阻力配水系统主要是滤球式、管板式及二次配水滤砖式配水系统，如图 6-20 所示。

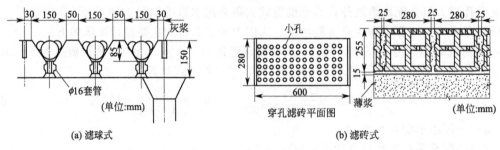

图 6-20　中阻力配水系统

③ 小阻力配水系统　"小阻力"的含义是指配水系统中孔口阻力较小，这是相对于"大阻力"而言的。由于孔口阻力与孔口总面积或开孔比成反比，因此开孔比越大，阻力越小。一般规定：开孔比 $\alpha＝0.2\%\sim0.25\%$ 为大阻力配水系统；$\alpha＝0.60\%\sim0.80\%$ 为中阻力配水系

统；$\alpha = 1.0\% \sim 1.5\%$ 为小阻力配水系统。

与大阻力配水系统相比，小阻力配水系统要求的冲洗水头低，结构简单，但配水均匀性较差，常用于面积较小的滤池，如虹吸滤池等。小阻力配水系统中，由于配水系统和出水孔眼的水力损失较低，一般不宜采用穿孔管系统，而是采用穿孔滤板、滤砖和滤头等。

a. 钢筋混凝土穿孔（或缝隙）滤板。在钢筋混凝土板上开圆孔或条式缝隙。板上铺设一层或两层尼龙网。板上开孔比和尼龙网孔眼尺寸不尽一致，视滤料粒径、滤池面积等具体情况而定。图 6-21 为滤板安装示意。图 6-22 所示的滤板尺寸为 980mm×980mm×100mm，每块板的孔口数为 168 个。板面开孔比为 11.8%，板底为 1.32%。板上铺设尼龙网一层，网眼规格可为 30~50 目。

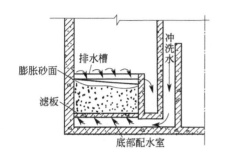

图 6-21 小阻力配水系统

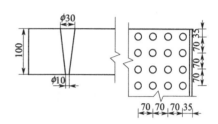

图 6-22 钢筋混凝土穿孔滤板

这种配水系统造价较低，配水均匀性较好，孔口不易堵塞，强度高，耐腐蚀。但施工工程中必须注意尼龙网接缝应搭接好，且沿滤池四周应压牢，以免尼龙网被拉开。尼龙网上可适当铺设一些卵石。

b. 穿孔滤砖。图 6-23 所示为二次配水的穿孔滤砖。滤砖尺寸为 600mm×280mm×250mm，用钢筋混凝土或陶瓷制成。滤砖构造分上下两层连成整体。铺设时，各砖的下层相互连通，起到配水渠的作用；上层各砖单独配水，用板分隔互不相通。开孔比为：上层 1.07%，下层 0.7%。穿孔滤砖的上下层为整体，反冲洗水的上托力能自行平衡，不致使砖浮起，因此所需的承托层厚度不大，只需防止滤料落入滤砖配水孔即可，从而降低了滤池高度。二次配水穿孔滤砖配水均匀性好，但价格较高。

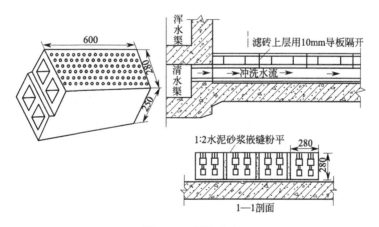

图 6-23 穿孔滤砖

图 6-24 所示是另一种二次配水、配气穿孔滤砖，称为复合气水反冲洗滤砖。这种方式的滤砖既可单独用于水反冲洗，也可用于气水联合反冲洗。水、气流方向如图 6-24 中的箭头所示。倒 V 形斜面开孔比和上层开孔比均可按要求制造，一般上层开孔比小（0.5%~0.8%），

斜面开孔比稍大（1.2%～1.5%）。该滤砖一般可用 ABS 工程塑料一次注塑成型，加工精度易控制，安装方便，配水均匀性较好，但价格较高。

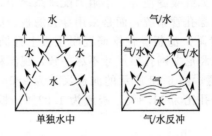

图 6-24　复合气水反冲洗配水滤砖

c. 滤头。小阻力配水系统中，图 6-25 所示为小阻力配水系统中常用的 4 种滤头。

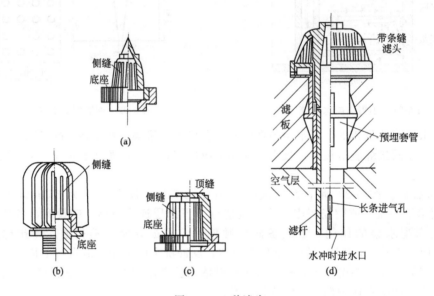

图 6-25　4 种滤头

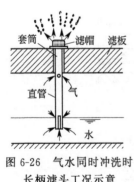

图 6-26　气水同时冲洗时
长柄滤头工况示意

滤头由具有缝隙的滤帽和滤柄组成，有短柄和长柄滤头两种。短柄滤头用于单独水冲滤池，长柄滤头用于气水反冲洗滤池，如图 6-26 所示。滤帽上开有许多缝隙，缝宽在 0.25～0.4mm 范围内，以防滤料流失。滤柄直管上部开 1～3 个小孔，下部有一条直缝。在图 6-26 所示的混凝土滤板中预埋内螺纹管，即可方便地在滤板中安装滤头。当气水同时反冲时，在混凝土滤板下面的空间内，上部为气，形成气垫，下部为水。气垫厚度与气压有关。气压越大，气垫厚度越大。气垫中的空气先由直管上部小孔进入滤头。当气垫厚度增大时，部分空气由直管下部的直缝上部进入滤头。反冲水则由滤柄下端及直缝上部进入滤头，气和水在滤头内充分混合后，经滤帽缝隙均匀喷出，使滤层得到均匀反冲。滤头布置数一般为 50～60 个/m²，开孔比约为 1.5%。

6.5.2　滤池的冲洗方式

滤池冲洗的目的是清除截留在滤料空隙中的悬浮杂质，使滤池恢复过滤能力。目前快滤池的冲洗方式有如下几种。

（1）高速水流反冲洗

以大于 $30\sim35m/h$ 的高速水流反向冲洗滤层，使整个滤层处于流态化状态，膨胀度达到 $20\%\sim50\%$。截留在滤层中的悬浮杂质在水流剪力和滤料颗粒碰撞摩擦的双重作用下，从滤层中脱落下来，然后随冲洗水流被带出滤池。冲洗效果取决于冲洗强度。冲洗强度过小，滤层空隙中的水流剪力小；冲洗强度过大，滤层膨胀度过大，滤层空隙中水流剪力也会降低，同时滤料颗粒之间的碰撞概率减小。因此，冲洗强度过大或过小，滤池的冲洗效果均会降低。

高速水流反冲洗方法操作方便，滤池结构和设备简单，是目前我国广泛采用的滤池冲洗方法。

（2）气、水反冲洗

高速水流反冲洗虽然具有操作方便，设备简单的优点，但冲洗耗水量大，反冲洗结束后，滤层出现明显的上细下粗的分层现象。采用气、水反冲洗方法不仅可以提高冲洗效果，还可以节省冲洗水量，同时可以避免滤层过度膨胀，不产生或不明显产生上细下粗的分层现象，从而提高滤层的含污能力。

在气、水反冲洗中，利用上升空气气泡的振动可有效地将附着于滤料表面的悬浮杂质擦洗下来，然后再随反冲洗水排出池外。由于气泡对滤料颗粒表面悬浮杂质的擦洗、脱落力量强，因此可以降低水冲洗强度，即采用"低速反冲"，节省冲洗水量。气、水反冲洗操作具有以下几种：

① 先用空气反冲，再用水反冲；

② 先用气-水同时反冲，再用水反冲；

③ 先用空气反冲，然后用气-水同时反冲，最后再用水反冲。

气、水反冲洗操作方式、冲洗强度和冲洗时间，视滤料的规格和水质水温等因素确定。一般地，气冲强度（包括单独气冲和气-水同时反冲）在 $10\sim20L/(m^2\cdot s)$ 之间。水冲洗强度根据操作方式而异；气-水同时反冲时，水冲强度一般在 $3\sim4L/(m^2\cdot s)$ 之间；单独反冲时，采用低速反冲，水冲强度为 $4\sim6L/(m^2\cdot s)$ 之间，采用较高冲洗强度时，水冲强度在 $6\sim10L/(m^2\cdot s)$ 之间（通常为第一种操作方式）。反冲时间与操作方式也有关，总的反冲时间一般在 $6\sim10min$。

气、水反冲洗需要增加气冲设备，池子结构和冲洗操作也较复杂。气-水反冲近年来在我国的应用日益增多。

（3）表面辅助冲洗加高速水流反冲洗

在滤层表面以上设置表面冲洗装置，在高速水流反冲洗的同时辅以表面冲洗，利用表面冲洗装置的喷嘴或孔眼产生的射流使滤料表面的悬浮杂质更易于脱落，提高冲洗效果，并减少冲洗水量。

表面冲洗装置分旋转管式和固定管式两种。旋转管装在滤层表面以上 5cm 的高度，用射流的反力使喷水管旋转。固定冲洗管设在滤层表面以上 $6\sim8cm$ 的高度，管道与洗砂排水槽平行，比旋转管式的冲洗强度大，但管材耗用多，因此应用较少。

6.5.3　影响滤池冲洗的有关因素

滤料水力冲洗效果的好坏取决于颗粒间的摩擦、碰撞及冲洗水流的剪切力。提高冲洗强度可增大膨胀度，增加剪切力，但也相应地降低了颗粒间的摩擦碰撞效果。冲洗强度过大，会使承托层卵石移位，过滤时造成漏砂现象，也会使滤料流失。所以要选择适当的膨胀度。同时，冲洗时间的长短也影响冲洗效果。

（1）冲洗强度、滤层膨胀度和冲洗时间

① 冲洗强度　单位时间、单位滤池面积通过的反冲洗水量，常用 $L/(m^2 \cdot s)$ 表示。

② 膨胀度　反冲洗时，滤层膨胀后所增加的厚度与膨胀前的厚度之比，用以下公式表示：

$$e = \frac{L - L_0}{L_0} \times 100\% \tag{6-69}$$

式中　e——滤层膨胀度，%；

L_0——滤层膨胀前的厚度，m；

L——滤层膨胀后的厚度，m。

由于滤层膨胀前、后单位面积上滤料体积不变，于是：

$$L(1-m) = L_0(1-m_0) \tag{6-70}$$

将式(6-70)代入式(6-69)，可得下式：

$$e = \frac{m - m_0}{1 - m} \times 100\% \tag{6-71}$$

式中　m_0，m——滤层膨胀前、后的空隙率。

③ 冲洗时间　在冲洗强度或滤层膨胀度均符合要求时，还需保证一定的冲洗时间，才能保证冲洗效果。根据生产实践，冲洗时间可按表 6-5 采用。

表 6-5　冲洗强度、膨胀度和冲洗时间

序号	滤层	冲洗强度/[L/(m² · s)]	膨胀度/%	冲洗时间/min
1	石英砂滤料	12~15	45	5~7
2	双层滤料	13~16	50	6~8
3	三层滤料	16~17	55	5~7

注：1. 设计水温按 20℃ 计，水温每增减 1℃，冲洗强度相应增减 1%。

2. 由于全年水温、水质有变化，应考虑有适当调整冲洗强度的可能。

3. 选择冲洗强度应考虑所用混凝剂品种的因素。

4. 膨胀度数值仅作设计计算用。

（2）滤层膨胀度与冲洗强度的关系

假设滤层的滤料粒径是均匀的，当冲洗时，如果滤层未膨胀，则水流通过滤层的水力损失可用欧根公式计算：

$$h = 150 \frac{\nu}{g} \frac{(1-m_0)^2}{m_0^3} \left(\frac{1}{\phi d_0}\right)^2 L_0 v + 1.75 \frac{1}{g \phi d_0} \frac{1-m_0}{m_0^3} L_0 v^2 \tag{6-72}$$

式中　h——滤池冲洗时的水力损失，m；

m_0——滤料空隙率；

L_0——滤层厚度，m；

d_0——与滤料体积相同的球体直径，m；

ν——水的运动黏度，m^2/s；

g——重力加速度，$9.81 m/s^2$；

v——冲洗流速，m/s；

ϕ——滤料颗粒的球形度。

当滤层膨胀起来后，处于悬浮状态的滤层对冲洗水流的阻力等于它们在水中的重量（单位面积上）：

$$\rho g h = (\rho_s g - \rho g)(1-m)L \tag{6-73}$$

$$h = \frac{\rho_s - \rho}{\rho}(1-m)L \tag{6-74}$$

根据式(6-70)，上式亦可表示为：

$$h = \frac{\rho_s - \rho}{\rho}(1-m_0)L_0 \tag{6-75}$$

式中　ρ_s——滤料密度，kg/m^3；

　　　　ρ——水的密度，kg/m^3。

　　当滤料颗粒粒径、形状、密度及水温一定时，冲洗强度达到使滤料开始流态化的冲洗强度（最小流态化冲洗强度，q_{mf}）后，滤层膨胀度与冲洗强度基本上呈线性关系，如图 6-27 所示，即冲洗强度越大，滤层膨胀度也就越大。滤料粒径、形状和密度不同时，q_{mf} 值不同。粒径越大，q_{mf} 值越大，反之亦然。

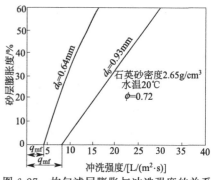

图 6-27　均匀滤层膨胀与冲洗强度的关系

　　将式(6-75) 代入式(6-72)，经整理后可得冲洗流速和膨胀后滤层空隙率之间的关系：

$$\frac{1.75\rho}{(\rho_s-\rho)g}\frac{1}{\phi d_0}\frac{1}{m^3}v^2+\frac{150\upsilon\rho}{(\rho_s-\rho)g}\left(\frac{1}{\phi d_0}\right)^2\frac{1-m}{m^3}v=1 \tag{6-76}$$

　　由该式可以看出，当滤料粒径、形状、密度及水温已知时，冲洗流速仅与膨胀后滤层的空隙率 m 有关。将膨胀后的滤层空隙率按式(6-71) 关系换算成膨胀度，并将冲洗流速以冲洗强度代替，则可得到冲洗强度和膨胀度的关系，但公式求解比较复杂。

　　敏茨和舒尔特通过实验研究提出了以下公式：

$$q=29.4\frac{d_0^{1.31}}{\mu^{0.54}}\frac{(e+m_0)^{2.31}}{(1+e)^{1.77}(1-m_0)^{0.54}} \tag{6-77}$$

式中　μ——水的黏度，$Pa\cdot s$；

　　　　q——冲洗强度，$L/(m^2\cdot s)$。

　　其余符号同前。

　　(3) 滤层膨胀度与水温的关系

　　冲洗时滤层的膨胀度与水温有关，在相同的冲洗强度下，水温越高，滤层膨胀度越小，水温越低，则滤层膨胀度越大。当冲洗水温增减 1℃ 时，石英砂滤层膨胀度相应增减 1%，双层滤料约为 0.8%。因此，冲洗强度应按夏季温度来考虑，而在冬季则可适当减小冲洗强度，节省冲洗水量。

　　滤层膨胀度一定时，知道了某一水温 t（℃）时的冲洗强度，可用下列公式求得其他水温 x（℃）下的冲洗强度 q_x：

$$q_x=\frac{\mu_t^{0.54}}{\mu_x^{0.54}}q_t \tag{6-78}$$

式中　μ_t，μ_x——水温在 t（℃）和 x（℃）时的黏度，$Pa\cdot s$。

　　(4) 粒径对冲洗强度和膨胀度的影响

　　滤料颗粒粒径的大小对冲洗强度及膨胀度都有影响，当膨胀度相同，滤料粒径不同时，粒径大的冲洗强度大，粒径小的冲洗强度小，如图 6-27 所示。

　　当为提高滤速、延长工作周期而采用粗滤料时，为了达到某一膨胀度，就会要求冲洗强度很大，致使冲洗水量很大，这时需要考虑采用其他冲洗方法以减少冲洗水量。

　　(5) 冲洗强度的确定

　　对于不均匀滤料，在一定冲洗强度下，粒径小的颗粒膨胀度大，而粒径大的滤料膨胀度小，同时满足粗、细滤料颗粒膨胀度的要求是不可能的。考虑到上层滤料截留杂质较多，宜尽量满足上层滤料的膨胀度要求，即膨胀度不宜过大。生产实践经验表明，下层粒径最大的滤料也必须达到最小流态化程度，即刚刚开始膨胀，才能获得较好的冲洗效果。因此，在设计或操作中，可以最粗滤料开始膨胀作为确定冲洗强度的依据。如果由此导致上层细滤料膨胀度过大甚至引起滤料流失，滤料级配应适当调整。

考虑到其他因素，设计冲洗强度可按下式确定：

$$q = 10kq_{mf} \tag{6-79}$$

式中　k——安全系数；

　　q_{mf}——最大粒径滤料的最小流态化冲洗强度，$L/(m^2 \cdot s)$。

k 值主要取决于滤料粒径的均匀程度，一般取 $k=1.1 \sim 1.3$。滤料粒径不均匀程度较大者，k 值宜取低限，反之则取高限。按我国所用滤料规格，通常取 $k=1.3$。式中的 q_{mf} 可通过试验确定，亦可通过计算确定。

6.5.4　滤池冲洗水的排除与供给

（1）滤池冲洗水的排除

滤池进行反冲洗时，冲洗水要均匀分布在滤池面积上，并由冲洗排水槽两侧溢入槽内，各条槽内的废水汇集到废水渠，再由废水渠末端排水竖管排入下水道，如图 6-28 所示。

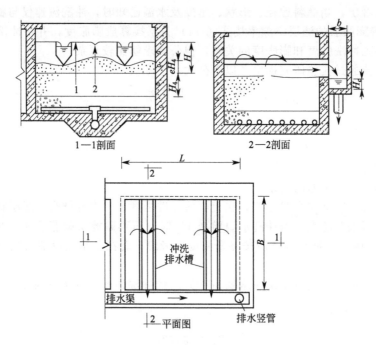

图 6-28　滤池冲洗水的排除

① 冲洗排水槽　冲洗水沿冲洗排水槽的两侧溢流入槽，其流量是越到下游越大，但每米槽长增加的流量是相等的。为达到及时均匀地排除冲洗水的目的，冲洗排水槽的设计必须符合以下要求：

a. 冲洗水应自由跌落入冲洗排水槽内。槽内水面以上一般要求有 7cm 左右的保护高。

b. 每单位冲洗排水槽长的溢入流量应相等。因此施工时冲洗排水槽口应力求水平，误差控制在 ±2mm 以内。

c. 冲洗排水槽的投影面积占滤池面积的百分比一般不大于 25%，以防冲洗时槽与槽之间的水流上升速度过分增大，从而影响上升水流的均匀性。

d. 槽与槽的中心间距一般为 1.5~2.0m。间距过大，最远一点和最近一点流入排水槽的流线相差过远（见图 6-28 中的 1 和 2 两条流线），也会影响排水均匀性。

e. 冲洗排水槽的废水应自由跌落入废水渠，以免废水渠干扰冲洗排水槽出流，引起壅水现象。

f. 槽的断面要有足够的通水能力，而且高度要适当。槽口太高，冲洗水排除不净；槽口太低，会使滤料流失。为避免冲走滤料，滤层膨胀面应在槽底以下。冲洗排水槽的断面一般为图 6-29 所示的形状，对这种断面形状而言，槽顶距末膨胀时滤料表面的高度为：

$$H = eH_4 + 2.5x + \delta + 0.07 \tag{6-80}$$

式中　e——冲洗时滤层膨胀度；

　　H_4——滤层厚度，m；

　　x——冲洗排水槽断面模数，m；

　　δ——冲洗排水槽底厚度，m；

0.07——冲洗排水槽保护高，m。

图 6-29 所示冲洗排水槽断面模数 x 可由动量定理求得，近似公式为：

$$x = 0.45Q_1^{0.4} \tag{6-81}$$

式中　Q_1——冲洗排水槽出口流量，m^3/s。

冲洗排水槽的断面除图 6-29 所示外，还有矩形断面。

② 排水渠　排水渠收集来自冲洗排水槽的冲洗水。排水渠始端的流量是一个排水槽的出流量，而在渠道出口附近则为多个排水槽的出流量之和。因此，渠内始端流量最小，而出口处流量最大，所以排水渠的流速是变化的。冲洗排水槽底位于排水渠始端水面上高度不小于 $0.05 \sim 0.2\mathrm{m}$。矩形断面的排水渠底距冲洗排水槽底高度 H_e（见图 6-28）可按下式计算：

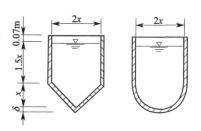

图 6-29　冲洗排水槽断面

$$H_e = 1.73\sqrt[3]{\frac{Q_b^2}{gb^2}} + 0.2 \tag{6-82}$$

式中　Q_b——滤池总冲洗水的流量，m^3/s；

　　g——重力加速度，m/s^2；

　　b——渠宽，m。

(2) 滤池冲洗水的供给

滤池冲洗水的供给方式有两种：一是利用冲洗水塔或冲洗水箱；二是利用专设的冲洗水泵。前者造价较高，但操作简单，允许在一段时间内由专用水泵向水塔或水箱供水，专用泵小，耗电较均匀；后者投资省，但操作麻烦，在冲洗的短时间内耗电量较大，因此电网负荷不均匀。

① 冲洗水塔或冲洗水箱　冲洗水塔与滤池分建。冲洗水箱与滤池合建，通常置于滤池操作室屋顶上。

冲洗水塔或水箱中的水深不宜超过 3m，其容积按单个滤池冲洗水量的 1.5 倍计算：

$$V = \frac{1.5qF t \times 60}{1000} = 0.09qFt \tag{6-83}$$

式中　V——水塔或水箱的容积，m^3；

　　F——单格滤池面积，m^2；

　　t——冲洗时间，min。

水塔或水箱底高出滤池冲洗排水槽顶距离（见图 6-30）按下式计算：

$$H = h_1 + h_2 + h_3 + h_4 + h_5 \tag{6-84}$$

$$h_2 = \left(\frac{q}{10\alpha\omega}\right)^2 \frac{1}{2g} \tag{6-85}$$

$$h_3 = 0.022qH_3 \tag{6-86}$$

式中　h_1——水塔或水箱至滤池间冲洗管道的总水力损失，m；

　　　　h_2——滤池配水系统的水力损失，m，大阻力配水系统按孔口平均水力损失计算；

　　　　α——开孔率，％；

　　　　ω——孔眼流量系数，0.62～0.70；

　　　　q——反冲洗强度，$L/(m^2 \cdot s)$；

　　　　h_3——承托层水力损失，m，

　　　　H_3——承托层高度，m；

　　　　h_4——滤层在冲洗时的水力损失，m，用式(6-75)计算；

　　　　h_5——备用水头，一般可取为1.5～2.0m，用以克服未考虑到的一些水力损失。

　　② 冲洗水泵　水泵流量按冲洗强度和滤池面积计算。如图6-31所示，水泵扬程可按下式计算：

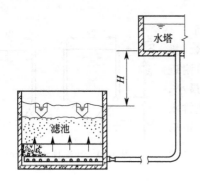

图6-30　水塔冲洗

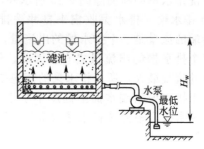

图6-31　水泵冲洗

$$H = H_w + h_1 + h_2 + h_3 + h_4 + h_5 \tag{6-87}$$

式中　H_w——冲洗排水槽顶与清水池低水位差，m；

　　　　h_1——清水池至滤池间冲洗管道的总水力损失，m。

　　其余符号同前。

6.5.5　表面冲洗装置

　　表面冲洗装置是为冲洗泥球而设的，有固定式和旋转式两种。喷管置于排水槽下。旋转式利用喷出的压力水的反作用力推动喷管转动，同时利用喷管旋转产生的搅拌作用破坏滤层的泥球，如图6-32所示。

6.5.6　管廊布置

　　集中布置滤池的管渠、配件、阀门及一次仪表等设备的场所称为管廊。管廊中主要管道有浑水进水管、清水出水管、冲洗来水管及冲洗排水管。管廊布置应力求紧凑、简捷，要留有设备及管配件安装、维修的必要空间，要有良好的防水、排水、采光及通风、照明设备，要便于与滤池操作室联系。

　　管廊的布置与滤池的个数和排列有关。滤池数少于5个时宜用单行排列，管廊位于滤池的一侧。超过5个时宜用双行排列，管廊夹在两排滤池中间。后者布置较紧凑，但采光、通风不如前者，检修也不方便。

　　管廊布置有多种，常见的有如下几种形式。

　　① 进水、清水、冲洗水和排水渠全部布置于管廊内，如图6-33(a)所示。这种布置方式的优点是：渠道结构简单，施工方便，管渠集中紧凑，但管廊内管件较多，通行和检修不太方便。

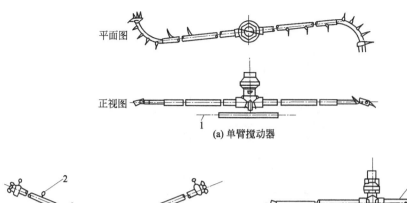

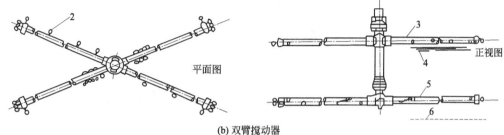

图 6-32 典型的表面冲洗搅动器

1—滤料表面；2—喷嘴橡皮帽；3—滤料表面上的臂；4—滤料面；5—浸没管；6—砂粒无烟界面

② 冲洗水和清水渠布置于管廊内，进水和排水以渠道形式布置于滤池另一侧，如图 6-33 (b) 所示。这种方式可节省管件及阀门，管廊内管件简单，施工和检修方便，但造价较高。

③ 进水、冲洗水及清水管均采用金属管道，排水渠单独设置，如图 6-33(c) 所示。这种方式通常用于小水厂或滤池单行排行。

6.6 普通快滤池设计计算

普通快滤池通常指图 6-33(a)、(b) 和 (c) 所示的具有 4 个阀门的快滤池，其设计计算内容如下。

(1) 滤速选择与滤池总面积计算

设计滤池时，首先需要选择合适的过滤速度，然后再根据设计水量计算出所需要的滤池总面积。滤池过滤速度可分为两个：一个是正常工作条件下的滤速；另一个是强制滤速（指在某些滤池因为冲洗、维修或其他原因不能工作时，其余滤池超过正常负荷情况下的滤速）。一般指的滤速是正常条件下的滤速。在确定滤速的大小时，要综合考虑滤池进出水的浊度、滤料及池子个数等因素。一般情况下，滤池个数较多时，可以选择较高的滤速。如果要保留滤池有适当的潜力，或者水的过滤性能还未完全掌握，滤池数目较少时，应采用偏低的滤速。

根据不同滤层，滤速的选择可参考表 6-1。

滤速确定后，根据设计水量计算滤池的总面积 F：

$$F = \frac{Q}{v} \tag{6-88}$$

式中 F——滤池总面积，m^2；

Q——设计水量（包括厂自用水量），m^3/s；

v——设计滤速，m/s。

(2) 单池面积和滤池深度

滤池总面积定后，就需要确定滤池个数和单池面积。

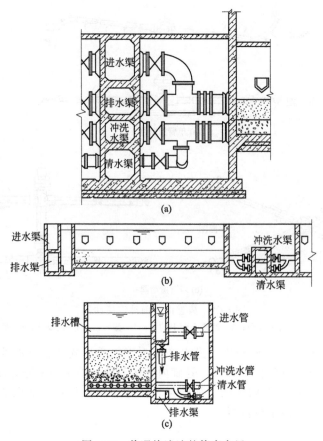

图 6-33　普通快滤池的管廊布置

选择滤池个数时，需综合考虑下列两个因素：

① 从运转的观点来说，池数多，当一个池子因冲洗或维修而停止运行时，其他池子所增加的滤速不大，因此对出水水质的影响较小。另外，运转上的灵活性也比较大。但如池子太多，也会引起频繁的冲洗工作，给运转管理带来不便。

② 从滤池造价的观点来说，每个滤池的面积越大，则单位面积滤池的造价越低。

滤池个数应综合考虑运行的灵活性及基建和运行费用的经济性来确定，但一般不能少于 2 个。滤池总面积与滤池个数的关系如表 6-6 所示，可供参考。

表 6-6　滤池总面积与滤池个数的关系

滤池面积 A/m^2	滤池个数 n	滤池面积 A/m^2	滤池个数 n
<30	2	150	4～6
30～50	3	200	5～6
100	3～4	300	6～8

确定滤池的个数后，就可按下式计算单池面积：

$$f=\frac{F}{n} \tag{6-89}$$

式中　f——单个滤池的面积，m^2；

　　　n——滤池的个数，不少于 2 个。

根据一个或两个滤池停产检修的情况，还应以强制滤速进行校核。

（3）滤池实际工作时间

$$T = T_0 - t_0 - t_1 \tag{6-90}$$

式中　T_0——滤池工作周期，h；

　　　t_0——滤池休闲时间，h；

　　　t_1——滤池反冲洗时间，h。

（4）滤池长（L）宽（B）比

当 $f \leqslant 30\text{m}^2$ 时，$L/B = 1 : 1$；当 $f > 30\text{m}^2$ 时，$L/B = (1.25 : 1) \sim (1.5 : 1)$；采用旋转管式表面冲洗装置时，$L/B = 1 : 1$、$2 : 1$ 或 $3 : 1$。

（5）滤池深度

滤池深度包括：

① 保护高　$0.25 \sim 0.3\text{m}$；

② 滤层表面以上水深　$1.5 \sim 2.0\text{m}$；

③ 滤层厚度　见表6-3；

④ 承托层厚度　见表6-4。

滤池总深度一般为 $3.0 \sim 3.5\text{m}$。单层砂滤池深度一般稍小，双层和三层滤料滤池的深度稍大。

（6）过滤水头损失

水流通过干净滤层的水头损失可按下式计算：

$$\frac{h'}{L_0} = \frac{5\mu v}{g\rho} \frac{(1 - \varepsilon_0)^2}{\varepsilon_0^3} \left(\frac{6}{\varphi}\right)^2 \sum_{i=1}^{n} \frac{P_i}{d_i^2} \tag{6-91}$$

式中　L_0——滤层厚度，m；

　　　ε_0——干净滤层孔隙比；

　　　φ——滤料的球形度系数，其值约为 1；

　　　ρ——水的密度，kg/m^3；

　　　μ——水的动力黏度系数，kg/(m·s)；

　　　v——滤速，m/s；

　　　P_i——平均粒径为 d_i 的第 i 层滤料的重量与滤料总重量的比值；

　　　g——重力加速度，m/s^2。

随着过程的进行，滤层截留颗粒物增多，孔隙比减小，水力损失和出水浓度逐渐上升。纳污后滤层的水力损失可用 $\varepsilon_0 - \sigma$ 代表上式中的 ε_0，仍用上式计算。σ 是单位体积滤料中截留的悬浮物总体积。也可以在干净滤层水力损失上叠加一个随 σ 或 t 增大而增大的阻力项 $\Delta h'$，如

$$\Delta h' = \frac{kvC_0 t}{1 - \varepsilon_0} \tag{6-92}$$

即

$$h = h' + \Delta h' \tag{6-93}$$

式中　k——经验系数；

　　　C_0——进水悬浮物浓度；

　　　t——过滤时间，s。

（7）反冲洗水头

反冲洗所需水头等于滤层、垫层、配水系统及管路的水力损失之和，并留有一定的富余水头。

① 大阻力配水系统孔眼水力损失

$$h_2 = \left(\frac{q}{10\mu\alpha}\right)^2 \frac{1}{2g} \tag{6-94}$$

式中　q——反冲洗强度，$\text{L/(s·m}^2)$，过滤一般的悬浮物，$q = 12 \sim 15\text{L/(s·m}^2)$，过滤油质悬浮物，$q = 20\text{L/(s·m}^2)$；

α——反冲洗水配水管孔眼总面积与滤池面积之比，一般为 0.2～0.25；

μ——孔口流量系数，与孔眼直径和管壁厚的比值有关，其值见表 6-7；

g——重力加速度，9.81m/s²。

表 6-7　孔眼流量系数 μ

孔眼直径/管壁厚	1.25	1.5	2.0	3.0
μ	0.76	0.71	0.67	0.62

大阻力配水系统干管截面积为支管总截面积的 1.5～2 倍，干管末端顶部设直径为 40～50mm 的排气管。支管长与直径之比<60，支管上开向下成 45°角的配水孔，相邻两孔的方向错开，孔间距为 75～200mm。支管底与池底距离不小于干管半径。

采用二次配水滤砖的水力损失 $h_2=0.195q^2$；采用豆石滤水板等小阻力配水，其水力损失取经验值 0.25～0.4m。采用滤头时，1m² 滤池安装 40～60 个，总缝隙面积为滤池面积的 0.5%～2%。也可采用间距为 10mm 的钢制栅条。

② 垫层水力损失 h_3

$$h_3=0.022H_1q \tag{6-95}$$

式中　H_1——垫层高度，m。

③ 滤层水头损失 h_4 与富余水头 h_5

$$h_4=\left(\frac{\rho_g}{\rho}-1\right)(1-\varepsilon_0)L_0 \tag{6-96}$$

在工程实践中，常取经验值 $h_4+h_5=2\sim2.5$m。

(8) 反冲洗

① 膨胀度 e

$$e=\frac{L-L_0}{L_0} \tag{6-97}$$

式中　L——膨胀后的滤层厚度；

　　　L_0——膨胀前的滤层厚度。

膨胀度测定简单，常作为反冲洗操作的空转指标。e 太低，水力剪切力小；e 过高，颗粒碰撞次数少，还会冲动垫层及流失滤料，因此 e 应适当。对于砂滤池，最佳膨胀度为 $e=(1.2\sim2.5)\varepsilon_0$。

② 反冲洗强度 q　反冲洗强度 q 与滤料粒径、水温、孔隙比和要求的膨胀度有关，可用下式计算或取经验值：

$$q=100\frac{d_e^{1.31}}{\mu^{0.54}}\frac{(e+\varepsilon_0)^{2.31}}{(e+1)^{1.77}(1-\varepsilon_0)^{0.54}} \tag{6-98}$$

式中　q——反冲洗强度，L/(s·m²)；

　　　d_e——滤料的体积当量直径，cm；

　　　μ——水的动力黏度系数，g/(cm·s)。

供给滤料反冲洗水的方式有冲洗水泵和冲洗水塔。前一种方式投资较省，但操作较麻烦，短时间内电耗和负荷大；后者造价较高，但操作简单。有有利地形时，建水塔反冲洗较好。

(9) 排水槽和排水渠

① 矩形滤池中排水槽的高度和间距应满足条件：

$$\frac{u_1}{u_2}<\frac{S_1}{S_2}<\pi \tag{6-99}$$

式中　u_1——浊度颗粒的沉降速度，m/s；

　　　u_2——反冲洗强度＋表面冲洗强度，m/s；

S_1——两排水槽的中心间距，m，$S_1=1.5\sim2.2$m；

S_2——从膨胀滤层表面到排水槽上缘的距离，m。

② 排水槽末端的断面面积 ω

$$\omega=\frac{qf}{1000nv} \tag{6-100}$$

式中 n——每个滤池排水槽的数目；

v——排水槽出口处的流速，m/s，一般采用 0.6m/s。

一般情况下，$\omega\leqslant0.25$m^2。

③ 矩形断面集水渠内始端的水深 H_q

$$H_q=0.808\left(\frac{q_w}{B}\right)^{2/3} \tag{6-101}$$

式中 q_w——滤池总冲洗水流量，m^3/s；

B——渠宽，m。

集水渠的高度可按 $H_q+0.2$m 计算。

6.7 其他滤池

6.7.1 虹吸滤池

（1）工作原理

虹吸滤池一般由 6～8 格滤池组成一个整体，通称"一组滤池"。其滤料组成和滤速的选定与普通快滤池相同，采用小阻力配水系统，所不同的是利用虹吸原理进水和排走反洗水。根据水量大小，可以建一组滤池或多组滤池。一组滤池的平面形状可以是圆形、矩形或多边形，以矩形为多。虹吸滤池的基本构造和工作原理如图 6-34 所示。图 6-34 的右半部分表示过滤时的情况，左半部分表示反冲洗时的情况。

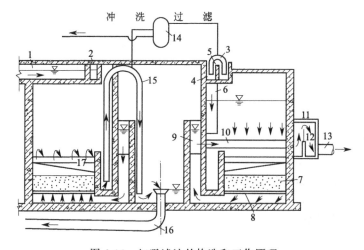

图 6-34　虹吸滤池的构造和工作原理

1—进水槽；2—配水槽；3—进水虹吸管；4—单格滤池进水槽；5—进水堰；
6—布水管；7—滤层；8—配水系统；9—集水槽；10—出水管；11—出水井；12—控制堰；
13—清水管；14—真空系统；15—冲洗虹吸管；16—冲洗排水管；17—冲洗排水槽

① 过滤过程　待过滤的水由进水槽 1 流入滤池上部的配水槽 2，经进水虹吸管 3 流入单格

滤池进水槽 4，再经布水管 6 进入滤池。单格滤池的进水量可通过进水堰 5 进行调节。水依次通过滤层 7 和配水系统 8 而流入集水槽 9，再经出水管 10 流入出水井 11，通过控制堰 12 流出滤池，经清水管 13 流入清水池。

滤池在过滤过程中滤层含污量不断增加，水力损失不断增大，由于各格滤池的进、出水量不变，也即滤速维持不变，因此滤池内的水位将不断上升。当某格滤池的水位上升到最高设计水位时，便需停止过滤，进行反冲洗。滤池内最高水位与控制堰 12 的堰顶高之差即为最大过滤水头，亦即最大允许水力损失值（一般采用 1.5～2.0m）。

② 冲洗过程 首先破坏进水虹吸管 3 的真空使该格滤池停止进水，滤池继续过滤，滤池水位逐渐下降，滤速逐渐降低。当滤池水位下降速率显著变慢时，即可开始冲洗。利用真空系统 14 抽出冲洗虹吸管 15 中的空气使之形成虹吸，并把滤池内的存水通过冲洗虹吸管 15 抽到池中心的下部，再由冲洗排水管 16 排走。当滤池内水位低于集水槽的水位时，反冲洗开始。当滤池内的水位降至冲洗排水槽 17 的顶端时，反冲洗强度达到最大。此时，其他滤池的全部过滤水量都通过集水槽 9 源源不断地供给被冲洗格滤池。当滤料冲洗干净后，破坏冲洗虹吸管 15 的真空，冲洗停止。然后，再启动真空系统使进水虹吸管 3 恢复工作，过滤过程又重新开始。

冲洗水头一般采用 1.0～1.2m，是由集水槽 9 的水位与冲洗排水槽 17 的槽顶高之差来控制的。滤池的平均冲洗强度一般采用 10～15L/(m² · s)，冲洗历时 5～6min。

（2）装置特征

虹吸滤池是快滤池的一种形式，它的特点是利用虹吸原理进水和排走冲洗水，因此节省了两个阀门。滤池的总进水量自动均衡地分配到各格滤池，当进水量不变时，各格滤池在过滤过程中保持恒速过滤。滤后水位永远高于滤层，保持正水头过滤，不会发生负水头现象。由于利用滤池本身的出水及水头进行单格滤池的冲洗，因此，节省了冲洗水箱及水泵等反冲洗设备。配水系统需采用小阻力配水系统。

由此可见，虹吸滤池的主要优点是：无需大型阀门及相应的开闭控制设备；无需专用冲洗设备；操作方便和易于实现自动控制。主要缺点是：池深比普通快滤池大，一般在 5m 左右；反冲洗水头仅为 1.0～1.2m，冲洗强度受其他滤池过滤水量的影响，效果不及普通快滤池。

（3）设计与计算

① 虹吸滤池平面布置 可以设计成圆形、矩形和多边形。

② 分格数 一格滤池在冲洗时所需冲洗水来自本组滤池其他数格滤池的过滤水，因此，一组滤池的分格数必须满足：当一格滤池冲洗时，其余数格滤池的过滤总水量满足该格滤池冲洗强度的要求，可用公式表示如下：

$$q \leqslant \frac{nQ'}{F} \tag{6-102}$$

式中 q——冲洗强度，L/(m² · s)；

　　　Q'——单格滤池过滤水量，L/s；

　　　n——一组滤池分格数；

　　　F——单格滤池面积，m²。

式(6-102) 也可以用滤速表示：

$$n \geqslant \frac{3.6q}{v} \tag{6-103}$$

式中 v——滤速，m/h。

③ 滤池深度

滤池的总深度 H_T

$$H_T = H_1 + H_2 + H_3 + H_4 + H_5 + H_6 + H_7 + H_8 \tag{6-104}$$

式中 H_1 ——滤池底部集水空间高度，一般采用 0.3～0.5m；

H_2 ——小阻力配水系统结构高度，m；

H_3 ——承托层高度，m；

H_4 ——滤层厚度，m；

H_5 ——冲洗排水槽顶高出砂面距离，m；

H_6 ——冲洗排水槽顶与控制堰顶高差，m；

H_7 ——最大允许水力损失，m；

H_8 ——滤池超高，一般取 0.2～0.3m。

虹吸滤池的深度因包括了冲洗水头，因此比普通快滤池要深，目前我国设计的虹吸滤池深度一般为 4.5～5m。

虹吸滤池的主要设计参数如下：

① 为了使工作滤池的总出水量能满足冲洗水量的要求，滤池的总数必须大于反冲洗强度与滤速的比值；

② 进水虹吸管的设计流速一般取 0.4～0.6m/s；

③ 排水虹吸管的设计流速一般取 1.4～1.6m/s；

④ 真空系统包括抽真空设备（真空泵、水射器等）、真空罐、管道、阀门等，设计真空系统应能在 25min 内使虹吸管投入工作。

6.7.2 重力式无阀滤池

（1）工作原理

无阀滤池的构造如图 6-35 所示。其平面形状一般采用圆形，也可采用方形。

待过滤的水经进水分配槽 1 由进水管 2 进入虹吸上升管 3，再经伞形顶盖 4 下面的挡板 5 的消能和分散作用后，均匀地分布在滤层 6 上，通过承托层 7、配水系统 8 进入底部空间 9，然后经连通渠 10 上升到冲洗水箱 11。随着过滤的进行，冲洗水箱中的水位逐渐上升（虹吸上升管 3 中水位也相应上升）。当水位达到出水渠 12 的溢流堰顶后，溢流入渠内，最后流入清水池。进水管 U 形存水弯的作用是防止滤池冲洗时，空气通过进水管进入虹吸管，从而破坏虹吸。

当滤池刚投入运转时，虹吸上升管内外的水面差反映清洁滤层过滤时的水力损失，如图 6-35 中所示的 H_0，该值一般在 20cm 左右，也称为初期水力损失。随着过滤的进行，滤层水力损失逐渐增加，虹吸上升管中水位相应逐渐上升，在到达虹吸辅助管 13 以前（即过滤阶段），上升管

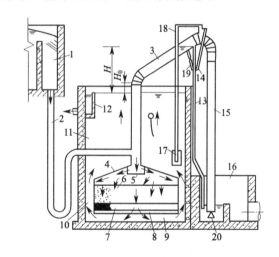

图 6-35　重力无阀滤池示意图

1—进水分配槽；2—进水管；3—虹吸上升管；4—伞形顶盖；
5—挡板；6—滤层；7—承托层；8—配水系统；9—底部空间；
10—连通渠；11—冲洗水箱；12—出水渠；13—虹吸辅助管；
14—抽气管；15—虹吸下降管；16—水封井；17—虹吸破坏斗；
18—虹吸破坏管；19—强制冲洗管；20—冲洗强度调节器

中被水排挤的空气受到压缩，从虹吸下降管 15 的出口端穿过水封进入大气。当虹吸上升管中的水位超过虹吸辅助管 13 的上端管口时，水便从虹吸辅助管流下，依靠下降水流在管中形成的真空和水流的挟气作用，抽气管 14 不断将虹吸管中的空气抽走，使虹吸管中的真空度逐渐

增大。其结果是：一方面虹吸上升管中水位升高；另一方面虹吸下降管 15 将排水水封井中的水吸上至一定高度。当虹吸上升管中的水越过虹吸管顶端而下落时，管中真空度急剧增加，达到一定程度时，下落水流与虹吸下降管中上升水柱汇成一股冲出管口，把管中残余空气全部带走，形成连续虹吸水流，冲洗开始。虹吸形成后，冲洗水箱的水沿着与过滤相反的方向，通过连通渠 10，从下而上地经过滤池，冲洗滤层，冲洗废水进入虹吸上升管 3，由排水水封井 16 排出。

在冲洗过程中，冲洗水箱的水位逐渐下降，当降到虹吸破坏斗 17 缘口以下时，虹吸破坏管 18 把斗中的水吸光，管口露出水面，大量的空气由虹吸破坏管进入虹吸管，虹吸被破坏，冲洗停止，虹吸上升管中的水位回降，过滤又重新开始。

无阀滤池的冲洗强度可用冲洗强度调节器 20 来进行调节。起始冲洗强度一般采用 12 L/(m² · s)，终了强度为 8L/(m² · s)，滤层膨胀度为 30%～50%，冲洗时间为 4～6min。

从过滤开始至虹吸上升管中水位升至辅助管口这段时间为无阀滤池的过滤周期。辅助管口至冲洗最高水位差即为期终允许水力损失 H，一般为 1.5～2.0m。

无阀滤池的特点是能自动进行冲洗，但是，如果在滤层水力损失尚未达到最大允许值而因某种原因（如出水水质已经恶化）需要提前冲洗时，可进行人工强制冲洗。强制冲洗设备是在辅助管与抽气管相连接的三通上部接一根压力水管 19，称为强制冲洗管。打开强制冲洗阀门，在抽气管与虹吸辅助管连接三通处的高速水流产生强烈的抽气作用，使虹吸很快形成。

（2）装置特征

无阀滤池多用于中、小型给水工程，单池平均面积一般不大于 16m²，少数也能达 25m² 以上。主要优点是：节省大型阀门，造价较低；冲洗完全自动，操作管理方便。其缺点是：池体结构较复杂；滤料处于封闭结构，装卸困难；因冲洗水箱位于滤池上部，滤池高度较大；滤池冲洗时，原水也由虹吸管排出，浪费了一部分澄清的原水。

（3）设计计算

重力无阀滤池的设计计算内容如下：

① 冲洗水箱净面积 F

$$F = \alpha \frac{Q}{v} \tag{6-105}$$

式中　Q——设计水量，m³/h；

　　　v——设计滤速，m/h；

　　　α——考虑反冲洗水量增加的百分数，一般采用 1.05。

② 冲洗水箱高度 H'

$$H' = \frac{60Fqt}{1000F'} \tag{6-106}$$

式中　H'——冲洗水箱高度，m；

　　　t——冲洗历时，min；

　　　q——反冲洗强度，L/(s · m²)；

　　　F'——冲洗水箱净面积，m²，$F' = F + f_2$；

　　　f_2——连通渠及斜边壁厚面积，m²；

　　　F——滤池净面积，m²。

重力无阀滤池的主要设计参数如下。

进水堰口标高 $H_堰$：采用双格组合时，为使进水-配水箱配水均匀，要求两堰口标高、厚度和粗糙度尽可能相同。

$H_堰$＝虹吸辅助管口标高＋进水及虹吸上升管内各项水力损失之和

＋堰上自由出流高度(10～15cm)

为防止虹吸管工作时因进水带气提前破坏虹吸现象，可采用下列措施：

① 滤池冲洗前，进水-配水箱应保持一定水深，一般考虑箱底与滤池冲洗水箱持平；

② 进水管内流速一般为 0.5～0.7m/s；

③ 为确保安全，进水管 U 形存水弯的底部中心标高应与滤池排水井底标高持平。

6.7.3 移动冲洗罩滤池

（1）工作原理

移动罩滤池是由若干滤格组成的一组滤池，利用一个可移动的冲洗罩轮流对各滤格进行冲洗。图 6-36 所示为一座由 24 格组成、双行排列的虹吸式移动罩滤池示意图。滤池设有共用的进水、出水系统，滤层上部和滤池底部配水区相互连通，每滤格均在相同的变水头条件下，以阶梯式进行降速过滤，而整个滤池又是在恒定的进出水位下，以恒定的滤料工作。

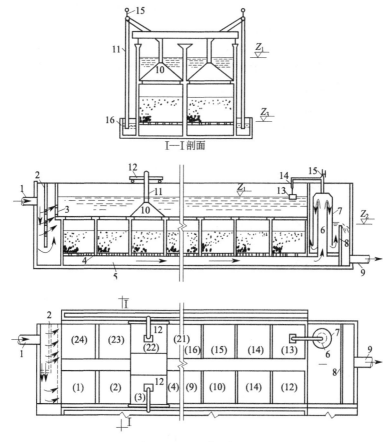

图 6-36 移动冲洗罩滤池

1—进水管；2—穿孔配水墙；3—消力栅；4—配水孔；5—配水室；
6—出水虹吸中心管；7—出水虹吸管钟罩；8—出水堰；9—出水管；
10—冲洗罩；11—排水虹吸管；12—桁车；13—浮筒；14—针形阀；15—抽气管；16—排水渠

① 过滤过程 过滤时，待滤水由进水管 1 经穿孔配水墙 2 及消力栅 3 进入滤池，经滤层过滤后由底部配水室 5 流入钟罩式虹吸管的中心管 6。当虹吸中心管内水位上升到管顶且溢流时，带走出水虹吸管钟罩 7 和中心管间的空气，达到一定真空度时，虹吸形成，滤后水便从钟罩 7 和中心管的空间流出，经出水堰 8 流入清水池。滤池内水位标高 Z_1 和出水堰水位标高 Z_2 之差即为过滤水头，一般为 1.2～1.5m。

② 冲洗过程　当某一格滤池需要冲洗时，冲洗罩 10 由桁车 12 带动移至该滤格上面就位，并封住滤格顶部，同时用抽气设备抽出排水虹吸管 11 中的空气，当排水虹吸管真空度达到一定值后，虹吸形成，冲洗开始。冲洗水由本组其余滤格的滤后水供给，这点与虹吸滤池类似。冲洗水经小阻力配水系统的配水室 5、配水孔，通过承托层和滤层后，冲洗废水由排水虹吸管 11 排入排水渠 16。出水堰顶水位 Z_2 和排水渠中水封井上的水位 Z_3 之差即为冲洗水头，一般为 1.0～1.2m。当滤格数较多时，在一格滤池冲洗期间，滤池组仍可继续向清水池供水。当一个滤池冲洗完毕后，冲洗罩移至下一滤格，准备对其进行冲洗。

移动冲洗罩的作用与无阀滤池伞形顶盖相同。冲洗罩移动、定位和密封是滤池正常运行的关键。移动速度、停车定位和定位后的密封时间等，均根据设计要求用程序控制机或机电控制。

移动冲洗罩的排水虹吸管的抽气设备可采用真空泵或由水泵供给压力水的水射器，设备置于桁车上。反冲洗废水也可直接采用吸水性能好、低扬程的水泵直接排出，这种冲洗罩为泵吸式。泵吸式冲洗罩无需抽气设备，且冲洗废水可回流入絮凝池加以利用。

穿孔配水墙 2 和消力栅 3 的作用是均匀分散水流和消除进水动能，以防止集中水流的冲击力造成起端滤格中滤料的移动，保持滤层平整。特别是在滤池建成投产或放空后重新运行初期，池内水位较低，进水落差较大时，如不采用上述措施，势必造成滤料移动。

浮筒 13 和针形阀 14 用以控制滤池的滤速。当滤池出水流量超过进水流量时，池内水位下降，浮筒随之下降，针形阀打开，空气进入出水虹吸管钟罩 7，出水流量随之减小。这样可防止在运行初期滤池滤料处于清洁状态时滤速过高而引起出水水质恶化。当滤池出水流量小于进水流量时，池内水位上升，浮筒随之上升并促使针形阀封闭进气口，出水虹吸管钟罩内真空度增大，出水流量随之增大。因此，浮筒总在一定幅度内升降，使滤池水面基本保持一定。当滤格数较多时，移动罩滤池的过滤过程接近等水头减速过滤。

出水虹吸中心管 6 和钟罩 7 的大小取决于流速，一般采用 0.6～1.0m/s。管径过大，会使针形阀进气量不足，调节水位作用欠敏感；管径过小，水力损失增大，相应的池深也增大。

滤格数多，冲洗罩使用效率高。为满足冲洗要求，移动罩滤池的分格数不得小于 8。如果采用泵吸式冲洗罩，滤格多时可排列成多行。冲洗罩可随桁车作纵向移动，罩体本身亦可在桁车上做横向移动，但运行比较复杂。

(2) 装置特征

移动罩滤池一般较适用于大、中型水厂，以便充分发挥冲洗罩的使用效率。移动罩滤池的优点有：池体结构简单；使用移动冲洗罩对各滤格循序连续冲洗，无需冲洗水箱或水塔；无大型阀门，管件少；采用泵吸式冲洗罩时，池深较浅。当然，移动冲洗罩滤池也同时存在一些缺点：比其他快滤池增加了机电及控制设备；自动控制和维修比较复杂。

(3) 设计计算内容

移动冲洗罩滤池的设计计算内容包括：

① 滤池面积 F

$$F = 1.05 \frac{Q}{v_1} \tag{6-107}$$

式中　Q——净产水量，m^3/h；

　　　v_1——平均滤速，m/h。

② 滤池格数

$$n < \frac{60T}{t+s} \tag{6-108}$$

式中　T——滤池总过滤周期，h；

　　　t——单格滤池冲洗时间，min；

　　　s——罩体移动和在两滤格间的移动时间，min。

③ 单格滤池的面积 f 及反冲洗流量 q_1

$$f=F/n \tag{6-109}$$

$$q_1=fq \tag{6-110}$$

式中　q——反冲洗强度，L/(s·m²)；

　　　q_1——每一滤格的反冲洗流量，L/s。

移动冲洗罩滤池的主要设计参数如下：

① 出水虹吸管的设计流速一般采用 $0.9\sim1.3$m/s，反冲洗虹吸管的设计流速一般采用 $0.7\sim1.0$m/s。

② 冲洗泵一般可选用农业灌溉用水泵、油浸式潜水泵或轴流泵等。

③ 出水虹吸管管顶高程（G）是影响滤池稳定的一个控制因素，G 应控制在 L_1 和 L_0 之间，一般可低于 L_0 约 100mm。

④ 滤层厚度一般比普通快滤池薄（约 275mm），但其滤料较细，因此过滤效果差不多，也采用小阻力配水系统。

⑤ 滤池一般配有自动控制系统。

6.7.4　上向流滤池

上向流滤池接近于理想滤池，因此效果好，周期长。可能出现的问题是滤床上浮或部分流化，使原已截留的污物脱落又进入滤过水中。解决方法有：①在细滤料顶部设置平行板或金属格栅，平行板的间距、金属格栅的开孔大小应能遏制床砂膨胀和流失，运行时应主要控制好流量，提高气水分离效果，防止气泡阻塞和穿透；②加厚滤床，可达 1.8m 以上。上向流滤池的结构如图 6-37 所示。

上向流滤池要求均匀分配原水及反冲洗水。大型上向流滤池应单独设气水分离装置。上向流滤池的设计内容主要是计算清洁滤层的初始流化速度 v_{f}，其余与前述滤池相同。

$$v_{\mathrm{f}}=\frac{(\rho_s-\rho)gd^2}{1980\mu\alpha^2}\frac{\varepsilon_0}{1-\varepsilon_0} \tag{6-111}$$

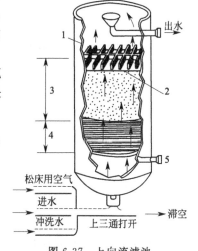

图 6-37　上向流滤池

1—格栅；2—砂拱；3—厚砂层；

4—卵石层；5—底部排出水

式中　v_{f}——清洁滤层初始流化速度，cm/s；

　ρ_s，ρ——滤料和废水的密度，g/cm³；

　　　d——滤料的粒径，cm；

　　　g——重力加速度，cm/s²；

　　　μ——废水的动力黏度，10^{-1}Pa·s；

　　　ε_0——清洁滤层的孔隙比；

　　　α——滤料的形状系数。

上向流滤池的主要设计参数如下：

① 上向流滤池的设计滤速 $v<v_{\mathrm{f}}$。

② 滤料级配：上部石英砂的粒径为 $1\sim2$mm，厚度为 $1\sim1.5$m；中部砂层的粒径为 $2\sim3$mm，厚度为 300mm；下部粗砂的粒径为 $10\sim16$mm，厚度为 250mm。

③ 滤砂层上部设遏制格栅时，格栅开孔面积按 75％ 计算。

6.7.5　V形滤池

V形滤池是快滤池的一种形式，因为其进水槽的形状呈 V 字形而得名。它是我国于 20 世纪 80 年代末从法国 Degremont 公司引进的技术，采用气、水反冲洗，目前在我国的应用日益增多，适用于大、中型水厂。

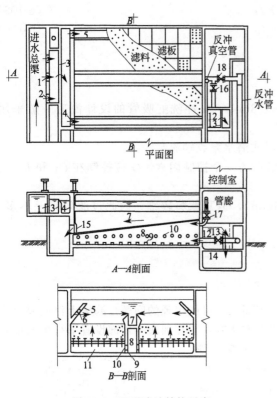

图 6-38 Ｖ形滤池结构示意

1—进水气动隔膜阀；2—方孔；3—堰口；4—侧孔；
5—Ｖ形槽；6—槽底小孔；7—排水渠；8—气水分配渠；
9—配水方孔；10—配气小孔；11—底部空间；
12—水封井；13—出水堰；14—清水渠；15—排水阀；
16—清水阀；17—进气阀；18—冲洗水阀

图 6-38 所示为 Ｖ 形滤池的构造简图。通常一组滤池由数格滤池组成。Ｖ 形进水槽底设有一排小孔 6，既可作过滤时进水用，冲洗时又可供横向扫洗布水用，这是 Ｖ 形滤池的一个特点。每格滤池中间为双层中央渠道，将滤池分成左、右两格。中央渠道上层是排水渠 7，供冲洗排污用；下层是气水分配渠 8，过滤时汇集滤后清水，冲洗时分配气和水。分配渠 8 上部设有一排配气小孔 10，下部设有一排配水方孔 9。滤板上均匀布置长柄滤头，50～60 个/m²。滤板下部是底部空间 11。

（1）过滤过程

待滤水由进水总渠经进水气动隔膜阀 1 和方孔 2 后，溢过堰口 3 再经侧孔 4 进入 Ｖ 形槽 5。待滤水通过 Ｖ 形槽底小孔 6 和槽顶溢流，均匀进入滤池，而后通过砂滤层和长柄滤头流入底部空间 11，再经方孔 9 汇入中央气水分配渠 8 内，最后由管廊中的水封井 12、出水堰 13、清水渠 14 流入清水池。滤速可在 7～20m/h 范围内选用，视原水水质、滤料组成等决定，可根据滤池水位变化自动调节出水蝶阀的开启度来实现等速过滤。

（2）冲洗过程

首先关闭进水气动隔膜阀 1，但两侧方孔 2 常开，故仍有一部分水继续进入 Ｖ 形槽并经槽底小孔 6 进入滤池。而后开启排水阀 15，将池内水从排水渠中排出直至滤池水面与 Ｖ 形槽相平。冲洗操作可采用"气冲-气水同时反冲-水冲" 3 步，也可采用"气水同时反冲-水冲" 2 步。3 步冲洗过程如下：

① 启动鼓风机，打开进气阀 17，空气经气水分配渠 8 的上部配气小孔 10 均匀进入滤池底部，由长柄滤头喷出，将滤料表面杂质擦洗下来并悬浮于水中。由于 Ｖ 形槽底小孔 6 继续进水，在滤池中产生横向水流，形同表面扫洗，将杂质推向排水渠 7。

② 启动冲洗水泵，打开冲洗水阀 18，此时空气和水同时进入气水分配渠 8，再经配水方孔 9、配气小孔 10 和长柄滤头均匀进入滤池，使滤料得到进一步冲洗。同时，横向冲洗仍继续进行。

③ 停止气冲，单独用水再反冲洗几分钟，加上横向扫洗，最后将悬浮于水中的杂质全部冲入排水槽。冲洗流程如图 6-38 中的箭头所示。

气冲强度一般在 14～17L/(m²·s)，水冲强度约为 4L/(m²·s)，横向扫洗强度为 1.4～2.0L/(m²·s)。因水流反冲的强度较小，因此滤料不会膨胀，总的反冲洗时间约 10min。Ｖ 形滤池的冲洗过程全部由程序自动控制。

Ｖ 形滤池的主要特点有如下几点：

① 可采用较粗的滤料和较厚的滤层以增加过滤周期。由于反冲时滤层不膨胀，因此整个滤层在深度方向的粒径分布基本均匀，不发生水力分级现象，即所谓的"均质滤料"，滤层含

污能力得以提高。一般采用砂滤料，有效粒径 $d_{10}=0.95\sim1.50\text{mm}$，不均匀系数 $K_{80}=1.2\sim1.5$，滤层厚度为 $0.95\sim1.5\text{m}$。

② 气、水反冲洗再加始终存在的横向表面冲洗，冲洗效果好，冲洗水量大大减小。

6.7.6 压力滤池

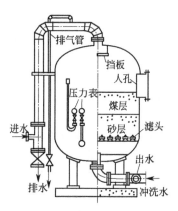

图 6-39 压力滤池

压力滤池是以钢制压力容器为外壳制成的可以承压的钢罐，如图 6-39 所示。其内部结构与普通快滤池相似，容器内设置有进水和配水系统并装有滤料，容器外设置各种管道和阀门。进水用泵直接打入容器内，在压力下进行过滤，允许水头损失可达 $6\sim7\text{m}$。滤后水压力较高，因此常借压力直接送到用水装置、水塔或后面的处理设备。压力滤池的过滤能力强，容积小，设备定型，使用的机动性大，常用于工业给水处理中，往往与离子交换器串联使用。配水系统常用小阻力配水系统中的缝隙式滤头、支管开缝或孔式(支管外包以尼龙网)等，但单个滤头的过滤面积较小，只适用于废水量小 ($Q<4000\text{m}^3/\text{d}$) 的场合。

压力滤池分竖式和卧式两种，直径一般不超过 3m。常用无烟煤和石英砂双层滤料，处理含油废水时也可用表面疏水的核桃壳作滤料，粒径一般采用 $0.6\sim1.0\text{mm}$。滤层厚度通常大于重力式快滤池，一般为 $1.1\sim1.2\text{m}$。滤速为 $8\sim10\text{m/s}$ 或更大，其中允许水力损失值可达 $5\sim6\text{m}$。反冲洗废水通过顶部的漏斗或设有挡板的进水管收集并排除。为提高冲洗效果，可考虑用压缩空气辅助冲洗。

压力滤池外部安装有压力表及取样管，以便及时监控水头损失和水质变化。滤池顶部还设有排气阀，以排除池内和水中析出的空气。

压力滤池的特点是：可省去清水泵站；运转管理较方便；可移动位置，临时性给水也很适用；但耗用钢材多，滤料装卸不方便。

6.7.7 操作管理

（1）滤速和过滤周期的控制

滤池存在最佳滤速。滤速太大，一方面出水质量会下降；另一方面会使滤池穿透加快，工作周期缩短，冲洗水量增大；滤速太小，一方面产水量小；另一方面，截污作用主要发生在滤料表层，深层滤料未能发挥作用。在滤料粒径和级配一定的条件下，最佳滤速与入流水质有关。在实际运行时，确定最佳滤速的方法是：先以低速过滤，此时出水好，然后逐渐提高滤速，出水水质降低。当出水水质接近或达到要求的水质时，对应的滤速即为最佳滤速。

采用变速恒压过滤，其工作周期和出水水质均优于等速过滤，但变速过滤的运行调度较麻烦，因时刻要在每一滤池的滤水量变化和总进水量之间进行平衡。入流水质中悬浮物浓度升高时，为保证出水水质，必须降低滤速。在等速过滤中，则必须不断提高滤层上的水位，以克服滤层阻力的增加，保持滤速的恒定。

在滤池试运行或大修后投运前，一般应对滤速进行实测，确定出滤池的实际过水能力，以便于运行调度或作为确定最佳滤速的基础。滤速的测定步骤如下：①将滤池水位控制在正常液位以上 $5\sim10\text{cm}$；②迅速关闭进水阀，待水位下降至正常时，按下秒表，记录下降一定深度所需的时间；③重复上述过程 3 次，计算滤速。

确定滤池工作周期，一般有 3 种方法：看水头损失；看出水水质；根据经验。

在滤速一定的条件下，过滤周期的长短受水温影响较大。冬季水温低，水的黏度大，杂质不易与水分离，容易穿透滤层，周期短；反之，夏季水温高，周期长。当周期过短时，反冲洗频繁，应降低滤速。夏季滤池工作周期可长达 40～50h，应适当提高滤速，缩短周期，以防止滤料孔隙间的有机物缺氧分解。

（2）反冲洗强度和历时的控制

在滤层一定的条件下，反冲洗强度和历时受水质和水温的影响较大。污物浓度大或者水温高时，截污量大，水的黏度降低，不易被冲洗掉，因而要加大冲洗强度和历时。最佳反冲洗强度和历时可按下述方法测定：①在过滤周期完结后，在设计值范围内选定一个冲洗强度进行反冲洗。在冲洗过程中连续测定水的浊度等水质指标；②冲洗开始后的 2min 内，如果冲洗水的浊度明显升高，则说明强度不足，此时可增大冲洗强度，直至 2min 内浊度无明显升高，此时的强度为最佳冲洗强度；③按上述实测最佳冲洗强度进行冲洗，自冲洗开始至冲洗水的浊度不再降低时经历的时间，为最佳反冲洗时间；④气、水联合的反冲洗强度和历时，可参照上述方法测定。

（3）异常情况分析与处理

① 滤层气阻　表现为反冲洗时有大量气泡冒出。气阻发生的原因及对策有：a. 滤层上部水深不够，滤层内产生负水头，使水中溶解气体析出，应及时提高滤层上部水头；b. 滤池运行周期过长，滤层内发生厌氧分解，产生气体，应缩短过滤周期；c. 空气进入滤层，滤池发生滤干，应用清水倒滤排除滤层空气后再进水过滤，反冲洗后过滤前应使滤料处于淹没状态；d. 反冲洗水塔存水用完，空气随水进入滤层，应控制塔内水位。

② 滤层产生泥球　滤层中结成泥球会阻塞水流通过，大的泥球直径可达 1m，使布水不匀，并形成恶性循环。原因与对策是：a. 原水中污物浓度过高，尤其是油质、黏性污染物浓度过高，应加强前处理；b. 冲洗系统配水不匀，滤料表层不平或存在裂缝，应检修配水系统；c. 反冲洗效果不好或反洗污水未排净，应提高反冲洗强度和历时；d. 滤速太慢，菌藻孳生，应适当提高滤速和进行预氯化；e. 泥球生成速度与滤料粒径的 3 次方成正比，所以细滤料多的表面易结泥球，可辅以压力水表面冲洗，当结泥球严重时应更换滤料。

③ 跑砂漏砂　原因及对策是：a. 反冲洗强度过大或反洗配水不匀，使承托层松动，应降低冲洗强度，及时检修；b. 滤层发生气阻，检查并消除气阻；c. 滤料级配不当，应更换或补充合格滤料。

④ 出水水质下降　出现这种情况的原因很多，除了上述原因外，还可能有：a. 进水污染物浓度太高，滤池负荷太大，应加强前级工艺的处理效果；b. 滤速太大，也可能是由滤池组内其他滤池工作不正常引起的，应降低滤速；c. 滤层产生裂缝，使污水短路，应停池检查；d. 滤层太薄，滤料太粗，应更换或加厚滤层；e. 进水的可滤性差，可在滤池前添加混凝剂，进行接触过滤，必要时进行专题研究。

6.8　表层过滤及过滤机

表层过滤，有时也叫饼层过滤，其特点是固体颗粒呈饼层状沉积于过滤介质的上游一侧，适用于处理固相含量稍高（固相体积分率约在 1% 以上）的悬浮液。表层过滤的颗粒去除机理是机械筛除，过滤介质按其孔径大小对过滤液体中的颗粒进行截留分离。这种按机械筛除机理工作的水处理设备有：硅藻土预涂层过滤、污泥脱水机（真空过滤机、带式压滤机、板框压滤机）、微滤机、各种膜分离技术（微滤、超滤、纳滤、反渗透）等。

6.8.1　过滤机

过滤悬浮液的设备可按其操作方式分为两类：间歇过滤机与连续过滤机。间歇过滤机早为工业所使用，它的构造一般比较简单，可在较高压强下操作，目前常见的间歇过滤机有压滤机和叶滤机等。连续过滤机出现较晚，且多采用真空操作，常见的有转筒真空过滤机、圆盘真空过滤机等。

（1）板框压滤机

板框压滤机属于间歇式加压过滤机，由压紧装置、机架和滤框及其他附属装置等部件组成，滤板和滤框交替叠合架在两根平行的支撑梁上，所有滤板两侧都具有和滤框形状相同的密封面，滤布夹在滤板、滤框密封面之间，成为密封的垫片。其结构如图 6-40 所示。板和框都用支耳架在一对横梁上，可用压紧装置压紧或拉开。

板和框多做成正方形，其构造如图 6-41 所示。板、框的角端均开有小孔，装合并压紧后即构成供滤浆或洗水流通的孔道。框的两侧覆以滤布，空框与滤布围成了容纳滤浆及滤饼的空间。滤板的作用有两个：一是支撑滤布，二是提供滤液流出的通道。为此，

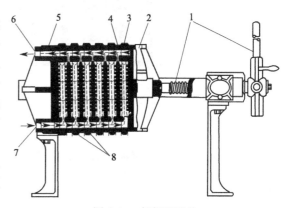

图 6-40 板框压滤机

1—压紧装置；2—可动头；3—滤框；4—滤板；
5—固定头；6—滤液出口；7—滤浆进口；8—滤布

板面上制成各种凹凸纹路，凸者起支撑滤布的作用，凹者形成滤液流道。滤板又分为洗涤板与非洗涤板两种，其结构与作用有所不同。为了组装时易于辨别，常在板、框外侧铸有小钮或其他标志，如图 6-41 所示，故有时洗涤板又称三钮板，非洗涤板又称一钮板，而滤框则带二钮。装合时即按钮数以 1—2—3—2—1—2—……的顺序排列板与框。所需框数由生产能力及滤浆浓度等因素决定。每台板框压滤机有一定的总框数，最多的可达 60 个，当所需框数不多时，可取一盲板插入，以切断滤浆流通的孔道，后面的板和框即失去作用。

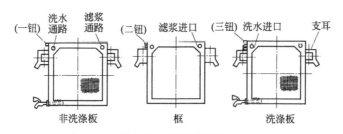

图 6-41 滤板和滤框

过滤时，悬浮液在指定的压强下经滤浆通道由滤框角端的暗孔进入框内，如图 6-42(a) 所示，滤液分别穿过两侧滤布，再沿邻板板面流至滤液出口排出，固体则被截留于框内。待滤饼充满全框后，即停止过滤。

若滤饼需要洗涤时，则将洗水压入洗水通道，并经由洗涤板角端的暗孔进入板面与滤布之间。此时应关闭洗涤板下部的滤液出口，洗水便在压强差推动下横穿一层滤布及整个滤饼厚度的滤饼，然后再横穿另一层滤布，最后由非洗涤板下部的滤液出口排出，如图 6-42(b) 所示。这样安排的目的在于提高洗涤效果，减少洗水将滤饼冲出裂缝而造成短路的可能。

洗涤结束后，旋开压紧装置并将板框拉开，卸出滤饼，清洗滤布，整理板、框，重新装合，进行另一个操作循环。

板框压滤机的操作表压一般不超过 $8 \times 10^5 \mathrm{Pa}$，有个别达到 $15 \times 10^5 \mathrm{Pa}$ 者。滤板和滤框可用多种金属材料或木材制成，并可使用塑料涂层，以适应滤浆性质及机械强度等方面的要求。

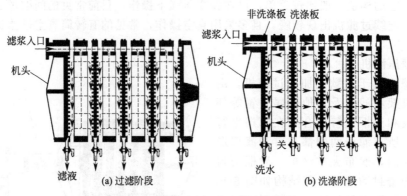

图 6-42 板框压滤机内液体流动路径

滤液的排出方式有明流和暗流之分。若滤液经由每块滤板底部小直管直接排出，则称为明流。明流便于观察各块滤板工作是否正常，如见到某板出口滤液浑浊，即可关闭该处旋塞，以免影响全部滤液的质量。若滤液不宜曝露于空气之中，则需将各板流出的滤液汇集于总管后送走，称为暗流。暗流在构造上比较简单，因为省去了许多排出阀。压紧装置的驱动有手动与机动两种。我国已编有板框压滤机产品的系列标准及规定代号。

板框压滤机结构简单、制造方便、附属设备少、单位过滤面积占地较小、过滤面积较大、操作压强高、对各种物料性质的适应能力强，过滤面积的选择范围宽，滤饼含湿率低，固相回收率高，是所有加压过滤机中结构最简单，应用最广泛的一种机型，广泛应用于化工、轻工、制药、冶金、石油和环保等领域。但因为是间歇操作，生产效率低、劳动强度大；滤饼密实而且变形，洗涤不完全；由于排渣和洗涤易发生对滤布的磨损，滤布的使用寿命短。目前国内虽已出现自动操作的板框压滤机，但使用不多。

（2）加压叶滤机

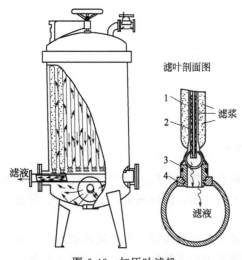

图 6-43 加压叶滤机

1—滤饼；2—滤布；3—拔出装置；4—橡胶圈

加压叶滤机是将一组并联的滤叶按照一定方式（垂直或水平）装入密闭的滤筒内，当滤浆在压力作用下进入滤筒后，滤液通过滤叶从管道排出，而固相颗粒被截留在滤叶表面，图 6-43 所示的加压叶滤机由许多不同宽度的长方形滤叶装合而成。滤叶由金属多孔板或金属网制造，内部具有空间，外罩滤布。过滤时滤叶安装在能承受内压的密闭机壳内。滤液用泵压送到机壳内，滤液穿过滤布进入叶内，汇集至总管后排出机外，颗粒则积于滤布外侧形成滤饼。滤饼的厚度通常为 2～35mm，视滤浆性质和操作情况而定。若滤饼需要洗涤，则于过滤完毕后通入洗水，洗水的路径与滤液的相同。洗涤后打开机壳上盖，拔出滤叶卸除滤饼，或在壳内对滤叶加以清洗。

加压叶滤机按外形可分为立式和卧式两种，这两种机型按照滤叶布置形式又可分为垂直滤叶式和水平滤叶式。加压叶滤机的优点是灵活性大，操作稳定，可密闭操作，改善了操作条件，当被处理物料为汽化物、有味、有毒物质时密封性能好；采用冲洗或吹除方法卸除滤饼时劳动强度低，过滤速度大，洗涤效果好。缺点是为了防止滤饼固结或下落，必须精心操作；滤饼湿含量大；过滤过程中，在竖直方向上有粒度分级现象；造价较高，更换滤布（尤其是对于圆形滤叶）比较麻烦。

由于叶滤机是采用加压过滤，过滤推动力较大，一般可用于过滤浓度较大、较黏而不易分离的悬浮液；也适用于悬浮液固相含量虽少（少于1％），但只需要液相而废弃固相的情况。由于其滤叶等过滤部件均采用不锈钢材料制造，因此常用于啤酒、果汁、饮料、植物油等的净化、硫黄净化以及制药、精细化工和某些加工业等对分离设备的卫生条件要求较高的生产。又由于槽体容易实现保温或加热，可用于过滤操作要求在较高温度下进行的情况。该机种密封性能好，适用于易挥发液体的过滤。对于要求滤液澄清度高的过滤，一般均采用预敷层过滤。

（3）筒式压滤机

筒式压滤机是以滤芯作为过滤介质，利用加压作用使液固分离的一种过滤器。筒式压滤机按滤芯型式又分为纤维填充滤芯型、绕线滤芯型、金属烧结滤芯型、滤布套筒型、折叠式滤芯型和微孔滤芯型等多种类型。各种不同的滤芯配置在过滤管中，加上壳体组成各种滤芯型筒式压滤机。筒式压滤机的结构主要由过滤装置（滤芯）、聚流装置、卸料装置和壳体等组成。

筒式压滤机适用于对液体有某种特定要求的场合，如饮料业、燃油业、电镀业等。由于可以配置不同材质的滤芯，可以耐腐蚀而被广泛应用于国防、冶金、化工、轻工、制药、矿山、电镀、食品等工业生产以及环保行业中的工业污水处理以及气体净化等。

筒式压滤机使用的滤芯，主要用于固体颗粒在 $0.5\sim10\mu m$ 的物料或者虽大于 $0.5\mu m$ 但颗粒非刚性、易变形、颗粒之间或者颗粒与过滤介质之间黏度大的难过滤物料。

（4）旋叶压滤机

旋叶压滤机是应用动态过滤技术的一种过滤机。这种机型的过滤原理和传统的滤饼过滤不同，在压力、离心力、流体曳力或其他外力推动下，料浆与过滤面成平行的或旋转的剪切运动，过滤面上不积存或只积存少量滤饼，是基本上或完全摆脱了滤饼束缚的一种过滤操作。

旋叶压滤机由机架、若干组滤板、旋叶及其传动系统和控制系统等组成。旋叶的转速根据物料特性可以调节。滤板表面覆有过滤介质。滤板和旋叶组成一个个滤室。旋叶压滤机的特点是用于连续、密闭、高温等操作的场合，过滤速率高，滤饼含湿量低，同时可避免板框压滤机操作过程中频繁开框、出渣、洗涤过滤介质、合框、压紧滤板等繁重的体力劳动。但由于被浓缩的悬浮液需要绕过旋叶和滤板这样长的通道流动，因此限制了临界浓度值的提高。

旋叶压滤机多用于高黏度、可压缩与高分散的难过滤物料的过滤，如染料、颜料、金属氧化物、金属氢氧化物、碱金属、合成材料等各化学工业过程，各种废料处理中的过滤和增浓。

（5）厢式压滤机

厢式压滤机与板框压滤机相比，工作原理相同，外表相似，主要区别是厢式压滤机的滤室由两块相同的滤板组合而成。自动厢式压滤机按滤板安装方式可分为卧式和立式；按操作方式可分为全自动操作和半自动操作；按有无挤压装置分为隔膜挤压型和无隔膜挤压型；按滤布的安装方式又可分为滤布固定式和滤布可移动式，移动式又分为单块滤布移动式和滤布全行走式；按滤液排出方式分为明流式和暗流式。

由于厢式压滤机的结构特点，卸料只需将滤板分开就可实现，比板框式方便，因此厢式压滤机容易实现自动操作，更适合于处理黏性大、颗粒小、渣量多等过滤难度较大的场合，被广泛用于化工、冶金、矿山、医药、食品、煤炭、水泥、废水处理等行业。相对于板框压滤机而言，由于厢式压滤机仅由滤板组成，减少了密封面，增加了密封的可靠性。但滤布由于依赖滤布凹室引起变形，容易磨损和折裂，使用寿命短。滤饼受凹室限制，不能太厚，洗涤效果不如板框式过滤机。

（6）锥盘压榨过滤机

锥盘压榨过滤机属于连续压榨过滤机，其结构是两个锥形过滤圆盘的顶点用中心销连接在一起，锥盘盘面上开有许多孔，锥盘的轴心线互相倾斜，两个锥盘以相同转速转动。物料在两圆锥盘的最大间隙处加入，随着圆锥的旋转，间隔逐渐变小而受到压榨，物料在间隔最小处受到的压榨力最大，物料脱水后成为滤饼，并随着间隔的再次增大而由刮刀卸除。

锥盘压榨过滤机的特点是：生产能力大、耗能少；对物料的压榨力大，出渣含湿量低；物料在锥盘面上几乎没有摩擦，不易破损，不易堵网；适应的物料较广。

（7）转筒真空过滤机

转筒真空过滤机是一种连续操作的过滤机械，广泛应用于工业生产。如图 6-44 所示，设备的主体是一个能转动的水平圆筒，其表面有一层金属网，网上覆盖滤布，筒的下部浸入滤浆中。圆筒沿周向分隔成若干扇形格，每格都有单独的孔道通至分配头上。圆筒转动时，凭借分配头的作用使这些孔道依次分别与真空管和压缩空气管相通，因而在回转一周的过程中每个扇形格表面即可顺序进行过滤、洗涤、吸干、吹松、卸饼等各项操作。

分配头由紧密贴合着的转动盘与固定盘构成，转动盘随着筒体一起旋转，固定盘内侧各凹槽分别与各种不同作用的管道相通，如图 6-45 所示，当扇形格 1 开始浸入滤浆内时，转动盘上相应的小孔便与固定盘上的凹槽 f 相对，从而与真空管道连通，吸走滤液。图上扇形格 1～7 所处的位置称为过滤区。扇形格转出滤浆槽后，仍与凹槽 f 相通，继续吸干残留在滤饼中的滤液。扇形格 8～10 所处的位置称为吸干区。扇形格转至 12 的位置时，洗涤水喷洒于滤饼上，此时扇形格与固定盘上的凹槽 g 相通，以另一真空管道吸走洗水。扇形格 12、13 所处的位置称为洗涤区。扇形格 11 对应于固定盘上凹槽 f 与 g 之间，不与任何管道相连通，该位置称为不工作区。当扇形格由一区转入另一区时，因有不工作区的存在，方使各操作区不致相互串通。扇形格 14 的位置为吸干区，15 为不工作区。扇形格 16、17 与固定凹槽 h 相通，再与压缩空气管道相连，压缩空气从内向外穿过滤布而将滤饼吹松，随后由刮刀将滤饼卸除。扇形格 16、17 的位置称为吹松区及卸料区，18 为不工作区。如此连续运转，整个转筒表面上便构成了连续的过滤操作。转筒过滤机的操作关键在于分配头，它使每个扇形格通过不同部位时依次进行过滤、吸干、洗涤、再吸干、吹松、卸料等几个步骤。

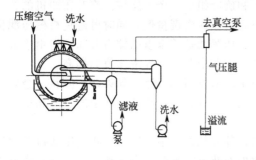

图 6-44　转筒真空过滤机装置示意图

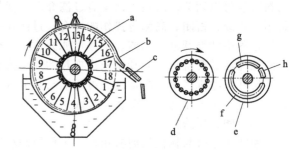

图 6-45　转筒及分配头的结构

a—转筒；b—滤饼；c—割刀；d—转动盘；e—固定盘；
f—吸走滤液的真空凹槽；g—吸走洗水的真空凹槽；
h—通入压缩空气的凹槽

转筒的过滤面积一般为 5～40m²，浸没部分占总面积的 30%～40%。转速可在一定范围内调整，通常为 0.1～3r/min。滤饼厚度一般保持在 40mm 以内，对难于过滤的胶质物料，厚度可小于 10mm 以下。转筒过滤机所得滤饼中的液体含量很少低于 10%，常可达 30% 左右。

转筒真空过滤机能连续地自动操作，节省人力，生产能力强，特别适宜于处理量大而容易过滤的料浆，但附属设备较多，投资费用高，过滤面积不大。此外，由于它是真空操作，因而过滤推动力有限，尤其不能过滤温度较高（饱和蒸气压高）的滤浆。对较难过滤的物料适应能力较差，滤饼的洗涤也不充分。

（8）圆盘过滤机

① 圆盘真空过滤机　圆盘真空过滤机的组成是将圆盘装在一根水平空心主轴上，每个圆

盘又分成若干个小扇形过滤叶片，每个扇形叶片即构成一个过滤室。圆盘真空过滤机根据拥有的圆盘数，可分为单盘式和多盘式两种。

圆盘真空过滤机的优点是过滤面积大，单位过滤面积造价低，设备可大型化；占地面积小，能耗小，滤布更换方便。缺点是由于过滤面为立式，滤饼厚薄不均，易龟裂，不易洗涤，薄层滤饼卸料困难，滤布磨损快，且易堵塞。

圆盘真空过滤机不适合处理非黏性物料，适合处理沉降速度不高、易过滤的物料，如用于选矿工业、煤炭工作、冶金工业、造纸行业等。

② 圆盘加压过滤机 圆盘加压过滤机是一种装在压力容器内的圆盘过滤机，通过具有一定压力的空气使滤布上产生过滤所必要的压差，滤扇内部通过控制头与气水分离器连通，而后者与大气相通。

圆盘加压过滤机的优点是连续作业，处理量大，降低了脱水的成本，脱水效果好，特别是过滤空间密封，符合环保要求。

在圆盘加压过滤机中通入蒸汽是解决黏性细小物料在常温下难过滤、效率低的一种方法，并且可节省干燥费用。圆盘加压过滤机主要用在煤炭、金属精矿矿浆和原矿矿浆的过滤。

（9）陶瓷圆盘真空过滤机

陶瓷圆盘真空过滤机外形与圆盘真空过滤机类似，但是用亲水的陶瓷烧结氧化铝制成陶瓷过滤板，取代了传统的滤片和滤布。主要应用于化工、制药、重要有色金属、煤炭、矿物工业和废水处理等行业。

陶瓷圆盘真空过滤机的优点是：过滤效果好，滤饼水分低，滤液清澈透明；处理能力大，自动化程度高；采用无滤布过滤，无滤布损耗。

（10）转台真空过滤机

转台真空过滤机实际上是一个由若干个扇形滤室组成的旋转圆形转台，滤室上部配有滤板、滤网、滤布，圆环形过滤面的下面是由若干径向垂直隔板分隔成的许多彼此独立的扇形滤室，滤室下部有出液管，与错气盘连接。

转台真空过滤机的优点是结构简单，生产能力大，操作成本低；洗涤效果好，洗涤液可与滤液分开。缺点是占地面积大，由于采用螺旋卸料，有残余滤饼层，滤布磨损大，滤布易堵塞。

转台真空过滤机适用于要求洗涤效果好和含有密度大的粗颗粒的滤浆，也可以过滤含密度小的悬浮颗粒的滤浆，应用于磷酸、钛白粉、氧化、无机盐、精细化工、冶金、选矿、环保等工业领域。

（11）翻盘式真空过滤机

翻盘（或翻斗）式真空过滤机包括滤盘、分配阀、转盘、导轨、挡轮、传动结构等。旋转的环形过滤面由一组扇形过滤斗组成，由驱动装置带动进行回转运动，在排渣和冲洗滤布时，滤盘借助翻盘曲线导轨进行翻转和复位。在工作区域内滤盘仅做水平旋转。

这种过滤机的主要优点是连续地完成加料、过滤、洗涤滤饼、翻盘排渣、冲洗滤布、滤布吸干、滤盘复位等操作；卸料完整，不损伤滤布并且滤布的再生效果好；可进行多级逆流洗涤，滤饼的洗涤效果好；生产能力大。缺点是占地面积大，转动部件多，维护费用高。

翻盘式真空过滤机可过滤黏稠的物料，适应性强，适用于分离含固量的质量分数大于15％～35％、密度较大易分离且滤饼要进行充分洗涤的料浆，广泛应用于萃取磷酸生产中料浆的过滤以及化工、轻工和有色金属等行业。

（12）带式过滤机

① 带式真空过滤机 带式真空过滤机又称水平带式真空过滤机，是以循环移动的环形滤带作为过滤介质，利用真空设备提供的负压和重力作用使液固快速分离的一种连续式过滤机。水平带式真空过滤机按其结构原理分为移动室型、固定室型、间歇运动型和连续移动盘型。

固定室型带式真空过滤机采用一条橡胶脱液带作为支承带，滤布放在脱液带上，脱液带上开有相当密的、成对设置的沟槽，沟槽中开有贯穿孔。脱液带本身的强度足以支承真空吸力，因此滤布本身不受力，滤布的寿命较长。

移动室型带式真空过滤机真空盒随水平滤带一起移动，并且过滤、洗涤、下料、卸料等操作同时进行。

间歇运动型带式过滤机是靠一个连续的循环运行的过滤带，在过滤带上连续或批量加入料浆，在真空吸力的作用下，在过滤带的下部抽走滤液，在过滤带上形成滤饼，然后对滤饼进行洗涤、挤压或空气干燥。

连续移动盘型带式真空过滤机是将原来整体式真空滤盘改为由很多可以分合的小滤盘组成，小滤盘联结成一个环形带，滤盘可以和滤布一起向前移动。

带式真空过滤机的特点是水平过滤面，上面加料，过滤效率高，洗涤效果好，滤饼厚度可调，滤布可正反两面同时洗涤，操作灵活，维修费用低。适用于过滤含粗颗粒的高浓度滤浆以及滤饼需要多次洗涤的物料，如分离铁精矿、精煤粉、纸浆、石膏、青霉素和污水处理等，被广泛应用于冶金、矿山、石油、化工、煤炭、造纸、电力、制药以及环保等工业领域。

② 带式压榨过滤机　带式压榨过滤机是将固-液悬浮液加到两条无端的滤带之间，滤带缠绕在一系列顺序排列、大小不等的辊轮上，借助压榨辊的压力挤压出悬浮液中的液体。依据压榨脱水阶段的不同，主要分为普通（DY）型、压滤段隔膜挤压（DYG）型、压滤段高压带压榨（DVD）型、相对压榨（DYX）型及真空预脱水（DYZ）型。带压榨辊的压榨方式共分两种，即相对辊式和水平辊式。相对辊式是借助作用于辊间的压力脱水，具有接触面积小、压榨力大、压榨时间短的特点；水平辊式是利用滤带张力对辊子曲面施加压力，具有接触面宽、压力小、压榨时间长的特点。目前带式压榨过滤机中水平辊式用得最多。

带式压榨过滤机的优点是：结构简单，操作简便、稳定，处理量大，能耗少，噪声低，自动化程度高，可以连续作业，易于维护，广泛应用于冶金、矿山、化工、造纸、印刷、制革、酿造、煤炭、制糖等行业的废水产生的各类污泥的脱水，尤其是冶金污泥和尾煤的脱水。缺点是滤带会因为悬浮液在滤带上分布不均匀而引起滤带在运行过程中张紧力不均匀，造成跑偏故障，调校较困难。

6.8.2　过滤机的生产能力

（1）滤饼的洗涤

洗涤滤饼的目的在于回收滞留在颗粒缝隙间的滤液，或净化构成滤饼的颗粒。由于洗水里不含固相，故洗涤过程中滤饼厚度不变，因而，在恒定的压强差推动下洗水的体积流量不会改变。洗水的流量称为洗涤速率，以 $\left(\dfrac{\mathrm{d}V}{\mathrm{d}\tau}\right)_{\mathrm{w}}$ 表示。若每次过滤终了时以体积为 V_{w} 的洗水洗涤滤饼，则所需洗涤时间为：

$$\tau_{\mathrm{w}} = \frac{V_{\mathrm{w}}}{\left(\dfrac{\mathrm{d}V}{\mathrm{d}\tau}\right)_{\mathrm{w}}} \qquad (6\text{-}112)$$

式中　V_{w}——洗水用量，m^3；

　　　τ_{w}——洗涤时间，s。

影响洗涤速率的因素可根据过滤基本方程式来分析，即

$$\frac{\mathrm{d}V}{\mathrm{d}\tau} = \frac{A\Delta p^{1-s}}{\mu r_0 (L + L_{\mathrm{e}})} \qquad (6\text{-}113)$$

对于一定的悬浮液，r_0 为常数。若洗涤压强差与过滤终了时的压强差相同，并假定洗水

黏度与滤液黏度相近，则洗涤速率$\left(\dfrac{dV}{d\tau}\right)_W$与过滤终了时的过滤速率$\left(\dfrac{dV}{d\tau}\right)_E$有一定的关系，这个关系取决于过滤设备上采用的洗涤方式。

叶滤机等所采用的是简单洗涤法，洗水与过滤终了时的滤液流过的路径基本相同，故：

$$(L+L_e)_W=(L+L_e)_E \tag{6-114}$$

式中下标 E 表示过滤终了。洗涤面积与过滤面积相同，故洗涤速率约等于过滤终了时的过滤速率，即

$$\left(\frac{dV}{d\tau}\right)_W=\left(\frac{dV}{d\tau}\right)_E \tag{6-115}$$

板框压滤机采用的是横穿洗涤法，洗水横穿两层滤布和整个滤框厚度的滤饼，流径长度约为过滤终了时滤液流动路径的 2 倍，而供洗水流通的面积仅为过滤面积的一半，即

$$(L+L_e)_W=2(L+L_e)_E \tag{6-116}$$

$$A_W=\frac{1}{2}A \tag{6-117}$$

将以上关系代入过滤基本方程式，可得：

$$\left(\frac{dV}{d\tau}\right)_W=\frac{1}{4}\left(\frac{dV}{d\tau}\right)_E \tag{6-118}$$

即板框压滤机上的洗涤速率约为过滤终了时过滤速率的 1/4。

当洗水黏度、洗水表压与滤液黏度、过滤压强差有明显差异时，所需洗涤时间可按下式进行校正，即

$$\tau'_W=\tau_W\left(\frac{\mu_W}{\mu}\right)\left(\frac{\Delta p}{\Delta p_W}\right) \tag{6-119}$$

式中　τ'_W——校正后的洗涤时间，s；

　　　τ_W——未经校正的洗涤时间，s；

　　　μ_W——洗水黏度，Pa·s；

　　　μ——滤液黏度，Pa·s；

　　　Δp——过滤终了时刻的压强差，Pa；

　　　Δp_W——洗涤压强差，Pa。

（2）过滤机的生产能力

过滤机的生产能力通常是指单位时间内获得的滤液体积，少数情况下，也有按滤饼的产量或滤饼中固相物质的产量来计算的。

① 间歇过滤机的生产能力　间歇过滤机的特点是在整个过滤机上依次进行过滤、卸渣、清理、装合等步骤的循环操作。在每一循环周期中，全部过滤面积只有部分时间在进行过滤，而过滤之外的各步操作所占用的时间也必须计入生产时间内。因此在计算生产能力时，应以整个操作周期为基准。操作周期为：

$$T=\tau+\tau_W+\tau_D \tag{6-120}$$

式中　T——一个操作循环的时间，即操作周期，s；

　　　τ——一个操作循环内的过滤时间，s；

　　　τ_W——一个操作循环内的洗涤时间，s；

　　　τ_D——一个操作循环内的卸渣、清理、装合等辅助操作所需时间，s。

则生产能力的计算式为：

$$Q=\frac{3600V}{T}=\frac{3600V}{\tau+\tau_W+\tau_D} \tag{6-121}$$

式中　V——一个操作循环内所获得的滤液体积，m³；

Q——生产能力，m^3/h。

② 连续过滤机的生产能力　以转筒真空过滤机为例，连续过滤机的特点是过滤、洗涤、卸饼等操作在转筒表面的不同区域内同时进行，任何时刻总有一部分表面浸没在滤浆中进行过滤，任何一块表面在转筒回转一周过程中都只有部分时间进行过滤操作。

转筒表面浸入滤浆中的分数称为浸没度，以 ϕ 表示，即

$$\phi = \frac{浸没角度}{360°} \tag{6-122}$$

因转筒以匀速运转，故浸没度 ϕ 就是转筒表面任何一小块过滤面积每次浸入滤浆中的时间（即过滤时间）τ 与转筒回转一周所用时间 T 的比值。若转筒转速为 n，则 $T = \frac{60}{n}$。

在此时间内，整个转筒表面上任何一小块过滤面积所经历的过滤时间均为 $\tau = \phi T = \frac{60\phi}{n}$。

所以，从生产能力的角度来看，一台总过滤面积为 A、浸没度为 ϕ、转速为 n 的连续式转筒真空过滤机，与一台在同样条件下操作过滤面积为 A、操作周期为 $T = \frac{60}{n}$、每次过滤时间为 $\tau = \frac{60\phi}{n}$ 的间歇式板框压滤机是等效的。因而，可以完全依照前面所述的间歇式过滤机生产能力的计算方法来解决连续式过滤机生产能力的计算问题。

根据恒压过滤方程式(6-37)：

$$(V + V_e)^2 = KA^2(\tau + \tau_e)$$

可知转筒每转一周所得的滤液体积为：

$$V = \sqrt{KA^2(\tau + \tau_e)} - V_e = \sqrt{KA^2\left(\frac{60\phi}{n} + \tau_e\right)} - V_e \tag{6-123}$$

则每小时所得滤液体积，即生产能力为：

$$Q = 60nV = 60\left[\sqrt{KA^2(60\phi n + \tau_e n^2)} - V_e n\right] \tag{6-124}$$

当滤布阻力可以忽略时，$\tau_e = 0$、$V_e = 0$，则上式简化为：

$$Q = 60n\sqrt{KA^2\frac{60\phi}{n}} = 465A\sqrt{Kn\phi} \tag{6-125}$$

可见，连续过滤机的转速越高，生产能力就越强。但若旋转过快，每一周期中的过滤时间便缩至很短，使滤饼太薄，难以卸除，也不利于洗涤，且使功率消耗增大。合适的转速需经实验决定。

6.8.3　过滤机的选型

常用的过滤机型式及它们的特点和典型使用场合列于表 6-8。

过滤机选型要考虑滤浆的过滤特性、滤浆物性和生产规模等因素。

(1) 滤浆的过滤特性

滤浆按过滤性能分为良好、中等、差、稀薄和极稀薄五类，与滤饼的过滤速度、滤饼孔隙率、固体颗粒沉降速度和固相浓度等因素有关。

过滤性良好的滤浆：能在几秒钟内形成 50mm 以上厚度的滤饼，即使在滤浆槽里有搅拌器都无法维持悬浮状态。大规模处理可采用内部给料式或顶部给料式转鼓真空过滤机。若滤饼不能保持在转鼓的过滤面上或滤饼需充分洗涤的，则采用水平型真空过滤机。处理量不大时可用间歇操作的水平加压过滤机。

表 6-8 过滤机型式及适用范围

过滤方式	机型	适用滤浆特性			适用范围及注意事项
		浓度/%	过滤速度	滤饼厚度/mm	
连续式真空过滤机	转鼓过滤机 ①带卸料式	2~65	低。5min 内需在鼓面上形成>3mm 均匀滤饼		广泛应用于化工、冶金、矿山、环保、水处理等部门。 固体颗粒在滤浆槽内几乎不能悬浮的滤浆。
	②刮刀卸料式 ③辊卸料式 ④绳索卸料式	50~60 5~40 5~60	中、低，滤饼不黏 低，滤饼有黏性 中、低	>5~6 0.5~2 1.6~5	滤饼通气性太好，滤饼在转鼓上易脱落的滤浆不适宜。 滤饼洗涤效果不如水平式过滤机。
	⑤顶部加料式	10~70	快	12~20	用于结晶性化工产品过滤
	⑥内滤面	颗粒细、沉降快，1min 内形成 15~20mm 厚的滤饼			用于采矿、冶金、滤饼易脱落场合
	⑦预涂层	<2	稀薄滤浆		适用于稀薄滤浆澄清，不宜用于获得滤饼的场合。 适用于糊状、胶质等稀薄滤浆和细微颗粒易堵塞过滤介质的难过滤滤浆
	圆盘过滤机 ①垂直型	快。1min 内形成 15~20mm 厚的滤饼层。			用于矿石、微煤粉、水泥原料，滤饼不能洗涤
	②水平型	30~50	快	12~20	广泛用于磷酸工业。适用于颗粒粗的滤浆，能进行多级逆流洗涤
	水平台型过滤机	快。1min 内超过 20mm 厚的滤饼。			用于磷酸工业。适用于固体颗粒密度小于液体密度的滤浆的滤浆。滤饼洗涤效果不理想
	水平带式过滤机	5.70	快	4~5	用于磷酸工业、铝、各种无机化学工业、石膏及纸浆等行业。适用于固体颗粒大的滤浆。洗涤效果好
间歇式真空过滤机	叶型过滤机	适用于各种滤浆			生产规模不能太大
连续加压过滤	转鼓过滤机 垂直回转圆盘过滤机	适用各种浓度、高黏性滤浆。			各种化工、石油化工，处理能力大，适用于挥发性物质过滤
	预涂层转鼓过滤机	稀薄滤浆			适用于难处理滤浆的澄清过滤
间歇式加压过滤机	板框型及凹板型压滤机	适用于各种滤浆			用于食品、冶金、颜料和染料、采矿、石油化工、医药、化工
	加压叶型过滤机	适用于各种滤浆			用于大规模过滤和澄清过滤，后者要有预涂层
重力式过滤	砂层过滤机	适于 PPM 程度的极稀薄的滤浆			用于饮用水、工业用水的澄清过滤、废水和下水的处理、溢流水过滤

过滤性中等的滤浆：能在 30s 内形成 50mm 厚度的滤饼的滤浆，这种滤浆在搅拌器作用下能维持悬浮状态。固体浓度为 10%~20%（体积分数），能在转鼓上形成稳定的滤饼。大规模过滤可采用格式转鼓真空过滤机。滤饼需洗涤的，选水平移动带式过滤机；不需洗涤的可选垂直回转圆盘过滤机。小规模生产采用间歇操作的加压过滤机。

过滤性差的滤浆：在 500mmHg（1mmHg=133.322Pa）真空度下，5min 内最多只能形成 3mm 厚的滤饼。固相浓度为 1%~10%（体积分数）。在单位时间内形成的滤饼较薄，很难从过滤机上连续排除滤饼。在大规模过滤时宜选用格式转鼓真空过滤机、垂直回转圆盘真空过滤机。小规模生产用间歇操作的加压过滤机。若滤饼需充分洗涤可选用真空叶滤机、立式板框压滤机。

稀薄滤浆：固相浓度在 5%（体积分数）以下，形成滤饼速度在 1mm/min 以下。大规模生产可采用预涂层过滤机或过滤面积较大的间歇操作加压过滤机。小规模生产选用叶滤机。

极稀薄滤浆：含固率低于 0.1%（体积分数），一般无法形成滤饼，主要起澄清作用。颗粒尺寸大于 $5\mu m$ 时选水平盘形加压过滤机。滤液黏度低时可选预涂层过滤机。滤液黏度低且颗粒尺寸小于 $5\mu m$ 时应选带有预涂层的间歇操作加压过滤机。黏度高、颗粒尺寸小于 $5\mu m$ 时可选用带有预涂层的板框压滤机。

（2）滤浆物性

滤浆物性主要是指黏度、蒸气压、腐蚀性、溶解度和颗粒直径等。滤浆黏度高、过滤阻力大，要选加压过滤机。温度高时蒸气压高，宜选用加压过滤机，不宜用真空过滤机。当物料易燃、有毒或挥发性强时，要选密封性好的加压过滤机，以确保安全。

（3）生产规模

大规模生产时选用连续式过滤机。小规模生产选间歇式过滤机。

<h1 style="text-align:center">参 考 文 献</h1>

[1]　陈洪钫，刘家祺. 化工分离过程 [M]. 北京：化学工业出版社，1995.

[2]　陈敏恒，等. 化工原理：上册 [M]. 北京：化学工业出版社，1999.

[3]　唐受印，戴友芝. 水处理工程师手册 [M]. 北京：化学工业出版社，2001.

[4]　周立雪，周波. 传质与分离技术 [M]. 北京：化学工业出版社，2002.

[5]　杨春晖，郭亚军. 精细化工过程与设备 [M]. 哈尔滨：哈尔滨工业大学出版社，2002.

[6]　宋业林，宋襄翎. 水处理设备实用手册 [M]. 北京：中国石化出版社，2004.

[7]　廖传华，柴本银，黄振仁. 分离过程与设备 [M]. 北京：中国石化出版社，2008.

[8]　王郁，林逢凯. 水污染控制工程 [M]. 北京：化学工业出版社，2008.

[9]　张晓键，黄霞. 水与废水物化处理的原理与工艺 [M]. 北京：清华大学出版社，2011.

[10]　中国石油和化学工业联合会，中国化工经济技术发展中心编. 石油和化工设备选型指南 [M]. 北京：中国财富出版社，2012.

第7章

萃取

7.1 概述

萃取是分离液体混合物的重要单元操作之一。萃取是利用液体各组分在溶剂中溶解度的不同，以达到分离目的的一种操作。例如，选择一适宜的溶剂加入到待分离的液体混合物中，溶剂对混合液中欲分离出的组分有显著的溶解能力，而余下的组分完全不互溶或部分互溶，使欲分离的组分能够溶解在溶剂中，这样就可达到使混合液体中不同组分分离的目的。这种过程即为萃取，所选用的溶剂称为萃取剂，混合液中易溶于萃取剂的组分称为溶质，不溶或部分互溶的组分称为稀释剂。

7.1.1 萃取过程的分类

根据萃取操作过程所使用萃取剂及操作条件的不同，可将萃取分为液液萃取和超临界流体萃取。

液液萃取是指采用液相的萃取剂对液相的混合物进行分离。在精馏过程中，各组分是靠相互间挥发度的不同而达到分离的目的的，液体部分汽化产生的气相，与液相之间的化学性质是相似的，萃取操作中原料液和溶剂所形成的两个液相的化学性质有很大的差别。与精馏相比，整个萃取过程的流程比较复杂，如图 7-1 所示。

图 7-1 萃取过程示意图

什么情况下分离混合液体中的组分采用萃取操作更为相宜，这主要取决于技术上的可能性与经济上的合理性。例如，从稀醋酸水溶液中移除水，除可以采用精馏操作外，还可采用有机溶剂进行萃取。虽然采用萃取方法最后所得到的有机溶剂与醋酸混合液尚需用精馏方法处理才能获得纯度高的无水醋酸，但基于成本核算，一般仍以采用萃取方法较为经济。又如：可用液态丙烷作萃取剂从菜籽油中分离油酸，也可在高真空条件下通过精馏从事以上的分离，但因后者处理费用很高，故也以采用萃取方法较为经济合理。总之，在分离混合液体的工业操作中，当精馏与萃取方法均可应用时，其选择的依据主要由成本核算而定。

在萃取相中萃取剂的回收往往还需要应用精馏操作，但由于萃取过程本身具有常温操作、无相变化以及选择适当溶剂可以获得较高分离系数等优点，在很多情况下，仍显示出技术经济上的优势。通常在下列情况下选用萃取分离方法较为有利：

① 溶液中各组分的沸点非常接近，或者说组分之间的相对挥发度接近1。

② 混合液中的组分能形成恒沸物，用一般精馏不能得到所需的纯度。

③ 溶液中要回收的组分是热敏性物质，受热易于分解、聚合或发生其他化学变化。

④ 需分离的组分浓度很低且沸点比稀释剂高，用精馏方法需蒸出大量稀释剂，耗能量较大。

在化学工业与石油化学工业方面，液液萃取的应用也很广泛。例如：脂族链烃与芳烃的分离为萃取提供了一个大规模的工业应用领域。苯、甲苯、二甲苯等芳烃原料大多存在于催化重整油中（其中含芳烃达 45%～60%）。它们是聚苯乙烯、尼龙与涤纶等产品的基本原料。其他如己内酰胺的精制、异丁烯与丁烯的分离、磷酸萃取以及从废水中脱除苯酚等等，均已在工业中成功地应用着溶剂萃取过程。

超临界流体萃取是指所使用的萃取剂为超临界流体（常用作萃取剂的超临界流体有二氧化碳、水、丙烷等），过程操作在萃取剂的超临界条件下进行。工业上常用的是超临界二氧化碳流体萃取。

7.1.2　液液萃取操作的特点

在某些情况下，萃取已成为一种有效的分离手段。应用萃取操作必须掌握其特点才能充分发挥其优越性并取得较好的经济效果。其主要特点可概括为以下几个方面：

① 液液萃取过程之所以能达到预期的组分分离的目的，是靠原料液中各组分在萃取剂中的溶解度不同。故进行萃取操作所选用的溶剂必须对混合液中欲萃取出来的溶质有显著的溶解能力，而对其他组分则可以完全不互溶或仅有部分互溶能力。由此可见，在萃取操作中选择适宜的溶剂是一个关键问题。

② 在精馏和吸收操作中，是在汽液相（或气液相）间进行物质传递，而在液液萃取操作中，相互接触的两相均为液相。因此所加入的溶剂必须在操作条件下能与原料液分成两个液相层，如是则两个液相应有一定的密度差。这样才能促使两相在经过充分混合后，靠重力或离心力的作用有效地分层。在萃取设备的结构方面，必须适应萃取操作的此项特点。

③ 在萃取操作中必须使用相当数量的溶剂。为了得到溶质和回收溶剂并将溶剂循环使用以降低成本，所选用的溶剂应易于回收且价格低廉。一般可用蒸发或蒸馏等方法回收溶剂。如是则溶质与萃取剂的沸点差大是有利的。

④ 液液萃取是用溶剂处理另外一种混合液体的过程，溶质由原料液通过两相的界面向萃取剂中传递。故液液萃取过程也与其他传质过程一样，以相际平衡作为过程的极限。

7.2　液液萃取的相平衡与物料衡算 ::::::::::::::::::::::::::::::::::::::

萃取与精馏一样，其分离液体混合物的基础是相平衡关系。在萃取过程中至少涉及三个组分，即待分离混合液中的两个组分和加入的溶剂。三元组成相图的表示法有如下几种。

7.2.1　三角形相图

溶剂与原料液混合时，若无化学反应，则三组分系统的物料量及平衡关系常在等边三角形或等腰三角形坐标图上表达。

如图 7-2 所示，等边三角形的三个顶点 A、B、S 各代表一种纯物质。习惯上以顶点 A 表示纯溶质，顶点 B 表示纯稀释剂，顶点 S 表示纯溶剂。三角形任何一个边上的任一点均代表一个二元混合物。三角形内的任一点代表一个三元混合物。例如，图 7-2(a) 中点 M 表示混合液中组分 A、B、S 的质量分率分别为 x_A、x_B 和 x_S（为点 M 分别到点 A、B、S 对边的垂直距离），其数值为 $x_A=0.2$、$x_B=0.5$、$x_S=0.3$。三组分的质量分率之和为 1.0。

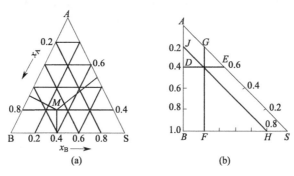

图 7-2　三角形坐标图

如图 7-2(b) 所示，等腰直角三角形的表示方法与等边三角形的表示方法基本相同，三角形内任一点 M 的组成，可以由点 M 作各边的平行线：FG、DE 和 JH。由 $x_A=\overline{ES}=0.6$，$x_B=\overline{AJ}=0.2$，$x_S=\overline{BF}=0.2$。用等腰直角三角形表示物料的浓度，在其上进行图解计算，读取数据均较等边三角形方便，故目前多采用直角三角形坐标图。

7.2.2　三角形相图中的相平衡关系

（1）溶解度曲线与连接线

在组分 A 和 B 的原料液中加入适量的萃取剂 S，使其形成两个分开的液层 R 和 E。达到平衡时的两个液层称为共轭液层或共轭相。若改变萃取剂的用量，则得到新的共轭液层。在三角形坐标图上，把代表诸平衡液层组成的坐标点连接起来的曲线称为溶解度曲线，如图 7-3 所示。曲线以下为两相区，曲线以外为单相区。图中点 R 及点 E 表示两平衡液层 R 及 E 的组成坐标。两点连线 RE 称为连接线。图中 P 点称为临界混溶点，在该点处 R 及 E 两相组成完全相同，溶液变为均一相。

不同物系有不同形状的溶解度曲线，如图 7-3 所示为有一对组分部分互溶时的情况，图 7-4 所示为两对组分均为部分互溶时的情况。

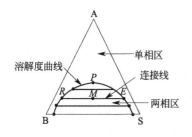

图 7-3　B 与 S 部分互溶的溶解度曲线
与连接线

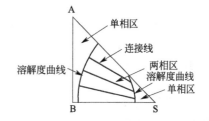

图 7-4　B 与 S、A 与 S 均为部分互溶的
溶解度曲线及连接线

同一物系在不同温度下，由于物质在溶剂中的溶解度不同，溶解度曲线形状也发生变化。一般情况下，温度升高时溶质在溶剂中的溶解度增加，溶解度曲线的面积缩小。温度降低时溶质的溶解度减小，溶解度曲线的面积增加。如图 7-5 为甲基环戊烷(A)-正己烷(B)-苯胺(S)物系在温度 $t_1=25℃$、$t_2=35℃$、$t_3=45℃$ 条件时的溶解度曲线。

（2）辅助曲线

如图 7-6 所示，已知三对相互平衡液层的坐标位置，即 R_1、E_1；R_2、E_2；R_3、E_3。从点 E_1 作边 AB 的平行线，从点 R_1 作边 BS 的平行线，两线相交于点 H，同理从另两组的坐标点作平行线得交点 K 及 J，BS 边上的分层点 L 及临界混溶点 P 是极限条件下的两个特殊交点，连诸交点所得的曲线 $LJKHP$，即为辅助曲线，又称共轭曲线。根据辅助曲线即可从已知某一液相的组成，用图解内插法求出与此液相平衡的另一液相的组成。不同物系有不同形状的辅助曲线，同一物系的辅助曲线又随温度而变化。

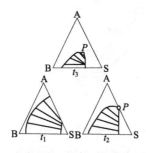

图 7-5　溶解度曲线形状随温度的变化情况

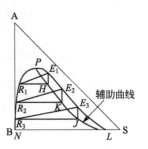

图 7-6　三元物系的辅助曲线

（3）分配曲线与分配系数

将三角形相图 7-7（a）中各对应的平衡液层中溶质 A 的浓度转移到直角坐标图上，所得的曲线称为分配曲线，图 7-7（b）中的曲线 ONP 为有一对组分部分互溶时的分配曲线。分配曲线上任一点 N 的坐标 y_{AE} 和 x_{AR} 为对应的溶解度曲线上 E 和 R 距 BS 边上的长度。图 7-8 中的曲线 ON 为有两对组分部分互溶时的分配曲线。

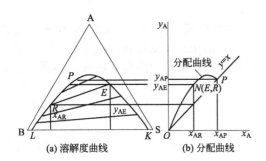

图 7-7　有一对组分部分互溶时的溶解度曲线与分配曲线的关系图

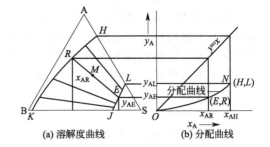

图 7-8　有两对组分部分互溶时的溶解度曲线与分配曲线的关系图

分配曲线表达了溶质 A 在相互平衡的 R 相与 E 相中的分配关系。若已知某液相组成，可用分配曲线查出与此液相相平衡的另一液相的组成。此外，由实验直接测得组分 A 在两平衡液相中的组成也可获得分配曲线。不同物系的分配曲线形状不同，同一物系的分配曲线随温度而变化。

通常用分配系数来表示组分 A 在两个平衡液层中的分配关系。例如，对组分 A 来说，分配系数指达到平衡时，组分 A 在富萃取剂层 E 相（萃取相）中的组成与在富稀释剂层 R 相（萃余相）中的组成之比。可表示为

$$K_A = \frac{\text{溶质 A 在 } E \text{ 相中的组成}}{\text{溶质 A 在 } R \text{ 相中的组成}} = \frac{y_{AE}}{x_{AR}} \tag{7-1}$$

式（7-1）表达了在平衡时两液层中溶质 A 的分配关系。从图上看，其数值是分配曲线上任意一点与原点连线的斜率。由于分配曲线不是直线，故在一定温度下，同一物系的数值随温度而变。

7.2.3　三角形相图中的杠杆定律

图 7-9 中点 D 代表含有组分 B 与组分 S 的二元混合物。若向 D 中逐渐加入组分 A，则其组成点沿 DA 线向上移，加入的组分越多，新混合液的组成点越接近点 A。在 AD 线上任意一点所代表的混合液中，B 与 S 两组分的组成之比为常数。

同样，若图中点 R 代表三元混合物的组成点，其质量为 R kg。向 R 中加入三元混合物 E，其质量为 E kg，则新形成的混合物的组成点 M 必在 RE 连线上。设新三元混合物的质量为 M kg，则杠杆定律可表示为：

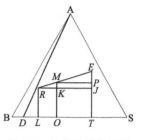

图 7-9　杠杆定律的证明

$$\frac{R}{E}=\frac{\overline{ME}}{\overline{RM}}=\frac{x_{AE}-x_{AM}}{x_{AM}-x_{AR}} \tag{7-2}$$

杠杆定律又称比例定律，根据杠杆定律可确定点 M 的具体位置。

式中　R——R 相的质量，kg；

$\quad\quad$ E——E 相的质量，kg；

$\quad\quad$ x_{AM}——溶质 A 在混合液 M 中的质量分率；

$\quad\quad$ x_{AE}——溶质 A 在 E 相中的质量分率；

$\quad\quad$ x_{AR}——溶质 A 在 R 相中的质量分率。

杠杆定律可通过物料衡算得以证明。由总物料衡算得：

$$R+E=M \tag{7-3}$$

对溶质 A 进行物料衡算得：

$$R(\overline{RL})+E(\overline{ET})=M(\overline{MO}) \tag{7-4}$$

或 $\quad\quad\quad\quad\quad\quad Rx_{AR}+Ex_{AE}=Mx_{AM}$

将式(7-3) 代入式(7-4)，并整理得：

$$\frac{E}{M}=\frac{x_{AE}-x_{AM}}{x_{AM}-x_{AR}} \tag{7-5}$$

由图可知 $\quad\quad\quad\quad x_{AE}-x_{AM}=\overline{EP}, x_{AM}-x_{AR}=\overline{MK}$

因此

$$\frac{E}{M}=\frac{\overline{EP}}{\overline{MK}}=\frac{\overline{ME}}{\overline{RM}} \tag{7-6}$$

同理可以证明，当从混合液 M 中移出 E kg 的三元混合物 E，余下部分 R kg 三元混合物的组成点位于 EM 的延长线上，引申杠杆定律得

$$\frac{R}{E}=\frac{\overline{MR}}{\overline{ER}}=\frac{x_{AE}-x_{AM}}{x_{AM}-x_{AR}} \tag{7-7}$$

图 7-9 中点 M 称为和点，点 R、E 称为差点。

7.3　液液萃取过程的流程和计算

7.3.1　液液萃取的操作流程

液液萃取过程分为三类，即单级萃取、多级单效萃取和多级多效萃取。

单级萃取是指萃取过程一次完成，萃取剂只使用一次，所以又叫做单效萃取（料液被萃取

的次数叫级数，萃取剂使用的次数叫效数）；多级单效萃取指料液被多次萃取，而萃取剂只使用一次的萃取过程；多级多效萃取指料液被多次萃取，萃取剂也被重复使用的萃取过程，并且级数等于效数，因此多级多效萃取常简称为多效萃取。单效萃取常指单级萃取。图 7-10 为这三种萃取方法的流程。

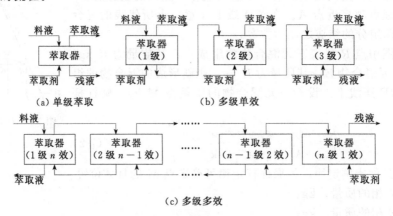

(a) 单级萃取　　　　　　(b) 多级单效

(c) 多级多效

图 7-10　液液萃取操作流程

在对高浓度难降解有机废水进行萃取的过程中，液液萃取操作可分为混合、分离和回收三个主要步骤。如果按萃取剂与有机废水接触的方式分类，萃取操作可分为间歇式萃取和连续式萃取两种流程。

（1）间歇式萃取

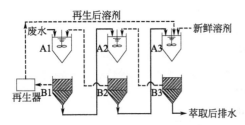

图 7-11　多段间歇式萃取流程

在对间歇式排放的少量有机废水进行处理时，常常采用间歇式萃取法。首先，将未经处理的废水与将近饱和的溶剂混合，而新鲜溶剂则与经过几段萃取后的稀浓度废水相通，这样既增大了传质过程的推动力，又节约了溶剂用量，提高处理效率。图 7-11 所示为多段间歇式萃取操作流程，图中 A1、A2、A3 分别为各段混合器，B1、B2、B3 分别为各段萃取器。

（2）连续式萃取

连续式萃取多采用塔式逆流操作方式。塔式装置种类很多，有填料塔、筛板塔，还有外加能量的脉冲筛板塔、脉冲填料塔、转盘塔以及离心萃取机等。塔式逆流方式是让有机废水和萃取剂在萃取塔中充分混合发生萃取过程，大密度溶液从塔顶流入，连续向下流动，充满全塔并由塔底排出；小密度溶液从塔底流入，从塔顶流出，萃取剂与废水在塔内逆流相对流动，完成萃取过程。这种方式操作效率高，在有机废水处理中被广泛应用。

进行液液萃取操作的设备有多种型式，按操作进行方式可分为分级接触萃取设备和连续微分萃取设备两大类，前者多为槽式设备，后者多为塔式设备。在分级接触操作中，两相的组成在各级之间均呈阶跃式的变化。在连续微分萃取设备中，两相的组成是沿着其流动方向连续变化的。在分级接触萃取过程中，两相液体在每一级均应有充分的混合与充分的分离。连续接触萃取过程大多在塔式设备中进行，两相在塔内呈连续逆向流动，一相应能很好地分散在另一相之中，而当两相分别离开设备之前，也应使两相较完善地分离开。

① 塔式萃取设备两相流路　图 7-12 所示为塔式萃取设备两相流路图，原料液 F 由塔的上部进入塔内，萃取剂 S 由塔的下部进入塔内。采用这种安排是因为原料液的密度较萃取剂的密度大。反之，若原料液的密度比萃取剂的密度小，则原料液应由塔的下部进入塔内。两液相由于密度不同，以及萃取剂与原料液有不互溶或仅部分互溶的性质，故两个液相在塔内呈逆向

流动并充分混合，萃取剂沿塔向上流至塔的顶部，原料液沿塔向下流至塔的底部。在两相接触的过程中，溶质从原料液向萃取剂中扩散。当萃取剂由塔顶排出时，其中所含溶质的量已大为增加，此时排出的液体即称为萃取相（在此为轻液相），以 E 表示之，而原料液 F 由塔的顶部向下流动的过程中溶质含量逐渐减少，当其由塔底排出时，所含溶质的量已降低（应达到生产所要求的指标），此时排出的液体即称为萃余相（在此为重液相），以 R 表示之。

② 混合-沉淀槽式萃取设备两相流路　图 7-13 所示为三级混合-沉淀槽萃取两相流路图。每一级均有一个混合槽和一个澄清槽。原料液由第一级混合槽加入，而萃取剂由第三级混合槽加入。各流股在每级之间可用泵输送，或利用位差使混合液流入下一级设备中。

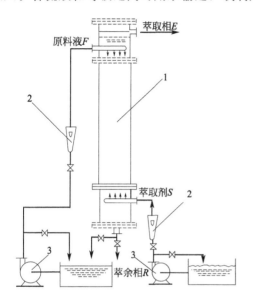

图 7-12　塔式萃取设备两相流路图
1—萃取塔；2—流量计；3—泵

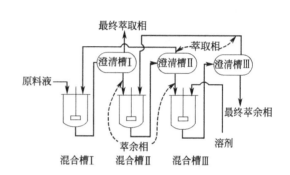

图 7-13　三级逆流混合-沉淀萃取设备两相流路图

萃取过程的计算方法与精馏相似，所应用的基本关联式是相平衡关系和物料衡算关系。基本方法是逐级计算，多用图解法进行。

7.3.2　单级萃取的流程和计算

单级萃取是液液萃取中最简单的，也是最基本的操作方式，其流程如图 7-14 所示。首先将原料液 F 和萃取剂 S 加到萃取器中，搅拌使两相充分混合，然后将混合液静置分层，即得到萃取相 E 和萃余相 R。最后再经过溶剂回收设备回收萃取相中的溶剂，以供循环使用，如果有必要，萃余相中的溶剂也可回收。E 相脱除溶剂后的残液为萃取液，以 E' 表示。R 相脱除溶剂后的残液称为萃余相，以 R' 表示。单级萃取可以间歇操作，也可以连续操作。无论是间歇操作还是连续操作，两液相在混合器和分层器中的停留时间总是有限的，萃取相与萃余相不可能达到平衡，只能接近平衡，也就是说单级萃取不可能是一个理论级。但是，单级萃取的计算通常按一个理论级考虑。单级萃取过程的计算中，一般已知条件是：原料液的量和组成、溶剂的组成、体系的相平衡数据、萃余相的组成。要求计算所需萃取剂的用量、萃取相和萃余相的量与萃取相的组成。

用解析法计算萃取问题需要将溶解度曲线和分配曲线拟合成数学表达式，并且所得的数学表达式皆为非线性，联立求解时必须通过试差逐步逼近。但在三角形相图上，采用图解的方法可以很方便地完成计算。其方法如下：

① 根据已知平衡数据在直角三角形坐标图中绘出溶解度曲线与辅助曲线，如图 7-15 所示。

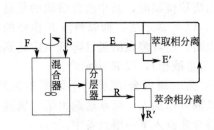

图 7-14　单级萃取流程示意图

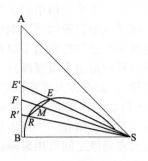

图 7-15　单级萃取图解

② 根据原料液 F 的组成 x_{AF}，在直角三角形 AB 边上确定点 F 位置。原料液中加入一定量萃取剂 S 的混合液的组成点 M 必在 SF 线上。

③ 由给定的原料液量 F 和加入的萃取剂量 S，可由杠杆规则 $\dfrac{S}{F}=\dfrac{\overline{MF}}{\overline{MS}}$ 求出点 M 的位置。

④ 依总物料衡算得：

$$F+S=R+E=M \tag{7-8}$$

对溶质 A 作物料衡算得：

$$Fx_{AF}+Sy_{AS}=Rx_{AR}+Ey_{AE}=Mx_{AM} \tag{7-9}$$

依杠杆定律求 E 与 R 的量，即

$$\frac{E}{M}=\frac{\overline{MR}}{\overline{ER}}$$

及

$$R=M-E \tag{7-10}$$

联立以上三式解得：

$$E=M-R=M-\frac{Mx_{AM}-Ey_{AE}}{x_{AE}}$$

再整理得：

$$E=\frac{M(x_{AF}-x_{AR})}{y_{AE}-x_{AR}} \tag{7-11}$$

同时，可求得萃取液 E' 与萃余液 R' 的量为：

$$E'=\frac{F(x_{AF}-x_{AR'})}{y_{AE'}-x_{AR'}} \tag{7-12}$$

$$F=R'+E' \tag{7-13}$$

7.3.3　多级错流萃取的流程和计算

单级萃取所得到的萃余相中往往还含有较多的溶质，要萃取出更多的溶质，需要较大量的溶剂。为了用较少溶剂萃取出较多溶质，可用多级错流萃取。图 7-16 所示为多级错流萃取的流程示意。原料液从第一级加入，每一级均加入新鲜的萃取剂。在第一级中，原料液与萃取剂接触、传质，最后两相达到平衡。分相后，所得萃余相 R_1 送入第二级中作为第二级的原料液，在第二级中被新鲜萃取剂再次进行萃取，如此以往，萃余相多次被萃取，一直到第 n 级，排出最终的萃余相，各级所得的萃取相 E_1，E_2，…，E_n 排出后回收溶剂。

从多级错流萃取流程图 7-16 可以看出，多级错流萃取对萃余相来说可以认为是单级萃取器的串联操作，而对萃取剂来说是并联的，因此，单级萃取计算方法同样适用于多级错流萃取的计算。

（1）萃取剂和稀释剂部分互溶体系

已知物系的相平衡数据、原料液的量 F 及其组成 x_F、最终萃余相组成 x_R 和萃取剂的组成 y_0，选择萃取剂的用量 S（每一级萃取剂的用量可相等，亦可以不相等），求所需理论级数。

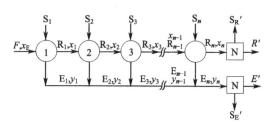

图 7-16　多级错流萃取流程示意图

参见图 7-17，设萃取剂中含有少量溶质 A 和稀释剂，其状态点 S_0 如图所示。在第一级中用萃取剂量 S_1 与原料液接触得混合液 M_1，点 M_1 必须位于 S_0F 连线上，由 $F/M_1 = \overline{S_0M_1}/\overline{FS_0}$ 定出点 M_1。萃取过程达到平衡分层后，得到萃取相 E_1 和萃余相 R_1。点 E_1 与 R_1 在溶解度曲线上，且在通过点 M_1 的一条连接线的两端，这条连接线可利用辅助线通过试差法找出。在第二级中用新鲜溶剂来萃取第一级流出的萃余相 R_1，两者的混合液为 M_2，同样点 M_2 也必位于 S_0R_1 连线上，萃取结果得到的萃取相 E_2 与萃余相 R_2 由过 M_2 的连线求出。如此类推，直到萃余相中溶质的组成等于或小于要求的组成 x_R 为止，则萃取级数即为所求的理论级数。

上面的计算方法适合稀释剂 B 与溶剂 S 部分互溶时的情况，而当稀释剂 B 与溶剂 S 不互溶或互溶度很小时，应用直角坐标图解法比较方便。

（2）萃取剂和稀释剂不互溶体系

当稀释剂 B 与溶剂 S 不互溶或互溶度很小时，可以认为 B 不进入萃取相 E 而存留在萃余相 R 中，这样萃取相中只有组分 A 与 S，萃余相中只有组分 A 与 B。萃取相和萃余相中溶质的含量可分别用质量比浓度 $Y[\text{kg(A)}/\text{kg(S)}]$ 和 $X[\text{kg(A)}/\text{kg(B)}]$ 表示，并在 X-Y 直角坐标图上求解理论级数。参见图 7-18，对第一级作溶质 A 的物料衡算，得：

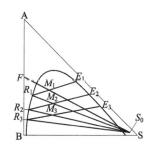

图 7-17　图解法计算多级错流
的理论级数（B 与 S 部分互溶）

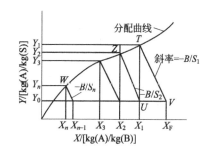

图 7-18　图解法求多级错流理
论板级数（B 与 S 不互溶）

$$BX_F + S_1Y_0 = BX_1 + S_1Y_1$$

或写成

$$(Y_1 - Y_0) = -\frac{B}{S_1}(X_1 - X_F) \tag{7-14}$$

对第二级作溶质 A 的物料衡算，得：　$BX_1 + S_2Y_0 = BX_2 + S_2Y_2$

或写成

$$(Y_2 - Y_0) = -\frac{B}{S_2}(X_2 - X_1) \tag{7-15}$$

同理，对任意一个萃取级 n 作溶质 A 的物料衡算，得：

$$(Y_n - Y_0) = -\frac{B}{S_n}(X_n - X_{n-1})$$

式中　B——原料液中稀释剂的量，kg 或 kg/h；

　　　S_1——加入第一级的溶剂量，kg 或 kg/h；

　　　Y_0——溶剂中溶质 A 的质量比浓度，kg(A)/kg(S)；

　　　X_F——原料液中溶质 A 的质量比浓度，kg(A)/kg(B)；

　　　Y_1——第一级萃取相中溶质 A 的质量比浓度，kg(A)/kg(S)；

　　　X_1——第一级萃余相中溶质 A 的质量比浓度，kg(A)/kg(B)。

式(7-15) 即为多级错流萃取操作线方程，它表示任一级萃取过程中萃取相组成 Y_n 与萃余相组成 X_n 之间的关系，在直角坐标图上是一直线。此直线通过点 (X_{n-1}, Y_0)，斜率为 $-B/S_n$。当此级达到一个理论级时，X_n 与 Y_n 为一对平衡值，即为此直线与平衡线的交点 (X_n, Y_n)。

在 X-Y 直角坐标上图解多级错流萃取的理论级数，其方法如下：

在直角坐标上依系统的液液平衡数据绘出分配曲线。按原料液组成 X_F 及溶剂组成 Y_0 定出 V 点。从 V 点作斜率为 $-B/S_1$ 的直线与平衡线相交于 $T(X_1, Y_1)$，为第一级流出的萃余相和萃取相的组成。第二级进料液组成为 X_1，萃取剂加入量为 S_2，其组成亦为 Y_0。根据组成 X_1 和 Y_0 可以在图上定出点 U，自 U 点作斜率为 $-B/S_2$ 的直线与平衡线相交于 Z，得 X_2 和 Y_2。如此继续作图，直到 n 级的操作线与平衡线交点的横坐标 X_n 等于或小于要求的 X_R 为止，则 n 即为所需理论级的数目。

7.3.4　多级逆流萃取的流程和计算

多级逆流萃取是指萃取剂 S 和原料液 F 以相反的流向流过各级，其流程如图 7-19 所示。

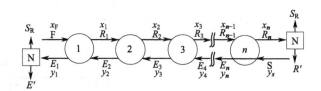

图 7-19　多级逆流萃取流程示意图

原料液从第一级进入，逐级流过系统，最终萃余相从第 n 级流出，新鲜萃取剂从第 n 级进入，与原料液逆流，逐级与料液接触，在每一级中两液相充分接触，进行传质，当两相平衡后，两相分离，各进入其随后的级中，最终的萃取相从第一级流出。在流程的第一级中，萃取相与含溶质最多的原料液接触，故第一级出来的最终萃取相中溶质的含量高，可达接近与原料液呈平衡的程度，而在第 n 级中萃余相与含溶质最少的新鲜萃取剂接触，故第 n 级出来的最终萃余相中溶质的含量低，可达接近与原料液呈平衡的浓度。因此，可以用较少的萃取剂达到较高的萃取率。通过多级逆流萃取过程得到的最终萃余相 R_n 和最终萃取相 E_1 还含有少量的溶剂 S，可分别送入溶剂回收设备 N 中，经过回收溶剂 S 后，得到萃取液 E' 和萃余液 R'。

多级逆流萃取的计算主要应用相平衡与物料衡算两个基本关系，方法也是逐级计算。

（1）萃取剂与稀释剂部分互溶的体系

① 在三角形坐标图上图解理论级数　首先求出多级逆流萃取的操作线方程和操作点，F、S、E_1 和 R_n 的量均以单位时间流过的质量计算，kg/s。

对第一级作物料衡算，得 $F+E_2=R_1+E_1$，即 $F-E_1=R_1-E_2$

对第二级作物料衡算，得 $F+E_3=R_2+E_1$，即 $F-E_1=R_2-E_3$

对第三级作物料衡算，得 $F+E_4=R_3+E_1$，即 $F-E_1=R_3-E_4$

对第一级到第 n 级作物料衡算，得 $F+S=R_n+E_1$，即 $F-E_1=R_n-S$

由以上各式可得：

$$F - E_1 = R_1 - E_2 = R_2 - E_3 = R_3 - E_4 = R_n - S = \Delta = 常数 \tag{7-16}$$

式(7-16)表示离开任一级的萃余相 R_n 与进入该级的萃取相 E_{n+1} 的流量差为一常数,以 Δ 表示。因此,在三角形相图上,连接 R_n 和 E_{n+1} 两点的直线均通过 Δ 点,式(7-16)称为操作线方程,Δ 点称为操作点。根据连接线与操作线的关系,应用图解法,在三组分相图上可求出当料液组成为 x_{AF}、最终萃余相组成为 x_{AR} 时所需理论级数。步骤如下:

a. 根据平衡数据在三角形坐标图上作出溶解度曲线和辅助曲线,如图 7-20 所示。

b. 由已知组成 x_F 与 x_R 在图上定出原料液和最终萃余相的状态点 F 和 R_n。由萃取剂的组成定出其状态点 S 的位置,连 $\overline{FS}$ 线。

c. 根据杠杆定律确定混合点 M,连 $\overline{R_n M}$ 线,并延长与溶解度曲线交于 E_1 点,该点即为最终萃取相 E_1 的状态点。

d. 由于 $E_1 = F - \Delta$,$S = R_n - \Delta$,故点 E_1 位于 $\overline{F\Delta}$ 线上,S 点位于 $\overline{R_n\Delta}$ 线上,由此可知,$\overline{FE_1}$ 和 $\overline{R_nS}$ 的延长线必交于 Δ 点。

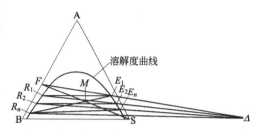

图 7-20 多级逆流萃取理论级数的逐级图解法

e. 由点 E_1 作连接线交溶解度曲线于点 R_1。由于 $R_1 = E_2 + \Delta$ 或 $E_2 = R_1 - \Delta$,故点 E_2 必位于 $\overline{R_1\Delta}$ 线上并与溶解度曲线交于点 E_2。

f. 由点 E_2 作连接线交溶解度曲线于点 R_2,连 $\overline{R_2\Delta}$ 得 E_3,即由连接线可找到萃余相 R_3,由操作线可找到萃取相 E_4。

重复上述步骤,交错地引操作线和连接线直到 x_{AR_n} 小于或等于所要求的值为止,引出的连接线的数目即为所求的理论级数。图 7-20 所示为 3 个理论级。

根据原料液组成的不同以及系统连接线的斜率不同,操作点的位置可能在三角形相图的左侧,也可能在右侧。

② 在直角坐标上图解理论级数 当多级逆流萃取所需的理论级数较多时,用三角形图解法求解,线条密集不清晰,准确度较差,此时可用直角坐标图上的分配曲线进行图解计算,其步骤如下:

a. 在直角坐标图上,根据已知平衡数据绘出分配曲线。

b. 在三角形坐标图上,按前述多级逆流图解法,根据料液组成、溶剂组成、规定的最终萃取相和最终萃余相的组成,定出点 F、S'、E_1 和 R_n,并由 $\overline{E_1 F}$ 线和 $\overline{S'R_n}$ 线相交求得操作点,如图 7-21(a) 所示。

c. 在三角形坐标图上,从 Δ 点出发作若干条 $\overline{\Delta RE}$ 操作线,分别与溶解度曲线交于两点 R_m 和 E_{m+1},其组成为 x_{R_m} 和 $y_{E_{m+a}}$。因为 x_{R_m} 和 $y_{E_{m+a}}$ 具有操作线关系,因此,将三角形相图上一组操作线所得的对应组成绘于 X-Y 图,就可得到操作线,如图 7-21(b) 所示。

d. 在分配曲线与操作线之间,根据 x_F、y_{E_1}、x_{R_n} 和 $y_{E_s'}$(萃取剂中含有的溶质 A 的浓度),就可以求出理论级数。

(2) 萃取剂与稀释剂不互溶时的多级逆流萃取的理论级数

当萃取剂与稀释剂不互溶时,如图 7-22 所示,萃取相中只含有萃取剂 S 和溶质 A,萃余相中只含有稀释剂 B 和溶质 A,因此,在萃取过程中,萃取相中萃取剂的量和萃余相中稀释剂的量均保持不变。为方便起见,萃取相和萃余相中溶质的含量可分别用质量比浓度 $Y[kg(A)/kg(S)]$ 和 $X[kg(A)/kg(B)]$ 表示,并在 X-Y 直角坐标图上求解理论级数。步骤如下:

首先,根据平衡数据,在 X-Y 坐标图上绘制平衡线,见图 7-23。

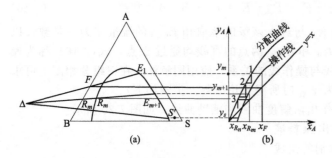

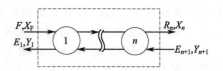

图 7-21 平衡分配图解法求理论级数　　　　图 7-22 两相完全不互溶时逆流萃取流程

然后,根据物料衡算找出逆流萃取的操作线方程,在流程中第一级至第 n 级间作溶质 A 的物料衡算,得

$$BX_F + SY_{n+1} = BX_n + SY_1 \tag{7-17}$$

式中　X_F——料液中溶质 A 的质量比浓度,kg(A)/kg(B);

　　Y_1——最终萃取相 E_1 中溶质 A 的质量比浓度,kg(A)/kg(S);

　　X_n——最终萃余相 R_n 中溶质 A 的质量比浓度,kg(A)/kg(B);

　　Y_{n+1}——进入 n 级萃取相的溶质 A 的质量比浓度,kg(A)/kg(S)。

由式(7-17) 得:

$$Y_{n+1} = \frac{B}{S}X_n + \left(Y_1 - \frac{B}{S}X_F\right) \tag{7-18}$$

式(7-18) 就是操作线,式中 B 与 S 均为常数,故操作线为一直线,其斜率为 B/S。在 X_F 和 X_n 范围内,在操作线和平衡线间绘梯级,直到规定的萃余相浓度为止,所得梯级数就是所求的理论级数。图 7-23 所示理论级数为 3。

(3) 多级逆流萃取的最小溶剂用量

在多级逆流萃取操作中,对于一定的萃取要求存在一个最小溶剂(萃取剂)用量 $S_{\min}$。操作时如果所用的萃取剂量小于 $S_{\min}$,则无论多少个理论级也达不到规定的萃取要求。实际所用的萃取剂用量必须大于 $S_{\min}$,一般取为最小萃取剂的 1.5~2 倍,即 $S_{适宜} = (1.5~2) S_{\min}$。溶剂用量少,所需理论数多,设备费用大;反之,溶剂用量过大,所需理论级数少,萃取设备费用低,但溶剂回收设备大,回收溶剂所消耗的热量多,所需费用高,因此,确定适宜的萃取剂用量非常重要。

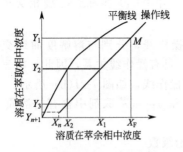

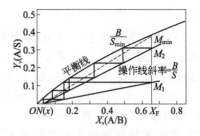

图 7-23 两相完全不互溶时逆流萃取　　　　图 7-24 最小萃取剂用量图解
平衡级数的图解法

最小萃取剂用量的求法,图 7-24 所示为两组分 A 和 S 基本不互溶的 A、B、S 三元物系。若用 $k = \frac{B}{S}$ 代表操作线的斜率,其操作线与分配曲线关系可依质量比浓度 X 及 Y 绘于 X-Y 直角坐标上。图上 NM_1、NM_2、NM_3 为使用不同量萃取剂 S_1、S_2 和 $S_{\min}$ 时的操作线,其对

应操作线斜率分别为 k_1、k_2 和 k_{min}。由图可知，S 用量越小，则操作线斜率越大，并向分配曲线靠近，即 $k_1<k_2<k_{min}$，对应萃取剂用量 $S_1>S_2>S_{min}$，当操作线与分配曲线出现交点，即出现夹紧区，这时在两线间作梯级，则会出现无穷多的理论级数，相应的萃取剂用量称为此条件下的最小溶剂用量。可由下式确定

$$S_{min}=\frac{B}{k_{min}}$$

(7-19)

7.4　液液萃取过程萃取剂的选择

萃取操作中，萃取过程的分离效果主要表现为被分离物质的萃取率和分离产物的纯度。萃取率为萃取液中被提取的溶质量与原料液中的溶质量之比。萃取率越高，分离产物的纯度越高，表示萃取过程的分离效果越好。在萃取操作中，所选用的萃取剂是影响分离效果的首要因素，选定一种性能优良而且价格低廉的萃取剂，这是取得较好的萃取效果的主要因素之一。一般情况下，选定萃取剂时应考虑以下的性能。

7.4.1　溶剂的选择性与选择性系数

溶剂的选择性好坏，系指萃取剂 S 对被萃取的组分 A（溶质）的溶解能力与萃取剂对其他组分（如 B）的溶解能力之间差异的大小。若萃取剂对溶质 A 的溶解能力较大，而对稀释剂 B 的溶解能力很小，这种萃取剂即谓之选择性好。选用选择性好的萃取剂，则可以减少溶剂的用量，萃取产品质量也可以提高。

萃取剂的选择性通常以下述比值衡量，此比值称为选择性系数，以 β 表示之。β 也称为分离因数。当 E 相和 R 相已达到平衡时，β 的定义可用下式表示：

$$\beta=\frac{A\ 在\ E\ 相中的质量分率/B\ 在\ E\ 相中的质量分率}{A\ 在\ R\ 相中的质量分率/B\ 在\ R\ 相中的质量分率}$$

$$=\frac{y_{AE}/y_{BE}}{x_{AR}/x_{BR}}=\frac{y_{AE}}{x_{AR}}\times\frac{x_{BR}}{y_{BE}}$$

(7-20)

式中　y_{AE}——溶质 A 在萃取相中的浓度（质量分率）；

　　　y_{BE}——稀释剂 B 在萃取相中的浓度（质量分率）；

　　　x_{AR}——溶质 A 在萃余相中的浓度（质量分率）；

　　　x_{BR}——稀释剂 B 在萃余相中的浓度（质量分率）。

定义分配系数：
$$k_A=\frac{y_{AE}}{x_{AR}}$$

代入式(7-20) 中，得：

$$\beta=k_A\frac{x_{BE}}{y_{BE}}$$

(7-21)

一般情况下，萃余相中的稀释剂 B 含量总是比萃取相中为高，也即 $x_{BR}/y_{BE}>1$。又由式(7-21) 可看出，β 值的大小直接与 k_A 值有关，因此凡影响 k_A 的因素也均影响选择系数 β。在所有的工业萃取操作物系中，β 值均大于 1。β 值越小，越不利于组分的分离，若 β 值等于 1，由式(7-20) 可知，$y_{AE}/y_{BE}=x_{AR}/x_{BR}$，即组分 A 与 B 在两平衡液相 E 及 R 中的比例相等，则说明所选的萃取剂是不适宜的。

7.4.2　萃取剂与稀释剂的互溶度

从图 7-25 可以看出萃取剂 S 与稀释剂 B 的互溶度不同将有何影响。图 7-25(a) 表明 B 与

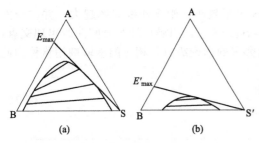

图 7-25　萃取剂与稀释剂互溶度的影响

S 是部分互溶的，但其互溶度小，而图 7-25（b）中 B 与另一种萃取剂 S′ 的互溶度大。由图（a）可明显看出，B 与 S 互溶度小，分层区的面积大，萃取液中含溶质的最高限 E'_{max} 比图（b）中 E'_{max} 的含溶质量高，这说明萃取剂 S 与稀释剂 B 的互溶度越小越有利于萃取。也即对图 7-25 的（A＋B）物系而言，选用溶剂 S 比用溶剂 S′ 更有利于达到组分分离的目的。

7.4.3　萃取剂的物性

萃取剂的物理性质与化学性质均会影响到萃取操作是否可以顺利安全地进行。以下分别予以讨论。

① 密度差　不论是分级萃取还是连续逆流萃取，萃取相与萃余相之间应有一定的密度差，以利于两个液相在充分接触以后可以较快地靠密度差而分层，从而提高设备的生产能力。尤其是某些没有外加能量的萃取设备（例如筛板塔、填料塔等），密度差大一些可明显提高萃取设备的生产能力。

② 界面张力（即两个液相层之间的张力）　萃取体系的界面张力较大时，细小的液滴比较容易聚结，有利于两相分层，但也由于界面张力过大，一相液体分散到另一相液体中的程度较差，难以使两相混合良好，这样就需要提供较多的外加能量使一相较好地分散到另一相中。界面张力过小，易产生乳化现象，使两相较难分层。由于考虑到液滴若易于聚结而分层快，设备的生产能力可有所提高，故一般不宜选界面张力过小的萃取剂。在实际操作中，综合考虑上述因素，一般多选用界面张力较大的萃取剂。

③ 黏度、凝固点及其他　所选萃取剂的黏度与凝固点均应较低，以便于操作、输送和贮存。对于没有搅拌器的萃取塔，物料黏度更不宜大。此外，萃取剂还应具有不易燃、毒性小等优点。

④ 化学性质　萃取剂应具有化学稳定性、热稳定性及抗氧化稳定性。此外，对设备的腐蚀性应较小。

7.4.4　萃取剂的回收难易

在萃取操作中，通常所选定的萃取剂需要回收后重复使用，以减少溶剂的消耗量。一般来说，溶剂的回收过程是萃取操作中消耗费用最多的部分，所以溶剂回收的难易会直接影响到萃取过程的操作费用。有的溶剂虽然具有以上很多良好的性能，但往往由于回收困难而不被采用。

最常用的回收萃取剂的方法是蒸馏，若被萃取的溶质是不挥发的或挥发度很低的，则可用蒸发或闪蒸法回收溶剂。当用蒸馏或蒸发方法均不适宜时，有通过降低物料的温度，使溶质结晶析出而与溶剂分离的，也有采用化学方法处理以达到使溶剂与溶质分离的目的。

7.4.5　其他因素

萃取剂的价格、来源、毒性以及是否易燃、易爆等，均为选择溶剂时需要考虑的问题。所选用的萃取剂还应来源充分，价格低廉，否则，尽管萃取剂具有上述其他良好性能，也往往不能在工业生产中应用。在实际生产过程中，常采用几种溶剂组成的混合萃取剂以获得较好的性能。

7.5 液液萃取设备

液液萃取过程中，两个液相的密度差较小，而黏度和界面张力比较大，两相的混合和分离比气液传质过程困难得多。为了使萃取过程进行得比较充分，就要使一相在另一相中分散成细小的液滴，以增大相际接触面积，通常采用机械搅拌、脉冲等手段来实现液体的分散。

7.5.1 萃取设备的分类

进行有效萃取操作的关键是选择合适的溶剂和适当类型的设备。在液液萃取过程中，要求萃取设备内能使两相达到密切接触并伴有较高程度的湍动，以便实现两相间的传质过程。当两相充分混合后，尚需使两相达到较完善的分离。由于液液萃取中两相间的密度差较小，实现两相间的密切接触和快速分离要比气液系统困难得多。

目前，已被工业采用的液液萃取设备形式很多，已超过30余种。根据两相的接触方式，萃取设备可分为逐级接触式和微分式两大类。在逐级接触萃取操作中，各相组成是逐级变化的。在微分接触萃取操作中，相的组成沿着流动方向连续变化。逐级接触萃取设备可以用单级设备进行操作，也可由许多单级设备组合而成为多级接触萃取设备。微分接触萃取设备大多为塔式设备。工业上常用萃取设备的分类情况如表7-1所示。

表 7-1　萃取设备的分类

流体分散的动力	逐级接触式	微分接触式
重力差	筛板塔	喷洒塔 填料塔
脉冲	脉冲混合 澄清器	脉冲填料塔 液体脉冲筛板塔
旋转搅拌	混合-澄清器 夏贝尔塔	转盘塔 偏心转盘塔 库尼塔
往复搅拌		往复筛板塔
离心力	逐级接触 离心器	POD式离心萃取器 芦葳离心萃取器

在选择萃取设备时，通常要考虑以下几个因素：①体系的特性，如稳定性、流动特性、分相的难易等；②完成特定分离任务的要求，如所需的理论级数；③处理量的大小；④厂房条件，如面积和高度等；⑤设备投资和维修的难易；⑥设计和操作经验等。

表7-2介绍了几种萃取设备的主要优缺点和应用领域。

表 7-2　萃取设备的主要优缺点和应用领域

设备分类		优点	缺点	应用领域
混合-澄清器		相接触好，效率高；处理能力大，操作弹性好；在很宽的流比范围内均可稳定操作；放大设计方法比较可靠	滞留量大，需要的厂房面积大；投资较大；级间可能需要用泵输送流体	核化工；湿法冶金；化肥工业
无机械搅拌的萃取塔		结构简单，设备费用低；操作和维修费用低；容易处理腐蚀性物料	传质效率低，需要厂房高；对密度差小的体系处理能力低；不能处理流比很高的情况	石油化工；化学工业
机械搅拌萃取塔	脉冲筛板塔	理论级当量高度低；处理能力大，塔内无运动部件，工作可靠	对密度差较小的体系处理能力比较低；不能处理流比很高的情况；处理易乳化的体系有困难；放大设计方法比较复杂	核化工；湿法冶金；石油化工
	转盘塔	处理量较大，效率较高，结构较简单，操作和维修费用较低		石油化工；湿法冶金；制药工业
	振动筛板塔	理论级当量高度低，处理能力大，结构简单，操作弹性好		石油化工；湿法冶金；制药工业

续表

设备分类	优点	缺点	应用领域
离心萃取器	能处理两相密度差小的体系;设备体积小,接触时间短,传质效率高;滞留量小,溶剂积压量小	设备费用大;操作费用高;维修费用大	石油化工;核化工;制药工业

　　萃取设备的选择既是一门科学,也是一种技巧。它在很大程度上取决于人们的经验,往往进行中间试验以前,就必须对设备性能、放大设计方法、投资和维修、当事者的经验和操作的可靠性等进行全面的考虑和评价。虽然经济效益是十分重要的,但在很多情况下,经验往往是决定性的因素。

7.5.2　混合-澄清槽

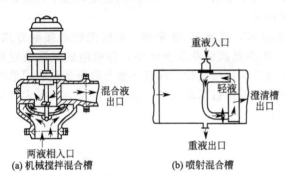

图 7-26　混合槽示意

　　混合-澄清槽是最早使用并且目前仍广泛应用于工业生产的一种典型逐级接触式萃取设备。它可单级操作,也可多级组合操作。每个萃取级均包括混合槽和澄清器两部分,故一般称为混合-澄清萃取槽。操作时,萃取剂与被处理的原料液先在混合器中经过充分混合后,再进入澄清器中澄清分层,密度较小的液相在上层,较大的在下层,实现两相分离。为了加大相际接触面积及强化传质过程,提高传质速率,混合槽中通常安装有搅拌装置或采用脉冲喷射器来实现两相的充分混合。图 7-26(a)、(b) 分别为机械搅拌混合槽和喷射混合槽示意图。

　　澄清器可以是重力式的,也可以是离心式的。对于易于澄清的混合液,可以依靠两相间的密度差在贮槽内进行重力沉降(或升浮),对于难分离的混合液,可采用离心式澄清器(如旋液分离器、离心分离机),加速两相的分离过程。

　　典型的单级混合-澄清槽如图 7-27(a) 所示。混合槽有机械搅拌,可以使一相形成小液滴分散于另一相中,以增大接触面积。为了达到萃取工艺的要求,也需要有足够的两相接触时间。但是,液滴不宜分散得过细,否则将给澄清分层带来困难,或者使澄清槽体积增大。图 7-27(b) 是将混合槽和澄清器合并成为一个装置。

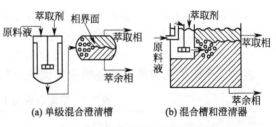

图 7-27　典型单级混合-澄清槽

　　多级混合-澄清槽是由许多个单级设备串联而成的,典型的多级混合-澄清槽结构如图 7-28 所示,分为箱式和立式混合-澄清萃取设备。

　　混合-澄清槽由于有外加搅拌,液体湍流程度高,每一级均可达到较理想的混合条件,使各级最大可能地趋于平衡,因此级效率高,工业规模混合澄清槽的级效率可达 90%～95%。混合澄清槽中的分散相和连续相可以互相转变,有较大的操作弹性,适用于大的流量变化,而且可以处理含固体悬浮物的物系及高黏度液体,处理量大(可达 $0.4m^3/s$),设备制造简单、放大容易、可靠,但其缺点是设备尺寸大、占地面积大、溶剂存留量大、每级内都设有搅拌装置、液体在级间流动需泵输送、能量消耗较多、设备费用及操作费用都较高。

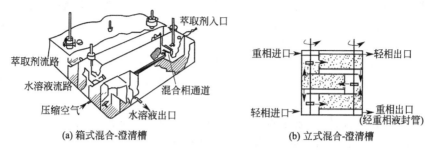

图 7-28　典型多级混合-澄清槽

7.5.3　塔式萃取设备

习惯上，将高径比很大的萃取装置统称为塔式萃取设备。为了达到萃取的工艺要求，塔设备首先应具有分散装置，如喷嘴、筛孔板、填料或机械搅拌装置。此外，塔顶塔底均应有足够的分离段，以保证两相间很好地分层。工业上常用的萃取塔有如下几种。

（1）喷淋萃取塔

喷淋萃取塔是结构最简单的液液传质设备，由塔壳、两相分布器及导出装置构成，如图7-29 所示。

喷淋塔在操作时，轻、重两液体分别由塔底和塔顶加入，并在密度差作用下呈逆流流动。轻、重两液体中，一液体作为连续相充满塔内主要空间，而另一液体以液滴形式分散于连续相中，从而使两相接触传质。塔体两端各有一个澄清室，以供两相分离。在分散相出口端，液滴凝聚分层。为提供足够的停留时间，有时将该出口端塔径局部扩大。

由于喷淋萃取塔内没有内部构件，两相接触时间短，传质系数比较小，而且连续相轴向混合严重，因此效率较低，一般不会超过1～2个理论级。但由于结构简单，设备费用和维修费用低，在一些要求不高的洗涤和溶剂处理过程中有所应用，也可用于易结焦和堵塞以及含固体悬浮颗粒的场合。

（2）填料萃取塔

用于萃取的填料塔与用于精馏或吸收的填料塔类似，即在塔内支承板上充填一定高度的填料层，如图7-30 所示。在气液系统中所用的各种典型填料，如鲍尔环、拉西环、鞍形填料及其他各种新型填料对液液系统仍然适用。填料层通常用栅板或多孔板支撑。为防止沟流现象，填料尺寸不应大于塔径的 1/8。

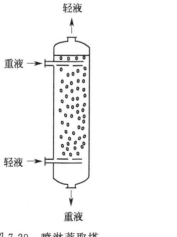

图 7-29　喷淋萃取塔

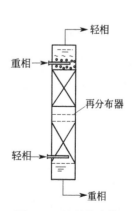

图 7-30　填料萃取塔

重相由塔顶进入，轻相由塔底进入。萃取操作时，连续相充满整个塔中，分散相呈液滴或薄膜状分散在连续相中。分散相液体必须直接引入填料层内，否则，液滴容易在填料层入口处凝聚，使该处成为填料塔生产能力的薄弱环节。为避免分散相液体在填料表面大量黏附而凝聚，所用填料应优先被连续相液体所润湿。因此，填料塔内液液两相传质的表面积与填料表面积基本无关，传质表面是液滴的外表面。为防止液滴在填料入口处聚结和过早出现液泛，轻相入口管应在支承板之上 25～50mm。

塔中填料的作用除可以使分散相的液滴不断破裂与再生，促进液滴的表面不断更新外，还可以减少连续相的纵向返混。在选择填料时，除应考虑料液的腐蚀性外，还应使填料只能被连续相润湿而不被分散相润湿，以利于液滴的生成和稳定。一般陶瓷易被水相润湿，塑料和石墨易被有机相润湿，金属材料则需通过实验而确定。

填料层的存在减小了两相流动的自由截面，使塔的通过能力下降。但是，和喷淋塔相比，填料层使连续相速度分布较为均匀，使液滴之间多次凝聚与分散的机会增多，并减少了两相的轴向混合。这样，填料塔的传质效果比喷淋塔有所提高，所需塔高则可相应降低。

填料塔结构简单，操作方便，特别适用于腐蚀性料液。为了强化萃取过程，要选择合适形状的填料，并使液体流速采用液泛速度的 50%～60%。

（3）脉冲填料萃取塔

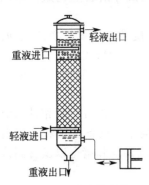

图 7-31　脉冲填料塔

在普通填料萃取塔内，两相间依靠密度差而逆向流动，相对速率较小，界面湍动程度低，限制了传质速率的进一步提高，因此填料塔的效率仍然是比较低的。为了强化生产，可以在填料塔外装脉动装置，使液体在塔内产生脉动运动，这样可以扩大湍流，有利于传质，这种填料塔称为脉冲填料塔。脉动的产生，通常采用往复泵，有时也采用压缩空气来实现。图 7-31 所示为借助活塞往复运动使塔内液体产生脉动运动。

脉动的加入，使塔内物料处于周期性的变速运动之中，重液惯性大，加速困难；轻液惯性小，加速容易，从而使两相液体获得较大的相对速度。两相的相对速度大，可使液滴尺寸减小，湍动加剧，两相传质速率提高。对于某些体系，脉冲填料塔的传质单元高度可以降低至 1/3～1/2。但是，由于液滴变小而降低了通量，而且在填料塔内加入脉动，乱堆填料将定向重排导致沟流产生。

脉冲填料萃取塔结构简单，没有转动部件，设备费用低，安装容易，轴向混合较低，塔截面上分散相分布比较均匀。通过改变脉冲强度便于控制液滴尺寸和传质界面以及两相停留时间，使其有较好的操作特性，在较宽的流量变化内传质效率保持不变。

（4）筛板萃取塔

用于液液传质过程的筛板塔的结构及两相流动情况与气液系统中的筛板塔颇为相似，即在圆柱形塔内装有若干层筛板，轻、重两相在塔内作逆流流动，而在每块塔板上两相呈错流接触，见图 7-32。如果轻液相为分散相，操作时轻相穿过各层塔板自下而上流动，而作为连续相的重液则沿每块塔板横向流动，由降液管流至下层塔板。轻液通过塔板上的筛孔而被分散成细滴，与塔板上横向流动的连续相密切接触和传质。液滴在两相密度差的作用下，聚结于上层筛板的下面，然后借助压强差的推动，再经筛孔而分散。可见，每一块筛板及板上空间的作用相当于一级混合澄清槽。为产生较小的液滴，液液筛板塔的孔径一般较小，通常为 3～6mm。

若以重液相为分散相，则需将塔板上的降液管改为升液管。此时，轻液在塔板上部空间横向流动，经升液管流至上层塔板，而重液相的液滴聚结于筛板上面，然后穿过板上小孔分散成液滴，穿过每块筛板自上而下流动，如图 7-33 所示。

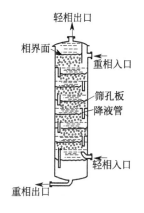

图 7-32　筛板萃取塔
（轻相为分散相）

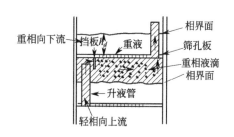

图 7-33　筛板结构示意图
（重相为分散相）

在筛板塔内一般也应选取不易润湿塔板的一相作为分散相。筛板孔的直径一般为 3～9mm，筛孔一般按正三角形排列，孔间距常取为孔径的 3～4 倍，板间距在 150～600mm 之间。

在筛板萃取塔内分散相液体的分散和凝聚多次发生，而且筛板的存在又抑制了塔内的轴向返混，因此传质效率较高。筛板萃取塔结构简单，造价低廉，所需理论级数少，生产能力大，对界面张力较低和具有腐蚀性的物料的处理效率较高，在石油工业中获得了较为广泛的应用。

（5）脉冲筛板萃取塔

也称液体脉动筛板塔，是指由于外力作用使液体在塔内产生脉冲运动的塔，其结构与气液系统中无溢流管的筛板塔类似，如图 7-34 所示。操作时，轻、重液体皆穿过筛板而逆向流动，分散相在筛板之间不凝聚分层。在脉冲筛板塔内两相的逆流是通过脉冲运动来实现的，而周期性的脉动在塔底由往复泵造成。筛板塔内加入脉动，同样可以增加相际接触面积及其湍动程度而没有填料重排问题，因此传质效率可大幅度提高。

脉冲强度即输入能量的强度，由脉冲的振幅 A 与频率 f 的乘积 Af 表示，称为脉冲速度。脉冲速度是脉冲筛板塔操作的主要条件：脉冲速度小，液体通过筛板小孔的速度大，液滴大，湍动弱，传质效率低；脉冲速度增大，形成的液滴小，湍动强，传质效率高。但是脉冲速度过大，液滴过小，液体轴向返混严重，传质效率反而降低，且易液泛。通常脉冲频率为 30～200min^{-1}，振幅为 9～50mm。脉冲发生器有多种，如往复泵、隔膜泵，也可用压缩气驱动。

脉冲筛板萃取塔的优点是：结构简单，传质效率高，可以处理含有固体粒子的料液，由于塔内不设机械搅拌或往复运动的构件，而脉冲的发生可以离开塔身，这样就易解决防腐和防放射性问题，因此在原子能工业中获得了较广泛的应用。近年来在有色金属提取和石油化工中也日益受到重视。脉冲塔的缺点是：允许的液体通过能力小，塔径大时产生脉冲运动比较困难。

（6）往复筛板萃取塔

也称振动筛板萃取塔，其结构与脉冲筛板塔类似，也由一系列筛板构成，不同的是将若干筛板（一般是 2～20 块）按一定间距（150～600mm）固定在中心轴上，由塔顶的传动机构驱动作往复运动，筛板与塔体内壁之间保持一定间隙（5～10mm），其结构如图 7-35 所示。当筛板向下运动时，筛板下侧的液体经筛孔向上喷射；反之，筛板上侧的液体向下喷射。如此随着筛板的上下往复运动，使塔内液体作类似于脉冲筛板塔的往复运动。为防止液体沿筛板与塔壁间的缝隙流动形成短路，应每隔若干块筛板，在塔内壁设置一块环形挡板。

往复筛板的孔径比脉动筛板的要大，一般为 7～16mm，开孔率 20%～25%。往复筛板塔的传质效率主要与往复频率和振幅有关。当振幅一定时，频率加大，效率提高，但频率加大，流体的通量变小，因此需综合考虑通量和效率两个因素。一般往复振动的振幅为 4～8mm，频率为 125~500 次/min，这样可获得 3000~5000mm/min 的脉冲强度。强度太小，两相混合不良；强度太大，易造成乳化和液泛。

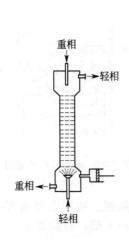

图 7-34　脉冲筛板萃取塔

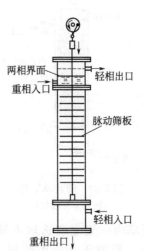

图 7-35　往复筛板萃取塔

有效塔高由筛板数和板间距推算；塔径决定于空塔流速（塔面负荷），当用重苯萃取酚时，空塔流速取 14~18m/h 为宜。

往复筛板萃取塔的特点是通量大、传质效率高；由于筛孔大且处于振动状态，易于处理含固体的物料；振动频率和振幅可调，易于处理易乳化物系；操作方便，结构简单、流体阻力小，目前已广泛应用于石油化工、食品、制药和湿法冶金工业。但由于机械方面的原因，这种塔的直径受到一定的限制，目前还不能适应大型化生产的需要。

（7）转盘萃取塔

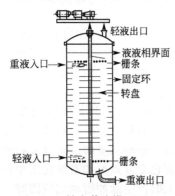

图 7-36　转盘萃取塔（RDC）

转盘萃取塔的结构如图 7-36 所示，其主要特点是在塔内从上而下安装一组等距离的固定环，塔的轴线上装设中心转轴，轴上固定着一组水平圆盘，每个转盘都位于两相邻固定环的正中间。固定环将塔内分隔成许多区间，在每一区间有一转盘对液体进行搅拌，从而增大了相际接触面积及其湍动程度，固定环起到抑制塔内轴向混合的作用。为了便于安装制造，转盘的直径要小于固定环的内径。圆形转盘是水平安装的，旋转时不产生轴向力，两相在垂直方向中的流动仍靠密度差推动。

操作时，转轴由电动机驱动，连带转盘旋转，使两液相也随着转动。在两相液流中产生相当大的速度梯度和剪切应力，一方面使连续相产生旋涡运动；另一方面也促使分散相的液滴变形、破裂及合并，故能提高传质系数，更新及增大相界面积。

固定环则起到抑制轴向返混的作用，因而转盘塔的传质效率较高。由于转盘能分散液体，故塔内无需另设喷洒器，只是对于大直径的塔，液体宜顺着旋转方向从切向进口切入，以免冲击塔内已建立起来的流动状态。

转盘塔采用平盘作为搅拌器，其目的是不让分散相液滴尺寸过小而限制塔的通过能力。转盘塔的转速是转盘萃取塔的主要操作参数。转速低，输入的机械能少，不足以克服界面张力使液体分散。转速过高，液体分散得过细，使塔的通量减小，所以需根据物系的性质和塔径与盘、环等构件的尺寸等具体情况适当选择转速。根据中型转盘萃取塔的研究结果，对于一般物系，转盘边缘的线速度以 1.8m/s 左右为宜。

转盘萃取塔的主要设计参数为：塔径与盘径之比为 1.3～1.6，塔径与环形固定板内径之比为 1.3～1.6，塔径与盘间距之比为 2～8。

转盘塔结构简单、操作方便、生产能力强、传质效率高、操作弹性大，特别是能够放大到很大的规模，因而在石油和化工生产中应用比较广泛，可用于所有的液液萃取工艺，特别是两相必须逆流或并流的工艺过程。其最重要的工业应用有：石油化工中的煤油、润滑油的精制，有机化工中的已内酰胺萃取等，湿法冶金中的稀土分离、萃取金属元素等，环境工程中废水中萃取除酚等，轻工业中的食用油精制、合成洗涤剂萃取等，固液萃取用于结晶的净化等，矿浆萃取等。

7.5.4 卧式提升搅拌萃取器

卧式提升搅拌萃取器，如图 7-37 所示，中心为水平轴，由电机驱动缓慢旋转。轴上垂直装有若干圆盘，相邻两圆盘间装有多个圆弧形提升桶，开口朝向旋转方向，整个多重圆盘转件与设备外壁形成环形间隙。两相通过环隙逆流流动，界面位于设备中心线附近的水平面。圆盘转动时，提升桶舀起重相倒入轻相，同时也舀起轻相倒入重相，从而实现两相混合。

卧式提升搅拌萃取器主要用于两相密度差很小、界面张力低、非常容易乳化的特殊萃取体系。与立式的机械搅拌萃取塔相比，其主要优点为：可以处理易乳化的体系；由于搅拌轴水平放置，萃取过程中两相密度差的变化不致产生轴向环流，可以降低返混；运行过程如果突然停车，不会破坏级间浓度分布，再开工时比较容易恢复稳态操作。

7.5.5 离心萃取器

离心萃取器是一种快速、高效的液液萃取设备。在工作原理上，离心萃取器与混合澄清槽、萃取塔的差别是前者在离心力场中使密度不同而又互不混溶的两种液体的混合液实现分相，而后者都是在重力场中进行分相。

离心萃取器可分为逐级接触式和微分逆流接触式两类。逐级接触式萃取器中两相的作用过程与混合澄清器类似。萃取器内两相并流，既可以单级使用，也可以将若干台萃取器串联起来进行多级操作。微分接触式离心萃取器中，两相的接触方式和微分逆流萃取塔类似。

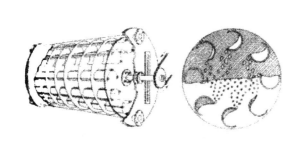
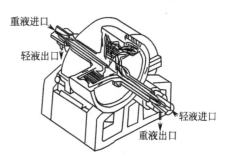

图 7-37 卧式提升搅拌萃取器示意 　　　　图 7-38 波德式（POD）离心萃取器

（1）波德式（Podbielniak）离心萃取器

也称离心薄膜萃取器，简称 POD 离心萃取器，是卧式微分接触离心萃取器的一种，其结构如图 7-38 所示，主要由一固定在水平转轴上的圆筒形转鼓以及固定外壳组成。转鼓由一多孔的长带绕制而成，其转速很高，一般为 2000～5000r/min，操作时轻液从转鼓外缘引入，重液由转鼓的中心引入。由于转鼓旋转时产生的离心力场的作用，重液从中心向外流动，轻液相则从外缘向中心流动，同时液体通过螺旋带上的小孔被分散，两相在螺旋通道内逆流流动，密切接触，进行传质，最后重液从转鼓外缘的出口通道流出，轻液则由萃取器的中心经出口通道流出。

（2）芦威式（Luwesta）离心萃取器

是立式逐级接触离心萃取器的一种，其结构如图 7-39 所示，主体是固定在外壳上的环形盘，此盘随壳体作高速旋转。在壳体中央有固定不动的垂直空心轴，轴上装有圆形盘，且开有数个液体喷出口。

图 7-39 所示为三级离心萃取器，被处理的原料液和萃取剂均由空心轴的顶部加入。重液沿空心轴的通道下流至萃取器的底部而进入第三级的外壳内，轻液由空心轴的通道流入第一级。在空心轴内，轻液与来自下一级的重液混合，再经空心轴上的喷嘴沿转盘与上方固定盘之间的通道被甩到外壳的四周，靠离心力的作用使两相分开，重液由外部沿着转盘与下方固定盘之间的通道进入轴的中心（如图中实线所示），并由顶部排出，其流向为由第三级经第二级再到第一级，然后进入空心轴的排出通道。轻液则沿图中虚线所示的方向，由第一级经第二级再到第三级，然后由第三级进入空心轴的排出管道。两相均由萃取器的顶部排出。此种萃取器也可以由更多的级组成。

离心萃取器的特点在于高速旋转时能产生 $500\sim5000$ 倍于重力的离心力来完成两相的分离，所以即使是密度差很小，容易乳化的液体，也可以在离心萃取器内进行高效率的萃取。此外，离心萃取器的结构紧凑，可以节省空间，降低机内储液量，再加上流速高，使得料液在机内的停留时间缩短，特别适用于要求接触时间短、物料存留量少以及难于分相的体系。但离心萃取器的结构复杂、制造困难、操作费用高，使其应用受到了一定的限制。

7.5.6　高压静电萃取澄清槽

高压静电萃取槽处理炼油废水的流程如图 7-40 所示。原废水与萃取剂通过碟形阀进行充分混合，并进行相间传质，然后流入萃取槽底，在槽内从下向上流动通过高压电场。电场是由导管接通 $(2\sim4)\times10^4\text{V}$ 高压电极产生的。在高压电场作用下，水质点做剧烈的周期反复运动，从而强化水中污染物对萃取剂的传质过程。当含油废水通过电场向上运动时，水质点附聚结合起来，沉于槽的下部，而为污染物饱和的萃取剂则位于槽的上部，并由此排入萃取剂处理装置。

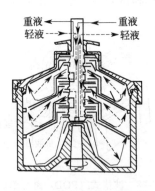

图 7-39　芦葳式离心萃取器

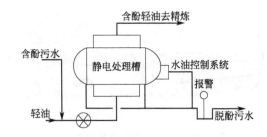

图 7-40　静电槽萃取流程

这种装置的萃取效果好，当含酚量为 $300\sim400\text{mg/L}$ 时，用高压静电萃取澄清槽，即使是一级萃取操作，也可获得 90% 的脱酚效果。这种装置已在美国的炼油厂广泛使用。

7.5.7　萃取法的应用

（1）萃取法处理含酚废水

焦化厂、煤气厂、石油化工厂排出的废水中常含有较高浓度的酚（$1000\sim3000\text{mg/L}$）。为了回收酚，常用萃取法处理这类废水。

某焦化厂废水萃取流程如图 7-41 所示。废水先经除油、澄清和降温预处理后进入脉冲筛板塔，由塔底供入二甲苯作萃取剂。萃取塔高 12.6m，其中上下分离段为 ϕ2m×3.55m，萃取段为 ϕ1.3m×5.5m，总体积为 28m³。筛板共 21 块，板间距为 250mm，筛孔直径为 7mm，开孔率为 37.4%，脉冲强度为 2724mm/min，电机功率为 5.5kW。当萃取剂和废水流量之比为 1 时，可将酚浓度由 1400mg/L 降至 100～150mg/L。脱酚率为 90%～96%，出水可作进一步处理。萃

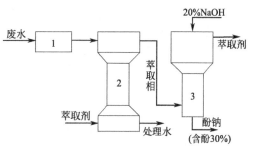

图 7-41　萃取塔脱酚工艺流程
1—预处理；2—萃取塔；3—碱洗塔

取相送入三段串联逆流碱洗塔再生。碱洗塔采用筛板塔，塔高 9m，上分离段为 ϕ3m×3m，反萃取段为 ϕ2m×6m，共 18 块筛板，总体积为 38.97m³。再生后萃取相含酚量降至 1000～2000mg/L，循环使用，再生塔底回收含酚约 30% 的酚钠。

（2）萃取法处理含重金属废水

某铜矿采选废水含铜 230～1500mg/L，含铁 4500～5400mg/L，含砷 10.3～300mg/L，pH=0.1～3。该废水用 N-510 作络合萃取剂，以磺化煤油作稀释剂。煤油中 N-510 浓度为 162.5g/L。在涡流搅拌池中进行六级逆流萃取，每级混合时间 7min。总萃取率在 90% 以上。含铜萃取相用 1.5mol/L 的 H_2SO_4 反萃取，相比为 2.5，混合 10min，分离 20min。当 H_2SO_4 的浓度超过 130g/L 时，铜的三级反萃取率在 90% 以上。反萃取所得的 $CuSO_4$ 溶液送去电解沉积，得到高纯电解铜，废电解液回用于反萃取工序。脱除铜的萃取剂回用于萃取工序，萃取剂的耗损约 6g/m³ 废水。萃余相用氨水（NH_3/Fe=0.5）除铁，在 90～95℃下反应 2h，除铁率达 90%。若通气氧化，并加晶种，除铁率会更高。所得黄铵铁矾在 800℃下煅烧 2h，可得品位为 95.8% 的铁红（Fe_2O_3）。除铁后的废水酸度较大，可投加石灰或石灰石进行中和后排放。

7.6　液液萃取设备计算

萃取塔的设计计算主要是确定塔径和塔高。在液液萃取操作中，依靠两相的密度差，在重力或离心力作用下，分散相和连续相产生相对运动并密切接触而进行传质。两相之间的传质与流动状况有关，而流动状况和传质速率又决定了萃取设备的尺寸，如塔式设备的直径和高度。

7.6.1　液液萃取设备的流动特性和液泛

萃取塔的液泛现象是由于单位时间内流过萃取塔的原料液与萃取剂的流量超过一定限度时，造成两个液体相互夹带的现象，液泛现象是萃取操作中流量达到了负荷的最大极限的标志。由于连续相和分散相的相互干扰等原因，目前只能靠经验的方法得出一些有关萃取塔的"液泛"点的关联式，图 7-42 为填料塔的液泛速率的关联图。

图中 U_{cf} 表示连续相泛点表观速率，m/s；U_d、U_c 表示分散相和连续相的表观速率，m/s；ρ_c 表示连续相的密度，kg/m³；μ_c 表示连续相的黏度，Pa·s；$\Delta\rho$ 表示两相密度差，kg/m³；δ 表示界面张力，N/m；α 表示填料的比表面积，m²/m³；ε 表示填料层的空隙率。

由所选用的填料查出该填料的空隙率 ε 及比表面积 α，再依已知物系的有关物性常数算出

图中横坐标 $\dfrac{\mu_c}{\Delta\rho}\left(\dfrac{\sigma}{\rho_c}\right)^{0.2}\left(\dfrac{\alpha}{\varepsilon}\right)^{1.5}$ 的数值。按此值从图上确定纵坐标 $\dfrac{U_{cf}\left[1+\left(\dfrac{U_d}{U_c}\right)^{0.5}\right]\rho_c}{\alpha\mu_c}$ 的数值，可

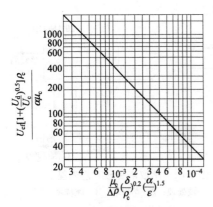

图 7-42 填料萃取塔的液泛
速率关联图

得到填料塔的液泛速率 v_{cf}。

实际设计时，空塔速率可取液泛速率 $50\% \sim 80\%$。根据适宜空塔速率便可计算塔径，即

$$D = \sqrt{\frac{4V_c}{\pi U_c}} = \sqrt{\frac{4V_d}{\pi U_d}} \qquad (7\text{-}22)$$

式中　D——塔径，m；

V_c，V_d——连续相和分散相的体积流量，m^3/s；

U_c，U_d——连续相和分散相的空塔速率，m/s。

7.6.2　萃取效率

多级萃取设备的传质速率问题可用效率来考虑。如同气液传质设备一样，效率也有三种表示方法，即级（单板）效率、总效率、点效率。当两相逆流，级内连续相完全混合时，以分散相为基准的级效率为：

$$E_{ME} = \frac{y_n - y_{n+1}}{y_n^* - y_{n+1}} \qquad (7\text{-}23)$$

式中　y_n，y_{n+1}——进出 n 级的分散相浓度；

y_n^*——与流出 n 级的连续相浓度成平衡的分散相浓度。

多级逆流萃取设备大多采用总效率 E_0，即

$$E_0 = \frac{N_T}{N_P} \qquad (7\text{-}24)$$

式中　N_P——塔内的实际板数；

N_T——与整个塔相当的平衡级数。

目前，有关效率的资料报道较少，在设计新设备时，往往要依靠中试取得的数据。对于混合-澄清器，总效率在 $0.75 \sim 1.0$ 范围内。筛板萃取塔的效率变化较大，大部分数据在 $0.25 \sim 0.5$ 之间。至于其他萃取设备的效率可查阅有关化工资料。

7.6.3　萃取塔塔高的计算

塔高的计算有以下两种方法。

① 根据水处理要求，从平衡关系和操作条件求出平衡级数；根据塔内流体力学状况和操作条件，从传质角度定出总效率；两者相除得到实际级数，再乘以板间距就可以得到塔高。筛板萃取塔分级萃取设备按此法计算。对于填料塔、转盘塔和往复筛板塔等视为浓度连续变化的微分萃取设备，此时往往不能求或不求效率，而是确定相当一个平衡级的当量高度，乘以理论板数可就得到塔高。

② 对于微分萃取设备，从操作条件、传质系数和比表面积确定严格逆流时的传质单元高度，再考虑轴向混合的校正，求得设计用的传质单元高度或直接测定；从水处理要求和操作条件求出单元数；两者相乘得到塔高。

（1）当量高度法

对于填料塔、转盘塔和往复筛板塔等，可以用相当于一个平衡级的当量高度法计算，即

$$Z = N_T \times HETS \qquad (7\text{-}25)$$

式中　Z——萃取塔的有效高度，m；

N_T——平衡级数；

$HETS$——相当于一个平衡级的当量高度，m。

（2）等效高度法

对于板式萃取塔可采用下式求算实际板数：

$$N_P = \frac{N_T}{\eta} \qquad (7\text{-}26)$$

式中　N_P——实际板数；

　　　N_T——理论板数；

　　　η——全塔平均效率。

（3）传质单元法

此法应用较广，图 7-43 为一逆流萃取塔。萃取相的流量为 E kg/h，萃余相的流量为 R kg/h。设 x_1、x_2 分别为萃余相入口端和出口端所含溶质的质量分率，y_2、y_1 为萃取相入口端和出口端所含溶质的质量分率。一般说来，由于在萃取塔中溶质的传递将引起浓度的改变，于是稀释剂与萃取剂的溶解度也要改变，因而伴随着其余各组分也发生传递，情况比较复杂。限于目前对传质问题的认识，通常只考虑溶质的传递（这对原溶剂与溶质互不相溶或溶解度甚微的系统是正确的），这样可简化传质的计算。

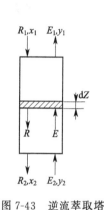

图 7-43　逆流萃取塔

当两相逆流通过 dZ 高度时，产生的溶质传递量为 dG_A，萃取浓度变化为 dy，对组分作物料衡算，得：

$$dG_A = dE_y \qquad (7\text{-}27)$$

上式中 E 随塔高不断变化，如除去溶质 A 后的萃取相量 E' 将在全塔保持不变，则：

$$E = \frac{E'}{1-y} \qquad (7\text{-}28)$$

代入式（7-27），得：

$$dG_A = E'd\left(\frac{y}{1-y}\right) = E'\frac{dy}{(1-y)^2} = E\frac{dy}{1-y} \qquad (7\text{-}29)$$

又知传质速率：

$$dG_A = K_{Ea}(y^* - y)SdZ \qquad (7\text{-}30)$$

式中　K_{Ea}——萃取相体积总传质系数，L/(m³·h)；

　　　y^*——与萃余相浓度 x 成平衡的萃取相中溶质的质量分率；

　　　S——塔截面积，m²。

由式（7-29）、式（7-30）恒等，得 $E\dfrac{dy}{1-y} = K_{Ea}(y^* - y)SdZ$

或

$$dZ = \frac{E}{K_{Ea}S}\frac{dy}{(1-y)(y^* - y)}$$

积分，得：

$$Z = \int_{y_2}^{y_1} \frac{E}{K_{Ea}S} \cdot \frac{dy}{(1-y)(y^* - y)} \qquad (7\text{-}31)$$

试验发现 $\dfrac{E}{K_{Ea}(1-y)_{ln}}$ 将在全塔基本保持常数，这里：

$$(1-y)_{ln} = \frac{(1-y) - (1-y^*)}{\ln\dfrac{(1-y)}{(1-y^*)}} = \frac{y^* - y}{\ln\dfrac{(1-y)}{(1-y^*)}} \qquad (7\text{-}32)$$

将式（7-31）右端分子分母均乘上 $(1-y)_{ln}$，得

$$Z = \int_{y_2}^{y_1} \frac{E}{K_{Ea}S(1-y)_{ln}} \cdot \frac{(1-y)_{ln}dy}{(1-y)(y^* - y)} \qquad (7\text{-}33)$$

定义

$$H_{OE} = \frac{E}{K_{Ea}S(1-y)_{ln}} \qquad (7-34)$$

$$N_{OE} = \int_{y_2}^{y_1} \frac{(1-y)_{ln}dy}{(1-y)(y^*-y)} \qquad (7-35)$$

式中　H_{OE}——萃取相总传质单元高度，m；
　　　　N_{OE}——萃取相总传质单元数。

对于稀溶液系统，y 很小，$\frac{(1-y)_{ln}}{(1-y)} \approx 1$，故有

$$H_{OE} = \frac{E}{K_{Ea}S} \qquad (7-36)$$

$$N_{OE} = \int_{y_2}^{y_1} \frac{dy}{(y^*-y)} \qquad (7-37)$$

式(7-37) 可按图解积分法求解。

对于萃余相，也可按同样的原理和步骤推导出萃余相传质单元高度和传质单元数。

需要指出的是，上述推导过程中，没有考虑两相的返混问题，所以求出的塔高需要进行校正。

7.7　超临界二氧化碳流体萃取

超临界 CO_2 萃取技术是自超临界流体技术研究开发以来应用最成熟的技术，也是各领域中实验研究最广泛的技术。二氧化碳是最适合于超临界萃取的流体之一，已应用于食品、医药、石油、环保等行业。

7.7.1　超临界二氧化碳的性质

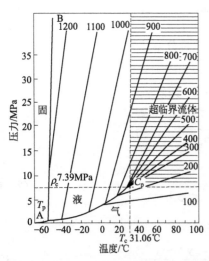

图 7-44　纯 CO_2 压力与温度和密度的关系
（各直线上数值为 CO_2 密度，g/L）

二氧化碳的临界温度是文献上介绍过的超临界溶剂中临界温度（31.06℃）最接近室温的，临界压力（7.39MPa）也比较适中，但其临界密度（0.448g/cm³）是常用超临界溶剂中最高的。由于超临界流体的溶解能力一般随流体密度的增加而增加，因此可知 CO_2 流体是最适合作超临界溶剂用的。

溶质在超临界流体中的溶解度与超临界流体的密度有关，而超临界流体的密度又决定于它所在的温度和压力。超临界 CO_2 流体密度的变化规律是 CO_2 作为溶剂最受关注的参数。图 7-44 表示了纯二氧化碳压力与温度和密度的关系，CO_2 流体的密度是压力和温度的函数，其变化规律有两个特点：①在超临界区域内，CO_2 流体的密度可以在很宽的范围内变化（从150g/L增加到900g/L之间），也就是说适当控制流体的压力和温度可使溶剂密度变化达 3 倍以上；②在临界点附近，压力或温度的微小变化可引起流体密度的大幅度改变。CO_2 溶剂的溶解能力取决于流体密度，使得上述两个特点成为超临界 CO_2 流体萃取过程的最基本关系，这也是超临界 CO_2 流体萃取过程参数选择的重要依据。

和传统加工方法相比，使用 CO_2 作为溶剂的超临界流体萃取具有许多独特的优点：

① 萃取能力强，提取率高。采用超临界 CO_2 流体萃取，在最佳工艺条件下，能将要提取的成分几乎完全提取，从而大大提高产品收率和资源的利用率。

② 萃取能力的大小取决于流体的密度，最终取决于温度和压力，改变其中之一或同时改变，都可改变溶解度，可有选择地进行多种物质的分离，从而减少杂质，使有效成分高度富集，便于质量控制。

③ 超临界 CO_2 流体的临界温度低，操作温度低，能较完好地保存有效成分不被破坏，不发生次生化，因此特别适用于那些对热敏感性强、容易氧化分解破坏的成分的提取。

④ 提取时间快，生产周期短，同时它不需浓缩等步骤，即使加入夹带剂，也可通过分离功能除去或只需要简单浓缩。

⑤ 超临界 CO_2 流体还具有抗氧化、灭菌等作用，有利于保证和提高产品质量。

⑥ 超临界 CO_2 流体萃取过程的操作参数容易控制，因此，有效成分及产品质量稳定，而且工艺流程简单，操作方便，节省劳动力和大量有机溶剂，减少三废污染。

⑦ CO_2 便宜易得，与有机溶剂相比有较低的运行费用。

7.7.2 超临界二氧化碳流体的溶解性能及影响因素

在超临界状态下，流体具有溶剂的性质，称为溶剂化效应。赖以作为分离依据的超临界 CO_2 流体的重要特性是它对溶质的溶解度，而溶质在超临界 CO_2 流体中的溶解度又与超临界 CO_2 流体的密度有关，正是由于超临界 CO_2 流体的压力降低或温度升高所引起明显的密度降低而使溶质从超临界 CO_2 流体中重新析出以实现超临界 CO_2 流体萃取的。超临界流体的溶解能力受溶质性质、溶剂性质、流体压力和温度等因素的影响。

（1）压力的影响

压力大小是影响超临界 CO_2 流体萃取过程的关键因素之一。不同化合物在不同超临界 CO_2 流体压力下的溶解度曲线表明，尽管不同化合物在超临界 CO_2 流体中的溶解度存在着差异，但随着超临界 CO_2 流体压力的增加，化合物在超临界 CO_2 流体中的溶解度一般都呈现急剧上升的现象。特别是在 CO_2 流体的临界压力（$7.0 \sim 10.0$ MPa）附近，各化合物在超临界 CO_2 流体中溶解度参数的增加值可达到 2 个数量级以上。这种溶解度与压力的关系构成超临界 CO_2 流体过程的基础。

超临界 CO_2 流体的溶解能力与其压力的关系可用超临界 CO_2 流体的密度来表示。超临界 CO_2 流体的溶解能力一般随密度的增加而增加，Stahl 等指出，当超临界 CO_2 流体的压力在 $80 \sim 200$ MPa 之间时，压缩流体中溶解物质的浓度与超临界 CO_2 流体的密度成比例关系。至于超临界 CO_2 流体的密度则取决于压力和温度。一般在临界点附近，压力对密度的影响特别明显，超过此范围，压力对密度增加的影响较小。增加压力将提高超临界 CO_2 流体的密度，因而具有增加其溶解能力的效应，并以 CO_2 流体临界点附近的效果最为明显。超过这一范围，CO_2 流体压力对密度增加的影响变缓，相应的溶解度增加效应也变为缓慢。

（2）温度的影响

与压力相比，温度对超临界 CO_2 流体萃取过程的影响要复杂得多。一般温度增加，物质在 CO_2 流体中的溶解度变化往往出现最低值。温度对物质在超临界 CO_2 流体中的溶解度有两方面的影响：一个是温度对超临界 CO_2 流体密度的影响，随着温度的升高，CO_2 流体的密度降低，导致 CO_2 流体的溶剂化效应下降，使物质在其中的溶解度下降；另一个是温度对物质蒸气压的影响，随温度升高，物质的蒸气压增大，使物质在超临界 CO_2 流体中的溶解度增大，这两种相反的影响导致一定压力下，溶解度等压线出现最低点，在最低点温度以下，前者占主导地位，导致溶解度曲线呈下降趋势，在最低点温度以上，后者占主要地位，溶解度曲线呈上升趋势。

（3）夹带剂的影响

超临界 CO_2 流体对极性较强的溶质溶解能力明显不足，这将限制该分离技术的实际应用。为了增加超临界 CO_2 流体的溶解性能，人们发现，如果在超临界 CO_2 流体中加入少量的第二溶剂，可大大增加其溶解能力，特别是原来溶解度很小的溶质。加入的这种第二组分溶剂称为夹带剂，也称提携剂、共溶剂或修饰剂。夹带剂的加入可以大幅度提高难溶化合物在超临界 CO_2 流体中的溶解度，例如：氢醌在超临界 CO_2 流体中的溶解度很低，但加入 2％磷酸三丁酯（TBP）后，氢醌的溶解度可以增加 2 个数量级以上，并且溶解度将随磷酸三丁酯加入量的增加而增加。

加入夹带剂对超临界 CO_2 流体萃取的影响可概括为：①增加溶解度，相应也可能降低萃取过程的操作压力；②通过适当选择夹带剂，有可能增加萃取过程的分离因素；③加入夹带剂后，有可能单独通过改变温度达到分离解析的目的，而不必用一般的降压流程。例如，采用乙醇作为夹带剂之后，棕榈油在超临界 CO_2 流体中的溶解度受温度影响变化很明显，因此对变温分离流程有利。

夹带剂一般选用挥发度介于超临界溶剂和被萃取溶质之间的溶剂，以液体的形式，少量〔1％～5％（质量分数）〕加入到超临界溶剂之中。其作用是可对被分离物质的一个组分有较强的影响，提高其超临界 CO_2 流体中的溶解度，增加抽出率或改善选择性。通常具有很好溶解性能的溶剂，往往就是好的夹带剂，如甲醇、乙醇、丙酮、乙酸乙酯、乙腈等。

夹带剂的作用机制至今尚不清楚，从经验规律上看，加入极性夹带剂对提高极性成分的溶解度有帮助。Dobbs 从极性基础上讨论了夹带剂的作用，认为夹带剂的作用主要是化学缔合。实验表明，极性夹带剂可明显增加极性溶质在超临界 CO_2 流体中的溶解度，但对非极性溶质的作用不大；相反，非极性夹带剂如果分子量相近的话，对极性和非极性溶质都有增加溶解度的效能。G. Brunner 认为夹带剂与溶质之间存在氢键，使用夹带剂可以增加低挥发度液体的溶解度达数倍以上，溶质的分离因数也明显增大。到目前为止，国内有关夹带剂的研究报道很少。

虽然在超临界流体技术的各研究方向上应用最多、最广泛的溶剂是 CO_2，但是超临界溶剂还有多种选择，如轻质烷烃、氟氯烃、N_2O 等各类化合物，其中以乙烷、丙烷、丁烷等轻质烷烃类最受注目。如 Kerr-McGee 公司的渣油萃取 ROSE 过程（residual oil supercritical extraction）就是采用丙烷作为超临界溶剂的，目前已取得了大规模工业应用并广为推广，是最成功的超临界流体萃取技术之一。目前文献上都以丙烷为轻质烃的代表进行超临界流体萃取技术的研究，尽管有关超临界丙烷流体萃取技术的实际应用的报道远比超临界 CO_2 流体萃取的少，但丙烷的确是一种极有竞争力的超临界溶剂：丙烷的临界压力为 4.2MPa，比 CO_2 的临界压力低得多，相应的超临界萃取压力也比采用 CO_2 时要低，因此可显著降低高压萃取过程的设备投资。丙烷的临界温度较高，达 96.8℃，因此会对热敏性很强的生物活性物质的分离带来一定的影响，但能满足绝大多数情况下的应用。

超临界丙烷流体的溶解度数据比超临界 CO_2 流体的要少得多，但从已知数据来看，超临界丙烷流体的溶解度比超临界 CO_2 流体的溶解度要大得多。由于丙烷的溶解度较大，因此可采用较低的超临界压力，有利于在萃取过程中减少溶剂的循环量，从而提高设备的处理能力和降低过程的操作费用。但丙烷易燃，采用丙烷的超临界萃取装置必须进行防爆处理。

7.7.3 超临界二氧化碳流体萃取处理污染物的工艺流程

超临界萃取技术中使用最多的萃取剂是 CO_2，CO_2 属于无害性气体，具有化学性质稳定、无腐蚀性、不燃烧、不爆炸、气体的黏度低、扩散系数高和类似液体的高密度等特性，其温度和压力的变化对溶解能力变化极为敏感，易于调节到临界状态，其临界温度（31.06℃）接近室温，临界压力（7.39MPa）也比较适中，是常用的超临界萃取溶剂。使用的 CO_2 可来源于合成氨和天然气的副产物，不会增加温室气体 CO_2 的排放量。

CO_2 在临界点附近时，操作温度或操作压力的微小变化都会引起超临界流体密度的很大变化，从而导致其溶解能力高达几个数量级的变化。超临界 CO_2 萃取的工艺流程为：污染物流体流入萃取罐内，通入 CO_2 气体，使罐内气体升温（或降温）至 CO_2 的超临界温度（31.06℃）以上，加压至 CO_2 的临界压力（7.39MPa）以上。在常温常压下很难溶解在 CO_2 中的有机污染物在常温、高压（高密度）条件下较容易地溶解在 CO_2 中，然后改变温度和压力，在常温常压条件下使萃取出来的成分与萃取剂 CO_2 分离，从而实现有机污染物从液相或固相中分离出来的目的。

超临界流体技术对废物的处理按工艺的不同主要有两种形式：直接接触法（或一步法）与间接接触法（或称二步法）。

① 直接接触法　超临界流体直接与污染物接触，在超临界状态下，污染物被萃取于超临界 CO_2 中，再将 CO_2 恢复到常温常压状态下，这时污染物在 CO_2 中几乎不溶，污染物被分离出来。该方法虽然设备投资和运行费用较高，但可回收其中有价值的成分。

② 间接接触法　使污染物先不与 CO_2 接触，而是与吸附剂相接触，使其中的污染物吸附到吸附剂载体上，然后在常温（或较低的温度）下将饱和吸附剂用超临界 CO_2 流体萃取，分离出其中的污染物。该方法的优点是可以使超临界萃取装置和费用降低，有利于实现工业化运行。

（1）直接接触法

超临界流体直接与被污染物相接触，除去其中的有害成分。这种过程的经济性与分离程度密切相关。

表 7-3　用超临界 CO_2 流体净化废水的研究结果

废水来源	超临界 CO_2 处理的出水
芴丁酯生产装置	芴醇含量降低 11.2%
甜菜宁生产装置	COD 降低 22.0%
甲草胺生产装置	COD 降低 21.0%，甲草胺降低 30.0%

目前，国内外对超临界 CO_2 流体从含醇稀溶液中回收酒精已进行了相当普遍的研究，虽然其应用前景还不十分明朗，但从这些研究中可以预见：超临界流体萃取技术可应用于对含高级脂肪醇、芳香族化合物、酯、醚、醛等物流的纯化。超临界流体对一些难处理的多组分污染物的处理尤其有效。Ringhard 和 Kopfler 运用直接接触法流程从含污染物浓度很低的水中萃取出一系列污染物质，取得了满意的净化效果。Z. Knez 等针对除草剂生产厂含除草剂废水的处理，进行了用超临界 CO_2 流体净化废水的研究，其结果如表 7-3 所列。

处理含除草剂的废水，在投资和操作费用上超临界 CO_2 流体萃取法与其他方法的比较结果如表 7-4 所列。

表 7-4　几种废水处理方法的投资与操作费用比较（相对值）

处理方法	超临界流体萃取法	蒸馏法	焚烧法	活性炭吸附法
投资费用	1	1	4	0.5
操作费用	1	5	25	4

研究结果表明，用超临界流体处理含有机物的废水是经济而有效的。Z. Knez 等指出，超临界流体萃取法与活性炭吸附法相比，每处理 $1m^3$ 的废水至少可节省费用 33.7 美元。在此基础上，他们进一步在逆流萃取设备中进行分离过程的优化研究，使这项技术在废水处理领域逐

步实现了工业化。Y. Ikushima 等用超临界 CO_2 流体从污染水体中萃取有机氯化物,实验结果表明,超临界 CO_2 流体能在很短的时间内将有机氯化物完全萃取出来,是一种高效的萃取剂。

（2）间接接触法

间接接触法是将被污染物质先与中间媒介（如吸附剂）相接触,使其中的污染物得到富集,然后将中间媒介在一定条件下用超临界流体萃取,分离出其中的污染物的方法。采用这种方法的优点是:可以使超临界流体萃取装置的投资规模和运行费用大大减少,有利于过程的经济运行和工业化。在实际生产过程中,所用的吸附剂一般为活性炭或硅胶,因此,间接接触法常称为活性炭吸附再生法或硅胶吸附再生法,该法适合于较低浓度废水或废气的处理,通过选择合适的中间媒介,能使含 10^{-6} 和 10^{-9} 级的污染物在第二步分离中有很高的回收率,间接接触法可应用于改进现行的废水处理过程。目前常用活性炭和合成树脂吸附剂进行工业废水的净化处理,其中,活性炭经再生后可循环使用。在此工艺中,所用的吸附剂再生方法如蒸汽汽提法和加热再生法,能耗均较大,且会造成吸附剂的大量损失。

7.7.4 超临界二氧化碳萃取在污染物治理领域的应用

（1）活性炭再生

活性炭在医药、化工及食品等方面具有重要的应用,是饮用水和工业废水处理的最为有效的方法之一。活性炭应用的主要困难在于它的再生技术存在着一些困难。通常,工业上活性炭脱附的方法是采用蒸汽汽提法和加热再生法,将载有有机吸附物质的活性炭在工业炉中升温到 1000℃ 左右,这样不仅耗能很大,很不经济且存在环境问题,还会造成部分活性炭的烧失。利用有机物在超临界流体中溶解度的增强,用超临界流体来冲洗吸附床,使吸附质溶解于超临界流体而从吸附剂上除去,可能是一种节能的再生方法,因此利用超临界流体再生这种新方法就随之被研究者和工程技术人员提出。

超临界流体的特殊性质和技术原理确定了它用于再生活性炭的可能性和理论基础。超临界 CO_2 流体对非极性物质、中等极性物质包括多环芳烃和多氯联苯以及醛、酯、醇类、有机杀虫剂、除草剂和脂肪等均有良好的溶解能力,并且各种超临界流体对活性炭均不溶解,这就构成了该技术的基础。同时,有机分子在超临界流体中可以快速扩散,并可通过操作压力和温度的改变使有机分子易于与流体分离。

1977 年美国和德国分别报道了用超临界流体再生高分子材料吸附剂的方法,1979 年 Model 对超临界 CO_2 流体中活性炭吸附酚的再生进行了研究,1980 年美国 Critical Fluid Systems Inc. 通过实验研究和理论计算,得出了用超临界 CO_2 流体再生吸附农药或其他污染物的活性炭在经济上是合理的结论。此外,Nelson、Tomasko、Macnaughton 以及 Tan and Liou 在超临界流体再生活性炭理论和工业实验方面做了大量的工作。1992 年日本通产省工业技术院中井敏博等研究了以三氯乙烯、甲氯乙烯、邻氯酚、硝基苯、邻硝基酚、邻硝基甲苯、邻硝基氯苯、邻硝基苯胺和 2，4-二硝基苯酚为污染物的废水活性炭 CO_2 的再生过程。刘通弟和高通等以饮用水中的对氯酚和石油化工废水中的苯为对象,研究了用超临界 CO_2 再生活性炭的过程。

用活性炭吸附含有有机污染物的废水是环境治理的一种方法,活性炭的再生循环就可以采用超临界流体技术。超临界流体再生活性炭与超临界流体萃取在工艺流程上十分相似,如图 7-45 和图 7-46 所示。在设备上它包括了流体输送设备、温度和压力控制系统、流量测控系统、再生器和分离器等部分,在操作上它可以以间歇方式或半连续方式进行。如果活性炭的用量不多,可将吸附和脱附过程在同一吸附罐内交替地进行;如果活性炭用量较大,就要专门设置脱附罐。此时,需将吸附罐中的浆状活性炭用泥浆泵送入脱附罐,等水沥干后,通入 CO_2 到所需的压力,然后开启设置于吸附罐出口的减压阀开始脱附。流经脱附罐的高压 CO_2 流体不断从活性炭上溶解有机物，载有有机物的 CO_2 流体经过减压阀后，有机质就会析出，使之从分离器中除去。而自分离器顶部放出的 CO_2 则经压缩和换热后，重新进入脱附罐循环使用。一旦活性炭上的吸附质脱附达到预定指标，则吸附剂再生完成，此时可将罐内 CO_2 放空，然后充水用泥浆泵将活性炭抽出，送回吸附罐。这种操作方式最简单，但由于是间歇操作，在时间上不经济，脱附完成后将 CO_2 放空时，会造成 CO_2 损失。采用两个脱附罐操作，可以节省时间和 CO_2，当脱附罐 1 完成脱附阶段后，可将高压 CO_2 部分卸压，使其向罐 2 充压，此时，罐 2 处于已经装好待脱附的吸附剂，正准备转入脱附阶段，接着罐 1 就进行泵送吸附剂回吸附器，罐 2 则开始做脱附操作。这样就达到了节省操作时间和部分回收放空 CO_2 的目的。

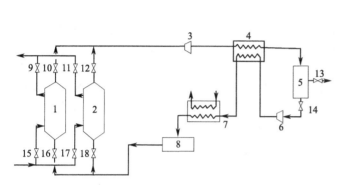

图 7-45　超临界流体再生活性炭工艺流程示意
1，2—脱附器；3—冷却器；4，7—换热器；
5—分离器；6—循环压缩机；8—CO_2 贮槽；9～18—阀门

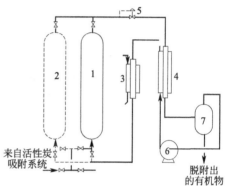

图 7-46　采用超临界 CO_2 流体再生活性炭的流程
1，2—脱附器；3—冷却器；4—换热器；
5—减压阀；6—循环压缩机；7—分离器

通过实验和理论分析，这种新方法优于传统的活性炭再生方法，主要特点如下：

① 操作温度低，使再生后的活性炭在吸附性能上保持与新鲜活性炭一样；

② 在超临界流体再生中，活性炭没有任何损失；

③ 这种方法可以方便地收集污染物，利于重新利用或集中焚烧，彻底地切断了二次污染。

用超临界流体处理吸附剂是一种十分经济的再生手段。Arthur D. Little 等将超临界流体处理方法与普通的再生方法进行了比较，结果得出：采用活性炭吸附杀虫剂生产厂废气中所含的阿特拉津（Atrazine）和三硝丁酚（Dinitrobutylphend）后，再用超临界流体处理富集了污染物的活性炭，活性炭再生的费用为 31～64 美分/kg，与热再生的费用（64～80 美分/kg）相比，可降低 30%～50%。

这种方法还可以用于其他吸附剂的再生，如吸附树脂、分子筛等吸附介质。树脂吸附剂具有比活性炭更高的选择性，但由于其热敏性而不能使用热再生方法进行再生，而采用溶剂洗涤和蒸馏再生法既耗能很大，又使吸附能力有所下降。而超临界流体再生方法能在较低的温度下很容易将其再生。Arthur D. Little（ADL）等指出，在处理含苯酚、醋酸、甲草胺等化合物的废水时，用树脂吸附剂和超临界流体再生的二步法与传统的活性炭吸附及热再生过程相比，操作费用可降低 71%～83%。

Charlers A. Eckert 等对颗粒活性炭和聚合物吸附床层中不同污染物质的超临界解吸再生费用进行了研究，结果表明，通过优化超临界溶剂进行吸附再生，可使操作费用降低 50%～90%。Epping 等研究了用活性炭吸附空气气流中微量汽油、酒精和酮等污染物质，并用超临界流体使活性炭得到再生。结果表明，此过程再生效率和经济效益均很高，而且通过超临界 CO_2 流体的多次循环能使活性炭得到完全再生，再生后吸附剂的吸附能力几乎与新吸附剂相同。目前，尚无这类生产装置，但间接接触法技术已趋成熟。据报道，美国于 1983 年就已开始对废水处理过程中所用树脂吸附剂和其他贵重吸附剂的超临界萃取再生系统进行了研究。无论是直接接触法还是间接接触法，在环境保护方面与传统的处理方法相比都是经济有效的。

（2）超临界 CO_2 流体技术用于污泥的处理

含油污泥是炼油厂污水处理产生的含油和有机物较高的污泥，传统的处理方法是对污泥进行化学处理（如加入絮凝剂等），脱水后焚烧。这种处理一是存在综合利用问题；二是滤液中有机物含量高，导致 COD 偏高，难以达标排放；三是焚烧时造成大气污染。据报道，利用超临界 CO_2 流体萃取加入改性剂（丙烷三乙胺，重整油）后对污泥进行萃取，能够回收油用以回炼，还可把废水中的有机物提取出来，而经超临界 CO_2 流体萃取处理后的泥渣大多都能达到 BDA（best demonstrated available technology）要求。

在工业废物处理及回收利用方面，Hurren 和 Fu 研究了利用超临界 CO_2 从金属加工油泥中萃取回收金属和切削油，可将油泥的含油质量分数降至 1% 以下，回收的油相当洁净，可直接回用，且油泥中的金属粉末也能全部回收，而传统的挤压法或离心法只能将污泥中的含油质量分数降至 10%～15%，泥中的金属也只能作为废物进行填埋处理。与传统的蒸馏法、焚烧法相比，超临界 CO_2 萃取法的投资及操作费用只是蒸馏法的 30% 左右，不到焚烧法的 10%。可见，超临界 CO_2 萃取法在环境科学方面的应用潜在优势十分明显。

（3）超临界 CO_2 流体萃取技术处理农药废水

在农药废水处理方面，Yu 用超临界 CO_2 萃取去除废水中杀螟松、二嗪农、甲胺磷、乙酰甲胺磷、倍硫磷等有机磷农药的研究表明，在温度 90℃、压力 32.9MPa、萃取时间大于 40min 的条件下，可将各种农药成分基本除尽。卢子扬等使用超临界 CO_2 对敌敌畏（DDW，$C_4H_7O_4Cl_2P$）废水的处理进行了实验研究，在温度为 60℃、压力为 25MPa 时，发现样品敌敌畏水溶液中 DDW 的去除率可以达到 100%。武正华对含氰废水的处理进行了实验研究，实验中发现当萃取装置内压力为 10～15MPa，萃取温度为 30～50℃，萃取时间为 20～30min 时，其废水中氰化物的去除率接近 70%。卢子扬等还对三氯乙烯（TCE）、甲氯乙烯（PCE）、邻氯苯酚（OCP）等三种有机氯化合物及富士一号杀菌剂（IP）、富尔托杀菌剂（FT）、西玛津除草剂（CAT）等农药的水溶液进行了实验研究，实验发现，在温度为 35℃、压力为 20MPa 条件下，三种有机氯和三种农药具有较好的去除效率；在温度为 35℃、压力为 10MPa 条件下，三氯乙烯（TCE）、四氯乙烯（PCE）具有较好的去除效果。

（4）超临界流体萃取技术处理不同物质中的金属

相对于传统溶剂络合萃取，超临界流体具有良好的扩散性、较低的黏度以及随温度和压力而变化的溶解能力，超临界流体萃取技术具有速率快、回收率高、不存在回收有机溶剂和产生有机废物等问题，因此使得超临界流体萃取成为一种优良的分离技术。

超临界流体萃取技术通常运用于有机化合物的萃取，近年，超临界流体萃取已被研究应用于从固液基质中萃取金属离子。由于金属离子和超临界 CO_2 流体的相互作用力弱，而且金属离子需要中和其电性才能被萃取，所以用超临界 CO_2 流体直接萃取金属离子是不可能的，超临界络合萃取为这一问题的解决开辟了新的思路。在超临界络合萃取中，为了能用超临界流体萃取金属离子，必须先将对金属离子有较强萃取能力的络合剂溶解于超临界 CO_2 流体中，然后通过金属离子与络合剂中相应的阴离子络合而被萃入超临界 CO_2 流体中，而金属络合物在超临界流体中或经少量有机溶剂调节过的超临界流体中是可溶的，且用超临界流体萃取方法对金属离子的萃取效率很大程度上取决于所引入的配位剂及所形成的金属络合物的化学性质。一些常用的配位剂，如双（三氟己基）二硫代氨基甲酸钠和冠醚已被用于 Cu^{2+}、Hg^{2+} 的萃取，噻吩甲酰三氟乙酰基丙酮（TTA）和有机含磷试剂（如 TBP）已被成功地应用于从固液基质中萃取镧系和锕系金属。

　　马俊芬等进行了超临界络合萃取汞离子的研究。他们先将市售的定性滤纸剪成 2cm×2cm 大小,将其浸泡于含有 0.1mol/L 硝酸汞的硝酸溶液中,过夜,取出后在空气中自然晾干,即可作为被萃物介质用于实验。汞离子浓度的测定采用双硫腙法。实验流程如图 7-47 所示,从气体钢瓶出来的二氧化碳气体经压缩机升压至高压状态,再经稳压阀将压力调节到实验操作压力,然后经预热器将操作压力下的二氧化碳气体加热到操作温度。在液体萃取罐中超临界 CO_2 流体溶解液体络合剂或修饰剂,或在固体萃取罐中溶解固体络合剂。溶有络合剂和(或)修饰剂的超临界 CO_2 流体在恒温的固体萃取罐中对被萃取的金属离子进行萃取,所形成的金属络合物溶入超临界 CO_2 流体中,经减压调节阀节流膨胀后,金属络合物就会在两级分离器中析出,减压后的二氧化碳气体经湿式气体流量计测量后放空。

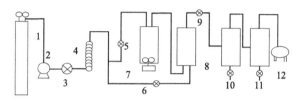

图 7-47　超临界络合萃取流程
1—二氧化碳钢瓶;2—压缩机;3—稳压阀;4—预热器;5—开关阀 1;
6—开关阀 2;7—液体萃取罐;8—固体萃取罐;9—减压调节阀;
10—一级分离罐;11—二级分离罐;12—湿式流量计

　　萃取温度、萃取压力、超临界 CO_2 流体的流速、被萃物的水含量以及修饰剂对超临界络合萃取汞离子均有影响,其研究结果为:

　　压力是影响超临界络合萃取的一个重要因素。随着萃取压力的增加,萃取率呈不断增加的趋势。这是因为随着萃取压力的增加,超临界 CO_2 流体的极性和密度增加,使得其溶解能力也增加,都有利于络合剂 A 和所形成的 HgA 溶解在超临界 CO_2 流体中。所以,络合剂 A 对汞离子的络合萃取应在较高的压力下有较好的萃取效果。

　　温度同样是影响超临界络合萃取的一个重要因素。在两个不同的萃取压力条件(即 20MPa 和 16MPa)下,萃取率随着温度的升高而增加。在相同的温度条件下,20MPa 时的萃取率要比 16MPa 时的萃取率高。随着萃取温度的升高,络合剂 A 和生成的 HgA 的挥发性增加,使它们在超临界 CO_2 流体中的溶解度增加;同时,随着萃取温度的升高,络合剂 A 与汞离子络合反应的速率也增加。但是萃取温度的升高使超临界 CO_2 流体的密度降低,从而使它对络合剂和络合物的溶解能力降低。在它们的共同影响作用中前两个因素比第三个因素的效应要大,所以,随着萃取温度的升高,萃取率相应增加,但在一定条件下有一最适宜的萃取温度。

　　在超临界络合动态萃取过程中,超临界 CO_2 流体的流速会影响络合剂 A 和 HgA 在超临界 CO_2 流体中溶解的传递过程。在一定的萃取压力(20MPa)和萃取温度(45℃)条件下,随着流速的增加,萃取率先稍有增加然后下降。在较低的流速下,超临界 CO_2 流体在被萃取物表面所形成的滞留层是络合剂和络合物的传质的主要阻碍。随着流速的增加,滞留层变薄,传质速率和萃取率都增加。在高流速下,超临界 CO_2 流体的停留时间过短,不利于络合剂和络合物的溶解,因而,随着流速的增加萃取率很快下降。

　　实际体系的被萃取物中都含有一定量的水。随着被萃取物中水含量的增加,络合剂 A 对汞离子的络合萃取率也增加。水的存在可以使被萃取物载体发生膨胀,从而有利于超临界 CO_2 流体深入到被萃物载体的内部和有利于汞离子以及络合物从被萃物载体到超临界流体的传递过程。同时,水分子可以强化汞离子的水化作用。所有这些因素都有利于汞离子的萃取。

　　二氧化碳是非极性的流体,这不利于其对络合剂 A 以及络合物 HgA 的溶解。如果在超临

界 CO_2 流体中加入一些有极性的修饰剂，萃取体系的极性就会得到改善。不同修饰剂如甲醇、二氯乙烷、正己烷等的物性性质如表 7-5 所列。

表 7-5 一些改性修饰剂的物理和化学性质

修饰剂	作用力	偶极矩	酸碱性	修饰剂	作用力	偶极矩	酸碱性
甲醇	诱导偶极矩、氢键	2.9	$pK_a=16$	甲苯	诱导偶极矩、色散力，π-π 键	0.4	中性
乙酸	诱导偶极矩、氢键，π-π 键	1.7	$pK_a=4.8$	正己烷	色散力	0.0	中性
二氯甲烷	诱导偶极矩	1.6	中性				

加入修饰剂对络合剂 A 超临界络合萃取汞离子的影响结果如表 7-6 所列。

表 7-6 不同改性修饰剂对萃取效果的影响

	$p=20\text{MPa}, T=45℃$								
修饰剂	修饰剂加量/mL	萃取时间/min	流速/(L/min)	萃取率 E/%	修饰剂	修饰剂加量/mL	萃取时间/min	流速/(L/min)	萃取率 E/%
乙酸	150	84	47.62	88.98	甲苯	150	87	45.98	66.93
甲醇	150	85	47.06	79.53	正己烷	150	90	44.44	62.20
二氯甲烷	150	86	46.51	77.95					

在改善络合剂 A 对汞离子的萃取方面，一些极性的修饰剂，如甲醇、二氯甲烷和乙酸是比较有效的，而一些非极性的修饰剂，如正己烷和甲苯基本上没有效果。所以，拥有酸性（或碱性）特征和较大偶极矩的修饰剂在金属离子的超临界络合萃取中起到很重要的作用，这些修饰剂通过改善超临界流体的极性进而改善对汞离子的萃取效果。

此外，该技术对核废料的治理与清除也有明显的益处，它能减少或避免二次废物的生成。利用超临界流体萃取技术萃取环境样品中的金属离子，已作为处理被各种金属离子污染的工业场所的有效方法。Ashraf-khorassani 等就用纯二氧化碳加甲醇作改性剂的超临界 CO_2 流体成功地从淤泥、飞灰、土壤、滤纸、砂等不同物质中萃取了汞离子及其化合物。

（5）超临界流体萃取技术用于环境分析测试

在环境保护方面，超临界流体还有一些特殊的应用。随着人们对环境和健康问题的日益重视，要求对环境中的一些化学物质进行定量的检测，以监督和改善环境质量。超临界流体萃取测试指利用超临界流体作萃取剂，利用其在超临界状况时对有机污染物具有极强的溶解能力，而在常温常压条件能够萃取出来的特点，对大气、土壤、水样等所含污染物进行测试。目前使用最多的是大气污染物和土壤中污染物萃取测试，该测试方法的特点是：①能满足测试样品复杂性要求；②能满足微量污染物分析的要求；③超临界流体萃取过程中，所使用的超临界流体为无毒气体，不对环境造成二次污染，也有利于操作人员身体健康；④测试成本低廉；⑤易于在线联用，可对污染物进行选择性萃取。

超临界流体在分析测试方面的应用包括样品处理和用作色谱的流动相。环境检测一般要从空气、水和生物样、土壤和沉积物等环境介质中提取某些污染物来分析环境质量。环境样品基体复杂，分析对象含量低，且以多相非均态的形式存在居多，因此，样品的前处理在整个分析过程中尤为重要。样品的处理方面有传统的溶剂萃取法和索氏萃取法，还有近些年新发展起来的吹扫捕集、超临界流体萃取、固相微萃取、膜抽提、微波溶出等多种方法，其中，超临界流体萃取法发展最为迅速。

在传统的环境分析技术中，有许多样品的制备也是采用萃取的方法，但所用的溶剂大多有毒性，而且价格较高。超临界流体萃取由于其高效、快速、后处理简单等特点，大大减少了样品的用量，缩短了样品的处理时间，可以在数分钟或数小时内完成传统方法几十小时的工作量。表 7-7 列出了传统的液液萃取法与超临界流体萃取法测定城市灰尘中多环芳烃的萃取情况。可见，超临界流体萃取各步所用的时间相对于传统的萃取法而言大大缩短，分析测定过程更为简便，效果也好。实践证明，处理含痕量甚至是超痕量石油、多环芳烃、农药或酚类物质不同形态的样品，超临界流体萃取法耗时短，污染小，选择性好，易与气相色谱、高效液相色谱、红外光谱及超临界流体色谱等分析技术联用，可实现自动化分析。另外，超临界流体的溶解力可随萃取压力和温度变化，易于调节。这种可变的溶解力为选择性萃取提供了可能，对有效处理基体复杂的各类样品尤为重要。据报道，处理相同的材料，传统的索氏提取法一般需48h才能完成，而采用超临界流体萃取技术只需10min。多氯代二苯并二噁英（$PCDD_5$）为极强毒性的一类化合物，其1g剂量可以毒死2万人，垃圾焚烧时容易产生该成分进入大气，对环境危害极大。由于氯代芳烃化合物能长期残存于环境中，是最有害的环境污染物之一，许多研究人员对环境中的这些化合物的定量检测做了大量的工作。Tarek等用超临界CO_2流体萃取城市空气中总悬浮颗粒物中的烷烃类化合物，当反应器升压至30MPa、45℃时，可以直接萃取出来，萃取的选择性达80%～90%。

表 7-7 萃取方法比较

参　数	传统萃取法	不联机 SFE	联机 SFE	参　数	传统萃取法	不联机 SFE	联机 SFE
所需样品量/mg	1000	20	2	萃取浓缩分析所用时间/min	960	20	20
所需溶剂量/mg	450	3	0				
萃取时间/h	48	1	0.25	每个样品完成分析所用时间/h	72	2	1
萃取液浓缩时间/min	180	0～10	0				

对于水环境（河流、海洋等）中污染物的监测，由于一些鱼类能在体内聚集环境中的有害物质，可以作为河流、海洋等水环境中含污染物多少的标志样品，目前，世界上许多环境检测与监督机构都采用鱼体内组织成分分析的方法来确定环境污染的程度。传统的分析法是用有机溶剂萃取鱼组织中的有毒成分，然后进行浓缩和纯化，过程烦琐，效率低，而用超临界CO_2流体萃取鱼组织中有毒化学物质并进行分析，可克服一般分析过程中利用有机溶剂萃取所带来的烦琐的浓缩和纯化步骤，从而提高了分析数据的准确性和分析效率。K. S. Nan等进行了这方面的工作，取得了满意的分析结果。

通常，大多数农药对温度较为敏感，在高温下易分解，且不少农药不含发色基团，因此，使用气相色谱法和液相色谱法难以对农药，特别是痕量水平的农药残留量进行分析，但超临界流体色谱却能很方便地将其分离和分析。例如，从虫黄菊花中萃取的天然杀虫剂除虫菊酯对昆虫的毒性很大，而对热血动物无任何危害，其有效成分随时间逐渐分解，不残存于环境中，有环境自净的作用。据国外报道，用超临界萃取过程提取除虫菊酯杀虫剂的投资规模和操作费用几乎是多级有机溶剂萃取法的一半。

超临界流体技术作为样品分离和预处理手段已被世界各国越来越多的实验室所接受，如超临界流体（SF）核磁共振（NMR）时，一是因其低黏度可使测定信号显著变窄，提高分析精度；二是可用NMR测定以前在常规的NMR溶剂中无法测定的非常活泼的化合物。此外，利用超临界流体萃取技术还可制成超临界流体色谱仪（SFC）。超临界流体色谱是介于气相色谱（GC）和液相色谱（LC）之间的一种色谱技术，其操作原理与普通的气相色谱和液相色谱相同，都是利用溶解能力的不同将混合物分离，不同点在于超临界流体色谱的流动相是超临界流体。根据超临界流体的特性，可以通过调节温度和压力改变超临界流体密度的方法来改变超临界流体的溶解能力。这样，与普通色谱技术相比，大大提高了分离能力。由于超临界流体色谱兼有气相色谱（GC）和液相色谱（LC）的特长，因此不但可配备GC、LC法的各种检测器，还可与质谱（MS）、傅里叶变换红外光谱（FTIR）等联用，这样就大大提高了监测仪器的灵敏度和分辨率，提高分析效果和准确度，如SFC-8000型超临界色谱仪的研制成功，不仅填补了国内空白，而且使环境监测技术上了一个新台阶。黄威冬等采用超临界流体色谱与傅里叶变换红外光谱联用技术分析了萘等5种多环芳烃混合物。结果表明，超临界流体色谱与傅里叶变换红外光谱联用系统是分析鉴定多环芳烃的一种有效手段，且具有实验条件温和、分析时间短及分离效率高等特点。另有文献报道，采用超临界流体色谱联用技术分析鉴定高分子量的芳香族化合物也取得了令人满意的效果。Bertsch 和 France 采用超临界流体色谱技术分别成功地分离、测定了杀虫剂、除草剂和氯苯胺灵等 4 种氨基甲酸酯类农药。

游静等人采用超临界流体萃取与气相色谱/质谱联用的方法，在 20.6MPa、80℃下，用甲醇作改性剂，用二氧化碳作为超临界萃取介质，对兰州市大气飘尘中的有机污染物进行了静态萃取，10min 后再以 0.5mL/min 的流动速度动态萃取 30min，对实际样品进行定性定量的分析，共检测出 69 种有机污染物，其中包括 15 种 PAHs 类强致癌性污染物。结果证实，将超临界流体萃取技术与气相色谱/质谱联用检测飘尘中污染物的方法是可行的，且方法简便、快速，数据准确率高。

可以看出，超临界流体萃取技术在环境保护方面具有高效、快速等特点，在环境分析、废物处理等方面显示出广阔的应用前景。随着对超临界流体萃取技术的基础理论问题（如高压流体相平衡、萃取机理等）和一系列工艺技术问题（如高压设备中的固体连续进料、工艺参数和设备的优化选择、放大规律以及高压条件下的分析测试等）的进一步研究，超临界流体萃取技术及其延伸出的超临界流体色谱技术在环境科学方面是一种非常有效的分析检测手段，将日益得到广泛应用并产生巨大的经济和社会效益。

参 考 文 献

[1] 陈洪钫，刘家祺. 化工分离过程 [M]. 北京：化学工业出版社，1995.

[2] 陈敏恒，等. 化工原理：上册 [M]. 北京：化学工业出版社，1999.

[3] 唐受印，戴友芝. 水处理工程师手册 [M]. 北京：化学工业出版社，2001.

[4] 周立雪，周波. 传质与分离技术 [M]. 北京：化学工业出版社，2002.

[5] 杨春晖，郭亚军. 精细化工过程与设备 [M]. 哈尔滨：哈尔滨工业大学出版社，2002.

[6] 宋业林，宋襄翎. 水处理设备实用手册 [M]. 北京：中国石化出版社，2004.

[7] 廖传华，柴本银，黄振仁. 分离过程与设备 [M]. 北京：中国石化出版社，2008.

[8] 王郁，林逢凯. 水污染控制工程 [M]. 北京：化学工业出版社，2008.

[9] 张晓健，黄霞. 水与废水物化处理的原理与工艺 [M]. 北京：清华大学出版社，2011.

[10] 中国石油和化学工业联合会，中国化工经济技术发展中心编. 石油和化工设备选型指南 [M]. 北京：中国财富出版社，2012.

[11] 廖传华，黄振仁. 超临界二氧化碳流体萃取技术——工艺开发及其应用 [M]. 北京：化学工业出版社，2005.

第**8**章

吸附

固体表面的分子或原子因受力不均衡而具有剩余的表面能，当某些物质碰撞固体表面时，受到这些不平衡力的吸引而停留在固体表面上，这就是吸附。吸附是分离和纯化气体与液体混合物的重要单元操作之一，在化工、炼油、轻工、食品及环保等领域应用广泛。

8.1 吸附现象与吸附剂

8.1.1 吸附现象

当气体或液体与某些固体接触时，在固体的表面上，气体或液体分子会程度不同地变浓变稠，这种固体表面对流体分子的吸着现象称为吸附，其中的固体物质称为吸附剂，而被吸附的物质称为吸附质。

为什么固体具有把气体或液体分子吸附到自己表面上来的能力呢？这是因为固体表面上的质点亦和液体的表面一样，处于力场不平衡状态，表面上具有过剩的能量即表面能。这种不平衡的力场由于吸附质的吸附而得到一定程度的补偿，从而降低了表面能（表面自由焓），因此固体表面可以自动地吸附那些能够降低其表面自由焓的物质。吸附过程所放出的热量，称为该物质在此固体表面上的吸附热。

在水处理中，吸附法主要用于脱除水中的微量污染物，应用范围包括脱色、除臭味，脱除重金属、各种可溶性有机物、放射性元素等。在处理流程中，吸附法可作为离子交换、膜分离等方法的预处理，以去除有机物、胶体物及余氯等；也可作为二级处理后的深度处理手段，以保证回用水的质量。

利用吸附法进行水处理，具有适用范围广、处理效果好、可回收有用物料、吸附剂可重复使用等优点，但对进水的预处理要求较高，运转费用较高，系统庞大，操作较麻烦。

8.1.2 吸附的分类

溶质从水中移向固体颗粒表面，发生吸附，是水、溶质和固体颗粒三者相互作用的结果。引起吸附的主要原因在于溶质对水的疏水特性和溶质对固体颗粒的高度亲和力。溶质的溶解程度是确定第一种原因的重要因素。溶质的溶解度越大，则向表面运动的可能性越小。相反，溶质的憎水性越大，向吸附界面移动的可能性越大。吸附作用的第二种原因主要是由溶质与吸附剂之间的静电引力、范德华力或化学键力所引起。与此相对应，可将吸附分为三种基本类型。

（1）交换吸附

指溶质（液体）的离子由于静电引力作用聚集在吸附剂表面的带电点上，并置换出原先固定在这些带电点上的其他离子。通常离子交换属于此范围。影响交换吸附的重要因素是离子电荷数和水合半径的大小。

（2）物理吸附

是指溶质（气体或液体分子）与吸附剂之间由于分子间力（也称"范德华力"）而产生的吸附，它是一种可逆过程。当固体表面分子与气体或液体分子间的引力大于气体或液体内部的分子间力时，气体或液体分子则吸着在固体表面上。物理吸附的特点是没有选择性，吸附质并不固定在吸附剂表面的特定位置上，而多少能在界面范围内自由移动，因而其吸附的牢固程度不如化学吸附。

从分子运动论的观点来看，这些吸附于固体表面上的分子由于分子运动，也会从固体表面上脱离而逸入气体或液体中去，其本身并不发生任何化学变化。当温度升高时，气体（或液体）分子的动能增加，分子将不易滞留在固体表面上，而越来越多地逸入气体（或液体）中去，这就是所谓的脱附。这种吸附-脱附的可逆现象在物理吸附中均存在。工业上利用这种现象，通过改变操作条件，使吸附质脱附，达到吸附剂再生并回收吸附物质或分离的目的。

物理吸附主要发生在低温状态下，过程的放热量较少，约42kJ/mol或更少，可以是单分子层或多分子层吸附。影响物理吸附的主要因素是吸附剂的比表面积和细孔分布。

（3）化学吸附

是指溶质与吸附剂发生化学反应，形成牢固的吸附化学键和表面络合物，吸附质分子不能在表面自由移动，因此化学吸附结合牢固，再生较困难，必须在高温下才能脱附，脱附下来的可能还是原吸附质，也可能是新的物质，化学吸附往往是不可逆的，例如：镍催化剂的吸附氢，被吸附的气体往往需要在很高的温度下才能逸出，且所释出的气体往往已经发生了化学变化，不再具有原来的性质。

化学吸附的作用力是吸附质与吸附剂分子间的化学结合力。这种化学键结合力比物理吸附的分子间力要大得多，其热效应亦远大于物理吸附热，与化学反应的热效应相近，为84～420kJ/mol。

化学吸附的选择较强，即一种吸附剂只对某种或几种物质有吸附作用，一般为单分子层吸附。通常需要一定的活化能，在低温时，吸附速率很小。这种吸附与吸附剂的表面化学性质和吸附质的化学性质有密切的关系。

物理吸附后再生容易，且能回收吸附质；而化学吸附往往是不可逆的。利用化学吸附处理毒性很强的污染物更安全。

物理吸附和化学吸附虽然在本质上有区别，但在实际的吸附过程中往往同时存在，有时难以明确区分。例如，某些物质分子在物理吸附后，其化学键被拉长，甚至拉长到改变这个分子的化学性质。物理吸附和化学吸附在一定条件下也可以互相转化。同一种物质，可能在较低温度下进行物理吸附，而在较高温度下经历的往往是化学吸附，也可能同时发生两种吸附，如氧气为木炭所吸附的情况。

8.2 吸附平衡和吸附速率

在一定条件下，当流体与吸附剂接触时，流体中的吸附质将被吸附剂吸附。在吸附的同时，也存在解吸。随着吸附质在吸附剂表面数量的增加，解吸速率也逐渐加快，当吸附速率和解吸速率相当时，从宏观上看，吸附量不再增加就达到了吸附平衡。此时吸附剂对吸附质的吸附量称为平衡吸附量，流体中的吸附质的浓度称为平衡浓度。平衡吸附量与平衡浓度之间的关系即为吸附平衡关系。该平衡关系决定了吸附过程的方向和极限。当流体与吸附剂接触时，若流体中的吸附质浓度高于其平衡浓度，则吸附质被吸附；反之，若流体中吸附质的浓度低于其平衡浓度，则已被吸附在吸附剂上的吸附质将解吸。因此，吸附平衡关系是吸附过程的依据，通常用吸附等温线或吸附等温式表示。

8.2.1 吸附平衡

液相吸附的机理相对比较复杂，溶液中溶质为电解质与溶质为非电解质的吸附机理不同。影响吸附机理的因素除了温度、浓度和吸附剂的结构性能外，溶质和溶剂的性质对其吸附等温线的形状都有影响。

浓溶液的吸附可以用图 8-1 来讨论。如果溶质始终是被优先吸附的，则得 a 曲线，溶质表观吸附量随溶质浓度增加而增大，到一定程度又回到 E 点。因为溶液全是溶质时，吸附剂的加入就不会有浓度变化；如果溶质和溶剂两者被吸附的质量分数相当，则出现 b 曲线所示的 S 形曲线。从 C 到 D 的范围内，溶质比溶剂优先吸附，在 D 点两者被吸附的量相等，表观吸附量降为零。从 D 到 E 的范围，溶剂被吸附的程度增大，所以溶液中溶质浓度反因吸附剂的加入而增大，溶质表观吸附量为负值。

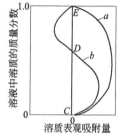

图 8-1 浓溶液中溶质的表观吸附量

8.2.2 吸附速率

（1）吸附过程

通常吸附质被吸附剂吸附的过程分三步：

① 吸附质从流体主体通过吸附剂颗粒周围的滞流膜层以分子扩散与对流扩散的形式传递到吸附剂颗粒的外表面，称为外扩散过程；

② 吸附质从吸附剂颗粒的外表面通过颗粒上的微孔扩散进入颗粒内部，到达颗粒的内部表面，称为内扩散过程；

③ 在吸附剂的内表面上吸附质被吸附剂吸附，称为表面吸附过程；解吸时则逆向进行。

以上三个步骤中的任一步骤都将不同程度地影响吸附总速率，总吸附速率是综合结果，它主要受速率最慢的步骤控制。

对于物理吸附，通常吸附剂表面上的吸附往往进行很快，几乎是瞬间完成的，故它的影响可以忽略不计。所以，决定吸附过程总速率的因素是内扩散过程和外扩散过程。

（2）吸附的传质速率方程

① 外扩散速率方程

吸附质从流体主体到吸附剂表面的传质速率方程可表示为：

$$\frac{\mathrm{d}q}{\mathrm{d}\tau}=k_0\alpha_\mathrm{p}(c-c_\mathrm{i}) \tag{8-1}$$

式中　q——单位质量吸附剂所吸附的吸附质的量，kg（吸附质）/kg（吸附剂）；

τ——时间，s；

$\dfrac{\mathrm{d}q}{\mathrm{d}\tau}$——吸附速率的数学表达式，kg（吸附质）/kg（吸附剂）；

α_p——吸附剂的比表面积，m^2/kg；

c——吸附质在流体相中的平均质量浓度，$\mathrm{kg/m}^3$；

c_i——吸附质在吸附剂外表面处的流体中的质量浓度，kg/m^3；

k_o——外扩散过程的传质系数，m/s。

k_o 与流体的性质、颗粒的几何特性、两相接触的流动状况以及吸附时的温度、压力等操作条件有关。

② 内扩散速率方程　吸附质由吸附剂的外表面通过颗粒微孔向吸附剂内表面扩散的过程与吸附剂颗粒的微孔结构有关，而且吸附质在微孔中的扩散分为沿微孔的截面扩散和沿微孔的表面扩散两种形式。前者可根据孔径大小又分为三种情况：当孔径远远大于吸附质分子运动的平均自由程时，其扩散为分子扩散；当孔径远远小于分子运动的平均自由程时，其扩散过程为纽特逊扩散；而孔径大小不均匀时，上述两种扩散均起作用，称为过渡扩散。由上述分析可知，内扩散机理是很复杂的，通常将内扩散过程简单地处理成从外表面向颗粒内的传质过程，其传质速率方程可表示为：

$$\frac{dq}{d\tau} = k_i \alpha_p (q_i - q) \tag{8-2}$$

式中　k_i——内扩散过程的传质系数，$kg/(m^2 \cdot s)$；

q_i——单位质量吸附剂外表面处吸附质的质量，kg(吸附质)/kg(吸附剂)；

q——单位质量吸附剂上吸附质的平均质量，kg(吸附质)/kg(吸附剂)。

k_i 与吸附剂微孔结构特性、吸附质的性质以及吸附过程的操作条件有关，可由实验测定。

③ 总吸附速率方程　由于吸附剂外表面处的浓度 c_i、q_i 无法测定，若吸附过程为稳态，则总吸附速率方程可表示为：

$$\frac{dq}{d\tau} = K_a \alpha_p (c - c^*) \tag{8-3}$$

$$\frac{dq}{d\tau} = K_i \alpha_p (q^* - q) \tag{8-4}$$

式中　c^*——与被吸附剂吸附的吸附质含量成平衡的流体中的吸附质的质量浓度，kg/m^3；

q^*——与流体中吸附质浓度成平衡的吸附剂上的吸附质的含量，kg(吸附质)/kg(吸附剂)；

K_a——以 $\Delta c (= c - c^*)$ 为总传质推动力的总传质系数，m/s；

K_i——以 $\Delta q (= q^* - q)$ 为总传质推动力的总传质系数，m/s。

若在操作的浓度范围内吸附平衡线为直线关系，即 $q^* = mc$ 和 $q_i = mc_i$，则由式(8-1)～式(8-4)可得：

$$\frac{1}{K_a} = \frac{1}{k_o} + \frac{1}{mk_i} \tag{8-5}$$

$$\frac{1}{K_i} = \frac{m}{k_o} + \frac{1}{k_i} \tag{8-6}$$

可见，吸附过程的总阻力为外扩散和内扩散阻力之和。若外扩散阻力远大于内扩散阻力，由式(8-5) 可知 $K_a \approx k_o$，称为外扩散控制过程；若外扩散阻力远小于内扩散阻力，由式(8-6)可知 $K_i \approx k_i$，称为内扩散控制过程。

8.2.3　吸附速率的测定

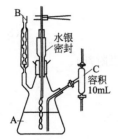

图 8-2　吸附速率测定装置

吸附速率的测定装置如图 8-2 所示。将 200 目以下的一定量的吸附剂加入反应瓶 A 中，一边搅拌一边从 B 处注入被吸附溶液，经过一段时间接触后，每隔一定时间取一次悬浮液送入 C 内，使吸附剂与溶液立即分离，测定液相溶质浓度，求出吸附量和去除率，从而确定吸附速率。取样时要搅拌 A，使溶液均匀，吸附剂保持悬浮状态。对粒状吸附剂，由于内扩散速率随粒径变化，因而其吸附速率也有较大差别。在设计吸附装置时，除测定平衡吸附量外，还必须采用静态试验及通水试验，测定吸附速率。也可以将其粉碎成粉状吸附剂，通过测定粉状吸附剂的吸附速率，大致了解粒状吸附剂的吸附速率。

8.3 吸附容量与吸附等温线

吸附过程中，固、液两相经过充分的接触后，最终达到吸附与脱附的动态平衡。达到平衡时，单位吸附剂所吸附的物质的数量称为吸附质的吸附容量。

8.3.1 吸附容量

对一定的吸附体系，吸附剂的吸附容量是吸附质浓度和温度的函数。为了确定吸附剂对某种物质的吸附能力，需进行吸附试验，一般用静态烧杯试验确定：取一定量的实际水样于烧杯中，加入不同质量的吸附质，搅拌吸附，待吸附平衡后，分离吸附剂，测定滤过液中吸附质的平衡浓度，计算吸附容量。

由吸附试验计算吸附剂吸附容量的公式为：

$$q = \frac{V(C_0 - C_e)}{m} \tag{8-7}$$

式中　　q——吸附容量，mg/mg（吸附剂）；

　　V——液体体积，L；

　　C_0——初始浓度，mg/L；

　　C_e——平衡浓度，mg/L；

　　m——吸附剂量，mg。

显然，吸附容量越大，单位吸附剂的处理能力也越庞大，吸附周期越长，运行管理费用越省。

吸附等温试验是判断吸附剂吸附能力的强弱、进行吸附剂选择的重要试验。在根据吸附容量试验求解吸附等温公式时应该先作吸附等温线原始形式图，由曲线形式确定所用表达式的形式，切忌直接采用某种表达式。此外，对于实际水样，与原水浓度 C_0 相对应的吸附容量需用外推法求得（因为试验时，只要加入吸附剂，平衡浓度就要低于原始浓度，无法得到平衡浓度与原水浓度相同的点。当然，配水试验则无此问题）。

活性炭的吸附容量试验主要用于两种情况：一是设计中进行不同活性炭型号的性能比较与选择；二是用来计算粉末活性炭的投加量或颗粒活性炭床的穿透时间。

对于饮用水颗粒活性炭吸附处理，因活性炭对水中各组分的吸附容量不同，并且存在各种吸附质之间的竞争吸附、排代现象、生物分解等作用，对于活性炭深度处理的长期正常使用，一般不用吸附容量来计算活性炭的使用周期，而是根据出水水质直接确定活性炭的使用周期。颗粒活性炭滤床的使用周期为 1～2 年，与原水被污染的程度和处理后水质的控制指标有关。

8.3.2 吸附等温线

将吸附容量 q 与相应的平衡浓度 C_e 作图，可得吸附等温线。根据试验，可将吸附等温线归纳为如图 8-3 所示的五种类型。Ⅰ型的特征是吸附量有一极限值，可以理解为吸附剂的所有表面都发生单分子层吸附，达到饱和时，吸附量趋于定值；Ⅱ是非常普通的物理吸附，相当于多分子层吸附，吸附质的极限值对应于物质的溶解度；Ⅲ型相当少见，其特征是吸附热等于或小于纯吸附质的溶解热；Ⅳ型及Ⅴ型反映了毛细管冷凝现象和孔容的限制，由于在达到饱和浓度之前吸附就达到平衡，因而显出滞后效应。

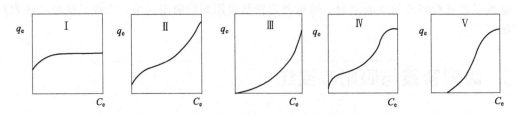

图 8-3　物理吸附的五种吸附等温线

描述吸附等温线的数学表达式称为吸附等温式。根据吸附等温线的不同形式，可以分别用三种吸附等温线的数学公式表达。

（1）朗格谬尔吸附等温式

朗格谬尔（Langmiur）假设吸附剂表面均一，各处的吸附能相同；吸附是单分子层的，当吸附剂表面为吸附质饱和时，其吸附量达到最大值；在吸附剂表面上的各个吸附点间没有吸附质转移运动；当运动达到动态平衡时，吸附和脱附速率相等。平衡吸附浓度 q 与液相平衡浓度 C_e 的数学表达式如下：

$$q = \frac{bq^0 C_e}{1 + bC_e} \tag{8-8}$$

式中　q^0——最大吸附容量，mg/mg(炭)；

　　　b——与吸附能有关的常数。

为方便计算，将式（8-8）取倒数，可得到两种线性表达式：

$$\frac{1}{q} = \frac{1}{q^0} + \frac{1}{bq^0} \frac{1}{C_e} \tag{8-9}$$

$$\frac{C_e}{q} = \frac{1}{q^0} C_e + \frac{1}{bq^0} \tag{8-10}$$

根据吸附实验数据，按式（8-9）以 $\frac{1}{C_e}$ 为横坐标，以 $\frac{1}{q}$ 为纵坐标作图 [见图 8-4(a)]，用直线方程 $\frac{1}{q} = \frac{1}{q^0} + \frac{1}{bq^0} \frac{1}{C_e}$ 求取参数 b 和 q^0 的值。式（8-9）适用于 C_e 值小于 1 的情况，而式（8-10）适用于 C_e 值较大的情况，因为这样便于作图。

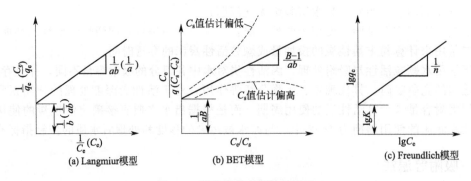

图 8-4　吸附等温式常数图解法

由式（8-8）可见，当吸附量很少时，即当 $bC_e \ll 1$ 时，$q = q^0 bC_e$，即 q 与 C_e 成正比，等温线近似于一直线。当吸附量很大时，即 $bC_e \gg 1$ 时，$q = q^0$，即平衡吸附量接近于定值，等温线趋向水平。

朗格谬尔（Langmiur）模型适合于描述图 8-3 中的第 I 型等温线。但要指出的是，推导该模型的基本假定并不是严格正确的,它只能解释单分子层吸附(化学吸附)的情况。尽管如此,朗格谬尔(Langmiur)等温式仍是一个重要的吸附等温式,它的推导第一次对吸附机理作了形象的描述,为以后的吸附模型的建立奠定了基础。

(2)BET 等温式

BET 吸附等温线是 Branaue、Emmett 和 Teller 三人提出的,因此合称为 BET 吸附等温线。与 Langmiur 的单分子吸附模型不同,BET 模型假定在原先被吸附的分子上面仍可吸附另外的分子,即发生多分子层吸附;而且不一定等第一层吸满后再吸附第二层;对每一单层都可用 Langmiur 模型描述;第一层吸附是靠吸附剂与吸附质间的分子引力,而第二层以后是靠吸附质分子间的引力,这两类引力不同,因此它们的吸附热也不同。总吸附量等于各层吸附量之和。由此导出的二常数 BET 等温式为:

$$q = \frac{Bq^0 C_e}{(C_s - C_e)\left[1 + (B-1)\dfrac{C_e}{C_s}\right]}$$ (8-11)

式中 C_s——吸附质的饱和浓度;

B——系数,与吸附剂和吸附质之间的相互作用有关。

对式(8-11)取倒数,可得到直线方程:

$$\frac{C_e}{(C_s - C_e)q} = \frac{1}{Bq^0} + \frac{B-1}{Bq^0}\frac{C_e}{C_s}$$ (8-12)

根据实验数据,以 $\dfrac{C_e}{C_s}$ 为横坐标,以 $\dfrac{C_e}{(C_s - C_e)q}$ 为纵坐标作图 [见图 8-4(b)],可求得参数 q^0 和 B。作图时需要知道饱和浓度 C_s,如果有足够的数据按图 8-3 作图得到准确的 C_s 值,可以通过一次作图即得出直线来。当 C_s 未知时,则需通过假设不同的 C_s 值作图数次才能得到直线。当 C_s 的估计值偏低,则画成一条向上弯转的曲线;如 C_s 的估计值偏高,则试验数据为向下弯转的曲线。只有估计值正确时,才能得到一条直线,再从图中的截距和斜率求得 B 和 q^0。

BET 等温式类型的吸附特性是:该公式是多层吸附理论公式,曲线中间有拐点,当平衡浓度趋近饱和浓度时,q 趋近无穷大,此时已达到饱和浓度,吸附质发生结晶或析出,因此"吸附"的概念已失去其原有含义。此类型的吸附在水处理这种稀溶液情况下不会遇到。

BET 模型适用于图 8-3 中的各种类型的吸附等温线。当平衡浓度很低时,$C_s \gg C_e$,并令 $B/C_s = b$,BET 模型可简化为 Langmiur 等温式。

(3)弗兰德里希等温式

弗兰德里希(Freundlich)吸附等温线的形式如图 8-3 中的第Ⅲ型所示,其数学表达式是:

$$q = KC_e^{\frac{1}{n}}$$ (8-13)

式中 K——Freundlich 吸附系数;

n——系数,通常大于 1。

弗兰德里希吸附等温线公式(8-13)虽然是经验公式,但与实验数据颇为吻合。水处理中常遇到的是低浓度下的吸附,很少出现单层吸附饱和或多层吸附饱和的情况,因此弗兰德里希吸附等温线公式在水处理中应用最广泛。将该等温线公式(8-13)两边取对数,可得:

$$\lg q = \lg K + \frac{1}{n}\lg C_e$$ (8-14)

根据实验数据,以 $\lg C_e$ 为横坐标,以 $\lg q$ 为纵坐标作图 [见图 8-4(c)],其斜率等于 $\dfrac{1}{n}$,截距等于 $\lg K$。一般认为,$\dfrac{1}{n}$ 值介于 0.1~0.5 之间,则易于吸附,$\dfrac{1}{n} > 2$ 时难以吸附。利用

K 和 $\dfrac{1}{n}$ 两个常数，可以比较不同吸附剂的特性。

Freundlich 式在一般的浓度范围内与 Langmiur 式比较接近，但在高浓度时不像后者那样趋于一定值；在低浓度时，也不会还原为直线关系。

应当指出的是，上述吸附等温式仅适用于单组分吸附体系；对于一组吸附试验数据，究竟采用哪一公式整理并求出相应的常数来，只能运用数学的方式来选择。通过作图，选用能画出最好的直线的那一个公式，但也有可能出现几个公式都能应用的情况，此时宜选用形式最为简单的公式。

（4）多组分体系的吸附等温式

多组分体系的吸附和单组分吸附相比较，又增加了吸附质之间的相互作用，所以问题更为复杂。此时，计算吸附容量时可用两类方法。

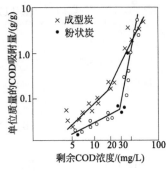

图 8-5　COD 吸附等温线

① 用 COD 或 TOC 综合表示溶解于废水中的有机物浓度，其吸附等温式可用单组分吸附等温式表示，但吸附等温线可能呈曲线或折线，如图 8-5 所示。

② 假定吸附剂表面均一，混合溶液中的各种溶质在吸附位置上发生竞争吸附，被吸附的分子之间的相互作用可忽略不计。如果各种溶质以单组分体系的形式进行吸附，则其吸附量可用 Langmiur 竞争吸附模型来计算。一般在 m 组分体系吸附中，组分 i 的吸附量为：

$$q_i = \frac{q_i^0 b_i C_i}{1 + \sum\limits_{j=1}^{m} b_j C_j} \tag{8-15}$$

式中，q_i^0、b 均由单组分体系的吸附试验测出。用活性炭吸附十二烷基苯磺酸酯（DBS）和硝基氯苯双组分体系进行试验，结果与式(8-15) 吻合。

研究指出，吸附处理多组分废水时，实测的吸附量往往与式(8-15) 的计算值不符。如用活性炭吸附安息香酸的吸附量略小于计算值，而 DBS 的吸附量比计算值大。考虑到还有其他一些导致选择性吸附的因素的存在，人们又提出了局部竞争吸附模型。

对二组分吸附体系，当 $q_i^0 > q_j^0$ 时，优先吸附 i 组分，竞争吸附在 q_j^0 部位上发生，而在 $q_i^0 - q_j^0$ 部位上发生选择性吸附，则有：

$$q_i = \frac{(q_i^0 - q_j^0) b_i C_i}{1 + b_i C_i} + \frac{q_i^0 b_i C_i}{1 + b_i C_i + b_j C_j} \tag{8-16}$$

$$q_j = \frac{q_j^0 b_j C_j}{1 + b_i C_i + b_j C_j} \tag{8-17}$$

式(8-16) 中的第一项描述优先被吸附的那部分溶质，第二项描述以 Langmiur 式与第二种溶质 j 竞争吸附的部分。式(8-17) 则代表了溶质 j 的竞争吸附量。实验证实，对硝基苯酚和阴离子型苯磺酸等双组分体系吸附的实测平衡吸附量和式(8-16) 与式(8-17) 的计算值吻合。

8.3.3　吸附的影响因素

影响吸附的因素是多方面的，吸附剂结构、吸附质性质、吸附过程的操作条件等都影响吸附效果。认识和了解这些因素，对选择合适的吸附剂，控制最佳的操作条件都是重要的。

（1）吸附剂结构

① 比表面积　单位质量吸附剂的表面积称为比表面积。吸附剂的粒径越小，或是微孔越发达，其比表面积越大。吸附剂的比表面积越大，则吸附能力越强。图 8-6 表明，苯酚的吸附

量与吸附剂的比表面积成正比关系，而且斜率很大。当然，对于一定的吸附质，增大比表面积的效果是有限的。对于大分子吸附质，比表面积过大的效果反而不好，微孔提供的表面积不起作用。

② 孔结构 吸附剂的孔结构如图8-7所示。吸附剂内孔的大小和分布对吸附性能影响很大。孔径太大，比表面积小，吸附能力差；孔径太小，则不利于吸附质扩散，并对直径较大的分子起屏蔽作用。吸附剂中内孔一般是不规则的，孔径范围为 $10^{-4}\sim0.1\mu m$，通常将孔半径大于 $0.1\mu m$ 的称为大孔，$2\times10^{-3}\sim0.1\mu m$ 的称为过渡孔，而小于 $2\times10^{-3}\mu m$ 的称为微孔。大孔的表面对吸附能贡献不大，仅提供吸附质和溶剂的扩散通道。过渡孔吸附较大分子溶质，并帮助小分子溶质通向微孔。大部分吸附表面积由微孔提供，因此吸附量主要受微孔支配。采用不同的原料和活化工艺制备的吸附剂，其孔径分布是不同的。再生情况也影响孔的结构。分子筛因其孔径分布十分均匀，而对某些特定大小的分子具有很高的选择吸附性。

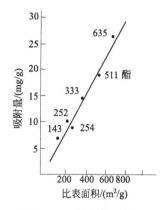

图 8-6 不同比表面积吸
附剂对苯酚的吸附
（苯酚浓度为 100mg/L；图中数码代表以 m²/g
为单位的树脂；511是丙烯酸类树脂）

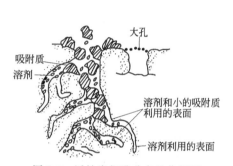

图 8-7 活性炭细孔分布及作用图

③ 表面化学性质 吸附剂在制造过程中会形成一定量的不均匀表面氧化物，其成分和数量随原料和活化工艺不同而异。一般把表面氧化物分成酸性的和碱性的两大类，并按这种分类来解释其吸附作用。经常指的酸性氧化物基团有羧基、酚羟基、醌型羰基、正内酯基、荧光型内酯基、羧酸酐基及环式过氧基等，其中羧酸基、内酯基及酚羟基被多次报道为主要酸性氧化物，对碱金属氢氧化物有很好的吸附能力。酸性氧化物在低温（<500℃）活化时形成。对碱性氧化物的说法尚有分歧，有的认为是如氧萘的结构，有的则认为类似吡喃酮的结构。碱性氧化物在高温（800～1000℃）活化时形成，在溶液中吸附酸性物质。

表面氧化物成为选择性的吸附中心，使吸附剂具有类似化学吸附的能力，一般说来，有助于对极性分子的吸附，削弱对非极性分子的吸附。

（2）吸附质的性质

对于一定的吸附剂，由于吸附质性质的差异，吸附效果也不一样。影响吸附性能的吸附质的性质主要包括：

① 吸附质的化学性状 吸附质的极性越强，则被非极性吸附剂吸附的性能越差。例如，苯是非极性有机物，很容易被活性炭吸附；苯酚的结构与苯相似，也可以被活性炭吸附，但因羟基使分子的极性增大，被活性炭吸附的性能要弱于苯。有机物能否被吸附还与有机物的官能团有关，即与这些化合物和活性炭之间亲和力的大小有关。

② 分子量的大小 通常有机物在水中的溶解度随着链长的增长而减小，而活性炭的吸附容量却随着有机物在水中溶解度的减少而增加，也即吸附量随有机物分子量的增大而增加。如

活性炭对有机酸的吸附量按甲酸<乙酸<丙酸<丁酸的次序而增加。

③ 吸附质的分子大小　即吸附质分子大小与活性炭吸附孔的匹配问题。研究表明，对于液相吸附，活性炭中起吸附作用的孔直径（D）与吸附质分子直径（d）之比的最佳吸附范围在 $D/d=1.7\sim6$。$D=1.7d$ 的孔是活性炭中对该吸附质起作用的最小的孔，如 D/d 再小，则体系的能量增加，呈斥力；$D/d=1.7\sim3$ 时，吸附孔内只能吸附一个吸附质分子，这个分子四周都受它与炭表面的范德华力的作用，吸附紧密；$D/d>3$ 以后，随着 D/d 的不断增加，吸附质分子趋于单面受力状态，吸附力也随之降低。分子量为 1000 的有机物，其平均分子直径约为 1.3nm。由于活性炭的主要吸附表面积集中在孔径<4nm 的微孔区，可以推断被活性炭吸附的主要物质的分子量小于 1000。对饮用水处理的实际测定发现，活性炭主要去除分子量小于 1000 的物质，最大去除区间的分子量为 500～1000（饮用水水源中分子量小于 500 部分的有机物主要为极性物质，不易被活性炭吸附），分子量大于 3000 的有机物基本上不被去除，这与上述分析相吻合。

④ 平衡浓度　以物理吸附为主的吸附过程，由于物理吸附是可逆吸附，因此存在吸附动平衡，一般情况下，液相中平衡浓度越高，固相上的吸附容量也越高。对于单层吸附（如通过化学键合作用），当表面吸附位全部被占据时，存在最大吸附容量。如是多层吸附，随着液相吸附质浓度的增高，吸附容量还可以继续增加。

（3）操作条件

① 温度　在吸附过程中，体系的总能量将下降，属于放热过程，因此随温度升高，吸附容量下降。温度对气相吸附影响较大，因此气相吸附确定吸附剂的吸附性能需在等温条件下测定（此为吸附等温线名称的由来）。对于液相吸附，温度的影响较小，通常在室温下测定，吸附过程中水温一般不会发生显著变化。

② pH 值　溶液的 pH 值影响溶质的存在状态（分子、离子、络合物），也影响吸附剂表面的电荷特性和化学特性，进而影响吸附效果。

③ 接触时间　在吸附操作中，应保证吸附剂与吸附质有足够的接触时间。流速过大，吸附未达到平衡，饱和吸附量小；流速过小，虽能提高一些处理效果，但设备的生产能力减小。一般接触时间为 0.5～1.0h。

8.4　吸附剂及其再生

吸附剂是流体吸附分离过程得以实现的基础。广义而言，一切固体物质都具有吸附能力，但是只有多孔物质或磨得极细的物质由于具有很大的比表面积，才能作为吸附剂。在实际工业应用中采用的吸附剂应具备以下性质：①大的比表面积和多孔结构，从而增大吸附容量，工业上常用的吸附剂的比表面积为 $300\sim1200m^2/g$；②足够的机械强度和耐磨性；③高选择性，以达到流体的分离净化目的；④稳定的物理性质和化学性质，容易再生；⑤制备简单，成本低廉，容易获得。一般工业吸附剂难以同时满足这几个方面的要求，因此，应根据不同的场合选型。

8.4.1　吸附剂

目前在废水处理中应用的吸附剂有活性炭、酸性白土、硅胶、分子筛、活化煤、硅藻土、活性氧化铝、焦炭、树脂吸附剂、炉渣、木屑、煤灰、腐殖酸等。

（1）活性炭

活性炭是最先用于化工生产的非极性吸附剂，其外观为暗黑色，有粒状和粉状两种，目前工业上大量采用的是粒状活性炭。活性炭的主要成分除碳外，还含有少量的氧、氢、硫等元素，以及水分、灰分。活性炭的特点是吸附能力强、化学稳定性好，容易脱附，热稳定性高，可以耐强酸、强碱，能经受水浸、高温、高压的作用，不易破碎。常用于溶剂回收、烃类气体的分馏、各种油品和糖液的脱色、水的净化等各个方面，也常用作催化剂的载体。

活性炭可用动植物（如木材、锯木屑、木炭、椰子壳、脱脂牛骨）、煤（如泥煤、褐煤、沥青煤、无烟煤）、石油（石油残渣、石油焦）、纸浆废液、废合成树脂及其他含碳有机废料等作为原料制作。原料经粉碎及加黏合剂成型后，经加热脱水（120～130℃）、炭化（700～1600℃）、活化（920～960℃）而制得。在制备过程中，活化是关键，有药剂活化（化学活化）和气体活化（物理活化）两种方法。

药剂活化是在原料里加入适量的氯化锌、磷酸、硫化钾、碱式碳酸盐等化学药品，在惰性气体里加热进行炭化、活化。由于氯化锌等的脱水作用，原料里的氢和氧主要以水蒸气的形式放出，进而形成多孔性结构发达的炭。该烧成物中含有相当多的氯化锌，因此要加盐酸以回收氯化锌，同时除去可溶性盐类。气体活化是将干燥的原料经破碎、混合和成型后在高温下与二氧化碳、水蒸气、空气、氯气及类似的惰性气体接触，利用这些活化气体进行炭的氧化反应（水煤气反应），并除去挥发性有机物，使微孔更加发达。

与气体活化法相比，氯化锌活化法的固碳率高，成本较低，几乎被用在所有粉状活性炭的制备上。

活化温度对活性炭的吸附性能影响很大，当温度在1150℃以下时，升温可使吸附容量增加，而温度超过1150℃时，升温反而不利。

活性炭种类很多，可根据原料、活化方法、形状及用途来分类和选择。

与其他吸附剂相比，活性炭具有巨大的比表面积和特别发达的微孔。通常活性炭的比表面积高达$500～1700m^2/g$，这是活性炭吸附能力强、吸附容量大的主要原因。当然，比表面积相同的炭，对同一物质的吸附容量有时也不同，这与活性炭的内孔结构和分布以及表面化学性质有关。一般活性炭的微孔容积为$0.25～0.9mL/g$，表面积占总表面积的95%以上；过渡孔容积为$0.02～0.1mL/g$，除特殊活化方法外，表面积不超过总表面积的5%；大孔容积为$0.2～0.5mL/g$，而表面积仅为$0.2～0.5m^2/g$。在液相吸附时，吸附质分子直径较大，如着色成分的分子直径多在$3×10^{-9}m$以上，这时微孔几乎不起作用，吸附容量主要取决于过渡孔。

活性炭的吸附以物理吸附为主，但由于表面氧化物的存在，也进行一些化学选择性吸附。如果在活性炭中渗入一些具有催化作用的金属离子（如渗银）可以改善处理效果。

活性炭是目前水处理中普遍采用的吸附剂，其中粒状炭因工艺简单，操作方便，用量最大。国外使用的粒状炭多为煤质或果壳质无定形炭，国内多用柱状煤质炭。

纤维活性炭是一种新型高效吸附材料，是有机炭纤维经活化处理后形成的，具有发达的微孔结构，巨大的比表面积，以及众多的官能团，因此，吸附性能大大超过目前普通的活性炭。

（2）酸性白土

一般为活性黏土（主要成分是硅藻土），在温度为80～110℃下，经20%～40%的硫酸处理后，称为酸性白土或漂白土。它的主要成分是硅藻土，化学组成为SiO_2 50%～70%，Al_2O_3 1%～16%，Fe_2O_3 2%～4%，MgO 1%～6%等。工业上使用的活性白土有粉末状和颗粒状的，主要用于润滑油及动植物油脂类的脱色、精制、石油重馏分的脱色或脱水以及溶剂的精制等。

（3）活性氧化铝

又称活性矾土。通常由氧化铝的水合物（以三水合物为主）加热、脱水和活化制成。最适宜的活化温度为250～500℃。活化氧化铝一般不是纯的Al_2O_3，而是部分水合的无定形多孔结构物质。它具有良好的机械强度，对气体、液体中的水分有很强的吸附能力，吸附饱和后可在 175～315℃加热除去水而解吸。它除作干燥剂外，还可从污染的氧、氢、二氧化碳、天然气等气体中吸附润滑油的蒸气，并可用作催化剂的载体。

（4）硅胶

是另一种常用的吸附剂。用硫酸处理硅酸钠的水溶液生产凝胶，将其用水洗去硫酸钠，然后经干燥便得到玻璃状的硅胶，其分子式为 $SiO_2 \cdot nH_2O$。它是多孔结构，工业上用的硅胶有球形的、无定形的、加工成型的以及粉末状的四种。硅胶主要用于气体干燥、气体吸收、液体脱水、色层分析，也用作催化剂。

（5）分子筛

是近 30 年来发展的一种沸石吸附剂。沸石是结晶硅铝酸盐的多水化合物，其化学通式为 $M_{2/n}O \cdot Al_2O_3 \cdot mSiO_2 \cdot xH_2O$，其中 M 主要为 Na^+、K^+、Ca^{2+} 等碱金属离子，n 为金属离子的价数，m、x 分别为 SiO_2 和 H_2O 的分子数。这种结晶硅铝酸盐经加热、脱水活化后，形成孔大小一致的晶体骨架，这些骨架结构里有空穴，空穴之间又有许多直径相同的微孔孔道相连。因此，它能使比孔道直径小的分子进入，吸附到空穴内部，并在一定条件下脱附放出。而孔道直径大的分子则不能进入，从而使分子大小不同的混合物分离，起筛分子的作用，故称为"分子筛"。

目前所使用的分子筛品种达 100 多种，工业上最常用的分子筛有 A 型、X 型、Y 型、L 型、丝光沸石和 ZSM 系列沸石。孔径为 0.3～1.0nm，比表面积为 $600～1000m^2/g$。分子筛的特性是优先吸附不饱和分子、极性分子以及易极化分子；在吸附质浓度很低或湿度较高的情况下仍具有很强的吸附能力。广泛应用于气体和液体的干燥、脱水、净化、分离和回收等。

（6）树脂吸附剂

树脂吸附剂也称吸附树脂，是一种新型有机吸附剂，具有立体网状结构，呈多孔海绵状，加热不熔化，可在 150℃下使用，不溶于一般溶剂及酸、碱，比表面积可达 $800m^2/g$。

根据基本结构分类，吸附树脂大体可分为非极性、中极性、极性和强极性四种类型。常见产品有美国的 Amberlite XAD 系列、日本的 HP 系列。国内一些单位也研究了性能优良的大孔吸附树脂。

树脂吸附剂的结构容易人为控制，因而它具有适应性大、应用范围广、吸附选择性特殊、稳定性高等优点，并且再生简单，多数为溶剂再生。在应用上它介于活性炭吸附剂与离子交换树脂之间，而兼具它们的优点，既具有类似于活性炭的吸附能力，又比离子交换剂更易再生。树脂吸附剂最适宜于吸附处理废水中微溶于水，极易溶于甲醇、丙酮等有机溶剂，分子量略大和带极性的有机物，如脱酚、除油、脱色等。如制造 TNT 炸药的废水毒性大，使用活性炭能去除废水中的 TNT，但再生困难，采用加热再生时容易引起爆炸。而用树脂吸附剂 Amberlite XAD-2 处理，效果很好。当原水含 TNT 34mg/L 时，每个循环可处理 500 倍树脂体积的废水，用丙酮再生，TNT 的回收率可达 80%。

树脂的吸附能力一般随吸附质亲油性的增强而增大。

（7）腐殖酸系吸附剂

腐殖酸类物质可用于处理工业废水，尤其是重金属废水及放射性废水，除去其中的离子。腐殖酸的吸附性能是由其本身的性质和结构决定的。一般认为腐殖酸是一组芳香结构的、性质相似的酸性物质的复合混合物，它的大分子约由 10 个分子大小的微结构单元组成，每个结构单元由核（主要由五元环或六元环组成）、联结核的桥键（如—O—、—CH₂—、—NH—等）以及核上的活性基团所组成。据测定，腐殖酸含的活性基团有烷基、羧基、羰基、氨基、磺酸基、甲氧基等。这些基团决定了腐殖酸对阳离子的吸附性能。

腐殖酸对阳离子的吸附包括离子交换、螯合、表面吸附、凝聚等作用，既有化学吸附，又有物理吸附。当金属离子浓度低时，以螯合作用为主，当金属离子浓度高时，离子交换占主导地位。

用作吸附剂的腐殖酸类物质有两大类，一类是天然的富含腐殖酸的风化煤、泥煤、褐煤等，直接作吸附剂用或经简单处理后作吸附剂用；另一类是把富含腐殖酸的物质用适当的黏结剂作成腐殖酸系树脂，造粒成型，以便用于管式或塔式吸附装置。

腐殖酸类物质吸附重金属离子后，容易脱附再生，常用的再生剂有 $1\sim2mol/L$ 的 H_2SO_4、HCl、NaCl、$CaCl_2$ 等。据报道，腐殖酸类物质能吸附工业废水中的各种金属离子，如 Hg、Zn、Pb、Cu、Cd 等，其吸附率可达 90%～99%。存在形态不同，吸附效果也不同，对 Cr(Ⅲ) 的吸附率大于对 Cr(Ⅳ) 的吸附率。

8.4.2 吸附剂的再生

吸附剂在达到饱和吸附后，必须进行脱附再生，才能重复使用。脱附是吸附的逆过程，即在吸附剂结构不变或者变化极小的情况下，用某种方法将吸附质从吸附剂孔隙中除去，恢复它的吸附能力。通过再生使用，可以降低处理成本，减少废渣排放，同时回收吸附质。

目前吸附剂的再生方法有加热再生、药剂再生、化学氧化再生、湿式氧化再生、生物再生等。再生方法的分类如表 8-1 所示。在选择再生方法时，主要考虑三方面的因素：吸附质的理化性质；吸附机理；吸附质的回收价值。

表 8-1 吸附剂再生方法分类

种　类		处理温度/℃	主　要　条　件
加热再生	加热脱附	100～200	水蒸气、惰性气体
	高温加热再生	750～950	水蒸气、燃烧气体、CO_2
	（炭化再生）	（400～500）	
药剂再生	无机药剂	常温～80	HCl、H_2SO_4、NaOH、氧化剂
	有机药剂(萃取)	常温～80	有机溶剂(苯、丙酮、甲醇等)
生物再生		常温	好气菌、厌气菌
湿式氧化分解		180～220,加压	O_2、空气、氧化剂
电解氧化		常温	O_2

（1）加热再生

即用外部加热的方法改变吸附平衡关系，达到脱附和分解的目的。在水处理中，被吸附的污染物种类很多，由于其理化性质不同，分解和脱附的程度差别很大。根据饱和吸附剂在惰性气体中的热重曲线（TGA），又将其分为三种类型：①易脱附型。简单的低分子碳氢化合物和芳香族有机物即属于这种类型，由于沸点较低，一般加热到300℃即可脱附。②热分解脱附型。即在加热过程中易分解成低分子有机物，其中一部分挥发脱附，另一部分经炭化残留在吸附剂微孔中，如聚乙二醇（PEG）等。③难脱附型。在加热过程中重量变化慢且少，有大量的炭化物残留在微孔中，如酚、木质素、萘酚等。

对于吸附了浓度较高的易脱附型污染物的饱和炭，可采用低温加热再生法，温度控制在100～200℃，以水蒸气作为载气，直接在吸附柱中再生，脱附后的蒸气经冷却后可回收利用。

如果废水中的污染物与活性炭结合较牢固，则需用高温加热再生。再生过程主要可分为三个阶段。干燥阶段：加热温度100～130℃，使含水率达40%～50%的饱和炭干燥，干燥所需要热量约为再生总能耗的50%，所需容积占再生装置的30%～40%。炭化阶段：水分蒸发后，升温至700℃左右，使有机物挥发、分解、炭化，升温速率和炭化温度应根据吸附质类型及特性而定。活化阶段：升高温度至700～1000℃，通入水蒸气、二氧化碳等活化气体，将残留在微孔中的炭化物分解为 CO、CO_2、H_2 等，达到重新造孔的目的。

同活性炭制造一样，活化也是再生的关键，必须严格控制以下活化条件：①最适宜的活化温度与吸附质的种类、吸附量以及活性炭的种类有较密切的关系，一般范围800～950℃。②活化时间要适当，过短活化不完全，过长造成烧损，一般以20～40min为宜。③氧化性气体对活性炭烧损较大，最好用水蒸气作活化气体，其注入量为 0.8～1.0kg/kg（活性炭）。④再生尾气希望是还原性气氛，其中 CO 含量在 2%～3% 为宜，氧气含量要求在 1% 以下。⑤对经反复吸附-再生操作，积累了较多金属氧化物的饱和炭，用酸处理后进行再生，可降低灰分含量，改善吸附性能。

高温加热再生是目前废水处理中粒状活性炭再生的最常用方法。其工作原理是在高温下把已经吸附在炭内的有机物烧掉（高温分解），使炭恢复吸附能力。失效炭的再生工艺是：饱和炭→脱水→干燥→炭化→活化→冷却→再生炭，与活性炭的生产工艺基本相似，只是用"脱水→干燥"代替了生产中的"成型"。活性炭再生的损失率约 5%（由于烧失与磨损，其损失部分需用新炭补充），炭吸附能力的恢复率可达 95% 以上，适合于绝大多数吸附质，不产生有机酸，但能耗大，设备造价高。

热再生法的方式有燃气或燃油加热式、放电加热式、远红外加热式等。其中燃气或燃油加热式适合于大中型炭再生设备，放电加热式和远红外加热式只适合于小型炭再生设备。

目前用于加热再生的炉型有立式多段炉、转炉、立式移动床炉、流化床炉以及电加热再生炉等。因为它们的构造、材质、燃烧方式及最适再生规模都不相同，所以选用时应考虑具体情况。

① 立式多段炉 立式多段再生炉的结构示意如图 8-8 所示。外壳用钢板焊制成圆筒型，内衬耐火砖。炉内分 4～8 段，各段有 2～4 个搅拌耙，中心轴带动搅拌耙旋转。该再生炉的工作方式是：失效活性炭由炉顶连续加入，由炉内旋转的耙式推移器将炭逐渐向下层推送，由上至下共 6 层。失效炭在炉内依次经历三个阶段：在第 1～3 层进行干燥，停留时间约 5min，温度约 700℃；在第 4 层焙烧，停留时间 15min，温度约 800℃；在第 5 层和第 6 层活

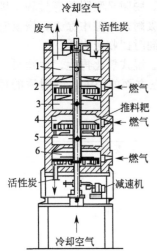

图 8-8 立式多段活性炭再生炉

化，停留时间 10min，温度 850～900℃。干燥、焙烧与活化阶段所需的能量采用燃烧轻油或丙烷直接加热的方式供给。这种炉型占地面积小，炉内有效面积大，炭在炉内停留时间短，再生炭质量均匀，燃烧损失一般在 5% 以下，适合于大规模活性炭再生，但操作要求严格，结构较复杂，炉内一些转动部件要求使用耐高温材料。

② 回转式再生炉 回转式再生炉为一卧式转筒，从进料端（高）到出料端（低）炉体略有倾斜，炭在炉内的停留时间靠倾斜度及炉体的转速来控制。在炉体活化区设有水蒸气进口，进料端设有尾气排出口。转炉有内热式、外热式以及内热外热并用三种型式。内热式回转炉的再生损失大，炉体内衬耐火材料即可；外热式回转炉的再生损失小，但炉体需用耐高温不锈钢制造。

图 8-9 所示为一卧式回转再生炉的结构示意，有一段或二段式两种结构。二段炉的干燥阶段在炉内直接燃气加热（或用活化段炉体热空气回收作干燥热源）；活化段采用外热式炉筒；为断绝空气，采用水蒸气活化，活化温度达 800～950℃。再生时间一般控制在 3～4h。

回转再生炉设备简单，操作容易，但占地面积大，热效率低，适用于较小规模（3t/d 以下）的再生。

③ 电加热再生装置 电加热再生包括直接电流加热再生、微波再生和高频脉冲放电再生。

直接电流加热再生是将直流电直接通入饱和炭中，利用活性炭的导电性及自身电阻和炭粒间的接

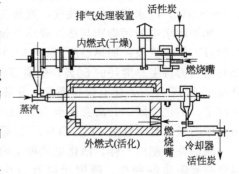

图 8-9 卧式回转再生炉结构示意

触电阻,将电能变成热能,利用焦尔热使活性炭温度升高。达到再生温度时,再通入水蒸气进行活化。这种加热再生装置具有设备简单、占地面积小、操作管理方便、能耗低(1.5~1.9kW·h/kgC)等优点,但当活性炭被油等不良导体包裹或累积较多无机盐时,要首先进行酸洗或水洗预处理。

图 8-10 所示为直接通电加热式再生装置的结构示意。炉两端系石墨电极,电极间有失效炭通过。利用活性炭的导电性及炭自身的电阻、炭粒间的接触电阻使炭温度上升。活性炭在炉内自上至下移动,完成干燥、焙烧(400℃)、活化(850℃)等过程,也可以在炉外干燥后进再生炉。再生时间一般为 15~30min。

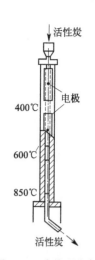

图 8-10 直接通电加热式再生装置结构示意

微波再生是用频率为 900~4000MHz 的微波照射饱和炭,使活性炭温度迅速升高至 500~550℃,保温 20min,即可达到再生要求。用这种再生装置,升温速率快,再生效率高、炭的损失少。

高频脉冲放电再生装置是利用高频脉冲放电,将饱和炭微孔中的有机物瞬间加热到 1000℃ 以上(而活性炭本身的温度并不高),使其分解、炭化。与放电同时产生的紫外线、臭氧和游离基对有机物产生氧化作用,吸附水在瞬间成为过热水蒸气,也与炭进行水煤气反应。据报道,这种再生装置具有再生效率高(吸附能力的恢复率达 98%)、电耗低(0.3~0.4kW·h/kgC)、炭损失小于 2%、停留时间短等优点,而且由于不需通入水蒸气,因此操作方便。

④ 流化床式再生装置 图 8-11 所示为一流化床式再生装置的结构示意。通过燃烧重油或煤气产生的高温气体通过炉隔层或由炉底与水蒸气一起通入炉内,使活性炭在炉内呈流化状态。活性炭自上而下流动,依次完成干燥、焙烧和活性阶段。活化温度控制在 800~950℃。再生时间一般为 6~13h。该装置可由一段或多段组成,具有占地面积小,操作方便等优点,但炉内温度与水蒸气流量的调节比较困难。

⑤ 移动床式再生装置 图 8-12 所示为移动床式再生装置的结构示意。该装置采用外燃式间接加热的方式,通过外层燃烧煤气向内层提供热量,燃气入口温度为 1000℃,与活性炭换热后出口温度为 70~80℃。活性炭在内层由上至下连续移动,依次完成干燥(停留时间 1~1.5h)、焙烧(停留时间 1~1.5h)、活化(停留时间 18~30h)与冷却(停留时间 2~2.5h)等过程。由于这种装置所需的活化时间较长,活化效率低,因此现已很少使用。

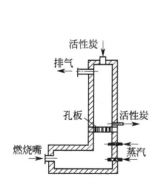

图 8-11 流化床式再生装置结构示意

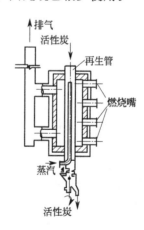

图 8-12 移动床式再生装置结构示意

颗粒炭和粉状炭也可用湿式氧化过程在高温高压下再生。

（2）药剂再生

在饱和吸附剂中加入适当的溶剂，可以改变体系的亲水-憎水平衡，改变吸附剂与吸附质之间的分子引力，改变介质的介电常数，从而使原来的吸附崩解，吸附质离开吸附剂进入溶剂中，达到再生和回收的目的。

常用的有机溶剂有苯、丙酮、甲醇、乙醇、异丙醇、卤代烷等。树脂吸附剂从废水中吸附酚类后，一般采用丙酮或甲醇脱附；吸附了 TNT 的，采用丙酮脱附；吸附了 DDT 类污染物的，采用异丙醇脱附。无机酸碱也是很好的再生剂，如吸附了苯酚的活性炭可以用热的 NaOH 溶液再生，生成酚钠盐回收利用。

对于能电离的物质最好以分子形式吸附，以离子形式脱附，即酸性物质宜在酸里吸附，在碱里脱附；碱性物质在碱里吸附，在酸里脱附。

溶剂及酸碱用量应尽量节约，控制 2～4 倍吸附剂体积为宜。脱附速率一般比吸附速率慢一倍以上。药剂再生时吸附剂损失较小，再生可以在吸附塔中进行，无需另设再生装置，而且有利于回收有用物质。缺点是再生效率低，再生不易完全。

经过反复再生的吸附剂，除了机械损失外，其吸附容量也会有一定的损失，这是因为灰分堵塞小孔或杂质除不尽，使有效吸附表面积和孔容减小。

8.5　吸附工艺与设计

在设计吸附工艺和装置时，应首先确定采用何种吸附剂，选择何种吸附和再生操作方式以及水的预处理和后处理措施。一般需通过静态和动态试验来确定处理效果、吸附容量、设计参数和技术经济指标。

吸附操作分间歇和连续两种。前者是将吸附剂（多用粉状炭）投入水中，不断搅拌，经一定时间达到吸附平衡后，用沉淀或过滤的方法进行固液分离。如果经过一次吸附，出水达不到要求，则需增加吸附剂投量和延长停留时间或者对一次吸附出水进行二次或多次吸附。间歇工艺适合于小规模、应急性处理。当处理规模大时，需建较大的混合池和固液分离装置，粉状炭的再生工艺也较复杂，因此目前在生产上已很少采用。

连续式吸附操作是废水不断地流进吸附床，与吸附剂接触，当污染物浓度降至处理要求时，排出吸附柱。按照吸附剂的充填方式，又可分为固定床、移动床和流化床三种。

还有一些吸附操作不单独作为一个过程，而是与其他操作过程同时进行，如在生物曝气池中投加活性炭粉，吸附和氧化作用同时进行。

8.5.1　间歇吸附

间歇吸附反应池有两种类型：一种是搅拌池型，即在整个池内进行快速搅拌，使吸附剂与原水充分混合；另一种是泥渣接触型，池型与操作和循环澄清池相同。运行时池内可保持较高浓度的吸附剂，对原水浓度和流量变化的缓冲作用大，不需要频繁地调整吸附剂的投量，并能得到稳定的处理效果。当用于废水深度处理时，泥渣接触型的吸附量比搅拌池型增加 30%。为防止粉状吸附剂随处理水流失，固液分离时常加高分子絮凝剂。

（1）多级平流吸附

如图 8-13 所示，原水经过 n 级搅拌反应池得到吸附处理，而且各池都补充新吸附剂。当废水量小时可在一个池中完成多级平流吸附。

第 i 级的物料衡算式为：

$$W_i(q_i - q_0) = Q(C_{i-1} - C_i) \tag{8-18}$$

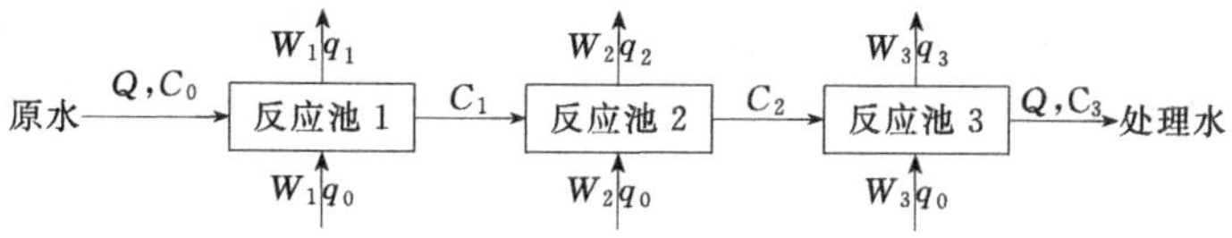

图 8-13 多级平流吸附示意图

式中　W_i——供应第 i 级的吸附剂量，kg/h；

　　　Q——废水流量，m³/h；

　q_0，q_i——新吸附剂和离开第 i 级吸附剂的吸附量，kg/kg；

C_{i-1}，C_i——第 i 级进水和出水的浓度，kg/m³。

若 $q_0=0$，则式(8-18) 可变为：

$$W_i q_i = Q(C_{i-1} - C_i) \tag{8-19}$$

若已知吸附平衡关系 $q_i = f(C_i)$，则可与式(8-19) 联立，逐级计算出最小投炭量 W_i。

按图 8-13，由式(8-19) 可得：

$$C_1 = C_0 - q_1 \frac{W_1}{Q} \tag{8-20}$$

$$C_2 = C_1 - q_2 \frac{W_2}{Q} = C_0 - q_1 \frac{W_1}{Q} C_1 - q_2 \frac{W_2}{Q} \tag{8-21}$$

同理，经 n 级吸附后：

$$C_n = C_{n-1} - q_n \frac{W_n}{Q} \tag{8-22}$$

当各级投炭量相同时，即 $W_1 = W_2 = \cdots = W_n = W$，则

$$C_2 = C_0 - \frac{W}{Q}(q_1 + q_2) \tag{8-23}$$

$$C_n = C_0 - \frac{W}{Q} \sum_{i=1}^{n} q_i \tag{8-24}$$

若令 q_m 为各级吸附量的平均值，则

$$C_n = C_0 - \frac{W}{Q} n q_m \tag{8-25}$$

由此可得将 C_0 降至 C_n 所需的吸附级数 n 和吸附剂总量 G：

$$n = \frac{Q(C_0 - C_n)}{W q_m} \tag{8-26}$$

$$G = nW = \frac{Q(C_0 - C_n)}{q_m} \tag{8-27}$$

如果溶液浓度很低，$q_i = K' C_i$，则上述计算式可简化为：

$$C_n = C_0 \left(\frac{Q}{Q + K'W} \right)^n \tag{8-28}$$

$$n = \frac{\lg C_0 - \lg C_n}{\lg(Q + K'W) - \lg Q} \tag{8-29}$$

$$G = n \frac{Q}{K'} \left(\sqrt[n]{C_0/C_n} - 1 \right) \tag{8-30}$$

由式(8-25) 和式(8-28) 可知，吸附级数越多，出水 C_n 越小，但吸附剂总量增加，而且操作复杂，一般以 2～3 级为宜。

（2）多级逆流吸附

由吸附平衡关系知，吸附剂的吸附量与溶质浓度呈平衡，溶质浓度越高，平衡吸附量就越

大。因此，为了使出水中的杂质最少，应使新鲜吸附剂与之接触；为了充分利用吸附剂的吸附能力，又应使接近饱和的吸附剂与高浓度进水接触。利用这一原理的吸附操作就是多级逆流吸附，如图 8-14 所示。

$$原水 \xrightarrow{Q,C_0} \boxed{反应池 1} \xrightarrow{C_1} \boxed{反应池 2} \xrightarrow{C_2} \boxed{反应池 3} \xleftarrow{Q,C_3} 处理水$$
$$失效炭 \xleftarrow{W,q_1} \qquad \xleftarrow{q_2} \qquad \xleftarrow{q_3} \qquad \xrightarrow{W,q_4} 新炭$$

图 8-14 逆流多级吸附示意

经 n 级逆流吸附的总物料衡算式为：

$$W(q_1 - q_n + 1) = Q(C_0 - C_n) \tag{8-31}$$

对二级逆流吸附，设备各级吸附等温式可用 Freundlich 式表示，即 $q_i = KC_i^{1/n}$；且 $q_3 = 0$，则可得：

$$\frac{C_0}{C_1} - 1 = \left(\frac{C_1}{C_2}\right)^{1/n}\left(\frac{C_1}{C_2} - 1\right) \tag{8-32}$$

若给定原水浓度 C_0、处理水浓度 C_2 及吸附等温线的常数 $\dfrac{1}{n}$，则由式（8-32）可求出 C_1；再代入吸附等温式可求得各级吸附量，利用这些数据由式（8-31）可求出最小投炭量 W。计算结果表明，达到同样的处理效果，逆流吸附比平流吸附少用吸附剂。

对 n 级逆流吸附，如果 $q_i = K'C_i$，则有以下近似公式：

$$C_n = C_0 \frac{K'\dfrac{W}{Q} - 1}{\left(K'\dfrac{W}{Q}\right)^{n+1} - 1} \tag{8-33}$$

$$n = \frac{\lg\left[C_0\left(K'\dfrac{W}{Q} - 1\right) + C_n\right] - \lg\left(C_n K'\dfrac{W}{Q}\right)}{\lg\left(K'\dfrac{W}{Q}\right)} \tag{8-34}$$

8.5.2 固定床吸附

在水处理中常用固定床吸附装置，其构造与快滤池大致相同，如图 8-15 所示。吸附剂填充在装置内，吸附时固定不动，水流穿过吸附剂层。根据水流方向可分为升流式和降流式两种。利用降流式固定床吸附，出水水质较好，但水力损失较大，特别是在处理含悬浮物较多的污水时，为防止炭层堵塞，需定期进行反冲洗，有时还需在吸附剂层上部设表面冲洗设备；在升流式固定床中，水流由下而上流动。这种床型水力损失增加较慢，运行时间较降流式长。当水力损失增大后，可适当提高进水流速，使充填层稍有膨胀（不混层），就可以达到自清的目的。但当进水流量波动较大或操作不当时，易流失吸附剂，处理效果也不好。升流式固定床吸附塔的构造与降流式基本相同，仅省去表面冲洗设备。吸附装置通常用钢板焊制，并做防腐处理。

根据处理水量、原水水质及处理要求，固定床可分为单床和多床系统，一般单床使用较少，仅在处理规模很小时采用。多床又有并联与串联两种，前者适于大规模处理，出水要求较低，后者适于处理流量较小、出水要求较高的场合。

（1）穿透曲线

当原水连续通过吸附剂层时，运行初期出水中溶质几乎为零。随着时间的推移，上层吸附剂达到饱和，床层中发挥吸附作用的区域向下移动。吸附区前面的床层尚未起作用。出水中溶质浓度仍然很低。当吸附区前沿下移至吸附剂层底端时，出水浓度开始超过规定值，此时称床层穿透。以后出水浓度迅速增加，当吸附区后端面下移到床层底端时，整个床层接近饱和，出水浓度接近进水浓度，此时称床层耗竭。将出水浓度随时间变化作图，得到的曲线称为穿透曲线，如图 8-16 所示。

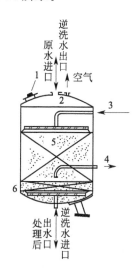

图 8-15　降流式固定床型吸附塔构造示意
1—检查孔；2—整流板；3—表洗水进口；
4—饱和炭出口；5—活性炭；6—垫层

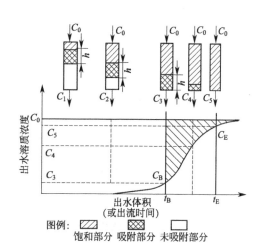

图 8-16　固定床穿透曲线

吸附床的设计及运行方式的选择在很大程度上取决于穿透曲线。由穿透曲线可以了解床层吸附负荷的分布、穿透点和耗竭点。穿透曲线越陡，表明吸附速率越快，吸附区越短。理想的穿透曲线是一条垂直线，实际的穿透曲线是由吸附平衡线和操作线决定的，大多呈 S 形。影响穿透曲线形状的因素很多，通常进水浓度越高，水流速度越小，穿透曲线越陡；对球形吸附剂，粒度越小，床层直径与颗粒直径之比越大，穿透曲线越陡。对同一吸附质，采用不同的吸附剂，其穿透曲线形状也不同。随着吸附剂再生次数增加，其吸附性能有所变化，穿透曲线渐趋平缓。

对单床吸附系统，由穿透曲线可知，当床层达到穿透点时（对应的吸附量为动活性），必须停止进水，进行再生；对多床串联系统，当床层达到耗竭点时（对应的吸附量为饱和吸附量），也需进行再生。显然，在相同条件下，动活性＜饱和吸附量＜静活性（平衡吸附量）。

（2）穿透曲线的计算

穿透曲线计算包括确定穿透曲线方程、吸附区厚度和移动速度、穿透时间等。为此，在吸附床中任取单位截面积厚度为 dZ 的微元层做物料衡算，如图 8-17 所示。

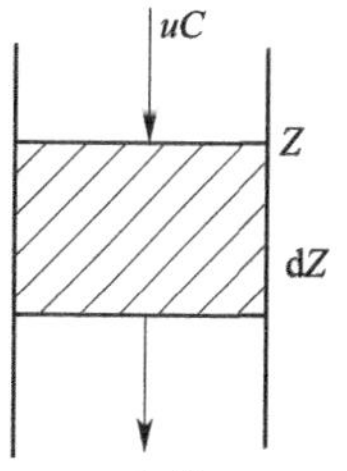

图 8-17　固定床物料衡算

设水流的空塔速度为 u，流经 Z 段面的溶质浓度为 C，床层密度为 ρ_b，空隙率为 ε，则在时间 dt 内，流入与流出该微元的吸附质变化量应等于吸附剂的吸附量与孔隙中的溶质质量之和，即

$$-\frac{\partial (uC)}{\partial Z}=\rho_b \frac{\partial q}{\partial t}+\varepsilon \frac{\partial C}{\partial t} \tag{8-35}$$

因为 $q=f(C)$ 表示吸附等温线，而流动相浓度 C 又是吸附时间 t 和床层位置 Z 的函数，故有：

$$\frac{\partial q}{\partial t}=\frac{dq}{dC}\frac{\partial C}{\partial t} \tag{8-36}$$

将式(8-36)代入式(8-35)，可得：

$$u\frac{\partial C}{\partial Z}+\left(\varepsilon+\rho_b\frac{dq}{dC}\right)\frac{\partial C}{\partial t}=0 \tag{8-37}$$

设在时间 dt 内，吸附区从 Z 段面下移至 $Z+dZ$ 段面，流动相中溶质浓度为常数 C，则 $\left(\frac{\partial Z}{\partial t}\right)_c$ 表示吸附区的推移速率 v_a。根据偏微分性质：

$$v_a=\left(\frac{\partial Z}{\partial t}\right)_c=-\left(\frac{\partial C}{\partial t}\right)_Z\Big/\left(\frac{\partial C}{\partial Z}\right)_t \tag{8-38}$$

将式(8-37)代入式(8-38)，整理得：

$$v_a=\frac{u}{\varepsilon+\rho_b\left(\dfrac{dq}{dC}\right)} \tag{8-39}$$

由上式可见，对于不同的浓度 C，吸附区有不同的推移速度；对 u 和 ε 为定值的床层来说，吸附区推移速度取决于 $\frac{dq}{dC}$，即取决于吸附等温线的变化率。对上凸形吸附等温线，$\frac{dq}{dC}$ 随 C 增大而减小，吸附区高浓度一端推移速度比低浓度一端快，从而使吸附区在推移过程逐渐变短，即发生吸附区的"缩短"现象。相反，对下凹形吸附等温线，则发生吸附区"延长"现象。显然，为提高床层的利用率，吸附区缩短是有利的，但从传质速率分析，在吸附区上端吸附量高，浓度梯度小，传质速率亦小；吸附区下端吸附量低，浓度梯度大，传质速率也大，导致吸附区在推移过程中逐渐变宽。上述两个倾向的作用结果，使吸附区厚度和穿透曲线形状在推移过程中基本保持不变。

因此，在实际操作中，式(8-39)中的 $\frac{dq}{dC}$ 可看作定值，设为 A_1，即

$$\frac{dq}{dC}=A_1$$

积分可得：

$$q=A_1C+A_2$$

其边界条件为 $C=0$，$q=0$；$C=C_0$，$q=q_0$。由此可得操作线方程为：

$$q=\frac{q_0}{C_0}C \text{ 或} \frac{dq}{dC}=\frac{q_0}{C_0} \tag{8-40}$$

将式(8-40)代入式(8-39)，并由 $\varepsilon\ll\rho_b\frac{q_0}{C_0}$ 简化得：

$$v_a=\frac{u}{\varepsilon+\rho_b\dfrac{q_0}{C_0}}=\frac{uC_0}{\rho_b q_0} \tag{8-41}$$

若引入总传质系数 k_f，则填充层内的吸附速率可表示为

$$\rho_b\frac{dq}{dt}=k_f\alpha_V(C-C^*) \tag{8-42}$$

式中，C^* 是与吸附量成平衡的浓度。

将式(8-40)代入式(8-42)，并积分，求出出水浓度从 C_B 增至 C_E 所需的操作时间为：

$$t_E-t_B=\frac{\rho_b q_0}{k_f\alpha_V C_0}\int_{C_B}^{C_E}\frac{dC}{C-C^*} \tag{8-43}$$

$t_E - t_B$ 相当于推移一个吸附区所需要的时间。而吸附区的厚度 Z_a 可用 v_a 与 $t_E - t_B$ 的乘积表示，即

$$Z_a = v_a(t_E - t_B) = \frac{u}{k_f \alpha_V} \int_{C_B}^{C_E} \frac{dC}{C - C^*} \tag{8-44}$$

式中，$\dfrac{u}{k_f \alpha_V}$ 称为传质单元高度，具有长度量纲；积分项称为传质单元数（N_{0f}），其值由吸附等温线与操作线图解积分得出。当吸附等温式可用 Langnuir 或 Freundlich 表示时，传质单元数可分别用式(8-45) 和式(8-46) 计算。

$$N_{0f} = \frac{2 + bC_0}{bC_0} \ln \frac{C_E}{C_B} \tag{8-45}$$

$$N_{0f} = \ln \frac{C_E}{C_B} + \frac{1}{n-1} \ln \frac{1 - (C_B/C_0)^{n-1}}{1 - (C_E/C_0)^{n-1}} \tag{8-46}$$

根据式(8-43)，可写出穿透开始后的时间 t 与出水浓度 C 的关系：

$$t - t_B = \frac{\rho_b q_0}{k_f \alpha_V C_0} \int_{C_B}^{C} \frac{dC}{C - C^*} \tag{8-47}$$

只要知道 $k_f \alpha_V$ 和吸附平衡关系，便可由式(8-47) 求出任意时间 t 和出水浓度 t 的关系，以此作图，即可得到穿透曲线。

通常穿透曲线为 S 形，且以 $\dfrac{C}{C_0} = 0.5$ 为对称中心。假定从起始到 $\dfrac{C}{C_0} = 0.5$ 的时间为 $t_{1/2}$，床层厚度为 Z，则有

$$Z = v_a t_{1/2} \approx \frac{u C_0}{\rho_b q_0} t_{1/2} \tag{8-48}$$

以 $t_{1/2}$ 代替式(8-47) 中的 t，并加以整理得床层穿透的时间为：

$$t_B - \frac{\rho_b q_0}{u C_0}\left(Z - \frac{u}{k_f \alpha_V} \int_{C_B}^{\frac{1}{2}C_0} \frac{dC}{C - C^*}\right) = \frac{\rho_b q_0}{u C_0}\left(Z - \frac{1}{2} Z_a\right) \tag{8-49}$$

根据穿透曲线，可计算吸附区的饱和程度，通常用剩余吸附容量分率 f 表示，其值为穿透曲线上部阴影部分的面积（见图 8-17）与整个吸附区面积之比，即

$$f = \frac{\int_{t_B}^{t_E} (C_0 - C)\, dt}{C_0(t_E - t_B)} \tag{8-50}$$

根据处理水量、水质及处理后水质的要求，固定床可分为单塔和多塔，多塔可以串联或并联使用，如图 8-18 所示。

8.5.3 移动床吸附

图 8-19 为移动床构造图。原水从下而上流过吸附层，吸附剂由上而下间歇或连续移动。间歇式移动床（见图 8-19）处理规模大时，每天从塔底定时卸炭 $1 \sim 2$ 次，每次卸炭量为塔内总炭量的 $5\% \sim 10\%$；连续移动床（见图 8-20），即饱和吸附剂连续卸出，同时新吸附剂连续从顶部补入。理论上连续移动床厚度只需一个吸附区的厚度。直径较大的吸附塔的进出水口采用井筒式滤网。

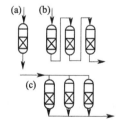

图 8-18 固定床吸附操作示意
(a) 单塔式；(b) 多塔串联式；(c) 多塔并联式

移动床较固定床能充分利用床层吸附容量，出水水质良好，且水力损失较小。由于原水从塔底进入，水中夹带的悬浮物随饱和炭排出，因而不需要反冲洗设备，对原水预处理要求较低，操作管理方便。目前较大规模废水处理时多采用这种操作方式。

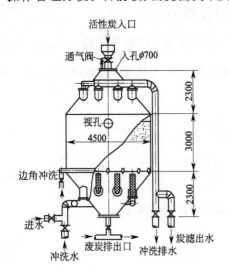

图 8-19　间歇式移动床活性炭吸附设备

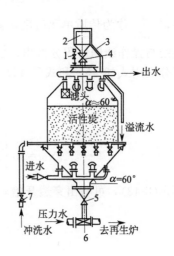

图 8-20　连续式移动床吸附设备

1—通气阀；2—进料斗；3—溢流管；
4，5—直流式衬胶阀；6—水射器；7—截止阀

移动床吸附装置与固定床吸附装置特点的比较见表 8-2。

表 8-2　固定床吸附装置与移动床吸附装置的特点比较

比　较　项　目			固定床	移动床
设计条件	空塔体积流速/(L/h)		约2.0	约5.0
	空塔线速率/(m/h)		5～10	10～30
吸附过程	吸附容量/(kgCOD/kgC)		0.2～0.25	较前者低
	活性炭耗量	必要量	多	少
		损失量	少	少
再生过程	排炭方式		间歇式	可间歇也可连续
	再生损失		少	少
	再生炉运转率		低	高
处理费			处理规模大时高	处理规模大时低

8.5.4　流化床吸附

流化床吸附装置的构造示意如图 8-21 所示。原水由底部升流式通过床层，吸附剂由上部向下移动。由于吸附剂保持流化状态，与水的接触面积增大，因此设备小而生产能力大，基建费用低。与固定床相比，可使用粒度均匀的小颗粒吸附剂，对原水的预处理要求低，但对操作控制要求高。为了防止吸附剂全塔混层，以充分利用其吸附容量并保证处理效果，塔内吸附剂采用分层流化。所需层数根据吸附剂的静活性、原水水质水量、出水要求等来决定。分隔每层的多孔板的孔径、孔分布形式、孔数及下降管的大小等都是影响多层流化床运转的因素。目前日本在石油化工废水处理中采用这种流化床，使用粒径为 1mm 左右的球形活性炭。

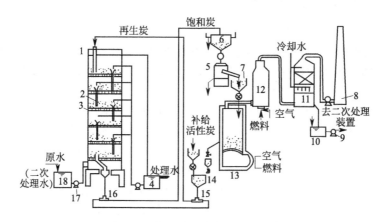

图 8-21 粉状炭流化床及再生系统

1—吸附塔；2—溢流管；3—穿孔板；4—处理水槽；5—脱水机；6—饱和炭贮槽；7—饱和炭供给槽；
8—烟囱；9—排水泵；10—废水槽；11—气体冷却器；12—脱臭炉；13—再生炉；
14—再生炭冷却槽；15,16—水射器；17—原水泵；18—原水槽

吸附装置的设计步骤包括：

① 选定吸附操作方式及吸附装置的型式；

② 参考经验数据，选择最佳空塔流速（v_L 或 v_s）；

③ 根据吸附柱实验，求得动态吸附容量 q 及通水倍数 n（单位质量吸附剂所能处理的水的质量）；

④ 根据水流速度和出水要求，选择最适吸附剂层高 H（或接触时间 t）；

⑤ 选择吸附装置的个数 N 及使用方式；

⑥ 计算装置总面积 F 和单个装置的面积 f：

$$F = Q/v_s \tag{8-51}$$

$$f = F/N \tag{8-52}$$

⑦ 计算再生规模，即每天需再生的饱和炭量 W：

$$W = \sum Q/n \tag{8-53}$$

工程中有关数据的确定，应按水质、吸附剂品种及实验决定。活性炭用于深度处理时，下述参数可供设计时参考。

①粉末炭投加的炭浆浓度约 40%；②粉末炭与水接触时间 20～30min；③固定床炭层厚度 1.5～2.0m；④空塔线速度见表 8-2；⑤反冲洗水线速度 28～32m/h；⑥反冲洗时间 4～10min；⑦冲洗间隔时间 72～144h；⑧炭层冲洗膨胀率 30%～50%；⑨流动床运行时炭层膨胀率 10%；⑩多层流动床每层炭高 0.75～1.0m；⑪水力输炭管道流速 0.75～1.5m/s；⑫水力输炭水量与炭量体积比例 10:1；⑬气动输炭量质量比例 4:1（空气重度）。

8.6 活性炭吸附

活性炭是给水处理与工业废水处理中应用最广泛的吸附剂。活性炭分为颗粒活性炭（granular activated carbon，GAC）和粉末活性炭（powdered activated carbon，PAC）两大类，是用含有碳的原料制成的，其材料包括煤、果壳、木屑等。

8.6.1 可以被活性炭吸附的物质

活性炭是一种非极性吸附剂，对水中非极性、弱极性的有机物有很好的吸附能力，其吸附作用主要来源于物理表面吸附作用，吸附作用力为活性炭表面与吸附质分子之间的吸引力（类似于范德华力）。物理吸附的特性有：吸附的选择性低，可以多层吸附，吸附上的物质再脱附相对容易。这有利于活性炭吸附饱和后的再生。

活性炭所能吸附去除的有机物包括：芳香族有机物，如苯、甲苯、硝基苯等；卤代芳香烃，如氯苯；酚与氯酚类、烃类有机物，如石油产品；农药、合成洗涤剂、腐殖酸类、水中致臭物质，如 2-甲基异莰醇、土臭素（2-甲基萘烷醇）等；产生色度的物质等。经过活性炭的吸附处理，可以大大降低水中的有机物含量，减少氯化消毒产物的前体物，降低水的致突变活性，改善水的臭味和色度等指标。但是活性炭对低分子质量的极性有机物和碳水化合物的吸附效果不好，去除作用有限，如低分子质量的醇、醛、酸、糖类和淀粉等。

活性炭在高温制备过程中，炭的表面形成了多种官能团，这些官能团对水中的部分离子有化学吸附作用。因此活性炭也可以去除一些重金属离子，其作用机理是通过络合或螯合作用，它的选择性较高，属单层吸附，并且脱附较为困难。

8.6.2 粉末活性炭预处理与应急处理

活性炭分为粉末活性炭和颗粒活性炭，粉末炭主要用于预处理和应急处理，颗粒炭主要用于深度处理，两者的运行方式与设备各不相同。

（1）应用工艺

粉末活性炭的颗粒很细，颗粒粒径一般在几十微米，使用时可像药剂一样直接投入水中，吸附后再在混凝沉淀过程中与水中颗粒物一起沉淀分离，随沉淀池污泥一起进行水厂污泥处理与废弃处置。

在给水处理中，粉末活性炭吸附可用于水源水季节性水质恶化的强化预处理，如原水在短期内含较高浓度的有机污染物、具有异臭异味等。也可用于水源水突发性污染事故中的应急处理。粉末活性炭吸附的主要优点是：除投加系统外，不需增加处理构筑物；使用灵活方便，可根据水质情况改变活性炭的投加量，在应对突发污染时可以采用大的投加剂量。不足之处于在：在粉末活性炭吸附中，由于处理工艺的特性属于混合式反应器，活性炭吸附是与出水浓度平衡的，粉末炭的吸附容量要低于颗粒活性炭的吸附容量（颗粒活性炭采用固定床反应器，活性炭吸附是与进水浓度相平衡的，吸附容量较大）；粉末活性炭难于回收，属一次性使用，长期使用的经济性要低于颗粒活性炭。

（2）投加点与投加量

粉末活性炭吸附需要一定的吸附时间，其吸附过程可分为快速吸附、基本平衡和完全平衡三个阶段。粉末活性炭对硝基苯吸附过程的试验表明，快速吸附阶段大约需要 30min，可以达到 70%～80% 的吸附容量；1～2h 可以基本达到吸附平衡，达到最大吸附容量的 90% 以上。再继续延长吸附时间，吸附容量的增加很少。

因此，对于取水口与净水厂有一定距离的水厂，粉末活性炭最好在取水口处提前投加，利用从取水口到净水厂的管道输送时间完成吸附过程，在水源水到达净水厂前实现对污染物的主要去除。对于取水口距净水厂距离很近，只能在水厂内混凝前投加粉末活性炭的情况，由于混凝的时间即为粉末活性炭的吸附时间，一般小于 0.5h，造成粉末炭的吸附能力发挥不足，因此在净水厂内投加粉末活性炭时必须相应提高投加量。

粉末活性炭的处理效果和投加量应由烧杯试验确定。对于在水厂内投加的，试验时应采用与混凝相似的试验条件（混凝剂投加量、搅拌条件等）。由于水源水中同时存在多种有机物质，存在着竞争吸附现象，实际水源水所需的粉末炭投加量要大于用纯水配水试验所得的结果。

对于饮用水的预处理，粉末炭的投加量一般在 5~30mg/L；水源污染事故应急处理时粉末活性炭的投加量可达几十毫克每升。粉末活性炭的价格约为 4000 元/t，每 100mg/L 投加量的相应成本约为 0.04 元/m³。

由于活性炭对氯等氧化剂有还原脱氯作用，因此投加粉末活性炭后一般不需要再进行预氯化处理。

（3）投加设备

粉末活性炭的投加方法有湿投法和干投法两种。

湿投法是先把粉末活性炭配成浓度约为 10% 的炭浆，再按容积计量投加，所需设备包括粉末活性炭贮存库、贮存仓、炭浆配制槽、加注泵等。干投法则用炭粉投加机直接计量投加粉末炭，再用水射器输送至投加点，所需设备包括粉末活性炭贮存库、贮存仓、炭粉投加机、水射器等。干投法省去了炭浆配制系统，适宜于大型水厂采用。

粉末活性炭的商品包装多为 20kg 或 25kg 的袋装，拆包投料时粉尘很大，必须采取防尘、集尘和防火设施，如采用吸尘装置、在负压条件下拆包等。

8.6.3 颗粒活性炭吸附工艺

随着石油化工和化学工业及轻工、纺织、食品等工业的发展，污水的排放量日益增加，污水中含有大量的有机物和重金属离子，活性炭吸附法是处理工业废水的一种重要方法。此法可从废水中脱除酚、吡啶等有机有毒物，回收钾、铀、金、稀土金属等重金属物质，具有较高的社会效益和经济效益。

（1）固定床吸附工艺

固定床吸附器多数为圆柱形立式筒体设备。在筒体内的多孔支撑板上均匀地堆放吸附剂颗粒，成为固定的吸附床层。欲处理的流体自上而下通过固定吸附床层时，吸附质被吸附在吸附剂上，其余流体则由出口排出。典型的固定床吸附流程为两个吸附器轮流切换操作。如图 8-22 所示，图中 1、2 均为固定床吸附器。设备 1 进行吸附操作时，设备 2 则进行解吸操作；然后设备 2 进行吸附，设备 1 进行解吸。如此轮流操作。

固定床吸附最大的优点是结构简单，造价低，吸附剂固定不动，磨损少。主要缺点是：①间歇操作，设备内吸附剂再生时不能吸附；②整个操作过程要不断地周期性切换阀门，操作十分麻烦；③固定的吸附床层的传热性差，吸附剂不易很快被加热和冷却。吸附剂用量大。

（2）液相移动床吸附

图 8-23 为液相移动床吸附塔的原理。假设待分离的混合液中只有 A 和 B 两个组分，选择合适的吸附剂和液体脱附剂 D，使 A、B、D 三种物质在吸附剂上的吸附能力为 D>A>B。固体吸附剂在塔内自上而下移动，到塔底出去后自下而上流动，与液态物料逆流接触。吸附塔有固定的四个物料的进出口，将塔分为四个作用不同的区域。

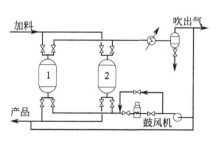

图 8-22　固定床双器流程
1,2—固定床吸附器

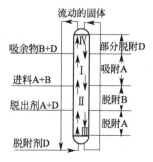

图 8-23　液相移动床吸附分离操作示意

Ⅰ区——A 吸附区　来自Ⅳ区的吸附剂中的 B 被液体混合物中的 A 置换，同时 A 将吸附剂上已吸附的部分脱附剂 D 也置换出来，在此区顶部排出由原料中的组分 B 和脱附剂 D 组成的吸余液 B+D，其中一部分循环向上进入Ⅳ区，另一部分作为产品侧线排出。

Ⅱ区——B 脱附区　来自Ⅰ区的含 A+B+D 的吸附剂，与此区底部上升的 A+D 的液体逆流接触，因 A 比 B 易被吸附，故 B 被置换出来随液体向上，下降的吸附剂中只含有 A+D。

Ⅲ区——A 脱附区　脱附剂 D 从Ⅲ区底部进入塔内，与此区顶部下降的含有 A+D 的吸附剂逆流接触，因 D 比 A 易被吸附，故 D 把 A 完全置换出来，从该区顶部排出吸余液 A+D。含有 D 的吸附剂由底部抽到塔顶循环。

Ⅳ区——D 部分脱附区　从Ⅳ顶部下降的只含有 D 的吸附剂与来自Ⅰ区的液体 B+D 逆流接触，根据吸附平衡关系，大部分 B 组分被吸附剂吸附，而吸附剂上的 D 被部分置换出来。此时吸附剂上只有 B+D 进入Ⅰ区，从此区顶部出去的液体中基本上是 D，去塔底循环。

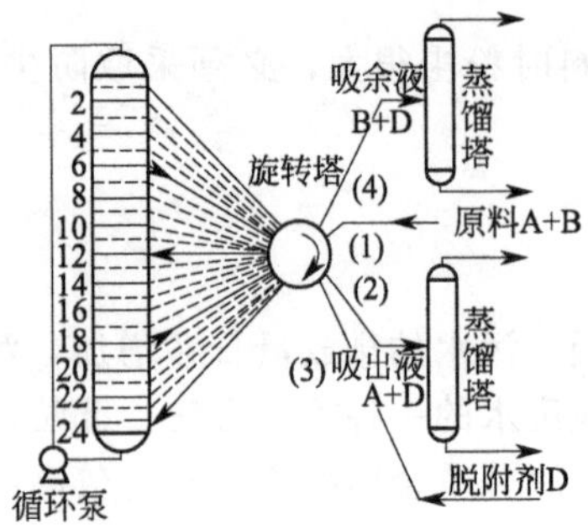

将吸取液 A+D 进行精馏操作可分别得到 A、D，吸余液 B+D 也可用精馏操作进行分离。

将上述过程改变一下，固体吸附剂床层固定不动，而通过旋转阀控制将相应的溶液进出口连续地向上移动，这种操作与料液进出口不动，固体吸附剂自上而下流动的结果是一样的，这就是模拟移动床，如图 8-24 所示，塔上一般开 24 个等距离的口，同接一个 24 通旋转阀上，在同一时间旋转阀接触四个口，其余均封闭。如图 6、12、18、24 四个口分别接通吸余液（B+D）出口、原料液（A+B）进口、吸取液（A+D）出口、脱附剂 D 出口，经一定时间后，旋转阀向前旋转，则进出口又变为 5、11、17、23，依次类推，当进出口升到 1 后又转回到 24，循环操作。

图 8-24　模拟移动床吸附分离

模拟移动床的优点是可连续操作，吸附剂用量少，仅为固定床的 4%。但要选择合适的脱附剂，对转换物料方向的旋转阀要求高。

（3）参数泵

参数泵是利用两组分在流体相与吸附剂相间分配不同的性质，循环变更热力学参数（如温度、压力等），使组分交替地吸附、脱附，同时配合流体上下交替的同步流动，使两组分分别在吸附柱的上下两端浓集，从而实现两组分的分离。

图 8-25 是以温度为变更参数的参数泵原理。吸附器内装有吸附剂，进料为含组分 A、B 的混合液。对于所选用的吸附剂，A 为强吸附质，B 为弱吸附质（认为它不被吸附）。A 在吸附剂上的吸附常数只是温度的函数。吸附器的顶端与底端各与一个泵（包括贮槽）相连，吸附器外夹套与温度调节系统相连接。参数泵每一循环分前后两个半周期，吸附床温度分别为 t_1、t_2，流动方向分别为上流和下流。当循环开始时，床层内两相在较高的温度下平衡，流动相中吸附质 A 的浓度与底部贮槽内的溶液的浓度相同。第一个循环的前半周期，床层温度保持在 t_1，流体由底部泵输送自下而上流动。因为在此半周期内，床层温度等于循环开始前的温度，所以吸附质 A 既不在吸附剂上吸附，也不从吸附剂上脱附出来，这样从床层顶端流入到顶端贮槽内的溶液浓度就等于在循环开始之前贮于底部贮槽内的溶液浓度。到这半个周期终了，改变流体流动方向，同时改变床层温度为较低的温度，开始后半个周期，流体由顶部泵输送由上而下流动。由于吸附剂在低温下的吸附容量大于它在高温下的吸附容量，因此，吸附质 A 由流体相向

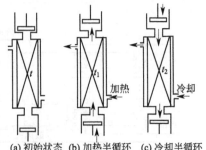

(a) 初始状态　(b) 加热半循环　(c) 冷却半循环

图 8-25　参数泵工作原理示意

固体吸附剂相转移，吸附剂相上的 A 浓度增加，相应地在流体相中 A 的浓度降低，这样从床层底端流入到底部贮槽内的溶液 A 浓度低于原来在此槽内的溶液浓度，到这时半个周期终了，接着开始第二个循环。前半个周期，在较高床层温度的条件下，A 由固体吸附剂相向流体相转移，这样从床层顶端流入到顶端贮槽内的溶液 A 的浓度要高于在第一个循环前半个周期收集到的溶液的浓度。如此循环往复，组分 A 在顶部贮槽内不断增浓，相应的组分 B 在底部贮槽内不断增浓。总的结果是由于温度和流体流向的交替同步变化，组分 A 流向柱顶，组分 B 流向柱底，如同一个泵推动它们分别做定向流动。

参数泵的优点是可以达到很高的分离程度，例如，用参数泵分离甲苯、正庚烷混合物时，两贮槽中甲苯的浓度比超过 10^5。参数泵目前尚处于实验研究阶段，理论研究已比较成熟，实际应用有很多技术上的困难。它比较适用于处理量较小和难分离的混合物的分离。

8.6.4 活性炭吸附处理设备

颗粒活性炭采用过滤的设备形式进行水处理，活性炭设备的类型分为固定床和移动床两大类。根据水在炭层中的流向，又分为降流式和升流式。

按照活性炭中吸附工艺的理论，炭床中炭层的工作状态可分为三部分：饱和层、吸附带、未工作层。以降流式固定床为例，进水首先与上部的炭接触，在吸附带中吸附质被吸附，随着吸附运行时间的增加，上部的饱和层不断加厚，吸附带逐步下移，未工作层逐渐变薄。当吸附带下边缘到达炭层底部时，炭床即将被穿透，需要对整个活性炭床进行再生。降流式固定床吸附中炭层工作状态和纵向浓度分布如图 8-26 所示。

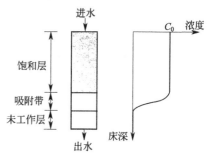

图 8-26 降流式固定床中炭层工作状态示意

对于固定床活性炭吸附，再生前的炭床整体饱和率设计中一般控制在 90% 左右。如果过低，则造成炭床吸附能力的浪费。再生前炭的整体饱和率 E 的计算式为：

$$E = \frac{H - f\delta}{H} \tag{8-54}$$

式中 　E——再生前的炭床整体饱和率，%；

　　　H——炭层总高度，m；

　　　δ——吸附带高度，m；

　　　f——吸附带的未饱和分数。

吸附带高度 δ 与吸附传质速率和水的滤速有关，一般在 0.5m 以内，如果吸附带高度过大，则应降低滤速，以免减低炭床的整体利用率。f 是吸附带的未饱和分数，其值一般在 0.4~0.5，有关书籍中有 f 值的理论计算方法，不过在工程应中，一般假设 $f=0.5$ 已能满足工程设计的精度要求。

以上对炭床分层的分析是基于单一吸附质的，适用于高浓度工业废水处理。在实际的饮用水处理中，活性炭吸附面临的往往是低浓度、多组分的吸附，存在竞争吸附和排代现象（排代现象是指炭上已被吸附的弱吸附质被水中强吸附质所取代，造成弱吸附质脱附的现象），并且由于吸附周期很长，要多次进行炭床的反冲洗，炭层经常被混层。在此种运行条件下，炭床中的炭并无明显的吸附能力分层。对于自来水厂深度处理所用活性炭，炭的再生周期应根据出水水质是否超过预定的水质目标确定。当出水水质不能满足要求，或者是活性炭的吸附性能已大为下降，通常碘吸附值小于 600mg/g，亚甲蓝吸附值小于 85mg/g 时，即被认定为活性炭已经失效，需要再生或更换新炭。对于采用生物活性炭方式运行的，也可以采用 COD_{Mn}、UV_{254} 的去除率作为活性炭是否失效的参考指标。

固定床活性炭吸附的设备形式有活性炭滤池、活性炭滤罐及活性炭吸附塔。在给水处理中，活性炭滤池用于给水厂，活性炭滤罐主要用于小型给水和工业给水，均采用降流式，即水向下过滤通过颗粒活性炭层。废水处理由于炭的再生周期较短，需要频繁再生，一般使用活性炭吸附塔。

活性炭滤池的形式与常规处理的滤池基本相同，只是把砂滤料换成了颗粒炭，并且炭层厚度大于砂滤层，所用池型可以是 V 形滤池、普通快滤池、虹吸滤池等。活性炭滤罐的设备形式与压力滤罐相同，只是滤料改为颗粒活性炭，并且炭层厚度要高于砂滤层。

饮用水处理颗粒活性炭过滤的设计参数为：炭层厚度为 1.0～2.5m，滤速（空床流速）为 8～20m/h，处理水与炭床的空床接触时间为 6～20min。如采用生物活性炭的运行方式，在以上参数中应采用较长的接触时间（较厚炭层和较低滤速），以满足生物反应的要求。活性炭滤池的反冲洗周期一般在 3～6d，冲洗的膨胀率要低于砂滤料，一般在 20%。因为炭的密度较小，需注意防止冲洗时跑炭流失。为提高冲洗效果，可以采用气-水联合冲洗（先气后水）。为了避免反冲洗时活性炭的过量磨损，可以平时低强度冲洗，定期再大强度冲洗一次（膨胀率约30%），去除炭粒上的黏附物。

活性炭固定床的优点是设备简单，缺点是炭床饱和后换炭不方便，尽管有专用的炭池换炭水力抽吸设备，但大多数情况下仍需人工清挖更换。

8.6.5 活性炭的再生

吸附饱和失效的活性炭通过再生可以恢复炭的吸附能力。活性炭再生方法有热再生法、溶剂再生法、蒸汽再生法等。其中，热再生法的适用范围最广，饮用水处理和废水深度处理的失效炭的再生都是采用热再生法。溶剂再生法和蒸汽再生法主要用于少数高浓度、单组分、有回收价值的工业废水的活性炭吸附处理。

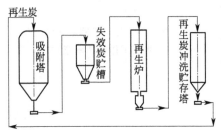

图 8-27　颗粒活性炭的吸附与再生系统

采用活性炭的大型给水厂可以自行设置活性炭再生设备，但是再生设备及其运行较为复杂。目前流行的做法是委托活性炭生产厂家把失效炭运回生产厂家进行再生，或是委托有关厂家进行商业化再生，水厂内不再设置活性炭再生设备。

对于大型废水再生处理厂和工业废水处理，因活性炭的再生较频繁，可以设置厂内再生装置。颗粒活性炭的吸附与再生系统如图 8-27 所示。

8.7　吸附在水处理中的应用

在水处理中，活性炭吸附或臭氧氧化-活性炭吸附属于深度处理工艺，适用于经过混凝、沉淀、过滤的常规处理工艺后，某些有机、有毒物质含量或色、臭、味等感官指标仍不能满足出水水质要求的净水处理。

8.7.1 活性炭用于饮用水净化

颗粒活性炭吸附在饮用水处理中主要用于水厂净水深度处理、优质直饮水或纯净水的生产。饮用水的深度处理工艺在欧洲已广泛采用，在我国目前仅少数水厂采用。但是可以预计，在我国目前水源受到污染，而人民群众对饮用水水质要求不断提高的情况下，必将有越来越多的水厂采用深度处理工艺。

（1）粉状活性炭的应用

粉状炭适用于含低浓度有机物和氨氮污染水源的除臭、除味，尤其适于季节性短期高峰负荷污染水源的净化。一般不需增加特殊设备和大量投资。

粉状炭以 5%～10% 的悬浮液投加，其投加量根据原水水质和水处理厂的流程而异。一般投加量为 3～10mg/L。炭和水的接触时间为 15～30min。投加点有两种：在原水泵附近，混凝沉淀之后；混凝加药之后，澄清之前。

对受生物和化学污染的水源，在净水工艺中，由于加氯使水中氯化物的种类及浓度都有变化，活性炭是脱除水中微量有机氯最有效的方法。美国一水厂在加氯处理前投加 21.3mg/L 的粉状炭，结果对 THM（三卤甲烷）和异臭味都有较好地去除效果。

使用粉状炭去除 ABS，虽效果好但投加量很高，当原水中 ABS 为 5mg/L 时，需投加粉状炭 10mg/L。

对于水源污染情况不严重、深度处理以除臭除味为主要目的的水厂，可以在预处理中投加粉末活性炭，或是在常规处理后采用颗粒活性炭吸附进行深度处理。对于水源受到一定污染的情况，一般是在常规处理后增加臭氧与颗粒活性炭联合使用的深度处理工艺。

（2）颗粒活性炭的应用

采用颗粒活性炭的净水厂深度处理工艺有以下组合方式：

① 水源水→常规处理→活性炭→消毒→出厂水；

② 水源水→常规处理→臭氧→活性炭→消毒→出厂水；

③ 水源水→常规处理→臭氧→生物活性炭→消毒→出厂水。

在臭氧-活性炭深度处理中，臭氧氧化在氧化分解一部分污染物的同时，可以使水中一些原本不易被生物降解的有机物变成可被生物降解的有机物，同时还可以提高水中溶解氧的含量（特别是以纯氧作为臭氧气源的），这些因素都可以促进炭床中微生物的生长。在适当的设计和运行条件下，在活性炭颗粒的表面生长有大量的好氧微生物，在活性炭对水中污染物进行物理吸附的同时，又充分发挥了微生物对水中有机物的分解作用和对氨氮的硝化作用，显著提高了出水水质，并延长了活性炭的再生周期。由于这种活性炭床具有明显的生物活性，后来被称为生物活性炭，并发展成为臭氧-生物活性炭深度处理工艺。目前，臭氧-生物活性炭深度处理工艺已在欧洲的饮用水处理中得到广泛应用，我国大多数采用深度处理的水厂中，一般也都按照臭氧-生物活性炭的方式进行设计和运行。

在生物活性炭床中，活性炭起着双重作用。首先，它作为一种高效吸附剂，吸附水中的污染物质；其次是作为生物载体，为微生物的附着生长创造条件，通过这些微生物对水中可生物降解的有机物进行生物分解。由于生物分解过程比吸附过程的速率慢，因此要求炭床中的水力停留时间比单纯活性炭吸附的时间长。欧洲使用生物活性炭的饮用水处理厂一般采用 10～20min 的水力停留时间。

根据实际运行经验，采用臭氧-生物活性炭深度处理工艺比单独使用活性炭吸附法具有以下优点：提高了出水水质，水中溶解性有机物的去除率可以提高；延长了活性炭的再生周期，再生周期可达 2～3 年；氨氮可以被生物转化为硝酸盐，出水需氯量低。

在优质直饮水或纯净水的生产中也需要使用颗粒活性炭，以吸附水中的有机物，并对水进行脱氯预处理。优质直饮水或纯净水多以市政自来水作为原料水，自来水中的余氯会使膜分离技术所用的有机膜材料老化，因此先用颗粒活性炭脱氯。优质直饮水或纯净水的生产工艺如图 8-28 所示。

自来水→颗粒活性炭→安全过滤→超滤→反渗透→臭氧消毒→直饮水供水系统
→装桶

图 8-28　优质直饮水或纯净水生产工艺

目前欧美一些国家的水厂用混凝沉淀-粒状活性炭吸附过滤系统除臭、除味，活性炭的使用寿命可在 2～3 年以上，但对去除水中色度及总有机物的使用寿命较短。

粒状活性炭滤池的通水速度一般为 $17.5m^3/(m^2 \cdot h)$，水力损失较小，反冲洗强度也较低。最常用的是降流重力式活性炭滤池，炭层厚度一般为 0.7～1.5m，空塔接触时间为 6～20min，大多数采用压缩空气和水联合冲洗。

活性炭滤池的使用方式有三种：

① 用粒状炭替换部分砂粒，成为双层滤料滤池。采用这种滤池可提高净化效果，降低反冲强度，减少反冲次数。但换炭困难，因此，只可作为应急措施。

② 用粒状炭替换全部砂粒，成为活性炭吸附兼过滤池。

③ 砂滤之后建独立的活性炭滤池，这样可以延长活性炭对杀虫剂、酚等有机物去除的使用寿命，特别是在原水中含铁和锰时更为重要。

8.7.2 吸附法处理工业废水

在废水处理中，活性炭吸附主要用于特种工业废水处理、废水深度处理或再生处理等，处理的主要对象是废水中用生化法难以降解的有机物或用一般氧化法难于氧化的溶解性有机物，包括木质素、氯或硝基取代的芳烃化合物、杂环化合物、洗涤剂、合成染料、除莠剂、DDT 等。当用活性炭对这类废水进行处理时，它不但能够吸附这些难分解的有机物，降低 COD，还能使废水脱色、脱臭，把废水处理到可重复利用的程度。所以吸附法在废水的深度处理中得到了广泛的应用。

在处理流程上，吸附法可与其他物理化学法联合，组成所谓的物化流程，如先用混凝沉淀过滤等去除悬浮物和胶体，然后用吸附法去除溶解性有机物。吸附法也可与生化法联合，如向曝气池投加粉状活性炭；利用粒状吸附剂作为微生物的生长载体或作为生物流化床的介质；或在生物处理之后进行吸附深度处理等，这些联合工艺都在工业上得到了应用。

炸药废水中含有硝基苯类有机物，如三硝基甲苯（TNT）等污染物，因其生物降解性差，难于采用生物处理，但硝基苯类有机物的活性炭吸附性能较好，可以采用活性炭吸附法进行处理。例如，某 TNT 炸药废水处理厂的原水含 TNT 250mg/L 和硫酸 0.5%，先经过沉淀池、调节池和砂滤器，然后用颗粒活性炭吸附柱去除 TNT，出水再经石灰石中和、CO_2 脱气池和沉淀池后排放，最终出水的 TNT＜0.5mg/L，pH 值为 6～9，吸附饱和的活性炭用热再生炉再生。

颗粒活性炭用于废水深度处理或再生处理主要是去除一般的生物处理和物化处理单元难以去除的微量污染物质，例如，我国部分炼油与石化企业的废水处理，在隔油、气浮、生物处理的基础上再增加砂滤和颗粒活性炭吸附处理，以提高处理水质，处理后的水作为工业用水进行回用。

美国于 1972 年在 Carson 炼油厂建成了第一套用活性炭处理炼油废水的工业装置，处理能力为 16000m³/d，COD 的去除率达 95%。随后其他炼油厂也相继采用。除此之外，活性炭吸附法还较广泛地用于其他工业废水的深度处理和城市污水的高级处理以及污染水源的净化。

我国于 1976 年建成第一套大型的炼油废水活性炭吸附处理的工业装置，其工艺流程如图 8-29 所示。炼油废水经隔油、气浮、生化、砂滤后，由下而上流经吸附塔活性炭层，到集水井 4，由水泵 6 送到循环水场，部分水作为活性炭输送用水。进水中 COD 的浓度为 80～120mg/L，挥发酚的浓度为 0.4mg/L，油含量 40mg/L 以下，处理后水中 COD 的浓度为 30～

70mg/L，挥发酚的浓度为 0.05mg/L，油含量 4～6mg/L，主要指标达到或接近地面水标准。

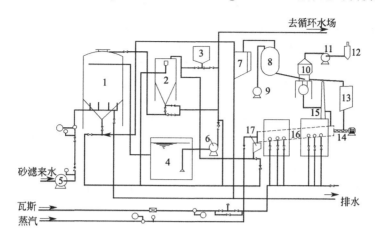

图 8-29 活性炭吸附流程示意

1—吸附塔；2—冲洗罐；3—新炭投加斗；4—集水井；5,6—泵；7—脱水罐；8—贮料罐；
9—真空泵；10—沸腾干燥炉；11—引风机；12—旋风分离器；
13—干燥罐；14—进料机；15—烟筒；16—再生炉；17—急冷罐

吸附塔 4 台，φ4.4m×8m，每台处理水量 150m³/h，塔下部为 45°的圆锥，内涂大漆防腐，进水采用 6 根滤筒配水，出水采用穿孔管集水，出口外装有箱式粉炭过滤器。为了避免塔内下炭不匀，塔下部锥体装有直径 1.9m 的带孔塑料圆盘挡板。每塔内装 φ1.5m×(2～4)mm 的柱炭 42t，炭层高 5m，空塔流速 10m/h，水炭比为 6000：1，全负荷每天每塔卸炭 600kg。

吸附塔为移动床型，塔内炭自上而下脉冲式定时排出，用 DN65 水射器水力输送至脱水罐 7，脱水后用真空泵吸入贮料罐 8，然后进入沸腾干燥炉 10，干炭进入干燥罐 13，再由螺旋输送器定量加入回转式再生炉 16，再生后的活性炭落入急冷罐，再用 DN32 水射器送到冲洗罐 2，洗去粉炭后，再用 DN65 水射器送回吸附塔循环使用。部分新炭由 3 经 DN32 水射器补入系统，再生炉废气送入烟囱内氧化后排放。

再生炉为外热式回转炉，φ0.7m×15.7m，由 1Cr18Ni9Ti 钢板（δ=12）卷焊而成，转速 1～2r/min，活化段的再生温度为 750℃，活化段的停留时间为 20～30min，处理能力为 100kg/h，再生后碘值恢复率达 95%，炭再生损失率（包括输送等机械磨损）为 6% 左右。

国内某染料厂也采用活性炭吸附法处理二硝基氯苯废水。生产废水经冷却结晶后仍含二硝基氯苯 700mg/L，流量 8t/h，送活性炭吸附塔。吸附塔 3 台，φ0.9m×5m，两塔串联，一塔切换再生。空塔流速 14～15m/h，停留时间 0.25h。处理后出水含二硝基氯苯在 5mg/L 以下，经中和后排放。吸附饱和后，用氯苯脱附、蒸汽吹扫再生。氯苯经预热至 90～95℃后，用泵抽入吸附塔，氯苯与活性炭的质量比为 10，氯苯流量 2t/h。脱附后用蒸汽吹扫 10h，蒸汽温度 250℃，流量 500kg/h，蒸汽量与活性炭的质量比为 5。

吸附法除对含有机物废水有很好的去除作用外，对某些金属及化合物也有很好的吸附效果。研究表明，活性炭对汞、锑、铋、锡、钴、镍、铬、铜、镉等都有很强的吸附能力。国内已应用活性炭吸附法处理电镀含铬废水和含氰废水。

住宅小区的中水回用是一种重要的节水方式，在小区的中水处理工艺中也多需要使用活性炭吸附技术。不过，随着膜技术的日趋成熟与成本的不断降低，在废水深度处理或再生处理中，作为活性炭吸附的替代技术，膜技术的采用将更为广泛。

参 考 文 献

[1]　陈洪钫，刘家祺．化工分离过程 [M]．北京：化学工业出版社，1995．

[2]　陈敏恒，等．化工原理：上册 [M]．北京：化学工业出版社，1999．

[3]　唐受印，戴友芝．水处理工程师手册 [M]．北京：化学工业出版社，2001．

[4]　周立雪，周波．传质与分离技术 [M]．北京：化学工业出版社，2002．

[5]　杨春晖，郭亚军．精细化工过程与设备 [M]．哈尔滨：哈尔滨工业大学出版社，2002．

[6]　宋业林，宋襄翎．水处理设备实用手册 [M]．北京：中国石化出版社，2004．

[7]　廖传华，柴本银，黄振仁．分离过程与设备 [M]．北京：中国石化出版社，2008．

[8]　王郁，林逢凯．水污染控制工程 [M]．北京：化学工业出版社，2008．

[9]　张晓健，黄霞．水与废水物化处理的原理与工艺 [M]．北京：清华大学出版社，2011．

[10]　中国石油和化学工业联合会，中国化工经济技术发展中心编．石油和化工设备选型指南 [M]．北京：中国财富出版社，2012．

第9章

膜分离技术

膜分离是借助一种特殊制造的、具有选择透过性的薄膜，通过在膜两侧施加一种或多种推动力，利用流体中各组分对膜的渗透速率的差异而使原料中的某组分选择性地优先透过膜，从而达到混合物分离和产物提取、浓缩、纯化等目的的单元操作。膜分离过程一般不发生相变，与有相变的平衡分离方法相比能耗低，属于速率分离过程。多数膜分离过程在常温下进行，特别适用于热敏性物质的分离。此外，它操作方便，设备结构紧凑，维护费用低。由于具有上述特点，近20年来，膜分离技术已经在各个领域得到了很大发展，成为一类新兴的化工单元操作。

9.1 概述

膜是指分隔两相界面的一个具有选择透过性的屏障，它的形态很多，有固态和液态、均相和非均相、对称和非对称、带电和不带电等之分。一般膜很薄，其厚度可以从几微米到几毫米。所有不同形式的膜均具有一个共同的特点，即渗透性或半渗透性。

9.1.1 几种主要的膜分离过程

表 9-1　几种主要的膜分离过程

过　程	推动力	传递机理	透过组分	截留组分	膜类型
微滤（MF）	压力差 0~100kPa	颗粒大小、形状	溶液、微粒(0.02~10μm)	悬浮物（胶体、细菌）、粒径较大的微粒	多孔膜
超滤（UF）	压力差 100~1000kPa	分子特性、形状、大小	溶剂、少量小分子溶质	大分子溶质	非对称性膜
反渗透（RO）	压力差 1000~10000kPa	溶剂的扩散传递	溶剂、中性小分子	悬浮物、大分子、离子	非对称性膜或复合膜
渗析（D）	浓度差	溶剂的扩散传递	小分子溶质	大分子和悬浮物	非对称性膜、离子交换膜
电渗析（ED）	电位差	电解质离子的选择传质	电解质离子	非电解质、大分子物质	离子交换膜
气体分离（GP）	压力差 1000~10000kPa 浓度(分压差)	气体和蒸气的扩散渗透	易渗气体或蒸气	难渗气体或蒸气	均匀膜、复合膜、非对称性膜

续表

过　程	推动力	传递机理	透过组分	截留组分	膜类型
渗透汽化(PV)	分压差	选择传递(物性差异)	膜内易溶解组分或易挥发组分	不易溶解组分或较大、较难挥发物	均匀膜、复合膜、非对称性膜
液膜分离(LM)	化学反应和扩散传递	促进传递和溶解扩散传递	杂质(电解质离子)	溶剂、非电解质离子	液膜

膜分离的过程有多种,不同的分离过程所采用的膜及施加的推动力不同。依据膜分离的推动力和传递机理,可将膜分离过程进行分类,见表9-1。

用膜分离时,使原料中的溶质透过膜的现象一般叫渗析;使溶剂透过膜的现象叫渗透。水处理中膜分离法通常是指采用特殊固膜的电渗析法、超滤、微滤、纳滤及反渗透等技术,其共同优点是在常温下可分离污染物,且不耗热能,不发生相变化,设备简单,易于操作。

溶质或溶剂透过膜的推动力是电动势、浓度差或压力差。微滤、超滤、纳滤和反渗透都是以压力差为推动力的膜分离过程。当在膜两侧施加一定的压差时,混合液中的一部分溶剂及小于膜孔径的组分透过膜,而微粒、大分子、盐等被截留下来,从而达到分离的目的。这四种膜分离过程的主要区别在于被分离物质的大小和所采用膜的结构和性能不同。微滤的分离范围为 $0.05\sim10\mu m$,压力差为 $0.015\sim0.2MPa$;超滤的分离范围为 $0.001\sim0.05\mu m$,压力差为 $0.1\sim1MPa$;反渗透常用于截留溶液中的盐或其他小分子物质,压力差与溶液中的溶质浓度有关,一般在 $2\sim10MPa$;纳滤介于反渗透和超滤之间,脱盐率及操作压力通常比反渗透低,一般用于分离溶液中分子量为几百至几千的物质。

电渗析是指在电场力作用下,溶液中的反离子发生定向迁移并通过膜,以去除溶液中离子的一种膜分离过程,所采用的膜为荷电的离子交换膜。目前电渗析已经大规模用于苦咸水脱盐、纯净水制备等,也可以用于有机酸的分离与纯化。膜电解与电渗析的传递机理相同,但膜电解存在电极反应,主要用于食盐电解生产氢氧化钠及氯气等。

渗透气化与蒸气渗透的基本原理是利用被分离混合物中某组分有优先选择性透过膜的特点,使进料侧的优先组分透过膜,并在膜下游侧气化去除。渗透气化和蒸气渗透过程的区别仅在于进料的相态不同,前者为液相进料,后者为气相进料。这两种膜分离技术还在开发之中。

9.1.2　膜分离过程的特点

与传统的分离技术相比,膜分离技术具有以下特点:

① 在膜分离过程中,不发生相变,能量转化效率高;

② 一般不需要投加其他物质,不改变分离物质的性质,并节省原材料和化学药品;

③ 膜分离过程中,分离和浓缩同时进行,可回收有价值的物质;

④ 可在一般温度下操作,不会破坏对热敏感和对热不稳定的物质,并且不消耗热能;

⑤ 膜分离法适应性强,操作及维护方便,易于实现自动化控制,运行稳定。

因此,膜分离技术除大规模用于海水淡化、苦咸水淡化、纯水生产外,在城市生活饮用水净化、城市污水处理与利用以及各种工业废水处理与回收利用等领域也逐渐得到了推广和应用。

9.1.3　膜分离的表征参数

膜分离的特征或效率通常用两个参数来表征:渗透性和选择性。

(1) 渗透性

渗透性也称为通量或渗透速率,表示单位时间通过单位膜面积的渗透物的通量,可以用体积通量表示,单位为 $m^3/(m^2 \cdot s)$。当渗透物为水时,称为水通量。根据密度和摩尔质量也可以把体积通量转换成质量通量和摩尔通量，单位分别为 $kg/(m^2 \cdot s)$ 和 $kmol/(m^2 \cdot s)$。渗透性反映膜的效率（即生产能力）。

压力推动型的几种膜过程的水通量及压力范围见表 9-2。水通量与过滤压力的大小有关，可在一定的压力下通过清水过滤试验测得。

表 9-2　压力推动型膜过程的水通量及压力范围

膜过程	压力范围/×10³Pa	通量范围/[L/(m²·h)]	膜过程	压力范围/×10³Pa	通量范围/[L/(m²·h)]
微滤	0.1～0.2	>50	纳滤	10～20	1.4～12
超滤	1.0～10.0	10～50	反渗透	20～200	0.05～1.4

（2）选择性

膜分离的选择性是指在混合物的分离过程中膜将各组分分离开来的能力，对于不同的膜分离过程和分离对象，其选择性可用不同的方法表示。

对于溶液脱盐或脱除微粒、高分子物质等情况，可用截留率 β 表示。微粒或溶质等被部分或全部截留下来，而水分子可以自由地通过膜，截留率 β 的定义如下：

$$\beta = \frac{C_F - C_p}{C_F} \tag{9-1}$$

式中　C_F，C_p——膜过滤原水和出水中物质的量的浓度。

9.1.4　膜材料与分离膜

膜是膜分离过程的核心，根据膜的分离机理、性质、形状、结构等的不同，膜有不同的分类方法。

① 按分离机理：主要有反应膜、离子交换膜、渗透膜等。

② 按膜的性质：主要有天然膜（生物膜）和合成膜（有机膜和无机膜）。

③ 按膜的形状：有平板膜、管式膜和中空纤维膜。

④ 按膜的结构：有对称膜、非对称膜和复合膜。

按分离膜的材料不同可将其分为聚合物膜和无机膜两大类。

（1）聚合物膜

目前，聚合物膜在分离用膜中占主导地位。聚合物膜由天然或合成聚合物制成。天然聚合物包括橡胶、纤维素等；合成聚合物可由相应的单体经缩合或加合反应制得，亦可由两种不同单体共聚而得。按照聚合物的分子结构形态可将其分为：①具有长的线链结构，如线状聚乙烯；②具有支链结构，如聚丁二烯；③具有高交联度的三维结构，如酚醛缩合物；④具有中等交联结构，如丁基橡胶。线链状聚合物随温度升高变软，并溶于有机溶剂，这类聚合物称为热塑性（thermoplastic）聚合物，而高交联聚合物随温度升高不会明显地变软，几乎不溶于多数有机溶剂，这类聚合物称为热固性（thermosetting）聚合物。

聚合物膜种类很多。按照聚合物膜的结构与作用特点，可将其分为致密膜、微孔膜、非对称膜、复合膜与离子交换膜五类。

① 致密膜　致密膜又称均质膜，是一种均匀致密的薄膜，物质通过这类膜主要是靠分子扩散。

② 微孔膜　微孔膜内含有相互交联的孔道，这些孔道曲曲折折，膜孔大小分布范围宽，一般为 $0.01～20\mu m$，膜厚 $50～250\mu m$。对于小分子物质，微孔膜的渗透性高，但选择性低。然而，当原料混合物中一些物质的分子尺寸大于膜的平均孔径，而另一些分子小于膜的平均孔径时，则用微孔膜可以实现这两类分子的分离。另有一种核径迹微孔膜，它是以 $10～15\mu m$ 的致密塑料薄膜为原料，先用反应堆产生的裂变碎片轰击，穿透薄膜而产生损伤的径迹，然后在一定温度下用化学试剂侵蚀而成一定尺寸的孔。核径迹膜的特点是孔直而短，孔径分布均匀，

但开孔率低。

③ 非对称膜 非对称膜的特点是膜的断面不对称，故称非对称膜。它由同种材料制成的表面活性层与支撑层两层组成。膜的分离作用主要取决于表面活性层。由于表面活性层很薄（通常仅 $0.1\sim1.5\mu m$），故对分离小分子物质而言，该膜层不但渗透性高，而且分离的选择性好。大孔支撑层呈多孔状，仅起支撑作用，其厚度一般为 $50\sim250\mu m$，它决定了膜的机械强度。

④ 复合膜 由在非对称膜表面加一层 $0.2\sim15\mu m$ 的致密活性层构成。膜的分离作用亦取决于这层致密活性层。与非对称膜相比，复合膜的致密活性层可根据不同需要选择多种材料。

⑤ 离子交换膜 是一种膜状的离子交换树脂，由基膜和活性基团构成。按膜中所含活性基团的种类可分为阳离子交换膜、阴离子交换膜和特殊离子交换膜。膜多为致密膜，厚度在 $200\mu m$ 左右。

（2）无机膜

膜材料的选择是膜分离的关键。聚合物通常在较低温度下使用（最高不超过 $200℃$），而且要求待分离的原料流体不与膜发生化学反应。当在较高温度下或原料为化学活性混合物时，采用无机膜较好。无机膜的热稳定性能、力学性能和化学稳定性均较好，使用寿命长，污染少，易于清洗，孔径分布均匀等，缺点是易破碎，成型性差，造价高。

无机膜的发展大大拓宽了膜分离的应用领域。目前，无机膜的增长速度远快于聚合物膜。此外，无机材料还可以和聚合物制成杂合膜，该类膜有时能综合无机膜与聚合物膜的优点而具有良好的性能。

9.1.5 膜组件

将膜、固定膜的支撑材料、间隔物或外壳等以某种形式组装成的一个单元设备，称为膜分离器，又被称为膜组件。

工业上应用的各种膜可以做成如图 9-1 所示的各种形状：平板膜片、圆管式膜和中空纤维膜。典型平板膜片的长宽各为 $1m$，厚度为 $200\mu m$，致密活性层厚度一般为 $50\sim500nm$。管式膜通常做成直径为 $0.5\sim5.0cm$、长约 $6m$ 的圆管，其致密活性层可以在管外侧面，亦可在管内侧面，并用玻璃纤维、多孔金属或其他适宜的多孔材料作为膜的支撑体。具有很小直径的中空纤维膜的典型尺寸为：内径 $100\sim200\mu m$，纤维长约 $1m$，致密活性层厚 $0.1\sim1.0\mu m$。中空纤维膜能够提供很大的单位体积的膜表面积。

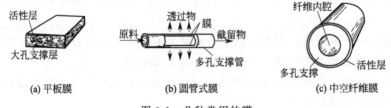

（a）平板膜　　　　　（b）圆管式膜　　　　　（c）中空纤维膜

图 9-1　几种常用的膜

膜组件的结构与型式取决于膜的形状。由上述各种膜制成的膜组件主要有板框式、圆管式、螺纹卷式、中空纤维式等型式。

（1）板框式

板框式膜组件是膜分离史上最早问世的一种膜组件形式，其外观很像普通的板框式压滤机。板框式膜组件所用的板膜的横截面可以做成圆形的、方形的，也可以是矩形的。图 9-2 所示为系紧螺栓式板框式膜组件。多孔支撑板的两侧表面有孔隙，其内腔有供透过液流通的通道，支撑板的表面和膜经黏结密封构成板膜。

（2）螺旋卷式

螺旋卷式（简称卷式）膜组件在结构上与螺旋板式换热器类似，如图9-3所示。在两片膜中夹入一层多孔支撑材料，将两片膜的三个边密封而黏结成膜袋，另一个开放的边沿与一根多孔的透过液收集管连接。在膜袋外部的原料液侧再垫一层网眼型间隔材料（隔网），即膜-多孔支撑体-原料液侧隔网依次叠合，绕中心管紧密地卷在一起，形成一个膜卷，再装进圆柱形压力容器内，构成一个螺旋卷式膜组件。使用时，原料液沿着与中心管平行的方向在隔网中流动，与膜接触，透过膜的透过液则沿着螺旋方向在膜袋内的多孔支撑体中流动，最后汇集到中心管而被导出。浓缩液由压力容器的另一端引出。

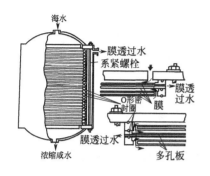

图 9-2　板框式膜器

图 9-3　螺旋卷式膜器

螺旋卷式膜组件的优点是结构紧凑、单位体积内的有效膜面积大，透液量大，设备费用低。缺点是易堵塞，不易清洗，换膜困难，膜组件的制作工艺和技术复杂，不宜在高压下操作。

（3）圆管式

圆管式膜组件的结构类似管壳式换热器，见图9-4。其结构主要是把膜和多孔支撑体均制成管状，使两者装在一起，管状膜可以在管内侧，也可在管外侧。再将一定数量的这种膜管以一定方式联成一体而组成。

管式膜组件的优点是原料液流动状态好，流速易控制；膜容易清洗和更换；能够处理含有悬浮液的、黏度高的，或者能够析出固体等易堵塞液体通道的料液。缺点是设备投资和操作费用高，单位体积的过滤面积较小。

（4）中空纤维式

中空纤维式膜组件的结构类似管壳式换热器，如图9-5所示。中空纤维膜组件的组装是把大量（有时是几十万或更多）的中空纤维膜装入圆筒耐压容器内。通常纤维束的一端封住，另一端固定在用环氧树脂浇铸成的管板上。使用时，加压的原料由膜件的一端进入壳侧，在向另一端流动的同时，渗透组分经纤维管壁进入管内通道，经管板放出，截留物在容器的另一端排掉。

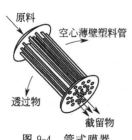

图 9-4　管式膜器

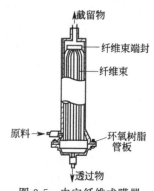

图 9-5　中空纤维式膜器

中空纤维式膜组件的优点是设备单位体积内的膜面积大，不需要支撑材料，寿命可长达 5 年，设备投资低。缺点是膜组件的制作技术复杂，管板制造也较困难，易堵塞，不易清洗。

各种膜组件的综合性能比较见表 9-3。

表 9-3　各种膜组件的综合性能比较

组件型式	管式	板框式	螺旋卷式	中空纤维式
组件结构	简单	非常复杂	复杂	简单
装填密度/(m²/m³)	30～328	30～500	200～800	500～3000
相对成本	高	高	低	低
水流湍动性	好	中	差	差
膜清洗难易	易	易	难	较易
对预处理要求	低	较低	较高	低
能耗	高	中	低	低

9.2　反渗透与纳滤

反渗透是利用反渗透膜选择性地只透过溶剂（通常是水）的性质，对溶液施加压力克服溶剂的渗透压，使溶剂从溶液中分离出来的单元操作。反渗透属于以压力差为推动力的膜分离技术，其操作压差一般为 1.5～10MPa，截留组分为 $(1～10)×10^{-10}$ m 的小分子物质。目前，随着超低压反渗透膜的开发，已可在小于 1MPa 的压力下进行部分脱盐、水的软化和选择性分离等，反渗透的应用领域已从早期的海水脱盐和苦咸水淡化发展到化工、食品、制药、造纸等各个工业部门。

9.2.1　反渗透现象和渗透压

在温度一定的条件下，若将一种溶液与组成这种溶液的溶剂放在一起，最终的结果是溶液总会自动地稀释，直到整个体系的浓度均匀一致。如果将溶液和溶剂用半透膜隔开，并且这种膜只能透过溶剂分子而不能透过溶质分子，则溶剂将从纯溶剂侧透过膜到溶液侧，这就是渗透现象，如图 9-6(a)所示。

渗透现象是一种自发过程，但要有半透膜才能表现出来。根据热力学原理，溶液中水的化学势可以用下式计算：

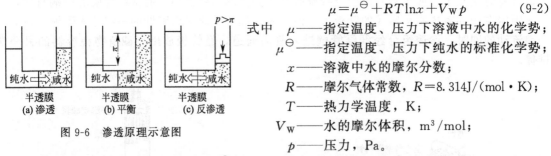

$$\mu = \mu^{\ominus} + RT\ln x + V_{\mathrm{w}} p \qquad (9-2)$$

式中　μ——指定温度、压力下溶液中水的化学势；

$\mu^{\ominus}$——指定温度、压力下纯水的标准化学势；

x——溶液中水的摩尔分数；

R——摩尔气体常数，$R = 8.314 \mathrm{J/(mol \cdot K)}$；

T——热力学温度，K；

V_{w}——水的摩尔体积，m³/mol；

p——压力，Pa。

图 9-6　渗透原理示意图

由于 x 小于 1，$\ln x$ 为负值，故 $\mu^{\ominus} > \mu$，亦即纯水的化学势高于盐水中水的化学势，因此水分子向化学势低的盐水侧渗透。渗透的结果是使溶液侧的液柱上升，直到系统达到动态平衡，溶剂才不再流入溶液侧，此时溶液上升高度产生的压力 $\rho g h$ 即为溶液的渗透压，以 π 表示，如图 9-6(b) 所示。若在溶液侧加大压力，$p > \pi$，则溶剂在膜内的传递现象将发生逆转，即溶剂将从溶液侧透过膜向溶剂侧流动，使溶液增浓，这就是反渗透现象，如图 9-6(c)所示。

渗透压是区别溶液与纯水性质之间差别的一种标志，可用下式进行计算：

$$\pi = \varphi C R T \tag{9-3}$$

式中　π——溶液的渗透压，Pa；

　　　C——溶液的浓度，mol/m³；

　　　T——热力学温度，K；

　　　φ——范特霍夫系数，对于海水，φ 约等于 1.8。

如半透膜两侧为不同浓度的溶液，则渗透的趋势为该二溶液渗透压之差，稀溶液内的水分子将渗入到较浓溶液中。

反渗透常用致密膜、非对称膜和复合膜。反渗透不能达到溶剂和溶质的完全分离，所以反渗透的产品一个是几乎纯溶剂的透过液，另一个是原料的浓缩液。

9.2.2　反渗透原理

反渗透（RO）是利用反渗透膜选择性地只允许溶剂（通常是水）透过而截留离子物质的性质，以膜两侧静压差为推动力，克服溶剂的渗透压，使溶剂通过反渗透膜而实现溶剂和溶质分离的膜过程。反渗透的选择透过性与组分在膜中的溶解、吸附和扩散有关，因此除与膜孔的大小、结构有关外，还与膜的物化性质有密切关系，即与组分和膜之间的相互作用密切相关。所以，在反渗透分离过程中化学因素（即膜及其表面特性）起主导作用。

目前一般认为，溶解-扩散理论能较好地解释反渗透膜的传递过程。根据该模型，水的渗透体积通量的计算式如下：

$$J_W = K_W (\Delta p - \Delta \pi) \tag{9-4}$$

$$K_W = \frac{D_{Wm} C_W V_W}{RT\delta} \tag{9-5}$$

式中　J_W——水的体积通量，m³/(m²·s)；

　　　Δp——膜两侧的压力差，Pa；

　　　$\Delta \pi$——溶液渗透压差，Pa；

　　　K_W——水的渗透系数，是溶解度和扩散系数的函数，对于反渗透过程，为 $6 \times 10^{-4} \sim 3 \times 10^{-2}$ m³/(m²·h·MPa)，对于纳滤过程，为 0.03～0.2m³/(m²·h·MPa)；

　　D_{Wm}——溶剂在膜中的扩散系数，m²/s；

　　　C_W——溶剂在膜中的溶解度，m³/m³；

　　　V_W——溶剂的摩尔体积，m³/mol；

　　　δ——膜厚，m。

溶质的扩散通量可近似地表示为：

$$J_s = D_m \frac{dC_m}{dz} \tag{9-6}$$

式中　J_s——溶质的摩尔通量，kmol/(m²·s)；

　　　D_m——溶质在膜中的扩散系数，m²/s；

　　　C_m——溶质在膜中的浓度，kmol/m³。

由于膜中溶质的浓度 C_m 无法测定，因此通常用溶质在膜和液相主体之间的分配系数 k_s 与膜外溶液的浓度来表示，假设膜两侧的 k_s 值相等，于是上式可以表示为：

$$J_s = D_m k_s \frac{C_F - C_P}{\delta} = K_s (C_F - C_P) \tag{9-7}$$

式中 k_s——溶质在膜和液相主体之间的分配系数；

C_F，C_P——膜上游溶液中和透过液中溶质的浓度，$kmol/m^3$；

K_s——溶质的渗透系数，m/s。

对于以 NaCl 作溶质的反渗透过程，K_s 值的范围是 $5\times10^{-4}\sim5\times10^{-3}\,m/h$，截留性能好的膜 K_s 值较低。对于纳滤膜，不同盐的截留率有很大差别，如对 NaCl 的截留率可在 $5\%\sim95\%$ 之间变化。溶质渗透系数 K_s 是扩散系数 D_{Wm} 和分配系数 k_s 的函数。

通常情况下，只有当膜内浓度与膜厚度呈线性关系时，式(9-7)才成立。经验表明，溶解-扩散模型适用于溶质浓度低于 15% 的膜传递过程。在许多场合下膜内浓度场是非线性的，特别是在溶液浓度较高且对膜具有较高溶胀度的情况下，模型的误差较大。

从式(9-4)可以看出，水通量随着压力升高呈线性增加。而式(9-7)可以看出，溶质通量几乎不受压差的影响，只取决于膜两侧的浓度差。

9.2.3　影响反渗透的因素

反渗透过程必须满足两个条件：①有一种选择性高的透过膜；②操作压力必须高于溶液的渗透压。在实际反渗透过程中，膜两边的静压差还必须克服透过膜的阻力。

由于膜的选择透过性因素，在反渗透过程中，溶剂从高压侧透过膜到低压侧，大部分溶质被截留，溶质在膜表面附近积累，造成由膜表面到溶液主体之间的具有浓度梯度的边界层，它将引起溶质从膜表面通过边界层向溶液主体扩散，这种现象称为浓差极化。

根据反渗透基本方程式可分析出浓差极化对反渗透过程产生下列不良影响：

① 由于浓差极化，膜表面处溶质浓度升高，使溶液的渗透压升高，当操作压差一定时，反渗透过程的有效推动力下降，导致溶剂的渗透通量下降；

② 由于浓差极化，膜表面处溶质的浓度升高，使溶质通过膜孔的传质推动力增大，溶质的渗透通量升高，截留率降低，这说明浓差极化现象的存在对溶剂渗透量的增加提出了限制；

③ 膜表面处溶质的浓度高于溶解度时，在膜表面上将形成沉淀，会堵塞膜孔并减少溶剂的渗透通量；

④ 会导致膜分离性能的改变；

⑤ 出现膜污染，膜污染严重时，几乎等于在膜表面又形成一层二次薄膜，会导致反渗透膜透过性能的大幅度下降，甚至完全消失。

减轻浓差极化的有效途径是提高传质系数，采用的措施有：提高料液流速、增强料液的湍动程度、提高操作温度、对膜表面进行定期清洗和采用性能好的膜材料等。

9.2.4　纳滤原理

纳滤（NF）是介于反渗透与超滤之间的一种压力驱动型膜分离技术，适用于分离分子量为数百的有机小分子，并对离子具有选择截留性：一价离子可以大量地渗过纳滤膜（但并非无阻挡），而多价离子具有很高的截留率。因此，纳滤膜对离子的渗透性主要取决于离子的价态。

对阴离子，纳滤膜的截留率按以下顺序上升：NO_3^-、Cl^-、OH^-、SO_4^{2-}、CO_3^{2-}；

对阳离子，纳滤膜的截留率按以下顺序上升：H^+、Na^+、K^+、Ca^{2+}、Mg^{2+}、Cu^{2+}。

纳滤膜对离子截留的选择性主要与纳滤膜的荷电有关。纳滤膜过程与反渗透膜过程类似，其传质机理与反渗透膜相似，属于溶解-扩散模型。但由于大部分纳滤膜为荷电膜，其对无机盐的分离行为不仅受化学势控制，同时也受电势梯度的影响，其传质机理还在深入研究中。

由于部分无机盐能透过纳滤膜，因此纳滤膜的渗透压远比反渗透膜低，相应的操作压力也比反渗透的操作压力低，通常在 $0.15\sim1.0MPa$ 之间。

9.2.5 反渗透膜与膜组件

（1）反渗透膜

膜材料是制造各种优质反渗透膜和纳滤膜的基础，膜材料包括各种高分子材料和无机材料。目前在工业中应用的反渗透膜材料主要有醋酸纤维素（CA）、聚酰胺（PA）以及复合膜。

CA膜的厚度为 $100\sim200\mu m$，具有不对称结构，其表面层致密，厚度为 $0.25\sim1\mu m$，与除盐作用有关。其下紧接着是一层较厚的多孔海绵层，支持着表面层，称为支持层。表面层含水率约为 12%，支持层含水率约为 60%。表面层的细孔在 10nm 以下，而支持层的细孔多数在 100nm 以上。图9-7是非对称CA膜的纵断面模型。CA膜是目前研究和使用最多的一种反渗透膜，具有透水率高、对大多数水溶性组分的渗透性低、成膜性能良好的特点。

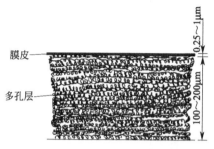

图 9-7 非对称CA膜纵断面模型

PA膜在 20 世纪 70 年代以前主要以脂肪族聚酰胺膜为主，这些膜的透水性能都较差，目前使用最多的是芳香聚酰胺膜。

复合膜是近年来开发的一种新型反渗透膜，它是由薄且密的复合层与高孔隙率的基膜复合而成的。通常是先制造多孔支撑膜，然后再设法在其表面形成一层非常薄的致密皮层，这两层的材料一般是不同的高聚物。复合层可选用不同的材质来改变膜表层的亲和性。复合膜的膜通量在相同条件下一般比非对称膜高 $50\%\sim60\%$。按照制膜方法的不同，复合膜分为三种类型：Ⅰ型是在聚砜支撑层上涂膜或压上超薄膜（如图9-8所示）；Ⅱ型由厚度为 $10\sim30nm$ 的超薄层和凝胶组成；Ⅲ型由交联重合体生产的超薄膜层和渗入超薄膜材料的支持层组成。复合膜的种类很多，包括交联芳香族聚酰胺复合膜、丙烯-烷基聚酰胺和缩合尿素复合膜、聚哌嗪酰胺复合膜等。

根据适用范围，目前工业应用的反渗透膜可分为三类：高压反渗透膜、低压反渗透膜和超低压反渗透膜。

① 高压反渗透膜 这类膜的主要用途之一是海水淡化。目前应用的高压反渗透膜主要有5种：三醋酸纤维素中空纤维膜、直链全芳烃聚酰胺中空纤维膜、交联全芳烃聚酰胺型薄层复合膜（卷式）、芳基-烷基聚醚脲型薄层复合膜（卷式）及交联聚醚薄层复合膜。这些膜的性质如图9-9所示。

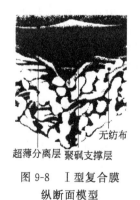

图 9-8 Ⅰ型复合膜
纵断面模型

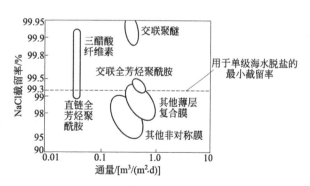

图 9-9 高压反渗透膜的分离性能
（在压力为 6.5MPa，温度 25℃下进行海水脱盐）

② 低压反渗透膜 通常在 $1.4\sim2.0$MPa 的压力下进行操作，主要用于苦咸水脱盐。与高压反渗透膜相比，设备费和操作费较少，对某些有机和无机溶质有较高的选择分离能力。低压

反渗透膜多为复合膜，其皮层材质为芳香聚酰胺、聚乙烯醇等。图9-10所示为几种已工业化应用的商品低压反渗透膜的性能。

③ 超低压反渗透膜 又称为疏松型反渗透膜或纳滤膜，其操作压力通常在1.0MPa以上。它对单价离子和分子量小于300的小分子的截留率较低，对二价离子和分子量大于300的有机小分子的截留率较高。目前商品纳滤膜多为薄层复合膜和不对称合金膜。图9-11所示为某些商品纳滤膜的性质。

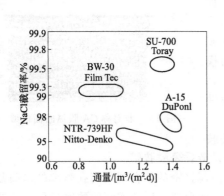

图9-10　几种商品低压反渗透膜的分离性能
料液含NaCl 1500mg/L；
操作条件：压力1.5MPa，温度25℃

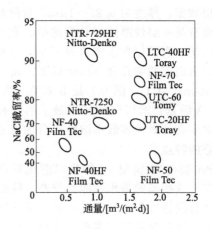

图9-11　几种商品超低压反渗透膜的分离性能
料液含NaCl 500mg/L；
操作条件：压力0.75MPa，温度25℃

（2）反渗透膜组件

反渗透膜组件的型式有多种，包括管式、板框式、中空纤维式和螺旋卷式。工业应用最多的是螺旋卷式膜组件，约占90%以上，其次为中空纤维膜组件，板框式和管式膜组件的应用相对较少。

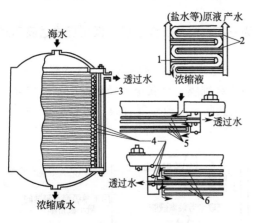

图9-12　耐压板框构造型膜组件
1—承压板；2—膜；3—紧固螺栓；
4—环形垫圈；5—膜；6—多孔板

① 板式（板框式） 板式由几十块承压板、微孔透水板和膜重叠组成，承压板外两侧盖透水板，再贴膜，每两张膜四周用聚氨酯胶和透水板外环黏合，外环用O形密封圈，用长螺栓固定，如图9-12所示。高压水由上而下折流通过每块板，净化水由每块膜中透水板引出。装置牢固，能承受高压，但水流状态差，易形成浓差极化，设备费用大。近年制成的聚醚薄型承压板强度极高，采用复合膜，膜间距仅6mm，装置紧凑，产水量大，除盐率高。

② 管式 管式把膜衬在耐压微孔管内壁或将制膜浆液直接涂刷在管外壁。有单管式和管束式、内压式和外压式多种。耐压管径一般为0.6~2.5cm，常用多孔性玻璃纤维环氧树脂增强管、陶瓷管、不锈钢管等。管式水力条件好，但单位体积中膜面积小。图9-13（a）为内压管式反渗透器除盐示意。

③ 卷式 在两层膜中间衬1层透水隔网，把这两层膜的3边用黏合剂密封，将另一开口与一根多孔集水管密封连接，再在下面铺1层多孔透水隔网供原水通过，最后以集水管为轴将膜叶螺旋卷紧而成，如图9-14所示。膜叶越多，卷式组件的直径越大，单位体积中膜面积也

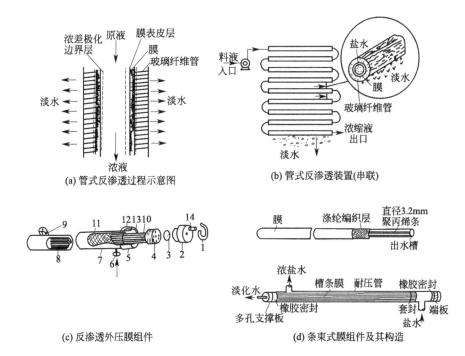

(a) 管式反渗透过程示意图

(b) 管式反渗透装置(串联)

(c) 反渗透外压膜组件

(d) 条束式膜组件及其构造

图 9-13　管式反渗透装置

1—孔用挡圈；2—集水密封环；3—聚氯乙烯烧结板；4—锥形多孔橡胶塞；5—密封管接头；6—进水口；7—壳体；
8—橡胶笔胆；9—出水口；10—膜元件；11—网套；12—O 形密封圈；13—挡圈槽；14—淡水出口

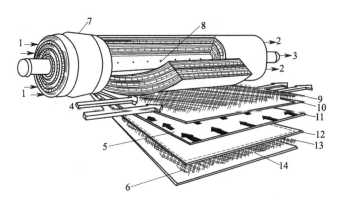

图 9-14　螺旋卷式膜组件

1—原水；2—废弃液；3—渗透水出口；4—原水流向；5—渗透水流向；6—保护层；7—组件与外壳间的密封；
8—收集渗透水的多孔管；9—隔网；10—膜；11—渗透水的收集系统；12—膜；13—隔网；14—连续两层膜的缝线

越大。卷式膜组件的主要优点有：a. 单位体积中膜的表面积大；b. 安装和更换容易，结构紧凑。但卷式膜同时也存在如下缺点：a. 不适合料液含悬浮物高的情况；b. 料液流动路线短；c. 再循环浓缩困难。

④ 中空纤维式　中空纤维式是一种细如发丝的空心纤维管，外径 $50\sim100\mu m$，内径为 $25\sim42\mu m$，将几十万根这种中空纤维弯成 U 形装入耐压容器中，纤维开口端固定在圆板上用环氧树脂

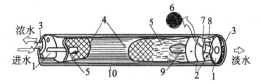

图 9-15　中空纤维式膜组件结构示意

1—端板；2—O 形密封环；3—弹簧（咬紧）夹环；
4—导流网；5—中空纤维膜；6—中空纤维
断面放大；7—环氧树脂管板；8—多孔支撑板；
9—进水分配多孔管；10—外壳

密封，就成为中空纤维式反渗透器，其结构如图 9-15 所示。

9.2.6 反渗透工艺流程

在整个反渗透处理系统中，除反渗透器和高压泵等主体设备外，为了保证膜性能稳定，防止膜表面结垢和水流道堵塞等，除了设置合理的预处理装置，还需配置必要的附加设备，如 pH 调节、消毒和微孔过滤等。一级反渗透工艺基本流程如图 9-16 所示。

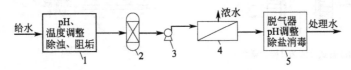

图 9-16　一级反渗透工艺基本流程
1—预处理；2—保安过滤器；3—高压泵；4—反渗透装置；5—后处理

预处理系统依原水水质设计。为了防止膜表面产生碳酸钙结垢并控制水解，一般都要对原水的 pH 值进行调整，可加 H_2SO_4 或 HCl，国内大都加 HCl。用 pH 计控制实现自动加酸。

铁锰及管道锈蚀物可用凝聚过滤除去，为防止空气进入系统增加铁的氧化，系统应严密，也可加还原剂（如 Na_2SO_3）除氧和余氯。

细菌、藻类及其分泌物易使膜表面产生软垢，可加氯（0.5mg/L）抑制，对不耐氯的膜可加臭氧等。超滤法可作为反渗透的前处理以除去油、胶体、微生物、有机物等。

井水中存在的 H_2S 如被氧化成硫黄会污染膜表面，可用过滤预处理除去。

在反渗透装置前一般都装设 5～20μm 的过滤器（或称保安过滤器），用以阻截粒径＞20μm 的颗粒。

进水需要加温时，可在微孔过滤器前设置加热器，并配备必要的仪表对水温进行控制。给水加热温度通常考虑为 25℃。

为防止水垢在膜表面上析出，除加酸外，也可加石灰进行软化或加阻垢剂，如六偏磷酸钠，以提高成垢盐的溶度积。通常阻垢剂的加注量是 5～20mg/L。

经反渗透处理后的水质有三个特点：①阴离子多于阳离子；②形成以 Na^+、Cl^-、HCO_3^- 为主要成分的水；③具有腐蚀倾向。因此，通常设除气塔脱除 CO_2 或加碱调整 pH 值，采用混床或复床-混床组合除盐。

高压泵可以采用多级离心泵或往复泵，管式和小型反渗透装置常采用往复泵，此时为了防止压力脉动，须设稳压装置。高压泵宜设置旁路调节阀门以便调节供水量。为了防止高压泵启动时膜组件受到高压给水的突然冲击，在高压水出口阀门上装控制阀门开启速度的装置，使阀门能徐徐开启（通常控制在 2～3min）。

在实际生产中，可以通过膜组件的不同配置方式来满足对溶液分离的不同要求，而且膜组件的合理排列组合对膜组件的使用寿命也有很大影响。如果排列组合不合理，则将造成某一段内的膜组件的溶剂通量过大或过小，不能充分发挥作用，或使膜组件污染速度加快，膜组件频繁清洗和更换，造成经济损失。

根据料液的情况、分离要求以及所有膜器一次分离的分离效率高低等的不同，反渗透过程可以采用不同的工艺过程，下面简要介绍几种常见的工艺流程。

（1）一级一段连续式

图 9-17 所示为典型的一级一段连续式工艺流程。料液一次通过膜组件即为浓缩液而排出。这种方式透过液的回收率不高，在工业中较少应用。

（2）一级一段循环式

图 9-18 所示。为提高透过液的回收率，将部分浓缩液返回进料贮槽与原有的料液混合后，

再次通过膜组件进行分离。这种方式可提高透过液的回收率，但因为浓缩液中溶质的浓度比原料液要高，透过液的质量有所下降。

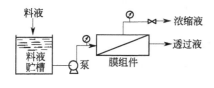

图 9-17　一级一段连续式

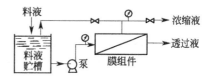

图 9-18　一级一段循环式

（3）一级多段连续式

图 9-19 所示为最简单的一级多段连续式流程，将第一段的浓缩液作为第二段的进料液，再把第二段的浓缩液作为下一段的进料液，而各段的透过液连续排出。这种方式的透过液回收率高，浓缩液的量较少，但其溶质浓度较高，同时可以增加产水量。膜组件逐渐减少是为了保持一定流速以减轻膜表面浓差极化现象。

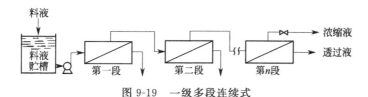

图 9-19　一级多段连续式

在反渗透的应用中，还采用多级多段连续式和循环式工艺流程，操作方式与上述三种工艺流程相似。

（4）两级一段式

图 9-20 所示为两级一段式反渗透工艺流程。当海水脱盐要求把 NaCl 从 35000mg/L 降至 500mg/L 时，要求脱盐率达 98.6%。如一级反渗透达不到要求，可分两级进行，即在第一级先除去 90% 的 NaCl，再在第二级从第一级出水中去除 89% 的 NaCl，即可达到要求。

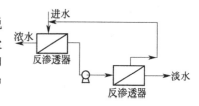

图 9-20　两级一段反渗透工艺流程

（5）多级多段式

如图 9-21 所示，以第一级的淡水作为第二级的进水，后一级的浓水回收作为前一级的进水，目的是提高出水质量。一般需设中间贮水箱和高压水泵。

（6）多段反渗透-离子交换组合

如图 9-22 所示，对第一段的浓水用离子交换软化，防止第二段膜面结垢，第二段、第三段用高压膜组件，以满足对高浓度水除盐的反渗透压力需要。该组合适用于水源缺乏，即使原水含盐量较高，也要求较高的水回收率的场合。

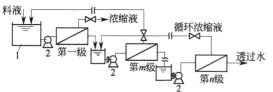

图 9-21　多级多段循环式

1—料液贮槽；2—高压泵

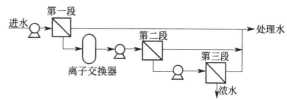

图 9-22　三段反渗透-离子交换组合

（7）国外常用的反渗透除盐系统

① 海水或苦咸水→预处理→必要的水质调整→精密过滤器→高压泵→反渗透装置（海水级或苦咸水级膜组件）→贮水箱（产水的含盐量 500mg/L，经消毒可作为饮用水）。

② 井水→砂过滤器→必要的水质调整→除 CO_2 器→精密过滤器→高压泵→反渗透装置（苦咸水级膜组件）→混床。

③ 城市自来水→预处理→必要的水质调整→精密过滤器→高压泵→反渗装置→阳离子交换柱→除 CO_2 器→阴离子交换柱→紫外线杀菌→混床→后处理系统（制取高纯水）。

9.2.7 工艺设计

进行反渗透系统的设计计算，必须掌握进水水质、各组分的浓度、渗透压、温度及 pH 值等原始资料，反渗透工艺如是以制取淡水为目的，则应掌握淡化水水量、淡化水水质以及水回用率等有关数据。如果工艺是以浓缩有用物质为目的，则应掌握工艺允许的淡化水水质及其浓缩倍数。

（1）水与溶质的通量

在反渗透过程中，水和溶质透过膜的通量可根据上面介绍的溶解-扩散机理模型，分别由式（9-8）和式（9-9）给出，即

$$J_W = K_W(\Delta p - \Delta \pi) \tag{9-8}$$

$$J_s = K_s \Delta C \tag{9-9}$$

由上式可知，在给定条件下，透过膜的水通量与压力差成正比，而透过膜的溶质通量则主要与分子扩散有关，因而只与浓度差成正比。因此，提高反渗透的操作压力不仅使淡化水通量增加，而且可以降低淡化水的溶质浓度。另一方面，在操作压力不变的情况下，增大进水的溶质浓度将使溶质通量增大，但由于原水渗透压增加，水通量将减少。

（2）脱盐率

反渗透的脱盐率（或对溶质的截留率）可由下式计算：

$$\beta = \frac{C_F - C_P}{C_F} \tag{9-10}$$

脱盐率亦可用水透过系数 K_W 和溶质透过系数 K_s 的比值来表示。反渗透过程中的物料衡算关系为：

$$Q_F C_F = (Q_F - Q_P)C_C + Q_P C_P \tag{9-11}$$

式中　Q_F，Q_P——进水流量和淡化水流量；

C_F，C_C，C_P——进水、浓水和淡化水中的含盐量。

膜进水侧的含盐量平均浓度 C_a 可表示为：

$$C_a = \frac{Q_F C_F + (Q_F - Q_P)C_C}{Q_F + (Q_F - Q_P)} \tag{9-12}$$

脱盐率可写成：

$$\beta = \frac{C_a - C_P}{C_a} \tag{9-13a}$$

或

$$\frac{C_P}{C_a} = 1 - \beta \tag{9-13b}$$

由于 $J_s = J_W C_P$，故

$$\beta = 1 - \frac{J_s}{J_W C_a} = 1 - \frac{K_s \Delta C}{K_W(\Delta p - \Delta \pi)C_a} \tag{9-14}$$

由式（9-14）可知，膜材料的水透过系数 K_W 和溶质透过系数 K_s 直接影响脱盐率。如果

要实现高的脱盐率，系数 K_W 应尽可能大，而 K_s 应尽可能地小，即膜材料必须对溶剂的亲和力高，而对溶质的亲和力低。因此，在反渗透过程中，膜材料的选择十分重要，这与微滤和超滤有明显区别。

对于大多数反渗透膜，其对氯化钠的截留率大于 98%，某些甚至高达 99.5%。

（3）水回收率

在反渗透过程中，由于受溶液渗透压、黏度等的影响，原料液不可能全部成为透过液，因此透过液的体积总是小于原料液的体积。通常把透过液与原料液体积之比称为水回收率，可由下式计算得到：

$$\gamma = \frac{Q_P}{Q_F} \tag{9-15}$$

一般情况下，海水淡化的回收率在 30%～40%，纯水制备在 70%～80%。

9.2.8　反渗透膜的污染及其防治

（1）反渗透膜的污染试验

SDI（silt density index）为淤泥密度指数，亦称污染指数（fouling index，FI）。SDI 通常用于表征反渗透过滤水中胶体和颗粒物的含量，是反映反渗透等膜分离过程稳定运行与否的重要指标。SDI 的测定装置如图 9-23 所示，测量池底部设置孔径为 0.45μm 的微滤膜，施加的压力在 0.2MPa 左右。

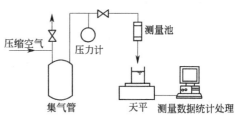

图 9-23　测定 SDI 值的试验装置

SDI 的计算式为：

$$\text{SDI} = \left(1 - \frac{t_0}{t_T}\right) \times \frac{100}{T} \tag{9-16}$$

式中　t_0——初始时收集 500mL 水样所需的时间，s；

t_T——经过 T 时间后收集 500mL 水样所需的时间，s；

T——过滤时间，min，可取 5min、10min 或 15min。

一般地，反渗透和纳滤对原水的 SDI 值要求小于 5。

（2）反渗透膜污染

反渗透膜污染可分为两大类：一类是可逆膜污染——浓差极化；另一类是不可逆膜污染，由膜表面的电性及吸附引起或由膜表面孔隙的机械堵塞而引起。

浓差极化是在反渗透运行过程中，膜表面由于水分不断渗透，溶液浓度升高，与主体料液之间产生的浓度差。浓差极化会使膜表面渗透压增加，导致产水量和脱盐率下降。为了克服浓差极化，提高料液流速（或加强循环），保持料液处于湍流状态，或者尽可能采用薄层流动来防止膜表面的浓度上升，这些方法都是有效的。

不可逆污染由溶解的盐类、悬浮固体及微生物等引起，主要包括：无机物的沉积（结垢）；有机分子的吸附（有机污染）；颗粒物的沉积（胶体污染）；微生物的黏附及生长（生物污染）。

（3）膜污染的防治

① 预处理　预处理的主要目的是：a. 去除超量的悬浮固体、胶体物质以降低浊度；b. 调节并控制进料液的电导率、总含盐率、pH 值等，以防止难溶盐的沉淀；c. 防止铁、锰等金属氧化物的沉淀等；d. 去除乳化油等类似的有机物质；e. 去除引起生物滋生的有机物和营养物质等。

预处理的主要方法有：a. 采用混凝、沉淀、过滤等措施，去除原水中的浊度和悬浮固体；b. 采用超滤/微滤膜进行反渗透膜的预处理；c. 加阻垢剂防止结垢；d. 采用生物处理或活性炭吸附等方法去除水中的有机物；e. 利用紫外线照射或原水中加氯或酸，以防止微生物滋生等。

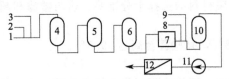

图 9-24 某反渗透海水淡化工程的预处理系统
1—海水；2—加氯；3—混凝剂；4——级过滤器；
5—活性炭过滤器；6—二级过滤器；7—水箱；
8—加酸调 pH；9—加六偏磷酸钠阻垢剂；
10—微米过滤器；11—高压泵；12—反渗透器

图 9-24 是某反渗透海水淡化工程的预处理系统，采用了多种方法的组合，以尽可能地抑制反渗透膜污染的发生。

② 膜清洗　膜在使用过程中，无论日常操作如何严格，膜污染总会发生。经长期运行，膜污染严重时，就需要对其进行清洗。通过清洗，清除膜面上的污染物，是反渗透运行操作的重要内容。常用的清洗方法有物理清洗和化学清洗。

a. 物理清洗。用淡化水，也可以用原水冲洗。在低压下以高速流冲洗膜面，以清除膜面上的污垢。在管式膜组件中，可用海绵球清洗膜面。

b. 化学清洗。酸清洗：使用的酸包括硝酸（HNO_3）、磷酸（H_3PO_4）、柠檬酸等。可以单独使用，也可以联合使用。

碱清洗：加碱（NaOH）和络合剂（EDTA）清洗。

酶洗涤剂：含有酶的洗涤剂对去除有机物，特别是蛋白质、多糖类、油脂等污染物十分有效。

9.2.9　反渗透和纳滤膜的应用

反渗透技术和纳滤技术的大规模应用领域主要有海水淡化、苦咸水净化、纯水制备、生活用水处理以及工业废水处理与有用物质的回收等。

(1) 海水淡化

水是人类赖以生存的不可缺少的重要物质，然而地球上的水大约 97% 是不能直接饮用的海水，只有 3% 是能够直接饮用的淡水，其中 70% 被南极、北极的冰河和万年雪山所固定，而且随着工农业生产的迅速发展，淡水资源的紧缺日趋严重，促使许多国家投入大量资金研究海水和苦咸水淡化技术。已采用的淡化技术有蒸发法和膜法（反渗透、电渗析）。与蒸发法相比，膜法淡化技术有投资费用少、能耗低、占地面积少、建造周期短、操作方便、易于自动控制、启动运行快等优点。

海水含盐量达 3.5% NaCl，相应的渗透压为 2.5MPa，用于海水淡化的反渗透一般为高压反渗透，操作压力在 5MPa 以上，一般为 7～10MPa。

一般饮用水要求的含盐量低于 500mg/L，若用反渗透对海水进行淡化，采用一级脱盐，水的回收率为 50% 时，要求的脱盐率为 99% 以上。因此，在采用一级反渗透进行海水淡化时，必须采用脱盐率在 99% 以上的反渗透膜。由于操作压力高，要求膜具有足够的强度和膜组件耐高压。

除一级脱盐工艺外，也可以采用二级脱盐工艺。无论是在第一级还是在第二级，膜的脱盐率只要在 90%～95% 即可，而运行压力在 5～7MPa 就足够了。二级脱盐工艺的运行可靠性高，对附属设备的要求大大低于一级脱盐工艺。

海水淡化是反渗透膜的最大应用领域。随着反渗透膜性能的提高，能耗在逐年降低，淡水回收率在提高的同时淡水水质也有所提高，如表 9-4 所列。

表 9-4　不同年代反渗透海水淡化回收率、操作压力、淡水水质及能耗

年　　代	20 世纪 80 年代	20 世纪 90 年代	21 世纪
淡水回收率/%	25	40～50	55～65
最大压力/MPa	6.9	8.25	9.7
淡水水质（TDS）/(mg/L)	500	300	<200
能耗/(kW·h/m³)	12	5.5	4.6

目前，世界上最大的反渗透海水淡化厂设在沙特阿拉伯的捷达市（Jeddah）。

图 9-25 所示为该海水淡化的工艺流程。取自红海表面下 9m 深处的海水，经拦污栅和带式移动筛脱除较大的碎屑、浮游生物等，进入海水蓄水池，池内加次氯酸钠灭菌，氯化灭菌后的海水在进入双介质过滤器前还要加入絮凝剂 $FeCl_3$ 以加强过滤效果。双介质过滤器的上面为无烟煤，下面为石英砂。从双介质过滤器出来的过滤水进入中间贮槽；在用泵送入微保安过滤器前，先加入 H_2SO_4 调节 pH 值，以防止结垢和膜降解，经过微保安过滤器之后脱除了大于 $10\mu m$ 的粒子。水在进入高压泵之前，采用间歇法加亚硫酸氢钠脱氯，然后进入反渗透膜组件，一般采用二级反渗透淡化操作。膜组件的材料为三醋酸纤维素，膜设备为中空纤维素膜器。产品最后加次氯酸钙和石灰水灭菌，调节 pH 值，以防止送水管道腐蚀。

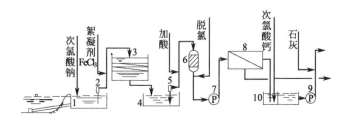

图 9-25　捷达市反渗透工艺流程

1—海水蓄水池；2—海水原水泵；3—双介质过滤器；4—过滤水贮槽；5—过滤水泵；
6—微保安过滤器；7—高压泵；8—反渗透组件；9—产水泵；10—产水槽

该工程项目分为二期建设，一期工程于 1989 年 4 月投入运行，产水能力为 $56800m^3/d$，是当时世界上最大的反渗透海水淡化工厂。二期工程于 1994 年 3 月投入运行，产水能力仍然是 $56800m^3/d$。海水总溶解性固体（TDS）为 43300mg/L，总硬度为 7500mg/L。反渗透膜组件采用 TOYOBO Hollosep 生产的中空纤维膜组件，材料为三醋酸纤维素。设计水回收率为 35%，运行操作压力为 $6\sim7MPa$，脱盐级数一级，脱盐率为 $99.2\%\sim99.7\%$，能耗为 8.2 $kW\cdot h/m^3$ 水（无能量回收）。该厂原水、产水组成及基本操作条件见表 9-5。

表 9-5　Jeddah 厂原水、产水组成及基本操作条件（1995 年）　　　　单位：mg/L

项　目	海水	RO 进水	RO 产水	项　目	海水	RO 进水	RO 产水
压力/MPa	—	5.68	3.5	Cl^-	22300	22300	72
流量/(m³/h)	7600	6770	2370	SO_4^{2-}	3300		
温度/℃	29	29	29	Ca^{2+}	490		
pH 值	8.16	6.6	7.0	Mg^{2+}	1530		
电导率/($\mu S/cm$)	59500	59500	265	Ba^{2+}	0.01		
TDS	43000	43000	145	Sr^{2+}	5.9		
SDI	4.68	2.98	—	Mn^{2+}	<2.5		
余氯	—	0.2	0.2	总 Fe	<0.01	<0.01	
总硬度(以 $CaCO_3$ 计)	7520	—	28				

20 世纪末，日本冲绳海水淡化中心是日本最大的海水淡化厂，其 $40000m^3/d$ 的反渗透系统由 8 套 $5000m^3/d$ 的系统构成，共安装 3024 支 8in（1in＝25.4mm）芳香族聚酰胺卷式复合膜，采用一级反渗透工艺。随着季节不同，给水温度在 $20\sim30℃$ 之间变化，通过调节操作压力（范围为 $6\sim6.5MPa$）使系统回收率保持在 40%，反渗透产水的含盐量小于 300mg/L。

1997 年，我国第一个反渗透海水淡化工程（规模为 $500m^3/d$）在嵊山建成；1999 年大连长海县建成了规模为 $1000m^3/d$ 的反渗透海水淡化工程；2003 年在山东石岛建成规模为 $5000m^3/d$ 的反渗透海水淡化工程；2006 年在浙江玉环建成规模为 $35000m^3/d$ 的反渗透海水淡化工程；截至 2010 年年底，建成的反渗透海水淡化工程的总产水能力超过 $90\times10^4 m^3/d$，其中天津北疆电厂的规模达到 $20\times10^4 m^3/d$，达到国际领先水平。

浙江玉环的海水淡化工程采用"超滤＋两级反渗透"模式，其中，超滤系统的水回收率≥90%；一级反渗透系统的水回收率＞45%，新膜组件的总脱盐率（三年内）≥99.3%；二级反渗透系统的水回收率≥85%，新膜组件的总脱盐率（三年内）≥98%。电耗约为 3.3kW·h/m³水。

（2）苦咸水淡化

苦咸水一般是指含盐量在 1000~5000mg/L 的湖水、河水和地下水，其渗透压力为 0.1~0.3MPa。通常可采用低压反渗透进行脱盐，操作压力一般为 2~3MPa。

日本鹿儿岛钢铁厂于 1971 年建成了世界上第一个大型反渗透脱盐工厂（处理苦咸水），生产能力为 17240m³/d，用于为该厂的自备电厂提供工业用水。原水系湖水，含盐量高，其中有机物、微生物、藻类繁多。反渗透系统采用三段串联方式，每段又并列有不同数量的膜组件。膜组件采用卷式 CA 膜，操作压力为 3MPa，水回收率大于 84%，脱盐率 95%。该苦咸水淡化工厂运行期间的水质变化如表 9-6 所示。

表 9-6 日本鹿儿岛钢铁厂苦咸水淡化工厂运行期间水质分析数据

项 目	海水	RO 进水	RO 产水	项 目	海水	RO 进水	RO 产水
浊度/NTU	7	—	—	Cl^-/(mg/L)	468	1890	20.3
pH 值	7.3	6.2	6.2	SO_4^{2-}/(mg/L)	64.4	295	2.2
电导率/(μS/cm)	1530	5710	77	SiO_2/(mg/L)	17.5	58.5	0.6
碱度（以 $CaCO_3$ 计）/(mg/L)	52.7	199.0	8.4	TDS/(mg/L)	920	3680	34.5
Na^+/(mg/L)	230	880.2	13.8	总硬度（以 $CaCO_3$ 计）/(mg/L)	176	697	<1
K^+/(mg/L)	14.6	51.0	0.1				

2000 年，我国在黄骅建成了规模为 1.8×10^4 m³/d 的亚海水反渗透淡化工程。之后相继在甘肃定西、广东理文纸业和东莞建成了规模为 1×10^4 m³/d 的苦咸水淡化工程、2.5×10^4 m³/d 的高浓度地表水脱盐工程和 10×10^4 m³/d 的亚海水反渗透淡化工程。

（3）饮用水净化

饮用水净化是反渗透和纳滤膜最大的应用领域之一，主要用于去除水中的微量有机物和进行水的软化。

1987 年在美国建成世界上第一座纳滤厂，产水能力为 10×10^4 m³/d；1999 年在法国巴黎建成了首座产水能力达 34×10^4 m³/d 的膜法饮用水厂，其中纳滤工艺产水 14×10^4 m³/d。2004 年，我国在浙江慈溪航丰自来水厂建立了规模为 2×10^4 m³/d 的反渗透净水装置，该厂以受到一定污染的四灶浦水库的水为水源，净水工艺流程为：原水→生物接触氧化→混凝→沉淀→滤池过滤→超滤→反渗透→反渗透出水与滤池出水勾兑→用户。水厂总处理能力约为 5×10^4 m³/d，反渗透处理能力约为 2×10^4 m³/d，水回收率为 75%，脱盐率为 97%，进水压力约为 1.4MPa。

（4）超纯水及纯净水的生产

所谓超纯水和纯净水是指水中所含杂质包括悬浮固体、溶解固体、可溶性气体、挥发物质及微生物、细菌等极微。不同用途的纯水对这些杂质的含量有不同的要求。

反渗透技术已被普遍用于电子工业纯水及医药工业等无菌纯水的制备系统中。半导体工业所用的高纯水，以往主要采用化学凝集、过滤、离子交换树脂等制备方法，这些方法的最大缺点是流程复杂，再生离子交换树脂的酸碱用量较大，成本较高。现在采用反渗透法与离子交换法相结合过程生产的纯水，其流程简单，成本低廉，水质优良，纯水中杂质含量已接近理论纯水值。

超纯水生产的典型工艺流程如图 9-26 所示，原水首先通过过滤装置除去悬浮物及胶体，加入杀菌剂次氯酸钠防止微生物生长，然后经过反渗透和离子交换设备除去其中大部分杂质，最后经紫外线处理将纯水中微量的有机物氧化分解成离子，再由离子交换器脱除，反渗透膜的终端过滤后得到超纯水送入用水点。用水点使用过的水已混入杂质，需经废水回收系统处理后才能排入河里或送回超纯水制造系统循环使用。

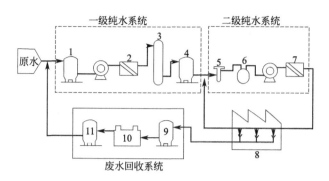

图 9-26　超纯水生产的典型工艺流程

1—过滤装置；2—反渗透膜装置；3—脱氯装置；4,9—离子交换装置；5—紫外线杀菌装置；6—非再生型混床离子交换器；
7—RO 膜装置（UF 膜装置）；8—用水点；10—紫外线氧化装置；11—活性炭过滤装置

（5）废水的再生利用

由于水资源的短缺，以反渗透为核心的集成膜工艺在我国城市污水以及电力、钢铁、石化、印染等工业的废水处理与回用领域中得到了越来越广泛的应用，已建成多项规模达 $10000m^3/d$ 以上的实际工程，成为膜法水资源再利用的技术发展趋势。

在石化行业中，已建成的反渗透废水回用工程有：2002 年新乡 $12000m^3/d$ 规模的化纤废水回用工程，其出水作为锅炉补给水和化工生产用水；2004 年四川泸天化 $6720m^3/d$ 规模的废水回用工程，其出水作为锅炉补给水和工艺用水；2004 年燕山石化"超滤（2.65×10^4 m^3/d）＋反渗透（$1.9\times10^4m^3/d$）"双膜回用工程（见图 9-27），其反渗透出水作为锅炉补给水；2005 年大庆炼化 $12000m^3/d$ 规模的炼油、石化废水回用工程等。

（6）工业废水处理与有用物回收

① 重金属工业废水的处理　反渗透膜可以用于含重金属工业废水的处理，主要用于重金属离子的去除和贵重金属的浓缩和回收，渗透水也可以重复使用。例如，用于镀镍废水处理，可使镍的回收率大于 99%；用于镀铬废水的处理，铬的去除率可达 93%～97%。

图 9-28 所示为某厂利用反渗透进行镀镍废水处理的工艺流程。反渗透操作压力为 3.0MPa，进料的镍浓度为 2000～6000mg/L，反渗透膜对 Ni^{2+} 的去除率为 97.7%，系统对镍的回收率在 99.0% 以上。反渗透浓缩液可以达到进入镀槽的计算浓度（10g/L）。反渗透出水可用于漂洗，废水不外排，实现了闭路循环。

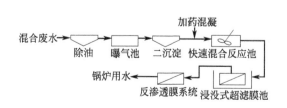

图 9-27　燕山石化双膜回用工程工艺流程

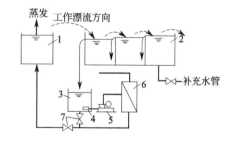

图 9-28　反渗透法处理镀镍漂洗水工艺流程

1—镀镍槽；2—三个逆流漂洗槽；3—储存槽；4—过滤器；
5—高压泵；6—反渗透装置；7—控制阀

纳滤膜可用于制药、染料、石化、造纸、纺织以及食品等行业，进行脱盐、浓缩和提取有用物质。

② 含油废水的处理　含油和脱脂废水的来源十分广泛，如石油炼制厂及油田含油废水；海洋船舶中的含油废水；金属表面处理前的含油废水等。废水中的油通常以浮油、分散油和乳化油三种状态存在，其中乳化油可采用反渗透和超滤技术相结合的方法除去，流程如图 9-29 所示。

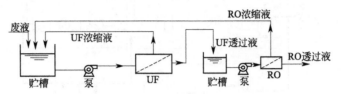

图 9-29　用反渗透和超滤结合处理乳化油废水

（7）其他行业的应用

① 食品工业中的应用　反渗透技术在乳品加工中的应用是与超滤技术结合进行乳清蛋白的回收，其工艺流程如图 9-30 所示（图中的 BOD 为生化需氧量，是一种间接表示水被有机污染物污染程度的指标）。把原乳分离出干酪蛋白，剩余的是干酪乳清，它含有 7% 的固形物，0.7% 的蛋白质，5% 的乳糖以及少量灰分、乳酸等。先采用超滤技术分离出蛋白质浓缩液，再用反渗透设备将乳糖与其他杂质分离。这种方法与传统工艺相比，可以节约大量能量，乳清蛋白的质量明显提高，而且同时还能获得多种乳制品。

反渗透技术还应用于水果和蔬菜汁的浓缩、枫树糖液的预浓缩等过程。

② 制药工业中的应用　反渗透技术在制药工业中的典型应用是链霉素的浓缩。链霉素是灰色链霉菌产生的碱性物质，它是氨基糖苷类抗生素。在链霉素的提取精制过程中，传统的真空蒸发浓缩方法对热敏性的链霉素很不利，而且能耗较大。采用反渗透取代传统的真空蒸发，可提高链霉素的回收率和浓缩液的透光度，还降低了能耗。其工艺流程见图 9-31，原料液经二级过滤器处理，打入料液贮槽，由供料泵、往复泵对料液增压。经过冷却的料液进入板式反渗透膜组件，料液中的小分子物质透过膜，透过液经流量计计量后排放，链霉素被膜截留返回料液贮槽。如此循环，直至浓缩液的浓度达到指标。

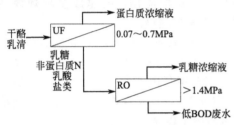

图 9-30　典型的干酪乳清蛋白回收流程

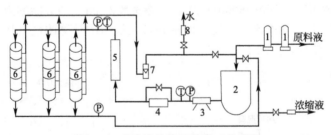

图 9-31　反渗透浓缩链霉素工艺流程

1—过滤器；2—料液贮槽；3—供料泵；4—往复泵；5—冷却塔；6—板式反渗透组件；7—流量计；8—观察镜

9.3　超滤与微滤

超滤和微滤都是在压差推动力作用下进行的筛孔分离过程，一般用来分离分子量大于 500 的溶质、胶体、悬浮物和高分子物质。从把物质从溶液中分离出来的过程来看，反渗透和超滤、微滤基本上是一样的。因孔径大小不同，反渗透既能去除离子物质，又能去除许多有机物，而超滤和微滤只能去除较大粒径的分子和颗粒。大分子物质在中等浓度时渗透压不大，所以超滤和微滤能在较低的压差条件下工作。

9.3.1 超滤与微滤的分离原理

超滤技术应用的历史不长，只是近 30 年才在工业上大规模地应用，但其独特的优点使之成为当今世界分离技术领域中一种重要的单元操作，广泛用于化工、医药、食品、轻工、机械、电子、环保等过程工业部门。

超滤过程的基本原理如图 9-32 所示。在以静压差为推动力的作用下，原料液中的溶剂和小于超滤膜孔的小分子溶质将透过膜成为滤出液或透过液，而大分子物质被膜截留，使它们在剩余滤液中的浓度增大。

微滤（MF）和超滤（UF）均属于压力驱动型膜过程，从原理上没有本质的差别，其区别主要是膜孔径大小不一样，过滤操作压差范围不同。超滤所用的膜为非对称性膜，膜孔径为 1～20nm，分离范围为 1nm～0.05μm，操作压力一般为 0.3～1.0MPa，主要去除水中分子量 500 以上的中大分子和

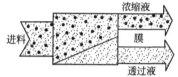

图 9-32 超滤基本原理示意

胶体微粒，如蛋白质、多糖、颜料等；微滤膜的分离范围在 0.05～10μm，操作压力为 0.1～0.3MPa，主要去除水中的胶体和悬浮微粒，如细菌、油类等。就分离范围而言，超滤和微滤填补了反渗透、纳滤与普通过滤之间的空隙。

超滤和微滤对大分子物质、胶体和悬浮微粒等的去除机理主要有：

① 膜表面的机械截留作用（筛分）；

② 膜表面及微孔的吸附作用（一次吸附）；

③ 在膜孔中停留而被去除（堵塞）。

在上述机理中，一般认为以筛分作用为主。

9.3.2 超滤膜与微滤膜

（1）膜材料及其结构

超滤膜和微滤膜可分为有机膜和无机膜，制作方法与反渗透膜相比相对容易些。

超滤膜多数为不对称膜，由一层极薄（0.1～1μm）的致密表皮层和一层较厚（160～220μm）的具有海绵状或指状结构的多孔层组成。前者起筛分作用，后者起支撑作用。膜孔径在分离过程中不是唯一决定因素，膜表面的化学性质也很重要。实际上超滤过程可能同时存在 3 种情形：①溶质在膜表面及微孔壁上吸附；②粒径略小于膜孔的溶质在孔中停留，引起阻塞；③粒径大于膜孔的溶质被膜表面机械截留。

常用的有机超滤膜材料有醋酸纤维素（CA、CTA）、聚砜（PS、PSA）、聚丙烯腈（PAN）、聚氯乙烯（PVC）、聚乙烯醇（PVA）、聚烯烃、聚酯、聚酰胺、聚酰亚胺、聚碳酸酯、聚甲基丙烯酸甲酯、改性聚苯醚等。商品以截留分子量大小划分，一般有 6000、10000、20000、30000、50000 和 80000 6 种规格。

微滤膜多数为对称结构，厚度 10～150μm 不等，其中最常见的是曲孔型，类似于内有相连孔隙的网状海绵；另一种是毛细管型，膜孔呈圆筒状垂直贯通膜面，该类膜的孔隙率<5%，但厚度仅为曲孔型的 1/5。也有不对称的微孔膜，膜孔呈截头圆锥体状贯通膜面，过滤时原水在孔径小的膜面流过。微滤膜材料有 CN-CA、PAN、CA-CTA、PSA、尼龙等，商品约有十几种 400 多个规格。

无机膜多以金属、金属氧化物、陶瓷、多孔玻璃等为材料。与有机膜相比，无机膜具有热

稳定性好、耐化学侵蚀、寿命长等优点，近年来受到了越来越多的关注。但其缺点是易碎、价格较高。

（2）孔径特征

超滤膜通常以截留分子量（molecular weight cut off，MWCO）来表示膜的孔径特征。利用超滤膜，通过测定具有相似化学结构的不同分子量的一系列化合物的截留率所得的曲线称为截留分子量曲线，如图 9-33 所示。超滤膜的截留分子量指截留率达到 90％ 的分子量。大于该分子量的物质几乎全部被膜所截留。在截留分子量附近截留分子量曲线越陡，则膜的截留性能越好。超滤膜的截留分子量可以从 1000 到 100 万。图 9-33 中的曲线所示的数字即为该型号超滤膜的截留分子量数值。如图 9-33 中标有 1000 的曲线，纵坐标上截留率为 90％ 时，横坐标上相应的分子量约等于 1000，故该超滤膜的截留分子量为 1000。

微滤膜的微孔直径处于微米范围，而膜的孔径分布则呈现宽窄不同的谱图。微滤膜用标称孔径来表征，即在孔径分布中以最大值出现的微孔直径。图 9-34 表示了一种商品微滤膜的孔径分布曲线，其标称孔径约为 0.1μm。

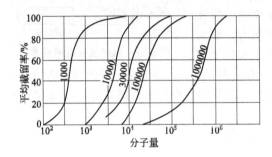

图 9-33　各种不同截留分子量的超滤膜

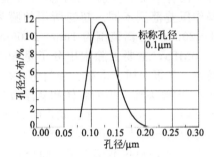

图 9-34　一种商品微滤膜的孔径分布

（3）性能

超滤膜和微滤膜的基本性能包括孔隙率、孔结构、表面特性、机械强度和化学稳定性等，其中孔结构和表面特性对使用过程中的渗透流率、分离性能和膜污染具有很大影响，膜的耐压性、耐温性、耐生物降解性等在某些工业应用中也非常重要。

表征超滤膜性能的参数主要有透水速率、截留率和截留分子量范围。

① 透水速率 $[cm^3/(cm^2 \cdot s)]$

$$J_w = \frac{Q}{At} \tag{9-17}$$

式中　Q——t 时间内透过水量，cm^3；

　　　A——透过水的有效膜面积，cm^2；

　　　t——过滤时间，s。

在纯水和大分子稀溶液中，膜的透过量与压差 Δp 成正比，可用下式表示：

$$J_w = \frac{\Delta p}{R_m} \tag{9-18}$$

式中　J_w——透过膜的纯水通量，$cm^3/(cm^2 \cdot s)$；

　　　Δp——膜两侧的压力差，MPa；

　　　R_m——膜阻力，$s \cdot MPa/cm$。

② 溶质截留率（％）

$$\beta = \frac{C_F - C_p}{C_F} \tag{9-19}$$

式中　C_F，C_p——膜过滤原水和出水中物质的量的浓度，mg/L。

（4）过滤特性

超滤膜和微滤膜同是多孔膜，虽然前者孔径较小，后者孔径较大，但前者的工作周期比后者长得多。这是因为微滤是一种静态过程，随过滤时间的延长，膜面上截留沉积不溶物，引起水流阻力增大，透过速率下降，直至微孔全被堵塞，如图 9-35 所示。

超滤过程是一种动态过程，在超滤进行时，由泵提供推动力，在膜表面产生两个分力，一个是垂直于膜面的法向力，使水分子透过膜面，另一个是与膜面平行的切向力，把膜面截留物冲掉。因此，在超滤膜表面不易产生浓差极化和结垢，透水速率衰减缓慢，运行周期相对较长。一般当超滤膜透水速率下降时，只要减低膜面的法向应力，增加切向流速，进行短时间（3～5min）冲洗即可恢复，如图 9-36 所示。

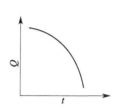

图 9-35　微滤时间与流量的关系

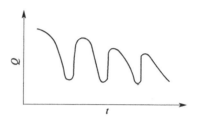

图 9-36　超滤时间与流量的关系

（5）浓差极化与凝胶层阻力

对于超滤过程，被膜所截留的通常为大分子物质、胶体等，大分子溶液的渗透压较小，由浓度变化引起的渗透压变化对分离过程的影响不大，可以不予考虑，但超滤过程中的浓差极化对通量的影响十分明显。因此，浓差极化现象是超滤过程中必须予以考虑的一个重要问题。

超滤过程中的浓差极化现象及传递模型如图 9-37 所示。在超滤分离过程中，当含有不同大小分子的混合液流动通过膜面时，在压力差的作用下，混合液中小于膜孔的组分透过膜，而大于膜孔的组分被截留。这些被截留的组分在紧邻膜表面形成浓度边界层，使边界层中的溶质浓度大大高于主体溶液中的浓度，形成由膜表面到主体溶液之间的浓度差。浓度差的存在导致紧靠膜面的溶质反向扩散到主体溶液中，这就是超滤过程中的浓差极化现象。当这种扩散的溶质通量与随着溶剂到达膜表面的溶质通量相等时，即达到动态平衡。由于浓差极化，膜表面处溶质浓度高，会导致溶质截留率的下降和渗透通量的下降。当膜表面处溶质浓度达到饱和时，在膜表面形成凝胶层，使溶质截留率增大，但渗透率显著减小。

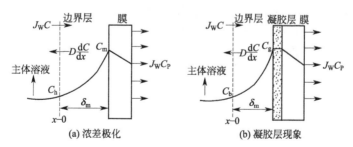

(a) 浓差极化　　　(b) 凝胶层现象

图 9-37　超滤过程中的浓差极化和凝胶层形成现象

如图 9-37(a) 所示，达到稳态时超滤膜的物料平衡式为：

$$J_W C_P = J_W C - D \frac{\mathrm{d}C}{\mathrm{d}x} \tag{9-20}$$

式中　$J_W C_P$——从边界层透过膜的溶质通量，$\mathrm{kmol/(m^2 \cdot s)}$；

J_wC——对流传质进入边界层的溶质通量，kmol/(m² · s)；

D——溶质在溶液中的扩散系数，m²/s。

根据边界条件：$x=0$，$C=C_b$；$x=\delta_m$，$C=C_m$，积分式(9-20) 可得：

$$J_W = \frac{D}{\delta_m}\ln\frac{C_m-C_P}{C_b-C_P} \tag{9-21}$$

式中 C_b——主体溶液中的溶质浓度，kmol/m³；

C_m——膜表面的溶质浓度，kmol/m³；

C_P——膜透过液中的溶质浓度，kmol/m³；

δ_m——膜的边界层厚度，m。

由于 C_P 的值很小，式(9-21) 可简化为：

$$J_W = K\ln\frac{C_m}{C_b} \tag{9-22}$$

式中 K——称为传质系数，$K=\frac{D}{\delta_m}$；

C_m/C_b——浓差极化比，其值越大，浓差极化现象越严重。

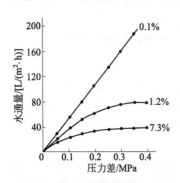

图 9-38 超滤膜过滤含乳化油废水时水通量与操作压差的关系

在超滤过程中，由于被截留的溶质大多数为胶体和大分子物质，这些物质在溶液中的扩散系数很小，溶质向主体溶液中的反向扩散速率远比渗透速率低，因此在超滤过程中，浓差极化比较严重。当胶体或大分子溶质在膜表面上的浓度超过其在溶液中的溶解度时，便会在膜表面形成凝胶层，如图 9-37(b) 所示，此时的浓度称为凝胶浓度 C_g。式(9-22) 则相应地改写成：

$$J_W = K\ln\frac{C_g}{C_b} \tag{9-23}$$

膜面上凝胶层一旦形成，膜表面上的凝胶层溶质浓度和主体溶液溶质浓度之间的梯度便达到最大值。若再增加超滤压差，则凝胶层厚度增加而使凝胶层阻力增加，所增加的压力为增厚的凝胶层所抵消，致使实际渗透速率没有明显增加。因此，一旦凝胶层形成，渗透速率就与超滤压差无关。

图 9-38 表示超滤膜过滤分离含乳化油废水时，过滤水通量和操作压差之间的关系。当乳化油浓度为 0.1%时，水通量与操作压差成正比。当乳化油浓度为 1.2%时，增加操作压力对提高水通量的作用已减弱，浓差极化开始起控制作用。当乳化油浓度增加到 7.3%时，水通量基本不随操作压差的增加而增加，表明凝胶层已开始形成。

对于有凝胶层存在的超滤过程，常用阻力表示，若忽略溶液的渗透压，膜材料阻力为 R_m、浓差极化层阻力为 R_p 及凝胶层阻力为 R_g，则有

$$J_W = \frac{\Delta p}{\mu(R_m+R_p+R_g)} \tag{9-24}$$

由于 $R_g \gg R_p$，则

$$J_W = \frac{\Delta p}{\mu(R_m+R_g)} \tag{9-25}$$

凝胶层阻力 R_g 可近似表示为：

$$R_g = \lambda V_p\Delta p \tag{9-26}$$

将式(9-26) 代入式(9-25)，可得：

$$J_W = \frac{\Delta p}{\mu (R_m + \lambda V_p \Delta p)} \qquad (9-27)$$

式中　V_p——透过水的累积体积，m^3；

　　　λ——比例系数。

式(9-27)表示在凝胶层存在的情况下超滤过程的 J_W-Δp 函数关系式。

在超滤过程中，一旦膜分离投入运行，浓差极化现象是不可避免的，但是可逆的。

9.3.3　超滤的操作方式

超滤的操作方式可分为重过滤（diafiltration）和错流（crossflow）过滤两大类。

（1）重过滤

重过滤是将料液置于膜的上游，溶剂和小于膜孔的溶质在压力的驱动下透过膜，大于膜孔的颗粒则被膜截留。过滤压差可通过在原料侧加压或在透过膜侧抽真空产生。

重过滤可分为间歇式重过滤（见图9-39）和连续式重过滤（见图9-40）。

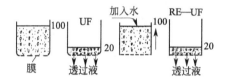

图 9-39　超滤膜的间歇式重过滤操作

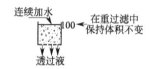

图 9-40　超滤膜的连续式重过滤操作

重过滤的特点是设备简单、小型，能耗低，可克服高浓度料液渗透流率低的缺点，能更好地去除渗透组分，通常用于蛋白质、酶之类大分子的提纯。但浓差极化和膜污染严重，尤其是在间歇操作中，要求膜对大分子的截留率高。

（2）错流过滤

错流过滤是指料液在泵的推动下平行于膜面流动，料液流经膜面时产生的剪切力可把膜面上滞留的颗粒带走，从而使污染层保持在一个较薄的稳定水平。根据操作方式，错流过滤也分为间歇式错流过滤和连续式错流过滤两类。

① 间歇式错流过滤　根据过滤过程中物料是否循环，间歇式错流过滤分为截留液全循环式错流过滤（见图9-41）和截留液部分循环（见图9-42）两种。

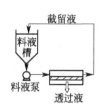
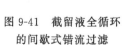

图 9-41　截留液全循环
的间歇式错流过滤

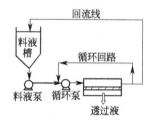

图 9-42　截留液部分循环的间歇错流过滤

间歇式错流过滤具有操作简单，浓缩速率快，所需膜面积小等优点，通常被实验室和小型中试厂采用。但全循环时泵的能耗高，采用部分循环可适当降低能耗。

② 连续式错流过滤　连续式错流过滤是指料液连续加入料液槽，透过液连续排走的超滤操作方式。连续式错流过滤可分为无循环式单级连续错流过滤（见图9-43）、截留液部分循环式单级连续错流过滤（见图9-44）和多级连续错流过滤（见图9-45）三种操作

方式。

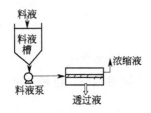

图 9-43　无循环式单级连续错流过滤

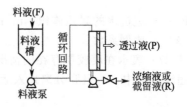

图 9-44　截留液部分循环式单级连续错流过滤

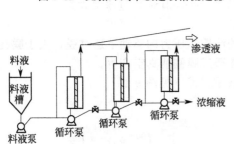

图 9-45　多级连续错流过滤

无循环式单级连续错流过滤由于渗透液通量低，浓缩比低，因此所需膜面积较大，组分在系统中的停留时间短。这种操作方式在反渗透中普遍采用，但在超滤中应用不多，仅在中空纤维生物反应器、水处理、热精脱除中有应用。

截留液部分循环式连续错流过滤和多级连续错流过滤在大规模生产中被普遍采用，特别是在食品工业领域中应用更为广泛。但单级操作始终在高浓度下进行，渗透流率低。增加级数可提高效率，这是因为除最后一级在高浓度下操作、渗透流率最低外，其他各级的操作浓度均较低、渗透流率相应较大。多级操作所需总膜面积小于单级操作，接近于间歇操作，而停留时间、滞留时间、所需贮槽均少于相应的间歇操作。

9.3.4　微滤的操作方式

微滤的操作方式可分为死端（deadend）过滤和错流（crossflow）过滤两大类，如图 9-46 所示。

（1）死端过滤

死端过滤也叫无流动过滤，原料液置于膜的上游，溶剂和小于膜孔的溶质在压力的驱动下透过膜，大于膜孔的颗粒则被膜截留。过滤压差可通过在原料侧加压或在透过膜侧抽真空产生。在这种操作中，随着时间的增长，被截留的颗粒将在膜的表面逐渐累积，形成污染层，使过滤阻力增大，在操作压力不变的情况下，膜渗透流率将下降，如图 9-46（a）所示。因此，死端过滤是间歇式的，必须周期性地停下来清洗膜表面的污染层或更换膜。死端过滤操作简便易行，适于实验室等小规模的场合。

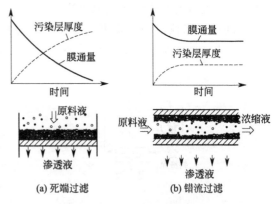

图 9-46　死端过滤和错流过滤示意

固含量低于 0.1％的物料通常采用死端过滤；固含量在 0.1％～0.5％的料液则需要进行预处理。而对固含量高于 0.5％的料液，由于采用死端过滤操作时的浓差极化和膜污染严重，通常采用错流过滤操作。

（2）错流过滤

微滤膜的错流过滤与超滤膜的错流过滤类似。与死端过滤不同的是，料液在泵的推动下平行于膜面流动，料液流经膜面时产生的剪切力可把膜面上滞留的颗粒带走，从而使污染层保持在一个较薄的稳定水平。因此，一旦污染层达到稳定，膜通量就将在较长一段时间内保持在相对高的水平，如图9-46(b)所示。

近年来，错流过滤发展很快，在许多领域有替代死端过滤的趋势。

9.3.5 影响渗透通量的因素

（1）操作压力

压差是超滤过程的推动力，对渗透通量产生决定性的影响。一般情况下，在压差较小的范围内，渗透通量随压差增长较快；当压差较大时，随压差的增加，渗透通量增长逐渐减慢，且当膜表面形成凝胶层时，渗透量趋于定值，不再随压差而变化，此时的渗透通量称为临界渗透通量。实际超滤过程的操作压力应接近渗透通量时的压差，若压差过高不仅无益而且有害。

（2）料液流速

浓差极化是超滤过程不可避免的现象，为了提高渗透通量，必须使极化边界层尽可能的小。目前，超滤过程采用错流操作，即加料错流流过膜表面，可消除一部分极化边界层。为了进一步减薄边界层厚度，提高传质系数，可增加料液的流速和湍动程度，这种方法与单纯提高流速相比可节约能量，降低料液对膜的压力。实现料液湍动的方法有在流道内附加带状助湍流器、脉冲流动等。

（3）温度

料液温度升高，黏度降低，有利于增大流体流速和湍动程度，减轻浓差极化，提高传质系数，提高渗透增量。但温度上升会使料液中某些组分的溶解度降低，增加膜污染，使渗透通量下降，如乳清中的钙盐；有些物质会因温度的升高而变形，如蛋白质。因此，大多数超滤应用的温度范围为30~60℃。牛奶、大豆体系的料液，最高超滤温度不超过55~60℃。

（4）截留液浓度

随着超滤过程的进行，截留液浓度不断增加，极化边界层增厚，容易形成凝胶层，会导致渗透通量的降低。因此，对不同体系的截留液浓度均有允许最大值。如颜料和分散染料体系，最大截留液浓度为30%~50%；多糖和低聚糖体系，最大截留液浓度为1%~10%等。

9.3.6 超滤技术的应用

超滤和微滤近年来发展迅速，是所有膜过程中应用最广泛的。以超滤和微滤膜为核心的膜集成技术的主要应用领域包括城市污水回用、饮用水净化、家用净水器、反渗透的预处理、工业废水处理与有用物质回收等。

（1）城市污水回用

城市污水经二级处理后，尚残存部分污染物，包括浊度、微生物、有机物、磷等。采用超滤和微滤膜过程可以将这些残存的污染物不同程度地去除，使其达到工业用水、景观用水、市政及生活杂用等水质的要求。

北京清河污水处理厂采用图9-47所示的膜法再生回用工艺，设计规模为$8\times10^4\,m^3/d$，其中$6\times10^4\,m^3/d$作为奥林匹克景观水体的补充水，$2\times10^4\,m^3/d$为海淀区和朝阳区部分区域提供市政杂用水。该厂以清河污水处理厂二沉池出水为水源，经超滤膜过滤-活性炭吸附后，向用户供水。该工程于2006年投入运行。

城市污水回用还可以采用膜-生物反应器（membrane bioreactor，MBR）技术。MBR是将膜分离装置和生物反应器结合而成的一种新型污水处理与回用工艺。MBR由于具有污染物去除效率高、出水水质良好、占地面积小等优点，在污水资源化领域具有良好的应用前景，日益受到各国水处理技术研究者的关注。一般来说，MBR 中使用的膜通常是微滤或超滤膜，型式有平板式、中空纤维式等。

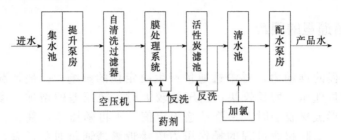

图 9-47　清河膜法再生水厂工艺流程

我国近年建设的日处理在几万立方米以上的城市污水处理 MBR 回用工程有：北京密云污水处理厂 MBR 回用工程（设计规模 $4.5 \times 10^4 \, m^3/d$，2006 年）、北京怀柔庙城污水处理厂 MBR 回用工程（设计规模 $3.5 \times 10^4 \, m^3/d$，2007 年）、北京北小河污水处理厂 MBR 回用工程等（设计规模 $6 \times 10^4 \, m^3/d$，2008 年）。

（2）饮用水净化

超滤、微滤膜和其他水处理技术相结合，如混凝-膜分离、活性炭吸附-膜分离、臭氧氧化-膜分离等组合工艺，可以强化去除微污染水源水中的多种污染物。

日本在 20 世纪 90 年代中期开始了大规模应用膜分离技术生产饮用水，已建成了 30 多座膜处理系统。新加坡在中试基础上于 2003 年成功设计并建立了 $27.3 \times 10^4 \, m^3/d$ 的超滤水厂。

（3）超滤家用净水器

由于城市输水管路的老化与高层的二次供水的问题，饮用水的二次污染问题日益严重，采用家用净水器进行饮用水的再净化是保障饮水安全的手段之一。

超滤家用净水器能有效截留浊度、大分子有机物及细菌等有害杂质，优势突出，拥有较大的市场。

（4）矿泉水的制造

矿泉水的水源必须是地下水，而这种水在地下流动时会溶入某些无机盐。采用超滤和微滤组合工艺可以制造合乎饮用水标准的矿泉水，其工艺流程如图 9-48 所示。

图 9-48　超滤和微滤组合制造矿泉水的工艺流程

（5）反渗透的预处理

在海水淡化、工业废水再利用中，与反渗透膜组合，作为反渗透膜的预处理。

（6）工业废水处理与有用物质回收

用于含油废水、造纸废水、电泳涂漆废水、印染废水、染料废水、洗毛废水等的处理，可去除悬浮物、油类，并可回收纤维、油脂、染料、颜料、羊毛脂等有用物质。

① 回收电泳涂漆废水中的涂料　世界各国的汽车工业几乎都采用电泳涂漆技术给汽车车身上底漆，该技术也被用在机电工业、钢制家具、军事工业等部门。在金属电泳涂漆过程中，带电荷的金属物件浸入一个装有带相反电荷涂料的池内。由于异电相吸，涂料便能在金属表面形成一层均匀的涂层，金属物件从池中捞出并用水洗除随带的涂料，因而产生电泳漆废水。可采用超滤技术将废水中的高分子涂料及颜料颗粒截留下来，而让无机盐、水及溶剂穿过超滤膜除去，浓缩液再回到电泳漆贮槽循环使用，透过液用于淋洗新上漆的物件。流程如图 9-49 所示。

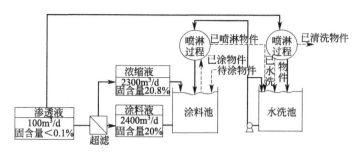

图 9-49　超滤处理电泳漆废水的流程

② 纺织工业废水的处理

a. 聚乙烯醇（PVA）退浆水的回收。纺织工业中为了增加纱线强度，织布前要把纱线上浆，印染前洗去上浆剂，称为退浆。上浆剂多为聚乙烯醇（PVA），而且用量很大。用超滤技术处理退浆水，不仅能消除对环境的污染，还可回收价格较贵的聚乙烯醇，处理的水还可以在生产中循环使用。

b. 染色废水中染料的回收。印染厂悬浮扎染、还原蒸箱在生产中排出较多的还原染料，既污染又浪费。采用超滤技术，使用聚砜和聚砜酰胺超滤膜，不需加酸中和及降温即可处理印染废水。

③ 羊毛清洗废水中回收羊毛脂　毛纺工业中，原毛在一系列的加工之前，必须将黏附于其上的油脂（俗称羊毛脂或羊毛蜡）及污垢洗涤，否则会影响纺织性能和染色性能。羊毛清洗废水中的 COD（化学需氧量，是一种间接表示水被有机污染物污染程度的指标）、脂含量及总固体含量都远远超出工业废水的排放标准。采用超滤技术处理洗毛废水，洗毛污水可以浓缩10～20 倍；羊毛脂的截留率达 90% 以上；总固体的截留率大于 80%；COD 的去除率大于85%，而且在透过液中加入少量洗涤剂还可以用于洗涤羊毛，效果良好。

图 9-50 所示为北京某毛纺厂采用超滤法处理羊毛精制废水的工艺流程。主要包括预处理、超滤（UF）浓缩、离心（CF）分离和水回用四部分。超滤装置采用聚砜酰胺外压管式膜组件。超滤浓缩液循环到一定浓度时，由泵送入离心机。超滤透过液进入水回用系统或生化处理系统，经处理后排放。羊毛清洗废水中 COD 浓度高达 20～50g/L，羊毛脂含量为 5～25g/L，总溶解性固体（TDS）含量为 10～80g/L。运行中超滤膜的 COD 截留率为 90%～95%，羊毛脂的截留率为 98%～99%。再经离心法回收，羊毛脂的回收率＞70%，高于常规离心法的回收率（30% 左右）。

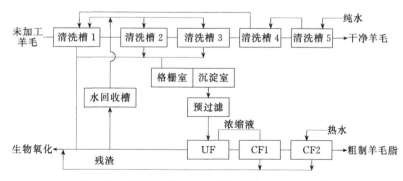

图 9-50　用超滤-离心法处理洗毛废水的工艺流程

（7）山楂加工

山楂是我国特有的水果，其中果胶含量较高，色素热稳定性差，用传统方法加工果汁有一定难度。目前，可先应用超滤技术对果汁和果胶进行分离、提纯，并对果胶做进一步浓缩，最后应用反渗透技术对果汁进行浓缩。用该工艺生产的山楂果汁色泽鲜艳、果香浓郁，其品质远远高于传统工艺制品。工艺流程见图 9-51。

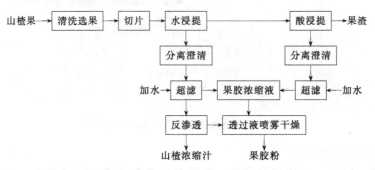

图 9-51　山楂加工工艺流程

（8）制药工业中除热源的应用

热源又称内霉素，产生于革兰氏阳性细菌的细胞外壁，亦即细菌尸体的碎片。它是一种脂多糖物质，简称 LPS，其分子量一般为 1 万～25 万，在水溶液中形成的缔合体分子量可为 50 万～100 万，如有微量热源混入药剂中注入人体血液系统，会导致发热，甚至引起死亡。注射用药液除热源，使之符合药典的检测规定，是医药工业中的基本生产环节。目前除热源的方法有蒸馏法、吸附法、膜分离法，其中超滤法除热源作为一种新工艺、新技术已在制药业推广使用。

（9）酶制剂的生产

酶是一种具有高度催化活性的特殊蛋白质，分子量在 1 万～10 万之间。采用超滤技术处理粗酶液，低分子物质和盐与水一起透过膜除去，而酶得到浓缩和精制。目前超滤已用于细菌蛋白酶、葡萄糖酶、凝乳酶、果胶酶、胰蛋白酶、葡萄糖氧化酶、肝素等的分离。与传统的盐析沉淀和真空浓缩等方法相比，采用超滤法可提高酶的收率，防止酶失活，而且可简化提取工艺，降低操作成本。图 9-52 所示为糖化酶超滤浓缩流程，糖化酶发酵液加 2% 酸性白土处理，经板框压滤，除去培养基等杂质，澄清的滤液由过滤器压入循环槽进行超滤浓缩。透过液由超滤器上端排出，循环液中的糖化酶被超滤膜截留返回循环液贮槽循环操作，直至达到要求的浓缩倍数。

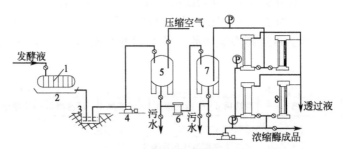

图 9-52　糖化酶超滤浓缩流程
1—板框压滤机；2—压滤液汇集槽；3—地池；4—离心泵；
5—酶液贮槽；6—泡沫塑料过滤器；7—循环液贮槽；8—超滤器

9.4　电渗析

电渗析是在直流电场作用下，利用荷电离子（即阴、阳离子）交换膜对溶液中阴、阳离子的选择透过性（与膜电荷相反的离子透过膜，相同的离子则被膜截留）而从水溶液和其他不带电组分中分离带电离子的过程。电渗析技术是 20 世纪 50 年代发展起来的一种膜分离技术，它具有以下优点：

① 能量消耗少，不发生相变，只用电能来迁移水中已解离的离子；

② 电渗析器主要由渗析器、离子交换膜和直流正负电极组成，设备结构简单，操作方便；

③ 离子交换膜不需要像离子交换树脂那样失效后用大量酸碱再生，可连续使用。

9.4.1　电渗析原理

（1）基本原理

电渗析技术利用离子交换膜的选择透过性而达到分离的目的。离子交换膜是一种由高分子材料制成的具有离子交换基团的薄膜，其之所以具有选择透过性，主要是因为膜上的孔隙和膜上离子基团的作用。膜上孔隙是指在膜的高分子之间有足够大的孔隙，以容纳离子的进出。膜上离子基团是指在膜的高分子链上连接着一些可以发生解离作用的活性基团。凡是在高分子链上连接的是酸性活性基团（例如—SO_3H）的膜，称为阳膜；凡是在高分子链中连接的是碱性活性基团 ［例如—$N(CH_3)OH$］的膜，称为阴膜。它们在水溶液中进行如下解离：

$$R—SO_3H \longrightarrow R—SO_3^- + H^+ \tag{9-28}$$

$$R—N(CH_3)_3OH \longrightarrow R—N^+(CH_3)_3 + OH^- \tag{9-29}$$

产生的反离子（如 H^+、OH^-）进入水溶液，从而使阳膜上留下带负电荷的固定基团，构成强烈的负电场，阴膜上留下带正电荷的固定基团，构成强烈的正电场。在外加电场的作用下，根据异性电荷相吸的原理，溶液中带正电荷的阳离子就可被阳膜吸引、传递而通过微孔进入膜的另一侧，同时带负电荷的阴离子受到排斥；溶液中带负电荷的阴离子就可被阴膜吸引而传递透过，同时阳离子受到排斥，如图 9-53 所示。这就是离子交换膜具有选择透过性的主要原因。可见，离子交换膜并不是起离子交换作用，而是起离子选择透过的作用，更确切地说，应称为"离子选择性透过膜"。

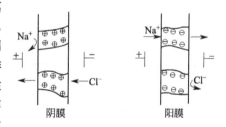

图 9-53　离子交换膜功能示意

电渗析的基本原理如图 9-54 所示。在两块正负电极板之间交替地平行排列着阴膜和阳膜，阳极侧用阴膜 A 开始，阴极侧则用阳膜 L 终止。如图共有六对膜构成 6 个 D 室和 5 个 C 室。当 D 室和 C 室都通入待分离的溶液（咸水或海水）时，加上直流电压后，在直流电场的作用下，溶液中带正电荷的阳离子（如 Na^+）向阴极方向迁移，溶液中带负电荷的阴离子（如 Cl^-）向阳极迁移。由于离子交换膜具有上述的离子选择透过性能，D 室中的阴、阳离子能够通过相应的膜进入邻室 C；而 C 室中的阴、阳离子不能由此迁移而出。结果，D 室中的离子减少，起到脱盐的作用，称为淡化室，其出水为淡水；C 室中的离子增加，起到盐分浓缩的作用，称为浓缩室，其出水为浓水。

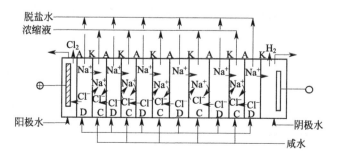

图 9-54　电渗析原理示意

进入淡化室的含盐水，在两端电极接通直流电源后，即开始电渗析过程，水中阳离子不断透过阳膜向阴极方向迁移，阴离子不断透过阴膜向阳极方向迁移，其结果是，含盐水逐渐变成淡化水。对于进入浓缩室的含盐水，阳离子在向阴极方向迁移中不能透过阴膜，阴离子在向阳极方向迁移中不能透过阳膜，而由邻近的淡化室迁移透过的离子使浓缩室内的离子浓度不断增加，形成浓盐水。这样，在电渗析器中就形成了淡水和浓水两个系统。将浓缩的盐水和淡水分别引出即达到溶液分离的目的。

可见，电渗析过程脱除溶液中离子的基本条件为：①在直流电场作用下，使溶液中的阴、阳离子定向迁移；②离子交换膜的选择透过的性质。其特点是只能将电解质从溶液中分离出去，不能去除有机物等。

（2）电极反应和电极电位

电极反应是指存在于溶液中的离子在电极表面或溶液界面上得到或失掉电子而产生的氧化、还原反应。以食盐水溶液的电渗析过程为例，阴极发生的还原反应为：

$$H_2O \longrightarrow H^+ + OH^- \tag{9-30}$$

$$2H^+ + 2e \longrightarrow H_2 \uparrow \tag{9-31}$$

$$Na^+ + OH^- =\!=\!= NaOH \tag{9-32}$$

阳极发生的氧化反应为：

$$H_2O \longrightarrow H^+ + OH^- \tag{9-33}$$

$$2OH^- - 2e \longrightarrow H_2O + \frac{1}{2}O_2 \uparrow \tag{9-34}$$

$$Cl^- - 2e \longrightarrow \frac{1}{2}Cl_2 \uparrow \tag{9-35}$$

$$Cl^- + H^+ =\!=\!= HCl \tag{9-36}$$

其结果是在阳极室 OH^- 减少，极水呈酸性，并产生氧气、氯气等腐蚀性气体，因此，应选用耐腐蚀的阳极材料；阴极室 H^+ 减少，极水呈碱性，若极水中含有 Ca^{2+}、Mg^{2+}、HCO_3^- 等离子，便会产生 $CaCO_3$、$Mg(OH)_2$ 等沉淀物而结集在阳极上形成水垢，同时有氢气放出。因此，要不断向极室通入极水，以便不断排出电极反应产物，保证电渗析器的正常运行。

在电渗析过程中，消耗的电能主要用于克服电流通过溶液和膜时所受到的阻力以及电极反应的发生。电渗析运行时，进水分别不断流经浓缩室、淡化室和极室。淡化室出水即为淡化水，浓缩室出水即为浓盐水。对于给水处理，需要的是淡水，浓水则废弃排走；对于工业废水处理，浓水可用于回收有用物质，淡水或者无害化后排放，或者重复利用。

（3）电渗析中的传递过程

电渗析的特点是只能将电解质从溶液中分离出去，不能去除有机物。电渗析器在进行工作的过程中可发生如下七个物理化学过程。

① 反离子迁移过程

阳膜上的固定基团带负电荷，阴膜上的基团带正电荷。与固定基团所带电荷相反的离子被吸引并透过膜的现象称为反离子迁移。例如：淡化室中的阳离子（如 Na^+）穿过阳膜，阴离子（如 Cl^-）穿过阴膜进入浓缩室就是反离子迁移过程，电渗析器即借此过程进行海水的除盐。

② 同性离子迁移

与膜上固定基团带相同电荷的离子穿过膜的现象称为同性离子迁移。由于交换膜的选择透过性不可能达到 100%，因此，也存在着少量与膜上固定基团带相同电荷的离子穿过膜的现象。这种迁移与反离子迁移相比，数量虽少，但降低了除盐效率。随着浓缩室盐浓度的增大，这种同性离子迁移的影响加大。

③ 电解质的浓差扩散

由于浓缩室与淡化室的浓度差，产生了电解质由浓缩室向淡化室的扩散过程，扩散速率随浓度差的增高而增加，这一过程虽然不消耗电能，但能使淡化室含盐量增高，影响淡水的质量。

④ 水的渗透过程

由于电渗析过程的进行，浓缩室的含盐量要比淡化室高。从另一角度讲，相当于淡化室中水的浓度高于浓缩室中水的浓度，于是淡化室中的水向浓缩室渗透，浓差越大，水的渗透量越大，这一过程的发生使淡水产量降低。

⑤ 水的电渗透

相反和相同电荷离子实际上都是以水合离子形式存在的，在迁移过程中都会携带一定数量的水分子迁移，这就是水的电渗透。随着淡化室溶液浓度的降低，水的电渗透量会急剧增加。

⑥ 压差渗透过程

由于淡化室与浓缩室的压力不同，造成高压侧溶液向低压侧渗漏。这种情况称为压差渗透。因此，电渗析操作时应保持两侧压力基本平衡。

⑦ 水的电离

电渗析器运行时，由于操作条件控制不良（如电流密度和液体流速不匹配）而造成极化现象，电解质离子未能及时补充到膜的表面，而使淡化室中的水解离成 H^+、OH^-，在直流电场的作用下，分别穿过阴膜和阳膜进入浓缩室。此过程的发生将使电渗析器的耗电量增加，淡水产量降低。

总之，电渗析器在运行时，同时发生着多种复杂过程，其中反离子迁移是电渗析除盐的主要过程，其余几个过程均是电渗析的次要过程。但这些次要过程会影响和干扰电渗析的主要过程。同性离子迁移和电解质浓差扩散与主过程相反，因此影响除盐效果；水的渗透、电渗透和压差渗透会影响淡化室的产水量，也会影响浓缩效果；水的电离会使耗电量增加，导致浓缩室极化结垢，从而影响电渗析器的正常运行。因此，必须选择优质的离子交换膜和最佳的操作条件，以便抑制或改善这些不良因素的影响。

9.4.2 离子交换膜及其作用机理

（1）离子交换膜的种类

离子交换膜是电渗析器的重要组成部分。

① 按选择透过性能分类 主要分为阳离子交换膜和阴离子交换膜，即阳膜和阴膜。阳膜膜体中含有带负电的酸性活性基团，这些活性基团主要有磺酸基（$—SO_3H$）、磷酸基（$—PO_3H_2$）、膦酸基（$—OPO_3H$）、羧酸基（$—COOH$）、酚基（$—C_6H_4OH$）等，在水中电离后，呈负电性。阴膜膜体中含有带正电荷的碱性活性基团。这些活性基团主要有季铵基 [$—N(CH_3)_3OH^-$]、伯氨基（$—NH_2$）、仲氨基（$—NHR$）、叔氨基（$—NR_2$）等，在水中电离后，呈正电性。

② 按膜体结构分类 可分为异相膜、均相膜、半均相膜三种。

异相膜是将离子交换树脂磨成粉末，加入黏合剂（如聚苯乙烯等），滚压在纤维网（如尼龙网、涤纶网等）上，也有直接滚压成膜的。由这种方式形成的膜，其化学结构是不连续的。这类膜制造容易，价格便宜，但一般选择性较差，膜电阻较大。

均相膜是将离子交换树脂的母体材料作为成膜高分子材料制成连续的膜状物，然后在其上嵌接活性基团而制成。膜中离子交换活性基团与成膜高分子材料发生化学结合，其组成完全均匀。这类膜具有优良的电化学性能和物理性能，是离子交换膜的主要发展方向。

半均相膜是将成膜高分子材料与离子交换活性基团均匀组合而成的，但它们之间并没有形成化学结合。半均相膜的外观、结构和性能都介于异相膜和均相膜之间。

③ 按材料性质分类 可分为有机离子交换膜和无机离子交换膜。目前使用最多的磺酸型阳离子交换膜和季铵型阴离子交换膜都属于有机离子交换膜。无机离子交换膜是用无机材料制成的，如磷酸锆和矾酸铝，是在特殊场合使用的新型膜。

（2）离子交换膜的选择透过性

离子交换膜是电渗析器的关键部件，其性能的优劣直接影响应用的成败，特别是大规模的工业应用对离子交换膜的要求更高，一般应具备下列条件：①选择透过性良好；②膜电阻小；③较好的化学稳定性；④较高的机械强度和良好的尺寸稳定性；⑤较低的扩散性能；⑥制造工艺简单、价格便宜等。其中选择透过性是衡量膜性能的主要指标，因为它直接影响电渗析器的电流效率和脱盐效果。

选择透过性要求阳膜只允许阳离子通过，阴膜只允许阴离子通过。但实际上离子交换膜的选择透过性并不是那么理想，因为总是有少量的同性离子（即与膜上的固定活性基团电荷符号相同的离子）同时透过。因此，实际应用中的离子交换膜的选择透过率均不可能达到100%。以阳膜为例，阳膜对阳离子的选择透过率可由下式表示：

$$P_+ = \frac{\bar{t}_+ - t_+}{1 - t_+} \times 100\%$$ (9-37)

式中　P_+——阳膜对阳离子的选择透过率，%；

　　　t_+——阳离子在溶液中的迁移数，指通电时阳离子所迁移的电量与所有离子迁移的总电量的比值；

　　　$\bar{t}_+$——阳离子在阳膜内的迁移数，理想膜的$\bar{t}_+$值应等于1。

式（9-37）的分子表示在实际膜的条件下，阳离子在阳膜内和在溶液内的迁移数之差；分母表示在理想膜的情况下，阳离子在阳膜内和在溶液中的迁移数之差，其比值即为实际阳膜对阳离子的选择透过率。

一般要求实用的离子交换膜对同性离子的选择透过率大于90%，对反离子的迁移透过率小于10%，并希望在高浓度的电解液中仍具有良好的选择透过性。P_+值越接近于100%，表示膜的选择透过性越好。

（3）离子交换膜的选择性透过机理

电渗析离子交换膜在化学性质上和离子交换树脂很相似，都是由某种聚合物构成，均含有由可交换离子组成的活性基团，但离子交换树脂在达到交换平衡时，树脂就会失效，需要通过再生使树脂恢复离子交换性能。而离子交换膜在使用期内无所谓失效，也不需要再生。

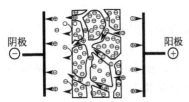

图 9-55　离子交换膜的选择性透过机理

以阳离子交换膜为例，离子交换膜的选择性透过机理如下。

如图 9-55 所示，阳离子交换膜中含有很高浓度的带负电荷的固定离子（如磺酸根离子）。这种固定离子与聚合物膜基相结合，由于电中性原因，会被在周围流动的反离子所平衡。由于静电互斥的作用，膜中的固定离子将阻止其他相同电荷的离子进入膜内。因此，在电渗析过程中，只有反离子才可能在电场的作用下渗透通过膜。如同在金属晶格中的电子一样，这些反离子在膜中可以自由移动。而在膜内可移动的同电荷离子的浓度则很低。这种效应称为道南（Donnan）效应，离子交换膜的离子选择透过性就是以这种效应为基础。但这种道南排斥效应只有当膜中的固定离子浓度高于周围溶液中的离子浓度时才有效。

9.4.3　浓差极化与极限电流密度

（1）浓差极化

浓差极化是电渗析过程中普遍存在的现象。图 9-56 为 NaCl 溶液在电渗析中的迁移过程。在直流电场的作用下，水中阴（Cl^-）、阳离子（Na^+）在膜间分别向阳极和阴极进行定向迁移，透过阳膜和阴膜，并各自传递着一定数量的电荷。电渗析器中电流的传导是靠正负离子的运动来完成的。Na^+ 和 Cl^- 在溶液中的迁移数可近似认为是0.5。以阴膜为例，根据离子交换膜的选择性，阴膜只允许 Cl^- 透过，因此 Cl^- 在阴膜内的迁移数要大于其在溶液中的迁移数。为维持正常的电流传导，必然要动用膜边界层的 Cl^- 以补充此差数。这样就造成边界层和主流层之间出现浓度差 $(C-C')$。当电流密度增大到一定程度时，膜内的离子迁移被强化，使膜边界层内 Cl^- 浓度 C' 趋于零，造成边界层内离子的"真空"情况，此时，边界层内的水分子就会被电解成

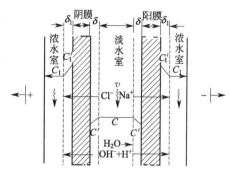

图 9-56　电渗析过程中的浓差极化

H^+ 和 OH^-，OH^- 将参与迁移，承担传递电流的任务，以补充 Cl^- 的不足。这种现象即为浓差极化现象。使 C' 趋于零时的电流密度称为极限电流密度。

极化现象发生时，由水电解出来的 H^+ 和 OH^- 也受电场作用分别穿过阳膜和阴膜，使阳膜的浓缩室侧 pH 值升高，而产生 $CaCO_3$、$Mg(OH)_2$ 等沉淀物，这些沉淀物附着在膜表面，或渗入膜内，容易堵塞通道，使膜电阻增大，降低有效膜面积。

极化时一部分电流消耗在与脱盐无关的 OH^- 迁移上，使电流效率下降，二者都将导致电耗上升。另外，水的 pH 值变化及沉淀的产生，使膜容易老化，缩短膜的使用寿命。

（2）极限电流密度的确定

电渗析的极限电流密度 i_{lim} 与电渗析隔板流水道中的流速、离子的平均浓度有关，其关系式可用下式表示：

$$i_{lim} = K_p C v^n \tag{9-38}$$

式中　v——淡水隔板流水道中的水流速度，cm/s；

　　　C——淡室中水的对数平均离子浓度，mmol/L；

　　　K_p——水力特性系数，$K_p = \dfrac{FD}{1000(\bar{t}_+ - t_+)k}$，其中 D 为膜扩散系数（cm^2/s）；F 为法拉第常数，等于 96500C/mol；系数 k 与隔板形式及厚度等因素有关。

式（9-38）表示了极限电流密度与流速、浓度之间的关系。由此可知：①当水质条件不变时，即 C 值不变时，如果淡化室流速改变，极限电流密度应随之作正向变化；②当处理水量不变时，即 v 不变时，如果净化水质变化，工作电流密度也应随之调整；对一台多级串联电渗析器，当处理水量一定时，各级净水的浓度依次降低，各级的极限电流密度也是依次降低的；③当其他条件不变时，不能靠提高工作电流密度或降低水流速度来提高水质，否则，必然使工作电流密度超过极限电流密度，电渗析出现极化。

测定极限电流密度的方法有电流-电压曲线法、电流-溶液 pH 值法和电阻-电流倒数法等，其中第一方法最常用，这种方法较灵敏可靠，测定方法是：①在进水浓度稳定的条件下，固定浓、淡水和极室水的流量与进口压力；②逐次提高操作压力，待工作稳定后，测定与其相应的电流值；③以膜对电压对电流密度作图，并从曲线两端分别通过各试验点作直线，如图 9-57 所示，从两直线交点 P 引垂线交曲线于 C，点 C 的电流密度和膜对电压即为极限电流密度

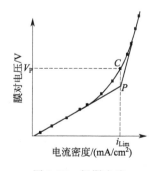

图 9-57　极限电流密度的确定

与其相对应的膜对电压。

在每一个流速 v 下，可得出相应的 i_{lim} 和淡化室中水的对数平均离子浓度 C 值。再用图解法即可确定公式（9-38）中的 K_p 和 n 值。

极限电流密度是电渗析器工作电流密度的上限。在实际操作中，工作电流密度还有一个下限。因为实际使用的膜不能完全防止浓水层中离子向淡水层反电渗析方向扩散，离子的这种扩散，随浓水层及淡水层浓差的增大而增加。因此，电渗析所消耗的电能实际有一部分是消耗于补偿这种扩散造成的损失，假如实际工作电流密度小到仅能补偿这种损失，电渗析作用即停止。这个电流密度就是最小电流密度，其值随浓、淡水层浓度差的增大而增大。电渗析的工作电流密度只能在极限电流密度和最小电流密度之间选择，取电流效率最高的电流密度作为工作电流密度，一般为极限电流密度的 $70\%\sim90\%$。

（3）防止极化与结垢的措施

电渗析发生浓差极化时，会产生以下不利现象：

① 使部分电能消耗在水的电离过程，降低电流效率；

② 阴膜的淡化室中解离出的 OH^- 通过阴膜进入浓缩室，使浓缩室的 pH 值增大，产生 $CaCO_3$ 和 $Mg(OH)_2$ 等沉淀，在阴膜的浓缩室侧结垢，从而使膜电阻增大，耗电量增加，出水水质降低，膜的使用期限缩短；

③ 极化严重时，淡化室呈酸性。

目前防止或消除极化和结垢的主要措施有：

① 控制操作电流在极限电流的 $70\%\sim90\%$ 以下运行，以避免极化现象的发生，减缓水垢的生成；

② 定时倒换电极，使浓、淡室亦随之相应变换，这样，阴膜两侧表面上的水垢溶解与沉积相互交替，处于不稳定状态，如图 9-58 所示；

③ 定期酸洗，使用浓度为 $1\%\sim1.5\%$ 的盐酸溶液在电渗析器内循环清洗以消除结垢，酸洗周期从每周一次到每月一次，视实际情况而定。

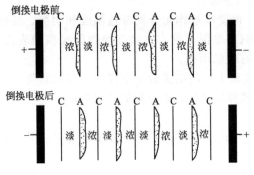

图 9-58　倒换电极前后结垢情况示意
C—阳膜；A—阴膜

9.4.4　电渗析器的构造与组成

（1）电渗析器的构造

电渗析器包括压板、电极托板、电极、极框、阳膜、阴膜、隔板甲、隔板乙等部件，将这些部件按一定顺序组装并压紧，其组成及排列如图 9-59 所示。整个结构本体可分为膜堆、极区和紧固装置三部分，附属设备包括各种料液槽、直流电源、水泵和进水预处理设备等。

① 膜堆　膜堆是电渗析器除盐的主要部件，主要由交替排列的阴、阳离子交换膜和交替排列的浓、淡室隔板组成。一对阴、阳膜和一对浓、淡水隔板交替排列，称为膜对，即为最基本的脱盐单元。电极（包括中间电极）之间有若干组膜对堆叠在一起即为膜堆。组装前需要对膜进行预处理，首先将膜放入操作溶液中浸泡 $24\sim48h$，然后才能剪裁打孔。膜的尺寸大小应比隔板周边小 $1mm$，比隔板水孔大 $1mm$。电渗析停运时，应在电渗析器中充满溶液，以防膜变质发霉或干燥破裂。

② 隔板　隔板用于隔开阴、阳膜，上有配水孔、布水槽、流水道以及搅动水流用的隔网。聚氯乙烯、聚丙烯、合成橡胶等都是常见的隔板材料，隔板厚度一般为 $0.5\sim2.0mm$，且均匀平整。为了支撑膜和加强搅拌作用，使液体产生紊流，在大部分隔板的流道中均粘贴或热压上一定形式的隔网。常用隔网有鱼鳞网、编织网、冲模网等。浓、淡水隔板由于连接配水孔与流水道的布水槽的位置有所不同而区分为隔板甲和隔板乙，如图 9-60 所示，分别构成相应的浓缩室和淡化室。

按水流方式的不同，隔板可分为有回路隔板和无回路隔板两种。前者依靠弯曲而细长的通

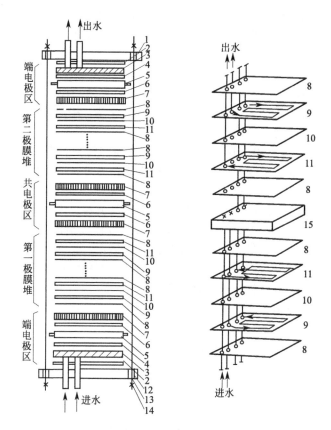

图 9-59 电渗析器的组成及排列示意

1—上压板；2—垫板甲；3—电极托板；4—垫板乙；5—石墨电极；
6—垫板丙；7—极框；8—阳膜；9—隔板甲；10—阴膜；11—隔板乙；
12—下压板；13—螺杆；14—螺母；15—共电极区

道达到以较小流量提高平均流速的效果，除盐率高；后者是使液流沿整个膜面流过，流程短，产水量大。

按隔板的作用不同，又可将隔板分为浓、淡室隔板，极框和倒向隔板三种。浓室隔板和淡室隔板结构完全一样，只是在组装时放置的方向不同，使进出水孔位置不一样。极框是供极水流通的隔板，放在电极和膜之间。由于电极反应产生气体和沉淀物必须尽快地排除，避免阻挡水流和增大电阻，所以极框的流程短，厚度大（7~10mm）。倒向隔板形

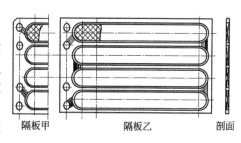

图 9-60 隔板示意

状与浓、淡室隔板相同，只是缺少一个过水孔，其作用是截断水流迫使水流改变方向，以增加处理流程长度，提高废水脱盐率。

隔板应有尽可能大的通电面积（即有效的除盐面积）。隔板材料应当有良好的化学稳定性，耐酸碱和氧化剂的腐蚀，耐一定温度，绝缘性能好，并且有一定的刚度和弹性，不易变形。用于制取生活饮用水、食品及医药用水时，材质应无毒性。

③ 极区　电极区由电极、极框、电极托板、橡胶垫板等组成，用以供给直流电，通入及引出极水，排出电极反应产物，保证电渗析器的正常工作。

电极设在膜堆两端，连接直流电源，提高电渗析的推动力。通电后在电极处会发生电极反应，阳极处产生新生态氧和氯，溶液呈酸性；阴极处产生氢，溶液呈碱性，并易产生污垢。因

此要求电极的化学和电化学稳定性好，耐腐蚀，导电性能好，过电位低，分解电压小，机械强度高，价格适宜。我国常用的电极材料有石墨、钛涂钌和不锈钢，既可作阳极又可作阴极。

极框用于防止膜贴到电极上，保证极室水流畅通；电极托板用来承托电极并连接进、出水管。

④ 紧固装置　紧固装置用来把整个极区与膜堆均匀夹紧，使电渗析器在压力下运行时不致漏水。常用的压紧装置有两种：一种是钢板和槽钢组合型，用螺栓锁紧；另一种是铸铁压板用螺杆或液压锁紧。压紧时受力应确保均匀。

⑤ 配套设备　为防止极室电极反应产物对膜的腐蚀和污染，常在极室与膜堆之间加设一保护室，由一保护膜（一般用阳膜）和一块保护框组成。另外，膜堆两侧还应配备导水板，多采用电极框兼作，将浓淡水和极水引入和导出电渗析器。

直流电可通过整流器或直流电机供应，国内大都用整流器。考虑到原水水质的变化和调整的灵活性，整流器应选用从 0 起的无级调压硅整流器或可控硅整流器。选用可控硅整流器时，其额定电压和电流宜比电渗析器的工作电压和电流大 1 倍左右。多级并联供电时，总电压应选取最大的计算极间电压值；多级串联组装的电渗析器，最好每级由各自的整流器分别供电，以便可随时调整设备的工作参数，使之在最佳状态下工作。

电渗析的配套设备还包括水泵、水箱、电流表、电压表、压力表、流量计、电导仪等。

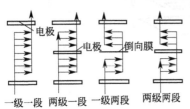

图 9-61　电渗析器组装方式

（2）电渗析器的组装

电渗析器的组装方式有几种，如图 9-61 所示。一对正、负电极之间的膜堆称为一级，具有同一水流方向的并联膜堆称为一段。在一台装置中，膜的对数（阴、阳膜各 1 张称为一对）可在 120 对以上。一台电渗析器分为几级的原因在于降低两个电极间的电压，分为几段是为了使几个段串联起来，加长水的流程长度。对多段串联的电渗析系统，又可分为等电流密度或等水流速度两种组装形式。前者各段隔板数不同，沿淡水流动方向，隔板数按极限电流密度公式规律递减，而后者的每段隔板数相等。

安装方式有立式（隔板和膜竖立）和卧式（隔板和膜平放）两种。有回路隔板的电渗析器都是卧式的，无回路隔板大多数是立式安装的。一般认为立式的电渗析器具有水流流动和压力都比较均匀，容易排除隔板中气体等优点。但卧式组装方便，占地面积小，高含盐量时电流密度比立式安装的要低些。高矿化度的水则应采用立式安装，水流方向自下而上，以便于排气。为防止设备停止运行时内部形成负压，应在适当位置安装真空破坏装置。

9.4.5　电渗析的工艺流程

电渗析器本体的脱盐系统有直流式、循环式和部分循环式 3 种，如图 9-62 所示。直流式可以连续制水，多台串联或并联，管道简单，不需要淡水循环泵和淡水箱，但对原水含盐量变化的适应性稍差，全部膜对不能在同一最佳工况下运行。循环式为间歇运行，对原水变化的适

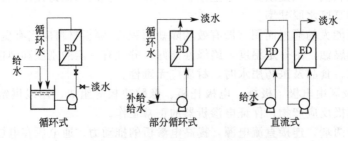

图 9-62　电渗析器本体的三种工艺系统示意

应性强，适用于规模不大、除盐率要求较高的场合，但需设循环泵和水箱。部分循环式常用多台串联，可用不同型号的设备来适应不同的水质水量，它综合了直流式和循环式的特点，但管路复杂。

为了减轻电渗析器的浓差极化，电流密度不能很高，水的流速不能太低，故原水流过淡化室一次能够除去的离子数量是有限的，因此，电渗析操作时常采用多级连续流程和循环流程。

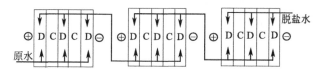

图 9-63 三级连续操作流程

图 9-63 所示为三级连续操作流程，三个电渗析器串联使用，含盐原水依次通过各组淡化室淡化，此种操作可达到较高的脱盐率。

图 9-64 所示为间歇循环操作流程。含盐原水一次加入循环槽，用泵送入电渗析器进行脱盐淡化，从电渗析器流出的淡化液流回循环槽，然后再用泵送入电渗析器淡化室，直到脱盐率达到要求。

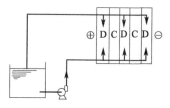

图 9-64 间歇循环操作流程

除上述工艺流程外，电渗析还常与其他设备组合，用以满足不同水处理的要求。用得较多的有以下 4 种系统：

① 原水→预处理→电渗析→除盐水；
② 原水→预处理→电渗析→消毒→除盐水；
③ 原水→预处理→软化→电渗析→除盐水；
④ 原水→预处理→电渗析→离子交换→纯水或高纯水。

在这 4 种系统中，①是制取工业用脱盐水和初级纯水的最简单流程；②用于由海水、苦咸水制取饮用水或从自来水制取食品、饮料用水；③适用于高硬度、高硫酸盐水或低硬度苦咸水；④是将电渗析与离子交换结合，充分利用了电渗析适于处理高盐浓度水，而离子交换适于处理较低盐浓度水的特点，先用电渗析脱盐 80%～90%，再用离子交换处理（也可在淡水室填充离子交换树脂），这样既可保证出水质量，又使系统运行稳定，耗酸减少，适于各种原水。

9.4.6 电渗析器的工艺参数

（1）流速

每台电渗析器都要有一定的额定流速范围。如果水流速度过低，进水中的悬浮物将在隔板中沉积，造成阻力损失增大，局部产生死角，使配水不均匀，这样容易发生局部极化；流速过大将容易使电渗析器产生漏水和变形，水力停留时间缩短，出水水质下降。流速大小主要取决于隔板形式。无回路隔板的流程短，水流速度一般较低，而有回路隔板流程长，水流速度可采用较高的数值。对有回路的填网式隔板：当厚度＞1mm 时，取 10～15cm/s；当厚度≤1mm 时，取 5～15cm/s。对冲模式隔板：有回路的取 15～20cm/s，无回路的取 10～15cm/s。

（2）工作电流

工作电流应根据极限电流（含淡水浓度和流速因素）、原水水质和温度等情况来选择。如原水为碳酸盐型水质，则可选择较高的工作电流。原水含盐量高，可以选用较大的电流密度。温度升高，水中离子迁移速度增大，工作电流也可以提高。实践证明，水温在 40℃ 以内每升高 1℃，脱盐率大约提高 1%。因此，有条件时可利用废热适当提高水温。一般电渗析器的进水温度应在 5～40℃ 范围内。

（3）浓水循环的浓缩倍率 B

应用电渗析淡化水，要排除一部分浓水和极水，如果极水和浓水全部由原水供给，就会增加前处理设备的负荷和水处理费用，一般采用减小浓水流量、浓水另作他用、从浓水中回收淡水和浓水循环等方法来提高原水的利用率。浓水循环后水电阻降低，耗电量减少，但设备增加，操作管理麻烦，尤其是随着浓缩程度的增高，会带来沉淀结垢、效率降低等问题。国内一般在循环水中加阻垢剂或酸，控制浓水 pH＝3～6。

浓水循环工艺的关键是正确控制浓缩倍率 B，即浓水浓度与原水浓度之比：

$$B = 1 + \frac{Q f_N}{q} \tag{9-39}$$

$$f_N = \frac{C_F - C_P}{C_F} \times 100\%$$

式中　Q——淡水产量，m^3/h；

　　　q——浓水排放量，m^3/h；

　　f_N——电渗析出盐率，%；

C_F，C_P——膜过滤原水和出水中物质的量的浓度，mg/L。

影响浓缩倍率的因素很多，如原水含盐量、水的离子组分、pH 值以及离子交换膜的性能等。由式(9-39) 可以看出，可通过改变给水的补充量控制浓缩倍率。盐含量、硬度、碱度较高的原水，浓缩倍率要控制的低一些，国内有些厂的浓缩倍率为 4～5，水的利用率为 75%～85%。

9.4.7　电渗析工艺设计与计算

计算内容包括根据原水水质和所要求的淡水含盐量及淡水量，确定电渗析器的台数、膜对数、段数、级数、总供水量、水头损失、电流电压值等。

（1）电流效率与电能效率

电渗析用于水的淡化时，一个淡化室（相当于一对膜）实际去除的盐量 m_1(g) 为：

$$m_1 = q (C_F - C_P) t M_B / 1000 \tag{9-40}$$

式中　q——一个淡化室的出水量，m^3/s；

C_F，C_P——进、出水的含盐量，计算时均以当量粒子作为基本单元，mmol/L；

　　　t——通电时间，s；

　　M_B——物质的摩尔质量，以当量粒子作为基本单元，g/mol。

根据法拉第定律，应析出的盐量 m_2(g) 为：

$$m_2 = I t M_B / F \tag{9-41}$$

式中　F——法拉第常数，等于 96500C/mol；

　　　I——电流强度，A。

电渗析器的电流效率等于一个淡化室实际去除的盐量与应析出的盐量之比，即

$$\eta = \frac{实际去除的盐量}{理论去除的盐量} \times 100\% = \frac{q (C_F - C_P) F}{1000 I} \times 100\% \tag{9-42}$$

电能效率是衡量电能利用程度的一个指标，可定义为整台电渗析器脱盐所需的理论耗电量与实际耗电量的比值，即

$$电能效率 = \frac{理论耗电量}{实际耗电量} \tag{9-43}$$

目前电渗析器的实际耗电量比理论耗电量要大得多，因此电能效率较低。

（2）工作电压

两个电极之间的工作电压：

$$V = V_e + \sum V_s \tag{9-44}$$

式中　V_e——每对电极的极区电压，为 $15 \sim 20V$；

　　　V_s——膜对电压之和（包括隔板水层电压和膜电压），每一膜对电压为 $2 \sim 4V$，其值与膜性能和原水的含盐量有关。

如膜对数很多，可增加串联的电渗析器的级数，以降低电极的电压总需要量。

单位体积淡水产量所消耗的电能 $W(kW \cdot h/m^3 水)$ 可按下式计算：

$$W = \frac{VI}{Q} \times 10^{-3} \tag{9-45}$$

式中　Q——电渗析器的淡水总产量，m^3/h；

　　　V——电渗析器的工作电压，V。

（3）总流程长度

电渗析总流程长度，即在给定条件下需要的脱盐流程长度。对于一级一段或多级一段组装的电渗析器，脱盐总流程长度也就是隔板的流水道总长度。

设隔板厚度为 $d(cm)$，流水道宽度为 $b(cm)$，流水道长度为 $l(cm)$，膜的有效面积为 $bl(cm^2)$，则平均电流密度（mA/cm^2）为：

$$i = \frac{1000I}{bl} \tag{9-46}$$

一个淡室的流量（L/s）可表示成：

$$q = \frac{dbv}{1000} \tag{9-47}$$

式中　v——隔板流水道中的水流速度，cm/s。

将式（9-46）和式（9-47）代入式（9-42），可得出所需要的脱盐流程长度（cm）为：

$$l = \frac{vdF(C_F - C_P)}{i\eta 1000} \tag{9-48}$$

（4）膜对数

电渗析器并联膜对数为：

$$n = 278 \frac{Q}{dbv} \tag{9-49}$$

式中　Q——电渗析器的淡水总产量，m^3/h；

　　　278——单位换算系数。

9.4.8　电渗析技术的应用

电渗析技术的最早应用是在 20 世纪 50 年代用于苦咸水淡化，60 年代应用于浓缩海水脱盐，70 年代以来，电渗析技术已发展成为大规模的化工单元操作。

电渗析所需能量与受处理水的盐浓度成正比，所以不太适合于处理海水及高浓度废水。苦咸水（盐浓度 $<10g/L$）的除盐是电渗析最主要的用途，可作为离子交换制纯水的预处理过程，以提高离子交换柱的生产能力，延长交换周期，在某些地区已成为饮用水的主要生产方法。

（1）苦咸水脱盐制淡水

苦咸水脱盐制淡水是电渗析最早且至今仍是最重要的应用领域。图 9-65 所示是美国韦伯

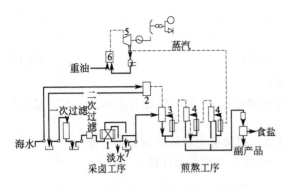

图 9-65 电渗析脱盐生产淡水的工艺流程

1—渗析槽；2—冷凝器；3—浓缩罐；4—结晶罐；
5—涡轮机；6—锅炉；7—浓液槽

斯特市的电渗析脱盐生产淡水的工艺流程。该厂建于 1961 年，日产淡水 1000m³ 以上，供应该市 2500 余市民的用水。从井里取出的地下咸水，首先送入原水贮槽，加入高锰酸钾溶液，被氧化的铁和锰盐经过锰沸石过滤器过滤。滤液分两部分：一部分作为脱盐液从第一电渗析器顺序通过四个电渗析器，脱盐达到饮用水标准。得到的淡水再经脱二氧化碳，使 pH 值在 7~8 之间，通入氯气消毒，最后送入淡水贮槽。这样的淡水就可以直接送到用水的地方。另一部分滤液作为浓缩液，送入浓缩液贮槽，用泵将浓缩液并列地送入四个电渗析器。除第一个电渗析器出来的浓缩液废弃外，其余浓缩液再流回浓缩液贮槽，在浓缩液贮槽和电极液贮槽中加入硫酸，以防止浓缩室及电极室中水垢的析出。

（2）海水浓缩制造食盐

电渗析法制盐与以往的盐田法制盐不同，它是利用电力使海水中的氯化钠浓缩，与盐田法相比具有以下优点：①不受自然条件的影响，一年四季均可生产；②占地面积小；③节省劳动力；④基建投资少；⑤卤水的纯度和浓度均高；⑥易于实现自动化，维修简便。图 9-66 为电渗析法制盐的工艺流程。实际上电渗析法应用于采卤工序。

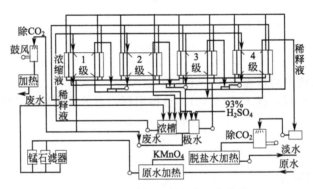

图 9-66 电渗析法制盐的工艺流程

（3）纯净水的生产

纯净水的水质高于生产饮用水，必须将生活饮用水经过除盐、灭菌、消毒等处理后才能制得合格的饮用纯净水。采用电渗析操作的目的是促进水的软化和除盐，其工艺流程如图 9-67 所示。

图 9-67 ED-RO 制造纯净水流程框图

（4）工业废水处理

利用电渗析技术浓缩和脱盐的原理能够有效地浓缩工业废水中的金属盐（包括放射性物质）、无机酸、碱及有机电解质等，使污水变清洁，同时又可以回收有用物质，所以这一方法在废水处理中的应用已日益受到人们的重视。如从冶金、机械、化工等工厂排出的大量酸性废水中回收酸和金属；从碱法造纸废液中回收烧碱和木质素；从合成纤维工业废水中回收硫酸盐；从电镀废液中回收铬、铜、镍、锌、镉等有害的金属离子。

图 9-68 所示是用电渗析从酸洗废液中回收硫酸和铁时的工艺流程。回收时，在正、负极之间放置阴膜，阴极室进酸洗废液（含 H_2SO_4、$FeSO_4$），阳极室进稀硫酸，通直流电后，利用电极反应生成的 H^+ 与透过阴膜的 SO_4^{2-} 结合成纯净的 H_2SO_4；阴极板上则可回收纯铁。如阴膜两侧都进酸洗废液，则得不到纯净的 H_2SO_4。

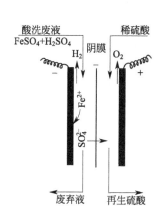 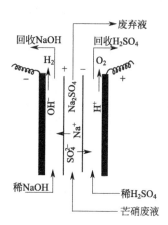

图 9-68　利用电渗析法从酸洗废液中回收硫酸和铁　　图 9-69　利用电渗析法从芒硝废液中回收硫酸和碱

图 9-69 所示是从芒硝（Na_2SO_4）废液中回收 H_2SO_4 和 NaOH 的电渗析示意。阳极室进稀 H_2SO_4，阴极室进稀 NaOH，阴、阳膜之间进芒硝废液。在阳极室，H^+ 与透过阴膜的 SO_4^{2-} 结合生成纯净的 H_2SO_4；在阴极室，OH^- 与透过阳膜的 Na^+ 结合生成纯净的 NaOH。

在处理工业废水时，要注意酸、碱或强氧化剂以及有机物等对膜的侵害和污染作用，这往往是限制电渗析法使用的瓶颈。

（5）在食品工业中的应用

随着性能更为优良的新型离子交换膜的出现，电渗析在食品、医药和化工等过程工业领域都有广阔的应用前景。

① 牛乳、乳清的脱盐　为使牛奶的主要成分接近于人奶以用作婴儿食品，必须减少牛奶中无机盐的含量，可采用电渗析法，既经济又可以进行大规模生产。

② 果汁的去酸　用柑橘和葡萄等水果制成的果汁常常由于存在过量的柠檬酸而显得太酸，采用电渗析法可将其除去，既保持了天然果汁的滋味，又可提高果汁的质量。

③ 食品添加剂的制备　原料、过程与设备、食品添加剂是制约现代食品工业发展的三大要素，而其中的食品添加剂是三大要素中最为活跃和积极的要素。电渗析法在食品添加剂工业中的应用有：从甘氨酸和氯化铵混合液中分离甘氨酸；由海带浸泡液中提取甘露醇时除盐；从胱氨酸的盐酸溶液中提取 L-半胱氨等。

9.5　扩散渗析

9.5.1　扩散渗析的原理

扩散渗析是指利用离子交换膜将浓度不同的进料液和接受液隔开，溶质从浓度高的一侧透过膜而扩散到浓度低的一侧，当膜两侧的浓度达到平衡时，渗析过程即停止进行。浓度差是渗析的唯一动力。在渗析过程中进料液和接受液一般是逆向流动的。

在扩散渗析过程中，离子 i 通过膜的通量为：

$$J_i = K_i \Delta C_i \tag{9-50}$$

式中　J_i——离子的渗透通量，$mol/(m^2 \cdot s)$；

　　　K_i——离子 i 的渗透系数，m/s；

　　　ΔC_i——膜两侧的浓度差，mol/m^3。

扩散渗析主要用于酸、碱的回收。在碱性条件下，可使用阳离子交换膜（阳膜）从盐溶液中回收烧碱；在酸性条件下，可使用阴离子交换膜（阴膜）从盐溶液中回收酸。扩散渗析用于酸、碱回收，不消耗能量，回收率可达 70%～90%，但不能将它们浓缩。

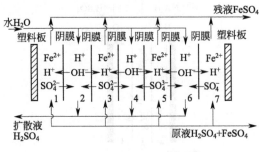

图 9-70 扩散渗析示意

图 9-70 所示是从 H_2SO_4、$FeSO_4$ 溶液中回收废酸的扩散渗析示意。回收酸需采用阴膜，阴膜带正电，允许 SO_4^{2-} 通过。在浓度差的推动下，原液室中的 SO_4^{2-} 向回收室的水中扩散渗析。除本身带电外，离子交换膜孔道具有一定大小，因此还有"分子筛"的作用。当 SO_4^{2-} 向回收室迁移时，也会夹带 H^+ 及 Fe^{2+} 过去，但因为 H^+ 小于 Fe^{2+}，H^+ 随 SO_4^{2-} 渗析过去，而大部分 Fe^{2+} 被阻挡。同时回收室中 OH^- 浓度比原液室中的高，通过阴膜进入原液室，与原液室中的 H^+ 结合成水。结果从回收室流出的是硫酸，从原液室流出的是 $FeSO_4$ 残液。用扩散渗析法回收硫酸，只有原废水中硫酸浓度大于 10% 时才有实用价值。

9.5.2　扩散渗析的应用

扩散渗析具有设备简单、投资少、基本不耗电等优点，可用于：①从冶金工业的金属处理液中回收硫酸（H_2SO_4）或盐酸（HCl）；②从浓硫酸法木材糖化液中回收硫酸；③从黏胶纤维工业的碎木浆处理液中回收氢氧化钠（NaOH）；④从离子交换树脂装置的再生废液中回收酸、碱等。目前在工业上应用较多的是钢铁酸洗废液的回收处理。钢铁酸洗废液一般含 10% 左右的硫酸和 12%～22% 的硫酸亚铁（$FeSO_4$）。

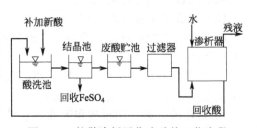

图 9-71　扩散渗析回收硫酸的工艺流程

图 9-71 是某五金厂采用扩散渗析法从酸洗钢材废液中回收硫酸的工艺流程。原废酸液含硫酸 60～80g/L，硫酸亚铁 150～200g/L。经扩散渗析法处理后，酸回收率达 70%，回收的酸液含硫酸 42～56g/L，硫酸亚铁 <15g/L。全部设备投资可在两年内由回收的硫酸和硫酸亚铁的收入偿还。

9.6　液膜分离技术

液膜是一层很薄的表面活性剂，它能够把两个组成不同而又互溶的溶液隔开，通过渗透分离一种或者一类物质。液膜液与被分隔液体的互溶度极小。

9.6.1　液膜及其类型

液膜按其组成和膜形可分为：

膜相液通常由液膜溶剂和表面活性剂所组成。其中一类加流动载体，一类不加流动载体。

液膜溶剂是膜相液的基体物物质，占膜总量的90%以上，具有一定的黏度，保持成膜所需的机械强度，以防膜破裂。当原料液为水溶液时，用有机溶剂作液膜，当原料液为有机溶剂时，用水作液膜。

表面活性剂起乳化作用，它含有亲水基团和疏水基团，表面活性剂的分子定向排列在相界面上，用以增强液膜。两种基团的相对含量用亲水亲油平衡值（HLB）表示，HLB越大，则表面活性剂的亲水性越强，一般HLB为3~6的表面活性剂用于油膜，易形成油包水型乳液；HLB为8~15的表面活性剂用于水膜，易形成水包油型乳液。稳定剂可以提高膜相液的黏度，促进液膜的稳定性。

流动载体是运载溶质穿过液膜的物质，能与被分离的溶质发生化学反应，负责指定溶质或离子的选择性迁移，对分离指定溶质或离子的选择性和通量起决定性作用，因此，它是研制液膜的关键。流动载体分为离子型和非离子型。离子型载体通过离子交换方式与溶质离子结合，在膜中迁移；非离子型载体与原料液中的金属离子、阴离子形成络合物，以中性盐的形式在液膜中迁移。

水膜型的液膜适宜于分离有机化合物的混合物，而油膜型的液膜则用于从无机或有机化合物的水溶液中分离出无机和有机物。含流动载体的液膜具有更高的选择性，能从复杂的体系中分离出所需要的成分。

液膜按其构型和操作方式的不同可分为支撑型液膜、单滴型液膜和乳状液型液膜三类。

（1）支撑型液膜

支撑型液膜也称隔膜型液膜，由溶解了载体的膜相液在表面张力作用下，依靠聚合凝胶层中的化学反应或带电荷材料的静电作用，浸在多孔支撑体的微孔内而制成，如图9-72所示。由于将液膜浸在多孔支撑体上，可以承受较大的压力，且具有更高的选择性。支撑液膜的性能与支撑体材料、厚度及微孔直径的大小关系极为密切。通常孔径越小，液膜越稳定，但孔径过小将使空隙率下降，从而降低透过速率。支撑液膜使用的寿命只有几个小时至几个月，不能满足工业化应用要求，需采取适当措施提高其稳定性。

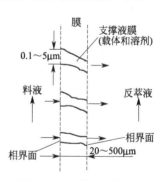

图9-72 支撑型液膜示意

（2）单滴型液膜

单滴型的液膜由水溶液和表面活性剂组成，整个液膜为一个较大的球面薄层，如图9-73所示。这种单滴液膜很不稳定，寿命较短。

（3）乳状液型液膜

支撑型液膜和单滴型液膜都很不稳定，寿命较短，无法实现工业化应用，目前实际应用较多的是乳状液型液膜。乳状液型液膜是一层很薄的液体，首先将两种互不相溶的液体制成乳状液，然后再将乳状液分散在第三相（连续相）而形成。如果分隔两个溶液为水溶液时，则液膜采用油型的，简称W/O/W型；如果分隔两个液体为有机相时，则液膜采用水型，简称O/W/O。油型液膜由油膜溶液构成，油膜溶液由表面活性剂、有机溶剂及流动载体组成，膜相溶液与水和水溶性试剂组成的内相水溶液在高速搅拌下形成油包水型与水不相溶的小珠粒，内部包裹着许多微细的含有水溶性反应的小水滴，再把此珠粒分散在另一相（如欲处理的废水）即外相中，就形成了一种油包水再水包油的薄层膜结构。原料液中的渗透物就穿过两水相之间的这一薄层的油膜进行选择性迁移，如图 9-74 所示。

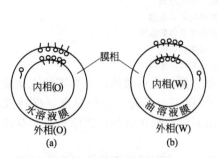

图 9-73   单滴型液膜示意

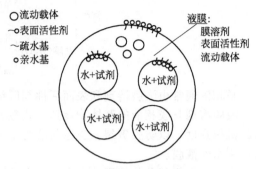

图 9-74   乳状液型液膜示意

W/O/W 型乳状液膜组成一般为：表面活性剂 1%～3%；流动载体 1%～2%；其余 90% 以上的为有机溶剂。油包水型的乳状液膜液滴直径为 0.1～0.3mm，液滴内微小水滴的直径一般为 1μm。油膜的厚度在 5～100μm 之间，一般为 10μm。

与固体膜相比，液膜具有膜薄、比表面积大、物质渗透快、分离效率高等优点，可以有多方面的应用。在废水处理中，可以应用液膜除去工业废水中的有毒阳离子，如铬、镉、镍、汞等及阴离子 CN$^-$、F$^-$ 等，使废水净化回用，还可回收其中有用的物质。用液膜法处理含酚废水，效果很好，已推广应用。液膜还能包裹细菌及其营养物，让细菌吸食废水中的有机污染物，并可保护细菌免受毒物危害。液膜对工业废水的净化程度很高，可使有毒物质浓度降至 1mg/L 以下，而且成本低，是一种有效的污染控制技术。

9.6.2   液膜分离的传质机理

液膜分离过程可分为从原料液到膜相液和从膜相液到接受液两步萃取过程。而萃取过程又可分为物理萃取和化学萃取。因此，液膜分离的传质机理有下列四种类型。

（1）选择性渗透

液膜不含载体。这种液膜分离是靠待分离的不同组分在膜相液中的溶解度和扩散系数的不同导致透过膜的速率不同来实现分离的，如图 9-75 所示。原料液中的 A、B 组分，由于 A 易溶于膜，而 B 难溶于膜，因此，A 透过膜的速率大于 B，经过一定时间后，在接受液中的 A 的浓度大于 B，原料液侧的 B 的浓度大于 A，从而实现 A、B 的分离。但当分离过程进行到液膜两侧被迁移的溶质浓度相等时，输送便自行停止，因此，它不能产生浓缩效果。

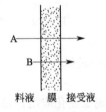

图 9-75   选择性渗透

图 9-76   内相有化学反应

（2）内相有化学反应

液膜不含载体。内相的接受液中含有试剂 R，它能与原料液中迁移的溶质 A 发生不可逆的化学反应，并生成一种不能逆扩散透过膜的新产物 P，从而使渗透物 A 在内相接受液中的浓度为零，直至 R 被反应完全，如图 9-76 所示。因此，保持了 A 在内、外相中的最大浓度差，促进了 A 的传递；相反，由于 B 不能与 R 反应，即使它也能渗透进入内相，但很快就达到渗透停止的浓度，从而实现 A 与 B 分离的目的。

（3）偶合同向迁移

膜相液中含有非离子型载体 S，它与料液中的阴离子选择性络合的同时，又与阳离子络合成离子对而一起迁移，称为同向迁移，如图 9-77 所示。载体 S 在外相界面上与原料中的阳离子 M^+ 和阴离子 X^- 生成中性络合物 MX·S。此络合物不溶于外相而易溶于膜相，并以浓度差为推动力在膜内向内相界面扩散。在内相界面上，由于内相液浓度低，络合物解络，释放出溶质离子 M^+ 和 X^-。解络后的载体 S 留在膜相内，以扩散方式返回外相界面。

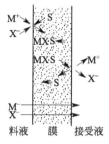

图 9-77　偶合同向迁移

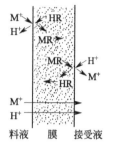

图 9-78　偶合逆向迁移

（4）偶合逆向迁移

它是指膜相液中含有离子型载体时溶质的迁移过程，如图 9-78 所示。用酸性萃取剂 HR 作为金属离子 M^+ 的载体，在外相界面上发生 M^+ 与 H^+ 的交换，生成的 MR 进入膜相，并向内相界面扩散，而交换下来的 M^+ 进入内相。由于 M^+ 在膜内溶解度极低，故不能返回。整个传递过程的结果是 M^+ 从外相经膜进入内相，H^+ 则从内相经膜进入外相，M^+ 的迁移引起 H^+ 的逆向迁移，所以称为逆向迁移。

9.6.3　流动载体的类型、特性及选择

对于含流动载体的液膜，关键在于找到合适的流动载体。流动载体按电性可以分类如下：

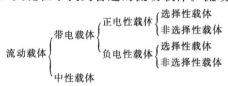

带电流动载体本身具有电荷，其性质类似于液态离子交换剂，因此也有阳离子型（如念珠菌素）和阴离子型（如四价烷基胺）。这类载体选择的是离子。念珠菌素对阳离子的迁移具有选择性，而胆烷酸是非选择性的。

中性流动载体本身不具有电荷，迁移的是中性盐，主要有胺类和大环多元醚两种。胺类的作用原理与溶剂萃取类似，其使用量不大，一般为 2%～3%，过多则对膜的稳定性有破坏作用，因为在油膜中的胺类与水相的酸或者金属络合阴离子进行交换时，是以铵盐的形式存在的，属离子型化合物。它在水中的溶解度大，亲水性强，是水包油（O/W）型表面活性剂，对形成油包水（W/O）型液膜不利，从而影响分离效果。大环多元醚对同一种阳离子能够引起其透过膜的通量变化达 3 个数量级，极大地提高了渗透性；对不同的阳离子具有高度选择络合能力。使用大环多元醚作流动载体，能够分离任何两种具有不同半径的阳离子；采用具有合乎要求的中心腔半径的大环多元醚，能够有效地分离任何稍有差别的阳离子。

选择流动载体必须遵循以下原则：

① 载体必须能与待分离组分进行可逆化学反应，且反应强度应适当，没有副反应。对带电载体，与待分离组分形成络合物的键能在 10～50kJ/mol 为宜，键能小于 10kJ/mol 时，络

合物不太稳定，促进传递效果不明显；键能大于 50kJ/mol 时，形成的络合物太稳定，解络困难。对中性载体，无量纲反应平衡常数 K 在 $1\sim10$ 内为宜。

② 载体应能溶解于膜相溶剂，溶解度越大，促进传递的效果越好。一般选用和膜溶剂化学性质相近的物质作载体，也可通过化学修饰，在载体分子上接上—OH 或—SO$_3$H 等亲水性基团，从而提高在水中的溶解度。另外，载体在膜中必须是稳定的，不易流失。

③ 载体和络合物在膜中有适宜的迁移性。

选择流动载体的方法通常与选择萃取剂的方法相似，用于溶剂萃取的萃取剂一般均可用作液膜分离过程中的流动载体。

9.6.4 液膜分离流程

液膜分离装置根据液膜类型的不同而分为支撑型液膜设备和乳状液型液膜设备两类。乳状液型液膜的分离操作过程主要分为四个阶段：制备液膜、接触分离、沉降澄清、破乳等工序。

(1) 乳状液膜的制备

在制乳器内，首先在膜相（油或水）中加入所需的表面活性剂、流动载体和其他膜增强添加剂，与待包封的内相试剂混合后，采用高速搅拌、超声波乳化等方法制备乳状液，根据需要可制成油包水型（W/O）或水包油型（O/W）。

(2) 接触分离

将制备好的乳状液在适度搅拌下加入到待处理废水中，形成油包水再水包油（W/O/W）型的较大的乳状液珠粒，废水中待分离溶质便通过中间液膜层的选择性迁移作用透过膜进入到乳状液滴的内相。液膜法处理废水的方式可采用间歇式和连续式。间歇式的液膜处理是以乳状液与待处理的废水在搅拌釜内进行，连续式的液膜分离可采用塔式和混合沉降槽式的装置。分离塔有搅拌塔、转盘塔等。当迁移达到一定程度后，经澄清实现乳状液与料液的分相，将富集了待分离溶质的乳状液收集起来做后处理。

(3) 液膜回收

为了将使用过的乳状液膜回收，需要进行破乳，分出膜相用于循环制乳，分出内相以便回收有用物质。破乳的方法很多，如沉降、加热、超声、化学、离心、过滤、静电等，其中静电破乳更为经济有效。静电破乳是借电场的作用使膜削弱或破坏。把乳液置于常压或高压电场中，则液珠在电场作用下极化带电，并在电场中运动，在介质阻力的作用下发生变形，使膜各处受力不均而被削弱，甚至破坏。高压静电破乳是一种高效的破乳手段。

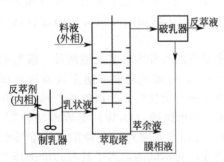

图 9-79 用乳状液型液膜分离水溶液的装置

图 9-79 所示为乳状液型液膜分离水溶液的连续式装置流程。首先在制乳器内配制好乳状液，再在适当的搅拌条件下，将乳状液作为分散相从萃取塔底部进入，原料液作为连续相从顶部进入，两液体在温和的搅拌条件下在塔内充分接触进行传质，外水相中的溶质通过液膜进入内水相富集。萃取结束后，借助重力分层除去萃余液，乳状液从塔顶出来进入破乳器，破碎分离成单独的膜相液和内相液，膜相液返回制乳器循环使用，内相液中富集了被分离组分作为反萃取液引出，并回收有用组分。

9.6.5 液膜分离技术的应用

液膜分离技术由于具有良好的选择性和定向性，分离效率很高，而且能达到浓缩、净化和分离的目的，因此广泛用于化工、食品、制药、环保、湿法冶金和生物制品等过程工业中。

（1）烃类混合物的分离

液膜分离技术已成功用于分离苯、正己烷、甲烷-庚烷、庚烷-己烯等混合物系。如在分离芳烃与烷烃混合物时，芳烃易溶于膜，烷烃难溶于膜，因而芳烃在膜内的浓度梯度大，渗透速率高；烷烃在膜内的浓度梯度小，渗透速率低，于是实现混合烃的分离。

（2）从铀矿浸出液中提取铀

在铀矿的硫酸浸出液中含有万分之几至千分之几以$UO_2(SO_4)_3^{4-}$的形式存在的铀。此外，还含有Fe^{2+}、Fe^{3+}、VO_3^-和MoO_4^{2-}等。所用液膜为支撑液膜的铀分离的工艺流程如图 9-80 所示，将原料中的VO_3^-还原成V^{4+}，然后送进液膜分离器，铀将与载体络合被传输到回收相，而钒则残留在原料相中被分开。当铀和钼分离时，向原料液中添加 NaCl 来阻挠铀同载体的络合，从而抑制被膜相萃取。

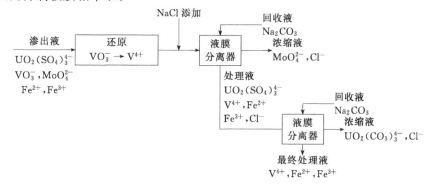

图 9-80　由铀矿硫酸浸出液分离铀的工艺流程

（3）含酚废水的处理

含酚废水产生于焦化、石油炼制、合成树脂、化工、制药等工业部门，采用液膜分离技术处理含酚废水具有效率高、流程简单等优点。采用油包水型乳状液膜，以 NaOH 水溶液作为内相，中性油作为膜相。典型的传质机理为内相有化学反应的过程。其具体操作为通过搅拌将含 NaOH $0.8\%\sim1.0\%$ 的水溶液混入到一种脱蜡石油中间馏分（S100N）中，两者的质量比为 $1\sim2$。在 S100N 中含有表面活性剂 Span80（失水山梨糖醇油酸单酯）约 2%，这样就形成直径为 $10^{-4}\sim10^{-3}$ cm 大小的乳状液微滴，然后将此乳状液搅拌混合到含酚废水中（废水与乳状液质量比为 $2\sim5$），使乳状液在废水中分散良好，成为由单个稳定的乳状液悬浮在水相中的体系。搅拌一定时间后，取出废水相分析其中的含酚浓度，若已达到所需的浓度要求，停止搅拌，则乳状液小珠迅速凝聚形成乳状液层；如果此液层比水相轻，则有机相将浮到水面与废水相分开。然后再采取破乳方法使上浮乳状液的有机相与水相分离，则可使含有表面活性剂的有机相再返回使用。

（4）液膜法氨基酸的生成与分离

采用将酶固定在内水相中的乳化液膜所作的酶反应器可进行氨基酸的生成与分离。图 9-81 所示是乳化液膜法氨基酸生成与透过机制示意。在内水相中含有作为酶的亮氨酸脱氢酶（LEUDH）、甲酸脱氢酶以及被用作辅酶的 NADH。液膜相的载体是甲基三烷基氯化铵。外水相的甲酸根和 α-酮异己酸作为阴离子同载体形成络合物被带入内水相，NH_3 则溶解于液膜相，向内水相透过。在内水相经酶反应生成的 L-氨基酸作为阴离子和以

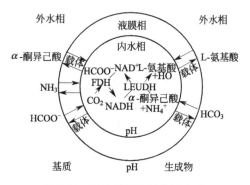

图 9-81　乳化液膜法氨基酸生成
与透过机制示意

HCO_3^- 形式存在的 CO_2 借助载体被输送到外水相。此时，辅酶 NADH 将被连续再生。经测定，由 $40mol/m^3$ 的 α-酮异己酸大约可生成 $30mol/m^3$ 的 L-氨基酸。

9.7 膜分离技术的发展趋势

膜分离过程作为一门新型的高效分离、浓缩提纯及净化技术，已成为解决当代能源、资源和环境污染问题的重要高新技术及可持续发展技术的基础。膜分离技术的发展趋势可由以下两个方面说明。

9.7.1 技术上的发展趋势

从技术上看，虽然膜分离已经获得了巨大的进展，但多数膜分离过程还处在探索和发展阶段，具体可概括为下列四点。

（1）新的膜材料和膜工艺的研究开发

为了进一步提高膜分离技术的经济效益，增加竞争能力，扩大应用范围，要求降低膜成本，提高膜性能，具有更好的耐热、耐压、耐酸、耐碱、耐有机溶剂、抗污染、易清洗等特点，这些要求推动了膜材料和膜工艺的研究开发。

① 高聚物膜　在今后相当长的一段时间内，高聚物仍将是分离膜的主要材料。其发展趋向是开发新型高性能的高聚物膜材料，加强研究使膜皮层"超薄"和"活化"的技术，具体包括四个方面。

a. 适合各种膜分离过程的需要，合成各种分子结构的新型高聚物膜并定量地研究膜材料的分子结构与膜的分离性能之间的关系。

b. 开发新型高聚物膜的另一种途径是制造出高聚物"合金"膜材料，将两种或两种以上已有的高聚物混合起来作为膜材料。这样，此分离膜就会具有两种或两种以上高聚物的功能特性。这种制膜方法比合成法更经济、更迅速。

c. 对制成的高聚物膜进行表面改性，针对不同的分离过程引入不同的活化基团，使膜表面达到"活化"。

d. 高性能的膜材料确定后，同样重要的是要找到一个能使其形成合适形态结构的制膜工艺。进一步开发出制造超薄、高度均匀、无缺陷的非对称膜皮层的工艺。

② 无机膜　由于存在不可塑、受冲击易破碎、成型差以及价格较贵等缺点，一直发展较慢。无机膜今后的发展方向是研究新材料和新的制膜工艺。

③ 生物膜　与高聚物膜在分子结构上存在巨大差异。高聚物膜以长链状大分子为基础；生物膜的基本组成为脂质、蛋白质和少量碳氢化合物。生物膜具有最好的天然传递性能，具有高选择性、高渗透性的特点。但近几年来研究的合成生物膜都不稳定，寿命很短，今后的发展趋势是制造出真正能在工业上实际应用的生物膜。

（2）开发集成膜过程和杂化过程

所谓"集成"是指几种膜分离过程组合来用。"杂化"是指将膜分离过程与其他分离技术组合起来使用。原因是：单一的膜分离技术有它的局限性，不是什么条件下都适用的。在处理一些复杂的分离过程时，为了获得最佳的效益，应考虑采用集成膜过程或杂化过程。近年来膜技术与其他技术的联合应用已得到了一定的发展，如：反渗透与超滤技术联合浓缩牛奶；膜法与吸附法联合将空气分离成氧气和氮气；反渗透与蒸发技术联合浓缩 2%$CuSO_4$ 水溶液等。

（3）开发膜分离与传统分离技术相结合的新型膜分离过程

将两种分离技术结合开发出新的膜分离过程，使之具有原来两种技术的优势，并克服原分离方法的某些缺点。例如：膜蒸馏是一种膜技术与蒸发过程相结合的新型膜分离过程，它可以在常压和 50～60℃下操作，而避免了反渗透的高压操作和蒸发的高温操作；又如膜萃取是将膜分离技术与液液萃取技术相结合的一种新型膜分离技术；亲和膜分离是膜分离与色谱技术相结合的一种新型膜分离过程；促进传递是膜技术与抽提过程相结合的新型膜分离过程；液膜电渗析是电渗析技术与液膜分离技术相结合的新型膜分离技术等。这些新型膜分离过程除个别的过程已有小型商品装置外，绝大多数尚处在实验室或中试阶段，都有一些关键技术需要突破和完善。

（4）开发膜分离与反应过程相结合的膜反应过程

膜反应过程中被采用的膜反应器主要有惰性膜反应器和催化膜反应器两种类型。膜材料有有机膜和无机膜两种。惰性膜反应器是在进料侧含有催化剂，利用惰性膜在反应过程中对产物的选择透过性，不断从反应区移走产物，促使正反应过程的进行；催化膜反应器是指膜既具有催化性又具有选择透过性，可让反应物从膜的一侧或两侧进入反应器，与膜接触发生反应并分离出产物。膜反应器与一般反应器相比，具有如下优点：①对受平衡限制的反应，膜反应器能够移动化学平衡，大大提高反应的转化率；②膜反应器可能较大地提高反应的选择性；③可在较低温度下进行反应；④有可能使反应物净化、化学反应及产物分离等几个操作过程在一个膜反应器内进行，节省整个过程的投资费用。目前，膜反应过程的研究、开发和应用虽已取得一定的进展，但是，膜反应过程本身具有的特性以及由此而产生的巨大应用潜力还远没有被开发出来。

9.7.2 应用上的发展趋势

目前，虽然膜分离技术已经在许多领域得到应用，但是在各行各业的应用还有很多方面有待开发。例如：膜技术在人工器官中的应用、在传感器上的应用、在生物反应器上的应用等。即使是比较成熟的应用领域（如食品工业）也能开发出新的应用。表 9-7 即为在食品工业中膜技术有可能应用的范围。

表 9-7 膜技术在食品工业中可能应用的范围

膜过程	范围	应用
反渗透	粮食磨坊	浓缩废水中的溶解物和处理水的再利用
反渗透与超滤结合	油脂	从植物中抽提油的溶剂用膜法回收
超滤与反渗透结合	水果和蔬菜	果汁在运输和再配置以前进行分馏和浓缩
反渗透或超滤	乳品	在运输和制成产品前在牛奶生产现场对牛奶进行加工

总之，膜技术的前景十分广阔，但需要通过不懈的努力才能使之迅速成长起来。

参 考 文 献

[1] 陈洪钫，刘家祺. 化工分离过程 [M]. 北京：化学工业出版社，1995.
[2] 陈敏恒，等. 化工原理：上册 [M]. 北京：化学工业出版社，1999.
[3] 唐受印，戴友芝. 水处理工程师手册 [M]. 北京：化学工业出版社，2001.
[4] 周立雪，周波. 传质与分离技术 [M]. 北京：化学工业出版社，2002.
[5] 杨春晖，郭亚军. 精细化工过程与设备 [M]. 哈尔滨：哈尔滨工业大学出版社，2002.
[6] 宋业林，宋襄翎. 水处理设备实用手册 [M]. 北京：中国石化出版社，2004.
[7] 廖传华，柴本银，黄振仁. 分离过程与设备 [M]. 北京：中国石化出版社，2008.
[8] 王郁，林逢凯. 水污染控制工程 [M]. 北京：化学工业出版社，2008.
[9] 张晓健，黄霞. 水与废水物化处理的原理与工艺 [M]. 北京：清华大学出版社，2011.
[10] 中国石油和化学工业联合会，中国化工经济技术发展中心编. 石油和化工设备选型指南 [M]. 北京：中国财富出版社，2012.
[11] 王湛. 膜分离技术基础. 北京：化学工业出版社，2000.
[12] 刘茉娥. 膜分离技术应用手册. 北京：化学工业出版社，2001.
[13] 郑领英，王学松. 膜技术. 北京：化学工业出版社，2000.
[14] 周勇军，廖传华，黄振仁. 膜法油气回收过程的工艺模拟. 石油与天然气化工，2005，34（3）：149-151.

第❿章

蒸发浓缩

蒸发是将溶液加热至沸腾，使其中的部分溶剂汽化并被移除，从而达到浓缩废水中溶质的目的。用来实现蒸发操作的设备称为蒸发器。

10.1　蒸发过程的优缺点及其工艺流程

工业上的蒸发操作是将溶液加热至沸点，使之在沸腾状态下蒸发。工业生产中应用蒸发操作的有以下几种场合。

① 浓缩稀溶液直接制取产品或将浓溶液再处理（如冷却结晶）制取固体产品，如电解烧碱液的浓缩、食糖水溶液的浓缩及各种果汁的浓缩等。

② 同时浓缩溶液和回收溶剂，如有机磷农药苯溶液的浓缩脱苯、中药生产中酒精浸出液的蒸发等。

③ 为了获得纯净的溶剂，如海水淡化等。

10.1.1　蒸发过程的优缺点

蒸发操作主要采用饱和水蒸气加热。当溶液的沸点较高时，可以采用其他高温载热体、融盐加热或电加热等。当溶液的黏度较高时，也可以采用烟道气直接加热。蒸发操作中溶液汽化所生成的蒸汽称为二次蒸汽，以区别于加热用蒸汽。二次蒸汽必须不断地用冷凝等方法加以移除，否则蒸汽和溶液渐趋平衡，致使蒸发操作无法进行。

按操作压力，蒸发可分为常压、加压和减压蒸发操作。减压下的蒸发称为真空蒸发。真空蒸发的优点有：

① 在减压下溶液的沸点降低，使蒸发器的传热推动力增大，因而对一定的传热量，可以节省蒸发器的传热面积；

② 蒸发操作的热源可以采用低压蒸汽或废热蒸汽；

③ 适用于处理热敏性溶液，即在高温下易分解、聚合或变质的溶液；

④ 蒸发器的热损失可减少。

真空蒸发的缺点：

① 因溶液的沸点降低，黏度增大，导致总传热系数下降；

② 需要有造成减压的装置，并消耗一定的能量。

很显然，对于热敏性物料，如抗生素溶液、果汁等应在减压下进行，而高黏度物料应采用加压高温热源加热（如导热油、熔盐等）进行蒸发。

10.1.2 蒸发过程的工艺流程

按效数（蒸汽利用次数）可将蒸发过程分为单效蒸发与多效蒸发。若蒸发产生的二次蒸汽直接冷凝不再利用，称为单效蒸发。若将二次蒸汽作为下一效蒸发的加热用蒸汽，并将多个蒸发器串联，此蒸发过程即为多效蒸发。

图 10-1 所示为单效真空蒸发流程示意。图中 1 为蒸发器的加热室。加热蒸汽在加热室的管间冷凝，放出的热量通过管壁传给管内的溶液。被蒸发浓缩后的完成液由蒸发器的底部排出。蒸发时产生的二次蒸汽至冷凝器 3 与冷却水相混合而被冷凝，冷凝液由冷凝器的底部排出。溶液中的不凝性气体经分离器 4 和缓冲罐 5，而后由真空泵抽出排入大气。

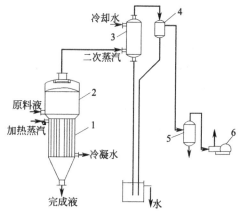

图 10-1 单效真空蒸发流程
1—加热室；2—分离室；3—混合冷凝器；
4—分离器；5—缓冲罐；6—真空泵

蒸发器由加热室和分离室（蒸发室）所组成，即蒸发器必须有一定大小的分离室，以便将二次蒸汽所带出的液沫加以分离。这是一个很重要的问题。因为若蒸气中夹带大量的液体，不仅损失物料，而且可能腐蚀下一效的加热室，影响蒸发操作。至于加热室则和一般的间壁式换热器相似，仅在结构上有些差异。

蒸发的溶液中含有不挥发的溶质，因此在相同的温度下，溶液的蒸汽压较纯溶剂的低，即在相同压强下，溶液的沸点高于纯溶剂的沸点，故当加热蒸汽温度一定时，蒸发溶液时的传热温度差比蒸发纯溶剂时的为低，溶液的浓度越高，这种差别也越大。

蒸发的溶液常具有某些特性且随蒸发过程而变化，如某些溶液在蒸发时易结垢或析出结晶；某些热敏性溶液易在高温下分解和变质；某些溶液具有高的黏度和强腐蚀性等。应根据溶液的性质和工艺条件，选择适宜的蒸发方法和设备。

工业蒸发操作中往往要求蒸发大量的水分，因此需消耗大量的加热蒸汽。如何节约热能，即提高加热蒸汽的利用率，也是应予以考虑的问题。

10.2 蒸发设备的型式

常用的蒸发设备种类繁多，结构也各不相同，如自然循环蒸发器、强制循环蒸发器和膜式蒸发器等，但一组蒸发器均由一个加热室（器）和一个分离室（器）两部分组成。多效蒸发器由两个或两个以上蒸发器、热泵、各效进出料泵、真空装置、检测仪表、管道和阀门组成。加热室有多种多样的型式，以适用各种生产工艺的不同要求，但主要由壳体、加热管束、布料装置及附件组成。分离器则主要由壳体、捕沫器及附件组成。蒸发设备的工作压力由工艺确定，一般是根据物料的性质、所能提供的生蒸汽压力和节能要求等通盘考虑。

10.2.1 蒸发设备的选型

不同类型的蒸发器，各有其特点，它们对不同物料的适应性也不相同。蒸发设备的选型必须根据生产任务考虑以下因素。

① 溶液的黏度 蒸发过程中溶液黏度变化的范围是选型首要考虑的因素。

② 溶液的热稳定性 长时间受热易分解、易聚合以及易结垢的溶液蒸发时，应采用滞料量少、停留时间短的蒸发结晶器。

③ 有晶体析出的溶液 蒸发时有晶体析出的溶液应采用外热式蒸发器或强制循环蒸发器。

④ 易发泡的溶液 如中药提取液、化妆品保湿液、含表面活性剂的溶液等，宜采用外热式蒸发器、强制循环蒸发器或升膜蒸发器。若将中央循环管蒸发器和悬筐蒸发器的分离器（分离室）设计大一些，也可用于这种溶液的蒸发。常用的消泡方法是加消泡剂（对物料可能有污染）、机械搅拌破沫等。

⑤ 溶液的腐蚀性 蒸发有腐蚀性的溶液时，加热管应采用特殊材质制成，或内壁衬以耐腐蚀材料。

⑥ 溶液的易结垢性 无论蒸发何种溶液，蒸发器长久使用后，传热面上总会有污垢生成。垢层的热导率小，应考虑选择便于清洗和溶液循环速度大的蒸发器。

⑦ 溶液的处理量 传热面大于 $10m^2$ 时，不宜采用刮板薄膜蒸发器，传热面在 $20m^2$ 以上时，宜采用多效蒸发操作。

10.2.2 自然循环型蒸发器

这种类型蒸发器的特点是溶液在蒸发器中循环流动，因而可以提高传热效率。由于引起溶液循环运动的原因不同，又分为自然循环型和强制循环型两类。前者是由溶液受热程度的不同产生密度差而引起的；后者是由于外加机械（泵）迫使溶液沿一定方向流动。

自然循环型蒸发器的主要类型有：

(1) 中央循环管式（标准式）蒸发器

中央循环管式蒸发器又称标准式蒸发器，结构如图 10-2 所示。它主要由加热室、蒸发室、中央循环管和除沫器组成。加热室由直立的加热管（又称沸腾管）束所组成。在管束中间有一根直径较大的管子，称为中央循环管。中央循环管的截面积较大，一般为管束总截面积的 $40\%\sim100\%$，其余管径较小的加热管称为沸腾管。这类蒸发器受总高限制，通常加热管长 $1\sim2m$，直径为 $25\sim75mm$，管长和管径之比为 $20\sim40$。

当加热蒸汽（介质）在管间冷凝放热时，由于加热管束内单位体积溶液的传热面积远大于中央循环管内溶液的受热面积，因此，管束中溶液的相对汽化率就大于中央循环管的汽化率，所以管束中的气液混合物的密度远小于中央循环管内气液混合物的密度，这样就造成了混合液在管束中向上、在中央循环管内向

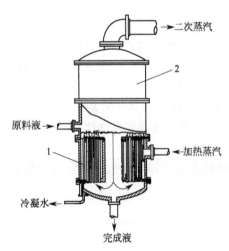

图 10-2 中央循环管式蒸发器
1—加热室；2—分离室

下的自然循环流动，从而提高蒸发器的传热系数，强化蒸发过程。混合液的循环速度与密度差和管长有关：密度差越大，加热管越长，循环速度就越大。

中央循环管蒸发器的主要优点是：构造简单、紧凑，制造方便，操作可靠，传热效果较好，投资费用较少。其缺点是：清洗和检修较麻烦，溶液的循环速度较低，一般在 0.5m/s 以

下，且因溶液的循环使蒸发器中溶液浓度总是接近于完成液的浓度，黏度较大，溶液的沸点高，传热温度差减小，影响传热效果。

中央循环管蒸发器适用于粒度适中、结垢不严重、有少量的结晶析出及腐蚀性不大的场合，在过程工业中应用十分广泛。

（2）悬筐式蒸发器

悬筐式蒸发器的结构如图 10-3 所示。因加热室像个筐，悬挂在蒸发器壳体内的下部，故名为悬筐式。该蒸发器中溶液循环的原因与标准式蒸发器的相同，但循环的通道是沿加热室与壳体所形成的环隙下降而沿沸腾管上升，不断循环流动。环形截面积为沸腾管总截面积的 $100\% \sim 150\%$，因而该蒸发器中溶液的循环速度较标准式蒸发器的要大，为 $1 \sim 1.5 \mathrm{m/s}$。因为与蒸发器外壳接触的是温度较低的沸腾液体，所以蒸发器的热损失较少。此外，因加热室可由蒸发器的顶部取出，故便于检修和更换。这种蒸发器的缺点是结构较复杂，单位传热面积的金属耗量较多等。它适用于蒸发易结垢或有结晶析出的溶液。

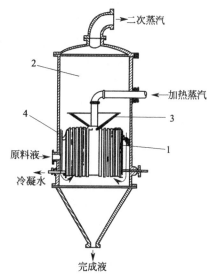

图 10-3 悬筐式蒸发器
1—加热室；2—分离室；
3—除沫室；4—环形循环通道

（3）外热式蒸发器

外热式蒸发器如图 10-4 所示。由加热室 1、分离室 2 和循环管 3 组成，其主要特点是把加热器与分离室分开安装，加热室安装在分离室的外面，因此不仅便于清洗和更换，而且还有利于降低蒸发器的总高度。这种蒸发器的加热管较长（管长与管径之比为 $50 : 100$），而且循环管又没有受到蒸汽的加热，因此溶液的循环速度较大，可达 $1.5 \mathrm{m/s}$，既利于提高传热系数，也利于减轻结垢。

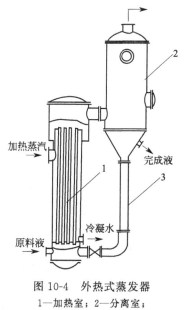

图 10-4 外热式蒸发器
1—加热室；2—分离室；
3—循环管

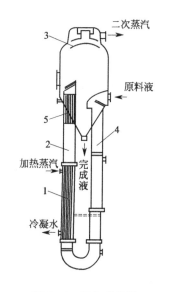

图 10-5 列文蒸发器
1—加热室；2—沸腾室；3—分离室；
4—循环管；5—挡板

（4）列文蒸发器

列文蒸发器如图 10-5 所示，主要由加热室 1、沸腾室 2、分离室 3 和循环管 4 所组成。这种蒸发器的主要特点是在加热室的上部增设了一段高度为 2.7～5m 的直管作为沸腾室。加热管中的溶液由于受到附加的液柱静压强的作用，溶液不在加热管中沸腾。当溶液上升至沸腾室时，其所受压强降低后才开始沸腾，这样可减少溶液在加热管壁上因沸腾浓缩析出结晶而结垢的机会，传热效果好。沸腾室内装有隔板以防止气泡增大，并可达到较大的流速。另外，因循环管在加热室的外部，溶液的循环推动力较大，循环管的高度一般为 7～8m，截面积约为加热管总截面积的 200%～350%，致使循环系统的阻力较小，因而溶液的循环速度可高达 2～3m/s。

列文蒸发器的优点是可以避免在加热管中析出晶体且能减轻加热管表面上污垢的形成；传热效果也较好，尤其适用于处理有结晶析出的溶液。这种蒸发器的缺点是设备庞大，消耗的金属材料较多，需要高大的厂房。此外，由于液柱静压强引起的温度差损失较大，因此要求加热蒸汽的压强较高，以保持一定的传热温度差。主要适用于有结晶析出的溶液。

10.2.3 强制循环蒸发器

上述几种蒸发器都属于自然循环蒸发器，即靠加热管与循环管内溶液的密度差作为推动力，导致溶液的循环流动，因此循环速度一般都较低，尤其是在蒸发高黏度、易结垢及有大量结晶析出的溶液时更低。为提高循环速度，可采用由循环泵进行强制循环的强制循环蒸发器，其结构如图 10-6 所示。这种蒸发器中溶液的循环是借外力的作用，如用泵迫使溶液沿一定的方向循环流动，循环速度为 1.5～5m/s（当悬浮液中晶粒多、所用管材硬度低、液体黏度较大时，选用低值），过高的流速将耗费过多的能量，且增加系统的磨损。

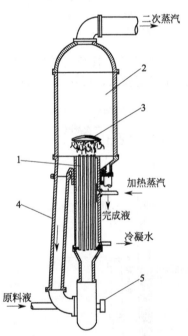

图 10-6 强制循环蒸发器
1—加热室；2—分离室；3—除沫器；
4—循环管；5—循环泵

强制循环蒸发器的优点是传热系数大、抗盐析、抗结垢，适用性能好，易于清洗；缺点是造价高，溶液的停留时间长。为了抑制加热区内的汽化，传入的全部热量是以显热形式从加热区携出，循环液的平均温度较高，从而降低总的有效传热温差。但该蒸发器的动力消耗较大，每平方米的传热面积耗费功率约为 0.4～0.8kW。

强制循环蒸发器用于处理黏性、有结晶析出、容易结垢或浓缩程度较高的溶液，它在真空条件下操作的适应性很强。但是采用强制循环方式总是有结垢产生，所以仍需要洗罐，只是清洗的周期比较长。

循环型蒸发器有一个共同的缺点，即蒸发器内溶液的滞留量大，物料在高温下停留时间长，这对处理热敏性物料是非常不利用。

10.2.4 单程型蒸发器（液膜式蒸发器）

这一类蒸发器的特点是溶液沿加热管呈膜状流动而进行传热和蒸发，一次通过加热室即达到所需的浓度，可不进行循环，溶液停留时间短，停留时间仅数秒或十几秒。另外，离开加热器的物料又得到及时冷却，因此特别适用于处理热敏性溶液的蒸发；温度差损失较小，表面传热系数较大。但在设计或操作不当时不易成膜，热流量将明显下降，不适用于易结晶、结垢物料的蒸发。

由于这类蒸发器的加热管上的物料成膜状流动，因此又称膜式蒸发器。根据物料在蒸发器内的流动方向和成膜原因不同，它可分为下列几种类型。

（1）升膜式蒸发器

升膜式蒸发器如图 10-7 所示。加热室由一根或多根垂直长管所组成。原料液经预热后由蒸发器的底部进入加热管内，加热蒸汽在管外冷凝。当原料液受热沸腾后迅速汽化，所生成的二次蒸汽在管内以高速上升，带动料液沿管内壁成膜状向上流动，并不断地蒸发汽化，加速流动，气液混合物进入分离器后分离，浓缩后的完成液由分离器底部放出。这种蒸发器需要精心设计与操作，即加热管内的加热蒸汽应具有较高速度，并获得较高的传热系数，使料液一次通过加热管即达到预定的浓缩要求。

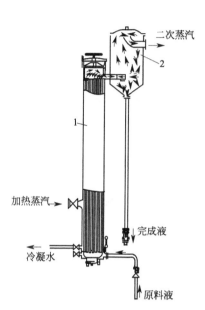

图 10-7　升膜式蒸发器
1—加热室；2—分离室

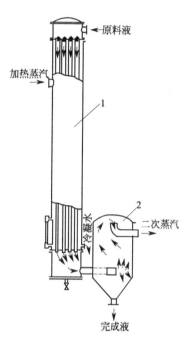

图 10-8　降膜式蒸发器
1—加热室；2—分离室

通常在常压下，管上端出口处的二次蒸汽速度不应小于 10m/s，一般应保持为 20～50m/s，减压操作时速度可达 100～160m/s 或更高。常用的加热管径为 25～50mm，管长与管径之比为 100～150，这样才能使加热面供应足够成膜的汽速。浓缩倍数达 4 倍，蒸发强度达 60kg/(m^2·h)，传热系数达 1200～6000W/(m^2·℃)。

升膜式蒸发器适用于蒸发量较大（较稀的溶液）、热敏性、黏度不大及易生泡沫的溶液，不适用于高黏度、有晶体析出或易结垢的溶液。

（2）降膜式蒸发器

降膜式蒸发器的结构如图 10-8 所示，由加热器、分离器与液体分布器组成。它与升膜式蒸发器的区别是原料液由加热室的顶部加入，经分布器分布后，在重力作用下沿管内壁呈膜状下降，并在下降过程中被蒸发增浓，汽、液混合物流至底部进入分离器，完成液由分离器的底部排出。

在每根加热管的顶部必须设置降膜分布器，以保证溶液呈膜状沿管内壁下降。降膜分布器的型式有多种，图 10-9 所示的为三种较常用的型式。图 10-9(a) 的导流管为一有螺旋形沟槽的圆柱体；图 10-9(b) 的导流管下部是圆锥体，锥体底面向内凹，以免沿锥体斜面流下的液体再向中央聚集；图 10-9(c) 所示为液体通过齿缝沿加热管内壁成膜状下降。

升膜式和降膜式蒸发器的比较：

① 降膜式蒸发器没有静压强效应，不会由此引起温度差损失；同时沸腾传热系数和温度差关系不大，即使在较低的传热温度差下，传热系数也较大，因而对热敏性溶液的蒸发，降膜式较升膜式更为有利。

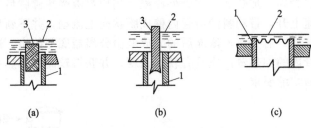

图 10-9　降膜分布器

1—加热管；2—液面；3—导流管

② 降膜式产生膜状流动的原因与升膜式的不同，前者是靠重力作用及液体对管壁的亲润力而使液体成膜状沿管壁下流，而不取决于管内二次蒸汽的速度，因此降膜式适用于蒸发量较小的场合，例如某些二效蒸发设备，常是第一效采用升膜式，而第二效采用降膜式。

③ 由于降膜式是借重力作用成膜的，为使每根管内液体均匀分布，因此蒸发器的上部有降膜分布器。分布器应尽量安装得水平，以免液膜流动不均匀。

设计和操作这种蒸发器的要点是：尽量使料液在加热管内壁形成均匀的液膜，并且不能让二次蒸汽由管上端窜出。

如果料液经过一次蒸发不能达到浓度要求，在某些场合也允许液体的再循环，如图 10-10 所示。

通常，降膜蒸发器的管径为 20～50mm，管长与管径之比为 50～70，有的甚至达到 300 以上。蒸发器的浓缩倍数可达 7 倍，最适宜的蒸发量不大于进料量的 80%，要求浓缩比较大的场合可以采用液体再循环的方法。蒸发强度达 80～100kg/(m² · h)，传热系数达 1200～3500W/(m² · ℃)。

降膜蒸发器可用于蒸发黏度较大（0.05～0.45Pa · s）、浓度较高的溶液，加热管内高速流动的蒸汽使产生的泡沫极易破坏消失，适用于容易发泡的料液，但不适于处理易结晶和易结垢的溶液，这是因为这种溶液形成均匀液膜比较困难，传热系数也不高。

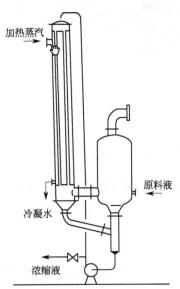

图 10-10　液体再循环降膜蒸发器

降膜蒸发器的关键问题是料液应该均匀分配到每根换热管的内壁，当不够均匀时，会出现有些管子液量很多、液膜很厚、溶液蒸发的浓缩比很小，或者有些管子液量很小、浓缩比很大，甚至没有液体流过而造成局部或大部分干壁现象。为使液体均匀分布于各加热管中，可采用不同结构形式的料液分配器。

降膜蒸发器安装时应该垂直安装，以避免料液分布不均匀和沿管壁流动时产生偏流。

（3）升-降膜式蒸发器

将升膜式蒸发器和降膜式蒸发器装置在一个外壳中，即构成升-降膜式蒸发器，如图 10-11 所示。原料液经预热后进入蒸发器的底部，先经升膜式的加热室内上升，然后由降膜式的加热室下降，在分离器中汽、液分离后，完成液即由分离器的底部排出。

这种蒸发器适用于蒸发过程中溶液浓度变化较大或是厂房高度受一定限制的场合。

（4）刮板式搅拌薄膜蒸发器

刮板式蒸发器的结构如图 10-12 所示，主要由电加热夹套和刮板组成。

刮板装在可旋转的轴上，轴要有足够的机械强度，挠度不超过 0.5mm，刮板和加热夹套内壁保持很小的间隙，通常为 0.5～1.5mm，很可能由于安装或轴承的磨损，造成间隙不均，甚至出现刮板卡死或磨损的现象。刮板最好采用塑料刮板或弹性支撑，有些工厂采用四氟乙烯刮板后，这些现象得到改善。刮板与轴的夹角称为导向角，一般都装成与旋转方向相同的顺向角度，以帮助物料向下流。角度越大，物料的停留时间越短。角度的大小可根据物料的流动性能来变动，一般为10°左右，有时为了防止刮板的加工或安装等困难，采用分段变化导向角的刮板。

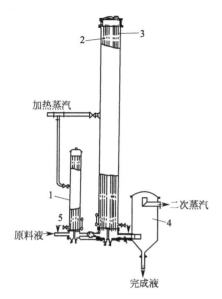

图 10-11 升-降膜式蒸发器

1—预热器；2—升膜加热室；3—降膜加热室；

4—分离器；5—冷凝液排出口

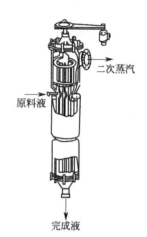

图 10-12 刮板式搅拌薄膜蒸发器

蒸发室（夹套加热室）是一个夹套圆筒，加热夹套的设计可根据工艺要求与加工条件而定。当浓缩比较大时，加热蒸发室长度较大，可造成分段加热区，采用不同的加热温度来蒸发不同的物料，以保证产品质量。但如果加热区过长，那么加工精度和安装准确度难以达到设备的要求。

圆筒的直径一般不宜过大，虽然直径加大可相应地加大传热面积，但同时也加大了转动轴传递的力矩，大大增加功率消耗。为了节省动力消耗，一般刮板蒸发器都造成长筒形。但直径过小既减少了加热面积，同时又使蒸发空间不足，从而造成蒸汽流速过大，雾沫夹带增加，特别是对泡沫较多的物料影响更大。因此一般选择在 300～500mm 为宜。

蒸发器加热室的圆筒内表面必须经过精加工，圆度偏差在 0.05～0.2mm。蒸发器上装有良好的机械轴封，一般为不透性石墨与不锈钢的端面轴封，安装后进行真空试漏检查，将器内抽真空达 0.5～1mmHg 绝对压力后，相隔 1h，绝对压力上升不超过 4mmHg；或抽真空到 700mmHg，关闭真空抽气阀门，主轴旋转 15min 后，真空度跌落不超过 10mmHg，即符合要求。

刮板蒸发器壳体的下部装有加热蒸汽夹套，内部装有可旋转的搅拌叶片，叶片与外壳内壁的缝隙为 0.75～1.5mm。夹套内通加热蒸汽，料液经预热后由蒸发器上部沿切线方向加入器内，被叶片带动旋转，由于受离心力、重力以及叶片的刮带作用，溶液在管内壁上形成旋转下降的液膜，并在下降过程中不断被蒸发浓缩，完成液由底部排出，二次蒸汽上升至顶部经分离器后进入冷凝器。改变刮板沟槽的旋转方向可以调节物料在蒸发器的处理时间，且在真空条件下工作，对热敏性物料更为有利，保持各种成分不产生任何分解，保证产品质量。在某些场合下，这种蒸发器可将溶液蒸干，在底部直接得到固体产品。

通常刮板式蒸发器的设备长径比为 5:8，浓缩倍数达到 3 倍，蒸发强度达 200kg/(m² · h)，刮板末端的线速度为 4～10m/s，刮板转速为 50～1600r/min，传热系数可达 6000W/(m² · ℃)，

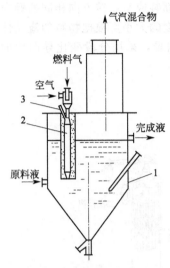

图 10-13　浸没燃烧蒸发器
1—外壳；2—燃烧室；3—点火管

物料加热时间短，在 5～10s 之间。刮板式蒸发器是一种适应性很强的蒸发器，对高黏度、热敏性、易结晶、易结垢的物料都适用。其适应黏度变化范围广，高、低黏度物料均可处理，物料黏度可高达 10 万厘泊（cP）。其缺点是结构复杂（制造、安装和维修工作量大），动力消耗较大。另外，该蒸发器的传热面积一般为 3～4m²，最大的不超过 20m²，故其处理量较少。

10.2.5　浸没燃烧蒸发器

浸没燃烧蒸发器，又称直接接触传热蒸发器，如图 10-13 所示。一般将燃料（煤气或油）与空气混合燃烧所产生的高温烟气直接喷入被蒸发的溶液中，以蒸发溶液中的水分。由于气、液两相间温度差很大，而且喷气时产生剧烈的搅动，因此溶液迅速沸腾汽化。蒸发出的水分和废烟气一起由蒸发器的顶部排出。燃烧室在溶液中的浸没深度为 200～600mm。燃烧温度可高达 1200～1800℃。喷嘴因在高温下使用，较易损坏，应选择适宜的材料，结构上应考虑便于更换。

浸没燃烧蒸发器的优点是由于直接接触传热，热利用率高；没有固定的传热面，故结构简单。该蒸发器特别适用于处理易结晶、结垢或有腐蚀性的溶液，但不适用于处理热敏性或不能被烟气污染的物料。

10.3　多效蒸发的操作流程

按加料方式不同，常见的多效操作流程（以三效为例）有以下几种。

10.3.1　并流（顺流）加料法的蒸发流程

由三个蒸发器组成的三效并流加料的蒸发装置流程如图 10-14 所示。溶液和蒸汽的流向相同，即均由第一效顺序流至末效，故称为并流加料法。生蒸汽通入第一效加热室，蒸发出的二次蒸汽进入第二效的加热室作为加热蒸汽，第二效的二次蒸汽又进入第三效的加热室作为加热蒸汽，第三效（末效）的二次蒸汽则送至冷凝器被全部冷凝。原料液进入第一效，浓缩后由底部排出，依次流入第二效和第三效被连续地浓缩，完成液由末效的底部排出。

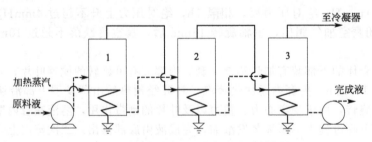

图 10-14　并流加料三效蒸发装置流程示意

并流加料法的优点是：

① 由于后一效蒸发室的压强比前一效的低，故溶液在效间输送可以利用各效间的压强差，而不必另外用泵；

② 由于后一效溶液的沸点比前一效的低，故前一效的溶液进入后一效时，会因过热而自行蒸发，常称为自然蒸发或闪蒸，因而可产生较多的二次蒸汽。

并流加料法的缺点是：由于后一效溶液的浓度较前一效的高，且温度又较低，所以沿溶液流动方向其浓度逐效增高，致使传热系数逐渐下降，此种情况在后二效尤为严重。

并流加料法是最常见的蒸发流程。

10.3.2　逆流加料法的蒸发流程

图 10-15 为三效逆流加料蒸发流程。原料液由末效进入，用泵依次输送至前一效，完成液由第一效底部排出，而加热蒸汽的流向仍是由第一效顺序至末效。因蒸汽和溶液的流动方向相反，故称为逆流加料法。

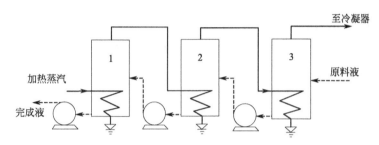

图 10-15　逆流加料法的三效蒸发装置流程示意

逆流加料法蒸发流程的主要优点是随着逐效溶液浓度的不断提高，温度也相应升高，因此各效溶液的黏度较为接近，使各效的传热系数也大致相同。其缺点是效间溶液需用泵输送，能量消耗较大，且因各效的进料温度均低于沸点，与并流加料法相比较，产生的二次蒸汽量也较少。

一般说来，逆流加料法宜用于处理黏度随温度和浓度变化较大的溶液，而不宜于处理热敏性的溶液。

10.3.3　平流加料法的蒸发流程

平流加料法的三效蒸发装置流程如图 10-16 所示。原料液分别加入各效中，完成液也分别自各效中排出。蒸汽的流向仍是由第一效流至末效。此种流程适用于处理蒸发过程中伴有结晶析出的溶液。例如，某些盐溶液的浓缩，因为有结晶析出，不便于在效间输送，则宜采用平流加料法。

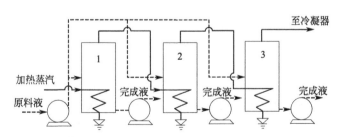

图 10-16　平流加料法三效蒸发装置流程示意

多效蒸发装置除以上几种流程外，生产中还可以根据具体情况采用上述基本流程的变型，例如，NaOH 水溶液的蒸发，亦有采用并流和逆流相结合的流程。

此外，在多效蒸发中，有时并不将每一效所产生的二次蒸汽全部引入次一效作为加热蒸汽用，而是将其中一部分引出用于预热原料液或用于其他和蒸发操作无关的传热过程。引出的蒸汽称为额外蒸汽。但末效的二次蒸汽因其压强较低，一般不再引出作为他用，而是全部送入冷凝器。

10.4 蒸发器的设计

不同类型的蒸发器各有其特点，它们对不同的溶液的适用性也不相同。被蒸发溶液的性质，不仅是选型的依据，而且在蒸发器的设计计算和操作管理中，也是必须予以考虑的重要因素。

10.4.1 蒸发器的设计程序

①依据溶液的性质及工艺条件，确定蒸发的操作条件（如加热蒸汽压强和冷凝器的压强等）及蒸发器的型式、流程和效数（最佳效数要作衡算）；②依据蒸发器的物料衡算和焓衡算，计算加热蒸汽消耗量及各效蒸发量；③求出各效的总传热系数、传热量和传热的有效温度差，从而计算各效的传热面积；④根据传热面积和选定的加热管的直径和长度，计算加热管数；确定管心距和排列方式，计算加热室外壳直径；⑤确定分离室的尺寸；⑥其他附属设备的计算或确定。

10.4.2 自然循环蒸发器的设计

（1）加热室

由计算得到的传热面积，可按列管式换热器设计。管径一般以 25～70mm 为宜，管长一般以 2～4m 为宜，管心距取为 $(1.25～1.35)d_0$，加热管的排列方式采用正三角形或同心圆排列。管数可由作图法或计算法求得，但其中中央循环管所占据面积的相应管数应扣除。

（2）循环管

中央循环管式：循环管截面积取为加热管总截面积的 40%～100%。对加热面积较小者应取较大的百分数。

悬筐式：循环流道截面积为加热管总截面积的 100%～150%。

外热式的自然循环蒸发器：循环管的大小可参考中央循环管式来决定。

（3）分离室

分离室的高度 H：一般根据经验决定，通常采用高径比 $H/D=1～2$；对中央循环管式和悬筐式蒸发器，分离室的高度不应小于 1.8m，才能基本保证液沫不被蒸汽带出。

分离室直径 D：可按蒸发体积强度法计算。蒸发体积强度就是指单位时间从单位体积分离室中排出的一次蒸汽体积。一般允许的蒸发体积强度为 $1.1～1.5m^3/(s \cdot m^3)$。因此，由选定的允许蒸发体积强度值和每秒钟蒸发出的二次蒸汽体积即可求得分离室的体积。若分离室的高度已定，则可求得分离室的直径。

参 考 文 献

[1] 陈洪钫，刘家祺. 化工分离过程 [M]. 北京：化学工业出版社，1995.
[2] 陈敏恒，等. 化工原理：上册 [M]. 北京：化学工业出版社，1999.
[3] 唐受印，戴友芝. 水处理工程师手册 [M]. 北京：化学工业出版社，2001.
[4] 周立雪，周波. 传质与分离技术 [M]. 北京：化学工业出版社，2002.
[5] 杨春晖，郭亚军. 精细化工过程与设备 [M]. 哈尔滨：哈尔滨工业大学出版社，2002.
[6] 宋业林，宋襄翎. 水处理设备实用手册 [M]. 北京：中国石化出版社，2004.
[7] 廖传华，柴本银，黄振仁. 分离过程与设备 [M]. 北京：中国石化出版社，2008.
[8] 王郁，林逢凯. 水污染控制工程 [M]. 北京：化学工业出版社，2008.
[9] 张晓健，黄霞. 水与废水物化处理的原理与工艺 [M]. 北京：清华大学出版社，2011.
[10] 中国石油和化学工业联合会，中国化工经济技术发展中心编. 石油和化工设备选型指南 [M]. 北京：中国财富出版社，2012.

第**11**章

结晶

固体物质以晶体状态从溶液、熔融混合物或蒸气中析出的过程称为结晶。结晶是获得纯净固态物质的重要方法之一。结晶是从过饱和溶液中结晶析出具有结晶性的固体污染物的过程。对于溶质浓度很高的废水，可直接利用降温冷却的方法产生过饱和溶液，对于溶质浓度较低的废水，可采用加热蒸发的方法产生过饱和溶液。

在过程工业中，许多产品及中间产品都是以晶体形态出现的，因此许多过程中都包含着结晶这一单元操作。与其他分离过程比较，结晶过程的主要特点是：能从杂质含量很多的溶液或多组分熔融态混合物中获得非常纯净的晶体产品；对于许多其他方法难以分离的混合物系如共沸物系、同分异构体物系以及热敏性物系等，采用结晶分离往往更为有效；此外，结晶操作能耗低，对设备材质要求不高，一般亦很少有"三废"排放。

结晶过程可分为溶液结晶、熔融结晶、升华结晶及沉淀结晶四大类，其中溶液结晶是过程工业中最常采用的结晶方法。

11.1 结晶的基本原理

11.1.1 基本概念

晶体是内部结构中的质点元素（原子、离子或分子）作三维有序排列的固态物质，晶体中任一宏观质点的物理性质和化学组成以及晶格结构都相同，这种特征称为晶体的均匀性。当物质在不同的条件下结晶时，其所成晶体的大小、形状、颜色等可能不同。例如，因结晶温度的不同，碘化汞的晶体可以是黄色或红色；NaCl 从纯水溶液中结晶时，为立方晶体，但若水溶液中含有少许尿素，则 NaCl 形成八面体的结晶。

晶体的外形称为晶形。同一种物质的不同晶形，仅能在一定的温度和外界压力范围内保持稳定。当条件变化时，将发生晶形的转变，同时伴随着热效应发生。此外，每一种晶形都具有特定的溶解度和蒸气压。

在结晶过程中，利用物质的不同溶解度和不同的晶形，创造相应的结晶条件，可使固体物质极其纯净地从原溶液中结晶出来。

溶质从溶液中结晶出来，要经历两个步骤：首先要产生微观的晶粒作为结晶的核心，这个核心称为晶核。然后晶核长大，成为宏观的晶体，这个过程称为晶体成长。无论是成核过程还是晶体成长过程，都必须以浓度差即溶液的过饱和度作为推动力。溶液的过饱和度的大小直接影响成核和晶体成长过程的快慢，而这两个过程的快慢又影响着晶体产品的粒度分布。因此，过饱和度是结晶过程中一个极其重要的参数。

溶液在结晶器中结晶出来的晶体和剩余的溶液所构成的悬浮物称为晶浆，去除晶体后所剩的溶液称为母液。结晶过程中，含有杂质的母液会以表面黏附或晶间包藏的方式夹带在固体产品中。工业上通常在对晶浆进行固液分离以后，再用适当的溶剂对固体进行洗涤，以尽量除去由于黏附和包藏母液所带来的杂质。

此外，若物质结晶时有水合作用，则所得晶体中含有一定数量的溶剂（水）分子，称为结晶水。结晶水的含量不仅影响晶体的形状，也影响晶体的性质。例如，无水硫酸铜（$CuSO_4$）在 240℃ 以上结晶时，是白色的三棱形针状晶体；但在寻常温度下结晶时，则是含 5 个结晶水的大颗粒蓝色晶体水合物（$CuSO_4 \cdot 5H_2O$）。晶体水合物具有一定的蒸气压。

11.1.2　结晶的方法

按照结晶过程中过饱和度形成的方式，可将溶液结晶分为两大类：移除部分溶剂的结晶和不移除溶剂的结晶。

① 不移除溶剂的结晶法　此法亦称冷却结晶法，它基本上不去除溶剂，溶液的过饱和度系借助冷却获得，故适用于溶解度随温度降低而显著下降的物系，如 KNO_3、$NaNO_3$、$MgSO_4$ 等。

② 移除部分溶剂的结晶法　按照具体操作的情况，此法又可分为蒸发结晶法和真空冷却结晶法。蒸发结晶是将溶剂部分汽化，使溶液达到过饱和而结晶。此法适用于溶解度随温度变化不大的物系或温度升高溶解度降低的物系，如氯化钠、无水硫酸钠等溶液；真空冷却结晶是使溶液在真空状态下绝热蒸发，一部分溶剂被除去，溶液则因为溶剂汽化带走了一部分潜热而降低了温度。此法实质上兼有蒸发结晶和冷却结晶共有的特点，适用于具有中等溶解度的物系，如氯化钾、硫酸镁等溶液。

此外，也可按操作是否连续，将结晶操作分为间歇式和连续式，或按有无搅拌装置分为搅拌式和无搅拌式等。

11.2　结晶过程的相平衡

11.2.1　相平衡与溶解度

任何固体物质与其溶液相接触时，如溶液尚未饱和，则固体溶解；如溶液已过饱和，则该物质在溶液中的逾量部分迟早会析出。但如溶液恰好达到饱和，则固体的溶解与析出的速率相等，净结果是既无溶解也无析出。此时固体与其溶液已达相平衡。

固体与其溶液间的这种相平衡关系，通常可用固体在溶剂中的溶解度来表示。物质的溶解度与其化学性质、溶剂的性质及温度有关。一定物质在一定溶剂中的溶解度主要随温度变化，而随压力的变化很小，常可忽略不计。因此溶解度的数据通常用溶解度对温度所标绘的曲线来表示。

溶解度的大小通常采用 1（或 100）份质量的溶剂中溶解多少份质量的无水溶质来表示。图 11-1 示出了若干无机物在水中的溶解度曲线。

由图 11-1 可见，固体物质的溶解度曲线有三种类型：第一类是曲线比较陡，表明这些物质的溶解度随温度升高而明显增大，如 $NaNO_3$、KNO_3 等；第二类是曲线比较平坦，表明溶解度受温度的影响并不显著,如 NaCl、KClO₄ 等;第三类是溶解度曲线有折点(变态点),它表示其组成有所改变,如 $Na_2SO_4 \cdot 10H_2O$ 转变为 Na_2SO_4(变态点温度为 32.4℃)。这类物质的溶解度可随温度的升高反而减小,如 Na_2SO_4。

溶解度曲线对结晶操作具有很重要的指导意义。对于溶解度随温度变化敏感的物质,可选用变温方法结晶分离;对于溶解度随温度变化缓慢的物质,可用移除一部分溶剂的方法结晶分离。

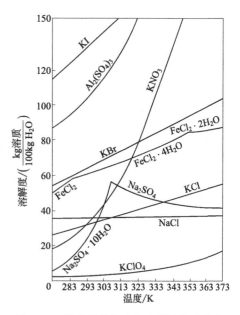

图 11-1 某些无机盐在水中的溶解度曲线

11.2.2 溶液的过饱和与介稳区

溶液饱和时溶质不能析出。溶质浓度超过该条件下的溶解度时,该溶液称为过饱和溶液。过饱和溶液达到一定浓度时会有溶质析出,开始形成新的固相时,过饱和浓度和温度的关系可用过饱和曲线描述,如图 11-2 所示。图中 AB 线为溶解度曲线,CD 线为过饱和曲线,与溶解度曲线大致平行。AB 曲线以下的区域为稳定区,在此区域溶液尚未达到饱和,因而没有结晶的可能。AB 曲线以上是过饱和区,此区又可分为两个部分:AB 线和 CD 线之间的区域称为介稳区,在此区域内不会自发地产生晶核,但如果在溶液中加入晶体,则能诱导结晶进行,这种加入的晶体称为晶种;CD 线以上是不稳区,在此区域内能自发地产生晶核。

从图 11-2 可知,将初始状态为 E 点的洁净溶液冷却至 F 点,溶液刚好达到饱和,但没有结晶析出;当由点 F 继续冷却至 G 点,溶液经过介稳区,虽已处于过饱和状态,但仍不能自发地产生晶核(不加晶种的情况下);当冷却超过 G 点进入不稳区后,溶液才能自发地产生晶核。另外,也可以采用在恒温的条件下蒸发溶剂的方法,使溶液达到过饱和,如图中 $EF'G'$ 所示。或者采用冷却与蒸发相结合的方法,如图中 $EF''G''$ 所示,可以完成溶液的结晶过程。

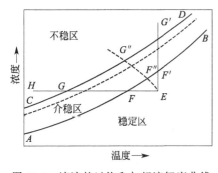

图 11-2 溶液的过饱和与超溶解度曲线

过饱和度和介稳区的概念,对工业结晶操作具有重要的意义。例如,在结晶过程中,若将溶液的状态控制在介稳区且在较低的过饱和度内,则在较长时间内只能有少量的晶核产生,主要是加入晶种的长大,于是可得到粒度大而均匀的结晶产品。反之,将溶液状态控制在不稳区且在较高的过饱和度内,则将有大量晶核产生,于是所得产品中晶粒必然很小。

11.3 结晶动力学

11.3.1 晶核的形成

晶核是过饱和溶液中初始生成的微小晶粒,是晶体成长过程必不可少的核心。晶核形成过程的机理可能是:在成核之初,溶液中快速运动的溶质元素(原子、离子或分子)相互碰撞首先结合成线体单元;当线体单元增长到一定限度后成为晶胚;晶胚极不稳定,有可能继续长大,亦可能重新分解为线体单元或单一元素;当晶胚进一步长大即成为稳定的晶核。晶核的大小估计在数十纳米至几微米的范围。

在没有晶体存在的过饱和溶液中自发产生晶核的过程称为初级成核。前曾指出，在介稳区内，洁净的过饱和溶液还不能自发地产生晶核。只有进入不稳区后，晶核才能自发地产生。这种在均相过饱和溶液中自发产生晶核的过程称为均相初级成核。如果溶液中混入外来固体杂质粒子，如空气中的灰尘或其他人为引入的固体粒子，则这些杂质粒子对初级成核有诱导作用。这种在非均相过饱和溶液（在此非均相指溶液中混入了固体杂质颗粒）中自发产生晶核的过程称为非均相初级成核。

另外一种成核过程是在有晶体存在的过饱和溶液中进行的，称为二级成核或次级成核。在过饱和溶液成核之前加入晶种诱导晶核生成，或者在已有晶体析出的溶液中再进一步成核均属于二级成核。目前人们普遍认为二次成核的机理是接触成核和流体剪切成核。接触成核系指当晶体之间或晶体与其他固体物接触时，晶体表面的破碎成为新的晶核。在结晶器中晶体与搅拌桨叶、器壁或挡板之间的碰撞，晶体与晶体之间的碰撞都有可能产生接触成核。剪切成核指由于过饱和液体与正在成长的晶体之间的相对运动，在晶体表面产生的剪切力将附着于晶体之上的微粒子扫落，而成为新的晶核。

应予指出，初级成核的速率要比二级成核速率大得多，而且对过饱和度变化非常敏感，故其成核速率很难控制。因此，除超细粒子制造外，一般结晶过程都要尽量避免发生初级成核，而应以二级成核作为晶核的主要来源。

11.3.2 晶体的成长

晶体成长系指过饱和溶液中的溶质质点在过饱和度推动力作用下，向晶核或加入的晶种运动并在其表面层层有序排列，使晶核或晶种微粒不断长大的过程。晶体的成长可用液相扩散理论描述。按此理论，晶体的成长过程有如下三个步骤。

① 扩散过程　溶质质点以扩散方式由液相主体穿过靠近晶体表面的静止液层（边界层）转移至晶体表面。

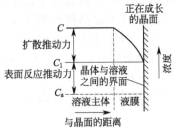

图 11-3　晶体成长示意图

② 表面反应过程　到达晶体表面的溶质质点按一定排列方式嵌入晶面，使晶体长大并放出结晶热。

③ 传热过程　放出的结晶热传导至液相主体中。

上述过程可用图 11-3 示意。其中第 1 步扩散过程以浓度差作为推动力；第 2 步是溶质质点在晶体空间的晶格上按一定规则排列的过程。这好比是筑墙，不仅要向工地运砖，而且还要把运到的砖按照规定图样一一垒砌，才能把墙筑成。至于第 3 步，由于大多数结晶物系的结晶放热量不大，对整个结晶过程的影响一般可忽略不计。因此，晶体的成长速率或是扩散控制，或是表面反应控制。如果扩散阻力与表面反应的阻力相当，则成长速率为双方控制。对于多数结晶物系，其扩散阻力小于表面反应阻力，因此晶体成长过程多为表面反应控制。

影响晶体成长速率的因素较多，主要包括晶粒的大小、结晶温度及杂质等。对于大多数物系，悬浮于过饱和溶液中的几何相似的同种晶粒都以相同的速率增长，即晶体的成长速率与原晶粒的初始粒度无关。但也有一些物系，晶体的成长速率与晶体的大小有关。晶粒越大，其成长速率越快。这可能是由于较大颗粒的晶体与其周围溶液的相对运动较快，从而使晶面附近的静液层减薄所致。

温度对晶体成长速率亦有较大的影响，一般低温结晶时是表面反应控制；高温时则为扩散控制；中等温度是二者控制。例如，NaCl 在水溶液中结晶时的成长速率在约 50℃ 以上为扩散控制，而在 50℃ 以下则为表面反应控制。

11.3.3　杂质对结晶过程的影响

许多物系，如果存在某些微量杂质（包括人为加入某些添加剂），质量浓度仅为 $10^{-6}\,mg/L$ 量级或者更低，即可显著地影响结晶行为，其中包括对溶解度、介稳区宽度、晶体成核及成长速率、晶形及粒度分布的影响等。杂质对结晶行为的影响是复杂的，目前尚没有公认的普遍规律。在此，仅定性讨论其对晶核形成、晶体成长及晶形的影响。

溶液中杂质的存在一般对晶核的形成有抑制作用。例如，少量胶体物质、某些表面活性剂、痕量的杂质离子都不同程度地有这种作用。胶体和表面活性剂这些高分子物质抑制晶核生成的机理可能是，它被吸附于晶胚表面上，从而抑制晶胚成长为晶核；而离子的作用是破坏溶液中的液体结构，从而抑制成核过程。溶液中杂质对晶体成长速率的影响颇为复杂，有的杂质能抑制晶体的成长，有的能促进成长，有的杂质能在质量浓度（$10^{-6}\,mg/L$ 的量级）极低下发生影响，有的却需要相当大的量才起作用。杂质影响晶体成长速率的途径也各不相同，有的是通过改变溶液的结构或溶液的平衡饱和浓度；有的是通过改变晶体与溶液界面处液层的特性而影响溶质质点嵌入晶面；有的是通过本身吸附在晶面上而发生阻挡作用，如果晶格类似，则杂质能嵌入晶体内部而产生影响等。

杂质对晶体形状的影响对工业结晶操作有重要意义。在结晶溶液中，杂质的存在或有意地加入某些物质，有时即使是痕量（$<1.0\times10^{-6}\,mg/L$）也会有惊人的改变晶形的效果。这种物质称为晶形改变剂，常用的有无机离子、表面活性剂以及某些有机物等。

11.4　工业结晶方法与设备

11.4.1　结晶方法的分类

溶液结晶是指晶体从溶液中析出的过程。按照结晶过程中过饱和度形成的方式，可将溶液结晶分为两大类：移除部分溶剂的结晶和不移除溶剂的结晶。

（1）不移除溶剂的结晶法

此法亦称冷却结晶法，它基本上不去除溶剂，溶液的过饱和度系借助冷却获得，故适用于溶解度随温度降低而显著下降的物系，如 KNO_3、$NaNO_3$、$MgSO_4$ 等。

（2）移除部分溶剂的结晶法

也称浓缩结晶法。按照具体操作的情况，此法又可分为蒸发结晶法和真空冷却结晶法。蒸发结晶是将溶剂部分汽化，使溶液达到过饱和而结晶。此法适用于溶解度随温度变化不大的物系或温度升高溶解度降低的物系，如氯化钠、无水硫酸钠等溶液；真空冷却结晶是使溶液在真空状态下绝热蒸发，一部分溶剂被除去，溶液则因为溶剂汽化带走了一部分潜热而降低温度。此法实质上兼有蒸发结晶和冷却结晶共有的特点，适用于具有中等溶解度的物系，如氯化钾、溴化钾等溶液。

11.4.2　结晶器的分类

根据结晶的方法，结晶设备也可分为浓缩结晶设备和冷却结晶设备等。

浓缩结晶设备是采用蒸发溶剂，使浓缩溶液进入过饱和区起晶（自然起晶或晶种起晶），并不断将溶剂蒸发，以维持溶液在一定的过饱和度进行育晶。结晶过程与蒸发过程同时进行。

冷却结晶设备是采用降温方法使溶液进入过饱和区结晶（自然起晶或晶种起晶），并不断降温，以维持溶液一定的过饱和浓度进行育晶，常用于温度对溶解度影响比较大的物质结晶。

结晶前先将溶液升温浓缩。

此外，也可按照操作是否连续，将结晶操作分为间歇式结晶设备和连续式结晶设备两种。间歇式结晶设备比较简单，结晶质量好，结晶收率高，操作控制也比较方便，但设备利用率低，操作的劳动强度较大。连续结晶设备比较复杂，结晶粒子比较细小，操作控制比较困难，消耗动力较多，若采用自动控制，则可得到广泛应用。按有无搅拌装置可分为搅拌式和无搅拌式等。

11.4.3 结晶设备的选型

（1）不移除溶剂的结晶器

① 搅拌釜式结晶器　搅拌釜式结晶器是在敞开的槽或结晶釜中安装搅拌器，如图 11-4 所示，使结晶器内温度比较均匀，得到的晶体虽小但粒度较均匀，可缩短冷却周期，提高生产能力。

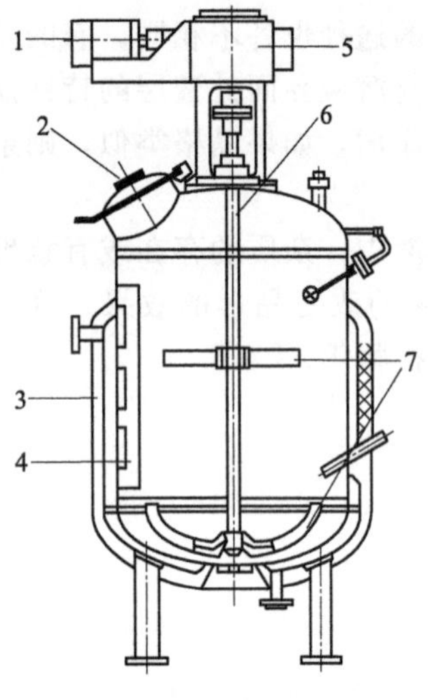

搅拌釜式冷却结晶器的形式很多，目前应用较广的是图 11-5 所示的间接换热釜式结晶器。图中（a）、（b）为内循环式，其实质上就是一个普通的夹套式换热器，其中多数装有某种搅拌装置，以低速旋转，冷却结晶所需冷量由夹套内的冷却剂供给，换热面积较小，换热量也不大；图中（c）为外循环式，冷却结晶所需冷量由外部换热器的冷却剂供给，溶液用循环泵强制循环，所以传热系数大，而且还可以根据需要加大换热面积，但必须选用合适的循环泵，以避免悬浮晶体的磨损破碎。这两种结晶器可连续操作，亦可间歇操作。

间接换热釜式结晶器的结构简单，制造容易，但冷却表面易结垢而导致换热效率下降。为克服这一缺点，有时可采用直接接触式冷却结晶，即溶液直接与冷却介质相混合。常用的冷却介质为乙烯、氟利昂等惰性的液态烃。

搅拌器的形式很多，设计时应根据溶液流动的需要和功率消耗情况来选择。当溶液较稀，加入晶种粒子较粗，运转过程中晶种悬浮，量较小而得出的结晶细小，收率较低，且槽底结晶沉积不均匀时，可将直叶改成倾斜，使溶液在搅拌时产生一个向上的运动，增加晶种的悬浮运动，减少晶种沉积，可使结晶粒子明显增大，提高收率。

图 11-4　搅拌釜式结晶器
1—电动机；2—进料口；
3—冷却夹套；4—挡板；5—减速器；
6—搅拌轴；7—搅拌器

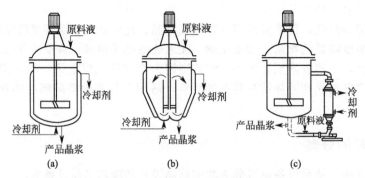

图 11-5　间接换热釜式结晶器

搅拌釜式结晶器安装必须垂直，其偏差不应大于 10mm，否则设备在操作时振动较大，也会影响搅拌器传动装置的垂直性、同心性和水平性，使传动功率增大，甚至不能转动。传动装置安装时必须保持转轴的垂直、同心和水平，在安装时应用水平仪进行检查，安装后要进行水压试验，不应有渗漏现象。

②　长槽搅拌式连续结晶器　长槽搅拌式连续结晶器的结构如图11-6所示，其主体是一个敞口或闭式的长槽，底部半圆形。槽外装有水夹套，槽内则装有长螺距低转速螺带搅拌器。全槽常由2～3个单元组成。

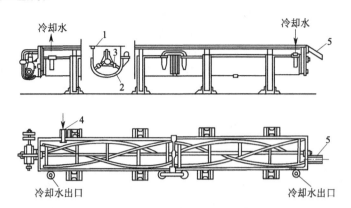

图 11-6　长槽搅拌式连续结晶器
1—结晶槽；2—水槽（冷却水夹套）；3—搅拌器；4，5—接管

长槽搅拌式连续结晶器的工作原理是：热而浓的溶液由结晶器的一端进入，并沿槽流动，夹套中的冷却水与之作逆流间接接触。由于冷却作用，若控制得当，溶液在进口处附近即开始产生晶核，这些晶核随着溶液的流动而长成晶体，最后由槽的另一端流出。

长槽搅拌式连续结晶器具有结构较简单，可节省地面和材料；可以连续操作，生产能力大，劳动强度低；产生的晶体粒度均匀，大小可调节等优点，适用于葡萄糖、谷氨酸钠等卫生条件较高、产量较大的结晶。

采用长槽搅拌式连续结晶器，当晶体颗粒比较小，容易沉积时，为了防止堵塞，排料阀要采用流线形直通式，同时加大出口，以减少阻力，必要时安装保温夹层，防止突然冷却而结晶。为防止搅拌轴的断裂，应安装保险装置，如保险连轴销等。遇结块堵塞、阻力增大时，保险销即折断，可防止断轴、烧坏马达或减速装置等严重事故发生。其他如排气装置、管道等应适当加大或严格保温，以防止结晶的堵塞。

此外，还有许多其他类型的冷却结晶器，如摇篮式结晶器等。

（2）移除部分溶剂的结晶器

这类结晶器亦有多种，这里只介绍最常用的几种形式。

①　蒸发结晶器　蒸发结晶器与用于溶液浓缩的普通蒸发器在设备结构及操作上完全相同。在此种类型的设备（如结晶蒸发器、有晶体析出所用的强制循环蒸发器等）中，溶液被加热至沸点，蒸发浓缩达到过饱和而结晶。但应指出，用蒸发器浓缩溶液使其结晶时，由于是在减压下操作，故可维持较低的温度，使溶液产生较大的过饱和度，但晶体的粒度难以控制。因此，遇到必须严格控制晶体粒度的场合，可先将溶液在蒸发器中浓缩至略低于饱和浓度，然后移送至另外的结晶器中完成结晶过程。

②　真空冷却结晶器　真空冷却结晶器是将热的饱和溶液加入一与外界绝热的结晶器中，由于器内维持高真空，故其内部滞留的溶液的沸点低于加入溶液的温度。这样，当溶液进入结晶器后，经绝热闪蒸过程冷却到与器内压力相对应的平衡温度。

真空冷却结晶器可以间歇或连续操作。图11-7所示为一种连续式真空冷却结晶器，主要包括蒸发罐、冷凝器、循环管、进料循环泵、出料泵、蒸汽喷射泵等。热的原料液自进料口连续加入，晶浆（晶体与母液的悬混物）用泵连续排出，结晶器底部管路上的循环泵使溶液作强制循环流动，以促进溶液均匀混合，维持有利的结晶条件。蒸出的溶剂（气体）由器顶部逸

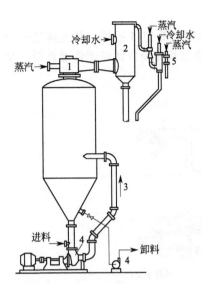

图 11-7 连续式真空冷却结晶器

1—蒸汽喷射泵；2—冷凝器；3—循环管；
4—泵；5—双级式蒸汽喷射泵

出，至高位混合冷凝器中冷凝。双级式蒸汽喷射泵用于产生和维持结晶器内的真空。通常，真空结晶器内的操作温度都很低，所产生的溶剂蒸气不能在冷凝器中被水冷凝，此时可在冷凝器的前部装一蒸汽喷射泵，将溶剂蒸气压缩，以提高其冷凝温度。

真空结晶器结构简单，生产能力大，操作控制较容易，当处理腐蚀性溶液时，器内可加衬里或用耐腐蚀材料制造。由于溶液系绝热蒸发而冷却，无需传热面，因此可避免传热面上的腐蚀及结垢现象。其缺点是：必须使用蒸汽，冷凝耗水量较大，操作费用较高；溶液的冷却极限受沸点升高的限制等。

③ 克里斯托（Krystal-Oslo）冷却结晶器　克里斯托冷却结晶器是一种母液循环式连续结晶器，可以进行冷却结晶和蒸发结晶两种操作，因此可将其分为冷却型、蒸发型和真空蒸发冷却型三种类型，它们之间的区别在于达到过饱和状态的方法不同。

如图 11-8 为克里斯托结晶器的结构示意，作为冷却结晶器时，其结构由悬浮室、冷却器、循环泵组成。冷却器一般为单程列管式冷却器。结晶器内的饱和溶液与少量处于未饱和状态的热原料液相混合，通过循环管进入冷却器达到轻度过饱和状态，经中心管从容器底部进入结晶室下方的晶体悬浮流化床内。在晶体悬浮流化床内，溶液中过饱和的溶质沉积在悬浮颗粒表面，使晶体长大。悬浮流化床对颗粒进行水力分级，大粒的晶体在底部，中等的在中部，最小的在最上面。如果连续分批地取出晶浆，就能得到一定粒径而均匀的结晶产品。图中设备8是一个细晶消灭器，通过加热或水溶解的方法将过多的晶核灭掉，以保证晶体的稳步生长。

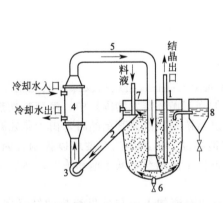

图 11-8 Krystal-Oslo 分级结晶器

1—结晶器；2—循环管；3—循环泵；
4—冷却器；5—中心管；6—底阀；
7—进料管；8—细晶消灭器

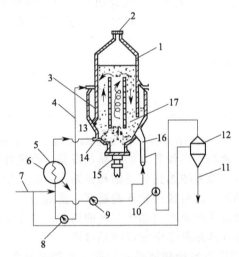

图 11-9 DTB 型蒸发结晶器

1—结晶器；2—蒸汽排出口；3—澄清区；4—热循环
回路；5—加热蒸汽供给管；6—加热器；7—加料管；
8—循环液泵；9—淘析泵；10—出料泵；11—产品流出管；
12—离心分离机；13—圆筒形挡板；14—螺旋桨；
15—搅拌器；16—淘析柱；17—导流筒

如果以热室代替克里斯托冷却结晶器的冷却室，就构成了克里斯托蒸发结晶器。

克里斯托结晶器的主要缺点是溶质易沉积在传热表面上，操作比较麻烦。适用于氯化铵、醋酸钠、硫代硫酸钠、硝酸钾、硝酸银、硫酸铜、硫酸镁、硫酸镍等物料的结晶操作，但在操作中一定要注意使饱和度在介稳区内，以避免自发成核。

④ DTB型结晶器 DTB型结晶器是具有导流筒及挡板的结晶器的简称。

图11-9是DTB型蒸发结晶器的结构示意。结晶器内设有导流筒和筒形挡板，下部接有淘析柱，在环形挡板外围还有一个沉降区。操作时热饱和料液连续加到循环管下部，与循环管内夹带有小晶体的母液混合后泵送至加热器。加热后的溶液在导流筒底部附近流入结晶器，并由缓慢转动的螺旋桨沿导流筒送至液面。溶液在液面蒸发冷却，达到过饱和状态，其中部分溶质在悬浮的颗粒表面沉积，使晶体长大。

在沉降区内大颗粒沉降，而小颗粒则随母液进入循环管并受热溶解。晶体于结晶器底部进入淘析柱。为使结晶产品的粒度尽量均匀，将沉降区的部分母液加到淘析柱底部，利用水力分级的作用，使小颗粒随液流返回结晶器，而结晶产品从淘析柱下部卸出。

DTB型蒸发结晶器结合早期结晶工艺与设备特点，集内循环、外循环、晶体分级等功能于一体，能生产粒度达 $600\sim1200\mu m$ 的大粒结晶产品，器内不易结晶疤，已成为连续结晶器的最主要形式之一，可用于真空冷却法、直接接触冷冻法及反应法的结晶过程。

图11-10是DTB型真空结晶器的结构简图。结晶器内有一圆筒形挡板，中央有一导流筒。在其下端装置的螺旋桨式搅拌器的推动下，悬浮液在导流筒及导流筒与挡板之间的环形通道内循环流动，形成良好的混合条件。圆筒形挡板将结晶器分为晶体成长区与澄清区。挡板与器壁间的环隙为澄清区，此区内搅拌的作用已基本上消除，使晶体得以从母液中沉降分离，只有过量的细晶才会随母液从澄清区的顶部排出器外加以消除，从而实现

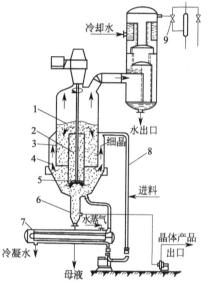

图 11-10 DTB型真空结晶器
1—沸腾液面；2—导流筒；3—挡板；
4—澄清区；5—螺旋桨；6—淘析柱；
7—加热器；8—循环管；9—喷射真空泵

对晶核数量的控制。为了使产品粒度分布更均匀，有时在结晶器下部设有淘析柱。

DTB型真空结晶器属于典型的晶浆内循环结晶器。其特点是器内溶液的过饱和度较低，并且循环流动所需的压头很低，螺旋桨只需在低速下运转。此外，桨叶与晶体间的接触成核速率也很低，这也是该结晶器能够生产较大粒度晶体的原因之一。

11.4.4 使用与注意事项

上述几种连续结晶设备在设计和操作时应注意如下几点：

① 设备内不要因长时间运转而形成结垢，若有结晶沉积，它将破坏设备的正常运转和影响结晶的质量。防止方法是设备内或循环系统内的溶液流速要均匀，不要出现滞留死角。凡有溶液流过的管道均应有保温装置，防止局部降温而生成晶核沉积。管道和设备的内壁应加工平整光滑，以减少溶液滞留。对蒸发面的结晶、边沿积垢等现象，则应采用喷淋、湿水等办法使其溶解。

② 设备内各部位的溶液浓度应均匀，溶液浓度接近过饱和曲线的介稳区，使结晶速度较快。

③ 要避免促使晶核形成的刺激，如激烈的振动、剧烈的搅拌和高湍流的溶液循环。必须采用搅拌时应尽量采用大直径低转速的搅拌器，降低循环流速，以保持晶种粒子的充分悬浮。

④ 连续结晶过程中，设备内同时具有各种大小粒子的晶体，欲获得规格一致的产品，则需要采用分级装置，通常为重力悬浮分级。

⑤ 及时清除影响结晶的杂质。连续结晶时料液不断加入，结晶产品不断排除，因而溶液中杂质将不断增加。杂质太多会影响结晶生长速度和产品质量。可采用离子交换法除去母液中的杂质，提高母液纯度后再回流。

⑥ 设备内溶液的循环速度要恰当，晶核密度要大，以保持较高的晶体长大速度。

11.5 结晶过程的产量计算

溶液结晶过程产量计算的基础是物料衡算和热量衡算。在结晶操作中，原料液中溶质的含量已知。对于大多数物系，结晶过程终了时母液与晶体达到了平衡状态，可由溶解度曲线查得母液中溶质的含量。对于结晶过程终了时仍有剩余过饱和度的物系，终了母液中溶质的含量需由实验测定。当原料液及母液中溶质的含量均为已知时，则可计算结晶过程的产量。

11.5.1 结晶过程的物料衡算

对于不形成水合物的结晶过程，列溶质的物料衡算方程，得：

$$WC_1 = G + (W - BW)C_2 \tag{11-1}$$

或写成

$$G = W[C_1 - (1-B)C_2] \tag{11-2}$$

式中　W——原料液中溶剂量，kg 或 kg/h；

　　　G——结晶产品的产量，kg 或 kg/h；

　　　B——溶剂移除强度，即单位进料溶剂蒸发量，kg/kg（原料溶剂）；

　C_1，C_2——原料液与母液中溶质的含量，kg/kg（溶剂）。

对于形成水合物的结晶过程，其携带的溶剂不再存在于母液中。

对溶质作物料衡算，得：

$$WC_1 = \frac{G}{R} + W'C_2 \tag{11-3}$$

对溶剂作物料衡算，得：

$$W = BW + G\left(1 - \frac{1}{R}\right) + W' \tag{11-4}$$

整理得：

$$W' = (1-B)W - G\left(1 - \frac{1}{R}\right) \tag{11-5}$$

将式(11-5) 代入式(11-3) 中，得：

$$WC_1 = \frac{G}{R} + \left[(1-B)W - G\left(1 - \frac{1}{R}\right)\right]C_2 \tag{11-6}$$

整理得：

$$G = \frac{WR[C_1 - (1-B)C_2]}{1 - C_2(R-1)} \tag{11-7}$$

式中　R——溶质水合物摩尔质量与无溶剂溶质摩尔质量之比，无结晶水合作用时 $R=1$；

　　　W'——母液中溶剂量，kg 或 kg/h。

11.5.2 物料衡算式的应用

（1）不移除溶剂的冷却结晶

此时 $B=0$，故式(11-7) 变为

$$G = \frac{WR(C_1 - C_2)}{1 - C_2(R-1)} \tag{11-8}$$

（2）移除部分溶剂的结晶

① 蒸发结晶　在蒸发结晶器中，移出的溶剂量 W 若已预先规定，则可由式(11-7) 求 G。反之，则可根据已知的结晶产量 G 求 W。

② 真空冷却结晶　此时溶剂蒸发量 B 为未知量，需通过热量衡算求出。由于真空冷却蒸发是溶液在绝热情况下闪蒸，故蒸发量取决于溶剂蒸发时需要的汽化热、溶质结晶时放出的结晶热以及溶液绝热冷却时放出的显热。对此过程进行热量衡算，得：

$$BWr_s = (W + WC_1)c_p(t_1 + t_2) + Gr_{cr} \tag{11-9}$$

将式(11-9) 与式(11-7) 联立求解，得：

$$B = \frac{R(C_1 - C_2)r_{cr} + (1 + C_1)[1 - C_2(R-1)]c_p(t_1 - t_2)}{[1 - C_2(R-1)]r_s - RC_2 r_{cr}} \tag{11-10}$$

式中　r_{cr}——结晶热，即溶质在结晶过程中放出的潜热，J/kg；

　　　r_s——溶剂汽化热，J/kg；

t_1，t_2——溶液的初始及最终温度，℃；

　　　c_p——溶液的比热容，J/(kg·℃)。

11.6 其他结晶方法

工业上除了前面讨论的溶液结晶方法之外，有时还采用许多其他的结晶方法，如熔融结晶、升华结晶、沉淀结晶、喷射结晶、冰析结晶等。

熔融结晶是根据待分离物质之间的凝固点不同而实现物质结晶分离的过程。与溶液结晶过程比较，熔融结晶过程的特点参见表 11-1。

表 11-1　溶液结晶与熔融结晶过程的比较

项目	溶液结晶	熔融结晶
原理	冷却或移除部分溶剂,使溶质从溶液中结晶出来	利用待分离组分凝固点的不同,使它们得以结晶分离
推动力	过饱和度,过冷度	过冷度
操作温度	取决于物系的溶解度特性	在结晶组分的熔点附近
过程的主要控制因素	传质及结晶速率	传热、传质及结晶速率
产品形态	呈一定分布的晶体颗粒	液体或固体
目的	分离、纯化、产品晶粒化	分离纯化
结晶器型式	釜式为主	塔式或釜式

熔融结晶过程多用于有机物的分离提纯，而专门用于冶金材料精制或高分子材料加工的熔炼过程也属于熔融结晶。

沉淀结晶包括反应结晶和盐析结晶两个过程。反应结晶过程产生过饱和度的方法是通过气体（或液体）与液体之间的化学反应，生成溶解度很小的产物。工业上通过反应结晶制取固体产品的例子很多，例如，由硫酸及含氨焦炉气生产 $(NH_4)_2SO_4$，由盐水及窑炉气生产 $NaHCO_3$ 等。通常化学反应速率比较快，溶液容易进入不稳区而产生过多晶核，因此反应结晶所生产的晶体粒子一般较小。要制取足够大的固体粒子，必须将反应试剂高度稀释，并且反应结晶时间要充分的长。

盐析结晶过程是通过往溶液中加入某种物质来降低溶质在溶剂中的溶解度，使溶液达到过饱和。所加入的物质称为稀释剂或沉淀剂，它可以是固体、液体或气体。此法之所以称为盐析法，是因为 NaCl 是一种最常用的沉淀剂。一个典型的例子是从硫酸钠盐水中生产 Na_2SO_4 ·

$10H_2O$，通过向硫酸钠盐水中加入 NaCl 可降低 $Na_2SO_4 \cdot 10H_2O$ 的溶解度，从而提高 $Na_2SO_4 \cdot 10H_2O$ 的结晶产量。某些液体也常用作沉淀剂，例如，醇类和酮类可用于 KCl、NaCl 和其他溶质的盐析。

升华是物质不经过液态直接从固态变成气态的过程。其反过程气体物质直接凝结为固态的过程称为凝华。升华结晶过程常常包括上述两个步骤。通过这种方法可以将一个升华组分从含其他不升华组分的混合物中分离出来。碘、萘等常采用这种方法进行分离提纯。

喷射结晶类似于喷雾干燥过程，它是将很浓的溶液中的溶质或熔融体进行固化的一种方式。此法所得固体颗粒的大小和形状，在很大程度上取决于喷射口的大小和形状。

冰析结晶过程一般采用冷却方法，其特点是使溶剂结晶，而不是溶质结晶。冰析结晶的应用实例有海水脱盐制取淡水、果汁的浓缩等。

参 考 文 献

[1] 陈洪钫，刘家祺. 化工分离过程 [M]. 北京：化学工业出版社，1995.
[2] 陈敏恒，等. 化工原理：上册 [M]. 北京：化学工业出版社，1999.
[3] 唐受印，戴友芝. 水处理工程师手册 [M]. 北京：化学工业出版社，2001.
[4] 周立雪，周波. 传质与分离技术 [M]. 北京：化学工业出版社，2002.
[5] 杨春晖，郭亚军. 精细化工过程与设备 [M]. 哈尔滨：哈尔滨工业大学出版社，2002.
[6] 宋业林，宋襄翎. 水处理设备实用手册 [M]. 北京：中国石化出版社，2004.
[7] 廖传华，柴本银，黄振仁. 分离过程与设备 [M]. 北京：中国石化出版社，2008.
[8] 王郁，林逢凯. 水污染控制工程 [M]. 北京：化学工业出版社，2008.
[9] 张晓健，黄霞. 水与废水物化处理的原理与工艺 [M]. 北京：清华大学出版社，2011.
[10] 中国石油和化学工业联合会，中国化工经济技术发展中心编. 石油和化工设备选型指南 [M]. 北京：中国财富出版社，2012.

第❶②章

吹脱与汽提

吹脱与汽提均属于由液相向气相传质的过程，实质上是吸收的逆过程——解吸。将空气、氮气、二氧化碳等作为解吸剂通入水中，使之相互充分接触，使水中的溶解气体和挥发性溶质穿过气液界面向气相转移，从而达到脱除污染物的目的的过程称为吹脱。如果用水蒸气作为解吸剂，则该过程称为汽提。

水和废水中有时会含有溶解气体，如用石灰石中和酸性废水中产生大量 CO_2；水在软化除盐过程中经过 H^+ 交换器产生大量 CO_2；某些工业废水中含有 H_2S、HCN、NH_3、CS_2 及挥发性有机物等。这些物质可能对系统产生侵蚀，或者本身有害，或对后续处理不利，因此必须除去。

吹脱与汽提在日化废水处理中的应用比较普遍，并且特别适用于污染物浓度较高、沸点较低、冷凝后又易于与解析剂分离的废水。如用水蒸气作为解析剂，则蒸汽冷凝后即可与污染物分层而分离。当污染物分层后纯度较高时，可对其中有价值的物料实现回收利用。对于沸点低于100℃的挥发性污染物来说，采用汽提法处理较为经济。

12.1 吹脱

废水中常含有大量的有毒、有害气体，如二氧化碳、硫化氢、氰化氢等。为了去除这些气体，常采用吹脱法。吹脱法是用来脱除废水中的溶解气体和某些易挥发的溶质，也可以脱除化学转化而形成的溶解气体，其实质是将废水与空气充分接触，使废水中的溶解气体和易挥发的溶质穿过气液界面，向气相扩散，从而达到脱除污染物的目的。

12.1.1 吹脱的原理

吹脱的基本原理就是气液相平衡和传质速率理论。气体在水中的溶解度与气体的性质、水温有关，并服从亨利定律（气体在水中的溶解度与该气体的分压成正比）。当该气体在空气中的分压大于该气体在水中实际溶解浓度相对应的分压时，该气体由气相进入液相（此过程称为吸收）；反之，则气体由液相进入气相（此过程称为解吸）。

吹脱法的传质原理是：让水与新鲜空气充分接触，使水中的溶解性气体和易挥发的溶质以分压差为推动力，通过气液两相的界面向气相传质，把水中溶解的气体由液相传递到气相中

（解吸），并随空气排出，从而达到脱除污染物的目的。

亨利定律表明，对于稀溶液，在一定温度条件下，当气液之间达到相平衡时，溶质气体在气相中的分压与该气体在液相中的浓度成正比，即

$$p = Ex \tag{12-1}$$

式中　p——溶质气体在气相中的平衡分压，Pa；

　　　x——溶质气体在液相中的平衡浓度，摩尔分率；

　　　E——比例系数，称亨利系数，Pa。

传质速率取决于组分平衡分压（浓度）和气相实际分压（浓度）的差值。对于给定的物系，通过使用新鲜载气或负压操作，增大气液接触面积和时间，减少传质阻力，可以达到降低水中溶质浓度，增大传质速率的目的。

12.1.2　吹脱设备

吹脱装置主要有吹脱池（也称曝气池）和吹脱塔两类设备，前者占地面积较大，而且易污染周围环境，所以有毒气体的吹脱都采用塔式设备。

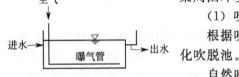

图 12-1　自然吹脱池

（1）吹脱池

根据吹脱载气的鼓入方式，吹脱池可分为自然吹脱池和强化吹脱池。

自然吹脱池的结构示意如图 12-1 所示，通常是在池内设置穿孔管进行曝气，依靠水面与空气自然接触而脱除溶解性气体，它适用于溶解气体极易解吸、水温较高、风速较大、有开阔地段和不产生二次污染的场合。此类池子兼有贮水作用。其吹脱效果可按下式计算：

$$0.43\lg\frac{C_0}{C_2} = D\left(\frac{\pi}{2h}\right)^2 t - 0.207 \tag{12-2}$$

式中　C_2——经 t min 贮存（吹脱）后气体在水中的剩余浓度，g/L；

　　　h——水层深度，mm；

　　　D——气体扩散系数，cm^2/min。

某些气体的扩散系数 D 值见表 12-1。

表 12-1　某些气体的扩散系数 D 值

气体	O_2	H_2S	CO_2	Cl_2
D	1.1×10^{-3}	8.6×10^{-4}	9.2×10^{-4}	7.6×10^{-4}

由上式可知，欲获得较低的 C_2 值，除延长贮存时间外，还应当尽量减小水层深度，或增大表面积。

为了强化吹脱效果，通常在池内通入压缩空气或在池面上安装喷水管，进水先进行喷洒吹脱，再在池中曝气吹脱，构成强化吹脱池。

强化吹脱池的吹脱效果可按下式计算：

$$\lg\frac{C_0}{C_2} = 0.43\beta t\frac{A}{V} \tag{12-3}$$

式中　A——气液接触面积，m^2；

　　　V——废水体积，m^3；

　　　β——吹脱系数，其值随温度升高而增大，25℃时，CO_2、H_2S、SO_2、NH_3、O_2 和 H_2 的吹脱系数分别为 0.17、0.07、0.055、0.015、1 和 1，CO_2 在 20℃ 和 40℃ 时的分别为 0.15 和 0.23。

喷水管的喷头安装在高出水面 1.2~1.5m 处，池子小时，还可以建在建筑物顶上，此时的喷水高度达 2~3m。为了防止风吹损失，四周应加挡板或百叶窗。喷水强度可采用 $12m^3/(m^2\cdot h)$。

吹脱池多用于酸性废水过滤中和后的吹脱处理。国内某维尼纶厂的酸性废水经石灰石过滤中和后，水中含有大量的过饱和二氧化碳，游离 CO_2 浓度为 700mg/L，导致废水的 pH 值为 4.2～4.5，不能满足后续生物处理的要求，因此，中和滤池的出水经预沉淀后，用一折流式吹脱池处理。吹脱池水深 1.5m，曝气强度为 25～30m³/(m²·h)，气水比为 5m³ 气/m³ 水，水力停留时间（吹脱时间）为 30～40min。空气用塑料穿孔管由池底送入，孔径 10mm，孔距 5cm。吹脱后，出水游离 CO_2 浓度为 120～140mg/L，出水的 pH 值为 6～6.5，基本满足后续生物处理的要求。存在的问题是布气孔易被中和产物 $CaSO_4$ 堵塞；当原水中含有大量表面活性剂时，易产生泡沫，影响传质和环境。针对这些情况，可采用高压水喷射或加消泡剂除泡。

（2）吹脱塔

吹脱塔采用了传质效率较高的设施，比吹脱池的效率更高，并便于回收或处理尾气中的挥发性物质，防止对地面附近的空气产生二次污染。其工作流程如图 12-2 所示。

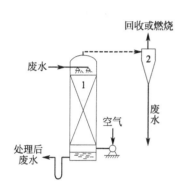

图 12-2　吹脱塔流程示意
1—填料；2—气液旋流分离器

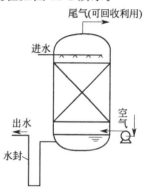

图 12-3　填料吹脱塔的系统

吹脱塔主要有填料塔（如瓷环填料、栅板等）和筛板塔（如穿孔筛板塔等）两种。

填料塔内装有一定高度的填料，原水从塔顶喷下，沿填料表面呈薄膜状向下流动；吹脱载气由塔底进入，呈连续相自下而上与液膜逆流接触，完成传质过程。塔内水相和气相组成沿塔高连续变化，图 12-3 所示为填料吹脱塔的系统。常用填料有木格板、纸质蜂窝、拉西环（材质有瓷、硬 PVC、聚丙烯等）、聚丙烯鲍尔环、聚丙烯多面空心球等。填料的技术特性见表 12-2。

表 12-2　常用填料的技术特性

填料名称	规格 ϕ /mm	填料个数 /(个/m³)	空隙率 ε	比表面积 S /(m²/m³)	水力半径 $(R=\varepsilon/S)$/mm	当量直径 $(d=4R)$/mm	单位质量 /(kg/m³)
拉西环（瓷）	25×25×3	52300（排列）	0.74	204	3.63	14.52	532
拉西环（瓷）	25×25×2.5	49000（乱堆）	0.78	190	4.11	16.42	—
鲍尔环	25	53500	0.88	194	4.53	18.12	101
鲍尔环	38	—	0.87	155	5.61	22.45	98
鲍尔环	50	—	0.90	106.4	8.46	33.83	87.5
多面空心球	25	85000	0.84	460	1.83	7.32	145
多面空心球	50	11500	0.90	236	3.81	15.25	105

12.1.3　吹脱效果的影响因素

影响吹脱效果的因素很多，主要有温度、气液比、pH 值和油类物质。

（1）温度

水中挥发性气体的溶解度一般随温度上升而降低，增加水的温度有利于废水中挥发性物质的解吸吹脱。例如，NaCN 在水中水解生成 HCN：

$$CN^- + H_2O \longrightarrow HCN + OH^-$$

(12-4)

在水温高于 40℃时，HCN 的吹脱效率相应迅速提高。

（2）气液比

采用吹脱塔时，空气量过小，气液两相接触不够；空气量过大，不仅不经济，还会造成液泛，即废水被气流带走，破坏操作。当气液比在接近液泛极限（超过此极限的气流量将产生液泛）时，气液两相在充分湍流的条件下，传质效率最高。为使传质效率较高，工程设计上常用液泛极限气液比的 80％作为设计气水比。

（3）pH 值

在不同的 pH 值条件下，挥发性物质的存在状态不同。对于有些物质如硫化氢等，只有在游离态时才能被吹脱，电离后呈离子态（如 S^{2-}、CN^-、NH_4^+ 等），则难于吹脱。因此，对 H_2S、HCN 等气体的吹脱必须在偏酸性条件下进行。表 12-3 为游离 H_2S 或 HCN 在硫化物或氰化物总量中的百分含量与 pH 值的关系。而 NH_3 则必须在偏碱性条件下进行。

表 12-3　游离 H_2S 或 HCN 在硫化物或氰化物总量中的百分含量与 pH 值的关系

pH 值	5	6	7	8	9	10
游离 H_2S/％	100	95	64	15	2	0
游离 HCN/％		99.7	99.3	93.3	58.1	12.2

（4）悬浮物和油类

废水中的悬浮物及油类物质不仅会阻碍水中挥发性物质向气相中的扩散，而且会堵塞填料，影响吹脱，因此需在预处理中除去。

填料塔的特点是结构简单、空气阻力小；缺点是传质效率低，设备庞大，处理含悬浮物较多的废水易使填料堵塞。

板式塔的主要特征是在塔内设有一定数量的塔板，原水水平流过塔板，经降液管流入下一层塔板，载气以鼓泡或喷射的方式穿过板上水层时，气水两相相互接触传质。塔内气相和水相组成沿塔高呈阶梯变化。

板式塔具有结构简单、制造方便、传质效率高、不易堵塞等优点，但操作要求高、设备费用和水的提升高度较大。

12.1.4　吹脱尾气的最终处置

吹脱尾气中含有解吸的气体，尾气的最终处置一般有 3 种方法：

① 向大气排放，注意，只有对环境无害的气体才允许向大气排放；

② 送至锅炉内燃烧热分解；

③ 回收利用，这是预防大气污染和利用三废资源的重要途径。

回收尾气中解吸气体的基本方法有：

① 用碱性溶液吸收酸性气体，或用酸性溶液吸收碱性气体。例如，用 NaOH 溶液喷淋吸收尾气中的 HCN，产生 NaCN；吸收 H_2S，产生 Na_2S。用硫酸溶液喷淋吸收尾气中的 NH_3，产生 $(NH_3)_2SO_4$。然后再把吸收液蒸发结晶，进行回收。

② 用活性炭吸附挥发性气体，活性炭饱和后再用溶剂解吸再生。

③ 对挥发性气体如硫化氢等进行燃烧，制取硫酸。

12.2　汽提

汽提法是借助废水与通入的蒸汽直接接触，使废水中的挥发性物质按一定比例扩散到气相中，从而将挥发性污染物从废水中分离除去的方法。所以汽提法的去除对象是废水中的挥发性溶解物。

根据挥发性污染物的性质不同，汽提法处理污染物的原理可分为蒸汽蒸馏和简单蒸馏。

① 蒸汽蒸馏 对于与水不互溶或几乎不互溶的挥发性污染物，利用混合液的沸点低于任一组分沸点的特点，可将高沸点挥发物在较低温度下挥发逸出，从而得以分离除去。例如，废水中的酚、硝基苯等在低于100℃的条件下，用蒸汽蒸馏法可其将有效去除。

② 简单蒸馏 对于与水互溶的挥发性物质，当达到气液平衡时，其在气相中的浓度大于其在液相中的浓度，因此借助于蒸汽的直接加热，使其在沸点下按一定比例于气相中富集。若再把蒸汽冷凝，就可以得到浓度较高的该挥发性物质的水溶液。

汽提法处理废水时，可以认为溶质在气相中的浓度与在废水中的浓度比值为一常数，遵循分配定律，即

$$k = \frac{C_g}{C_w} \tag{12-5}$$

式中　C_g，C_w——气液平衡时，溶质在蒸汽冷凝液中及废水中的浓度；

　　　　k——分配系数。

由上式可以看出，k 值越大，越适于用汽提法脱除。某些溶质的 k 值列于表12-4。

表 12-4　某些溶质的 k 值

溶质	挥发酚	苯胺	游离胺	甲基苯胺	氨基甲烷
k	2	5.5	13	19	11

单位体积废水所需要的蒸汽量 V_0（kg/m³）称为汽水比，平衡时可按下式计算：

$$V_0 = \frac{C_0 - C_e}{kC_0} \tag{12-6}$$

式中　C_0，C_e——原水和平衡时出水中的溶质（气体）浓度，g/L。

在实际生产中，汽提都是在不平衡的状态下进行选择，同时还有热损失，因此蒸汽的实际耗量比理论值大，实际耗量为理论耗量的2~2.5倍。

传质速率取决于组分平衡分压（浓度）和气相实际分压（浓度）的差值。对于给定的物系，通过提高水温，增大气液接触面积和时间，减少传质阻力，可以达到降低水中溶质浓度，增大传质速率的目的。

汽提操作一般都是在封闭的塔内进行。汽提塔也可分为填料塔和板式塔。

12.3　填料塔

12.3.1　填料塔的结构

填料塔的结构较简单，如图12-4所示。填料塔的塔身是一直立式圆筒，底部装有填料支承板，填料以乱堆或整砌的方式放置在支承板上。在填料的上方安装填料压板，以限制填料随上升气流的运动。液体从塔顶加入，经液体分布器喷淋到填料上，并沿填料表面流下。气体从塔底送入，经气体分布装置（小直径塔一般不设气体分布装置）分布后，与液体呈逆流连续通过填料层的空隙。在填料表面气液两相密切接触进行传质。填料塔属于连续接触式的气液传质设备，两相组成沿塔高连续变化，在正常操作状态下，气相为连续相，液相为分散相。

当液体沿填料层下流时，有逐渐向塔壁集中的趋势，使得塔壁附近的液流量逐渐增大，这种现象称为壁流。壁流效应造成气液两相在填料层分布不均匀，从而使传质效率下降。为此，当填料层较高时，需要进行分段，中间设置再分布装置。液体再分布装置包括液体收集器和液体再分布器两部分，上层填料流下的液体经液体收集器收集后，送到液体再分布器，经重新分布后喷淋到下层填料的上方。

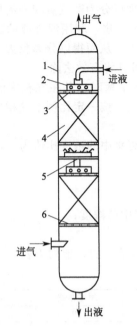

图 12-4　填料塔的结构示意

1—塔壳体；2—液体分布器；
3—填料压板；4—填料；5—液体再
分布装置；6—填料支承板

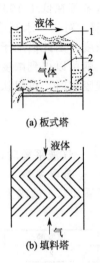

(a) 板式塔

(b) 填料塔

图 12-5　板式塔与填料塔传质
机理的比较

1—气液传质区；2—气液分离区；
3—降液区

12.3.2　填料塔的特点

与板式塔相比，填料塔具有如下特点：

① 生产能力大　板式塔与填料塔的液体流动和传质机理不同，如图 12-5 所示。板式塔的传质通过上升气体穿过板上的液层来实现，塔板的开孔率一般占塔截面积的 7%～10%，而填料塔的传质是通过上升气体和靠重力沿填料表面下降的液流接触实现的。板式塔内件的开孔率均在 50% 以上，而填料层的空隙率则超过 90%，一般液泛点较高。故单位塔截面积上，填料塔的生产能力一般均高于板式塔。

② 分离效率高　一般情况下，填料塔具有较高的分离效率。工业填料塔每米理论级大多在 2 级以上，最多可达 10 级以上。而常用的板式塔，每米理论级最多不超过 2 级。研究表明，在减压和常压操作下，填料塔的分离效率明显优于板式塔，在高压下操作，板式塔的分离效率略优于填料塔。但大多数分离操作处于减压及常压的状态下。

③ 压力降小　填料塔由于空隙率高，故其压降远远小于板式塔。一般情况下，板式塔的每个理论级压降在 0.4～1.1kPa，填料塔为 0.01～0.27kPa，通常，板式塔的压降高于填料塔 5 倍左右。压降低不仅能降低操作费用，节约能耗，对于精馏过程，还可使塔釜温度降低，有利于热敏性物系的分离。

④ 持液量小　持液量是指塔在正常操作时填料表面、内件或塔板上所持有的液量。对于填料塔，持液量一般小于 6%，而板式塔则高达 8%～12%。持液量大，可使塔的操作平稳，不易引起产品的迅速变化，但大的持液量使开工时间增长，增加操作周期及操作费用，对热敏性物系的分离及间歇精馏过程是不利的。

⑤ 操作弹性大　操作弹性是指塔对负荷的适应性。由于填料本身对负荷变化的适应性很大，故填料塔的操作弹性决定于塔内件的设计，特别是液体分布器的设计，因而可根据实际需要确定填料塔的操作弹性。而板式塔的操作弹性则受到塔板液泛、液沫夹带及降液管能力的限

制，一般操作弹性较小。

填料塔也有一些不足之处，如填料造价高；当液体负荷较小时不能有效润湿填料表面，使传质效率降低；不能直接用于有悬浮物或容易聚合的物料，对侧线进料和出料等复杂精馏不太适合等。因此，在选择塔的类型时，应根据分离物系的具体情况和操作所追求的目标综合考虑上述各因素。

12.3.3　填料塔的内件

填料塔的内件主要有填料支承装置、填料压紧装置、液体分布装置、液体收集及再分布装置等。合理地选择和设计塔内件，对保证填料塔的正常操作及优良的传质性能十分重要。

（1）填料支承装置

填料支承装置的作用是支承塔内填料床层。对填料支承装置的要求是：应具有足够的强度和刚度，能承受填料的质量、填料层的持液量以及操作中附加的压力等；应具有大于填料层空隙率的开孔率，防止在此首先发生液泛，进而导致整个填料层的液泛；结构要合理，利于气液两相均匀分布，阻力小，便于拆装。

（2）填料压紧装置

为保持操作中填料床层为一高度恒定的固定床，从而保持均匀一致的空隙结构，使操作正常、稳定，在填料装填后于其上方要安装填料压紧装置。这样，可以防止在高压降、瞬时负荷波动等情况下填料床层发生松动和跳动。

填料压紧装置分为填料压板和床层限制板两大类，每类又有不同的型式。填料压板自由放置于填料层上端，靠自身重量将填料压紧，它适用于陶瓷、石墨制的散装填料。因为这类填料易碎，当填料层发生破碎时，填料层空隙率下降，此时填料压板可随填料层一起下落，紧紧压住填料而不会形成填料的松动。床层限制板用于金属散装填料、塑料散装填料及所有规整填料。因金属及塑料填料不易破碎，且有弹性，在装填正确时不会使填料下沉。床层限制板要固定在塔壁上，为不影响液体分布器的安装和使用，不能采用连续的塔圈固定。小塔可用螺钉固定于塔壁，而大塔则用支耳固定。

（3）液体分布装置

填料塔的传质过程要求塔内任一截面上气液两相流体能均匀分布，从而实现密切接触、高效传质，其中液体的初始分布至关重要。理想的液体分布器应具备以下条件。

① 与填料相匹配的分液点密度和均匀的分布质量。填料比表面积越大，分离要求越精密，则液体分布器的分布点密度应越大。

② 操作弹性较大，适应性好。

③ 为气体提供尽可能大的自由截面率，实现气体的均匀分布，且阻力小。

④ 结构合理，便于制造、安装、调整和检修。

液体分布装置的种类多样，有喷头式、盘式、管式、槽式及槽盘式等。

（4）液体收集及再分布装置

液体沿填料层向下流动时，有偏向塔壁流动的壁流现象。壁流将导致填料层内气液分布不均，使传质效率下降。为减小壁流现象，可间隔一定高度在填料层内设置液体收集及再分布装置。

12.3.4　填料塔的设计计算

填料塔的设计计算公式如下。

（1）填料塔的直径

填料塔的直径可按下式进行计算：

$$D = \sqrt{\frac{4f}{\pi}} \tag{12-7}$$

$$f = Q/q \tag{12-8}$$

式中　D——填料塔的直径，m；

　　　f——填料塔的横断面积，m^2；

　　　Q——设计处理水量，m^3/h；

　　　q——设计淋水密度，$m^3/(m^2 \cdot h)$。

（2）填料塔的有效塔高

填料塔的有效塔高可按下式进行计算：

$$h_0 = V/f = \frac{F}{Sf} \tag{12-9}$$

$$F = \frac{Q(C_0 - C_2) \times 10^{-3}}{K \Delta C_p} \tag{12-10}$$

式中　h_0——填料塔有效高度，m；

　　　V——所需填料体积，m^3；

　　　F——所需填料的工作表面积，m^2；

　　　S——单位体积填料所具有的工作表面积，m^2/m^3，可按所选定的填料品种及尺寸查表 12-2；

　　ΔC_p——脱除过程的平均推动力，kg/m^3；

　　　K——吹脱系数，m/h，与气体的性质及吹脱温度等因素有关。

ΔC_p 可按下式计算：

$$\Delta C_p = \frac{C_0 - C_2}{2.44 \lg \dfrac{C_0}{C_2}} \tag{12-11}$$

吹脱 CO_2 时，进水中 CO_2 的浓度 C_0（mg/L）可根据碳酸盐碱度，按下列任何一式计算：

$$C_0 = 44 H_z + C_{CO_2} \tag{12-12}$$

$$C_0 = 44 H_z + 0.268(H_z)^3 \tag{12-13}$$

式中　H_z——进水中碳酸盐碱度，mmol/L；

　　C_{CO_2}——进水中游离 CO_2 含量，mg/L。

出水中残余 CO_2 量 C_2 通常按 5mg/L 计算。

吹脱 CO_2 时：

$$K_{CO_2} = \frac{1.02 D_t^{0.67} q^{0.86}}{d_e^{0.14} \nu^{0.53}} \tag{12-14}$$

式中　d_e——填料的当量直径，m；

　　　ν——水的运动黏度，m^2/h；

　　　D_t——水温 t℃时水中 CO_2 的扩散系数，m^2/h。

$$D_t = D_{20}[1 + 0.02(t - 20)] \tag{12-15}$$

式中　D_{20}——水温 20℃时 CO_2 的扩散系数，为 $6.4 \times 10^{-6} m^2/h$。

吹脱 H_2S 时：

$$K_{H_2S} = \frac{760}{n\left(50.7 + \dfrac{110}{f^{0.324}}\right)} \tag{12-16}$$

式中　n——常压下 H_2S 在水中的溶解度，kg/m^3。温度为 T（℃）时，可用下式计算：

$$n = 0.6993 - 0.1975T + 2.507 \times 10^{-3} T^2 \tag{12-17}$$

根据进风量和风压选择风机。根据经验，每处理 $1m^3$ 的水通常需要 $20\sim30m^3$ 的空气，即

$$W = (20\sim30)Q \tag{12-18}$$

所需进风压力 p_0(Pa) 为：

$$p_0 = \alpha_1 h_0 + 400 \tag{12-19}$$

式中，α_1 为单位填料高度的空气阻力，Pa /m 填料，其值随填料品种、淋水密度、气水比不同而变化。对于 $\phi 25mm \times 25mm \times 3mm$ 的瓷质拉西环，在 $q = 60m^3/(m^2 \cdot h)$，气水比为 $20\sim30$ 的条件下，$\alpha_1 = 200\sim500Pa/m$ 填料；400 为除 CO_2 器进出风管、填料支承架等的空气阻力的经验值，Pa。

12.4　板式塔

板式塔的主要特征是在塔内装置一定数量的塔板，原水水平流过塔板，经降液管流入下一层塔板，载气以鼓泡或喷射方式穿过板上水层，相互接触传质。塔内气相和水相组成沿塔高呈阶梯变化。板式塔的传质效率比填料塔高。

12.4.1　板式塔的结构

板式塔为逐级接触式的气液传质设备，其结构如图 12-6 所示。它由圆柱形壳体、塔板、溢流堰、降液管及受液盘等部件组成。操作时，塔内液体依靠重力作用，由上层塔板的降液管流到下层塔板的受液盘，然后横向流过塔板，从另一侧的降液管流至下一层塔板。溢流堰的作用是使塔板上保持一定厚度的流动液层。气体则在压力差的推动下，自下而上穿过各层塔板的升气道（泡罩、筛孔或浮阀等），分散成小股气流，鼓泡通过各层塔板的液层。在塔板上，气液两相必须保持密切而充分的接触，为传质过程提供足够大而且不断更新的相际接触表面，减小传质阻力。在板式塔中，尽量使两相呈逆流流动，以提供最大的传质推动力。气液两相逐级接触，两相的组成沿塔高呈阶梯式变化，在正常操作下，液相为连续相，气相为分散相。

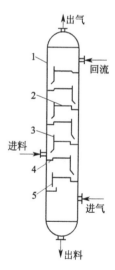

图 12-6　板式塔
结构示意
1—塔壳体；2—塔板；
3—溢流堰；4—受液盘；
5—降液管

12.4.2　塔板类型

塔板可分为有降液管式塔板和无降液管式塔板（也称为穿流式或逆流式）两类。在有降液管式塔板上，气液两相呈错流方式接触，这种塔板效率较高，具有较大的操作弹性，使用广泛。在无降液管式塔板上，气液两相呈逆流接触，塔板板面利用率较高，生产能力大，结构简单，但效率低，操作弹性较小，工业使用较少。

有降液管式塔板分为泡罩塔板、筛孔塔板、浮阀塔板、喷射型塔板。

（1）泡罩塔板

泡罩塔板的主要元件为升气管及泡罩。泡罩安装在升气管顶部，分圆形和条形两种，其中圆形泡罩使用较广。泡罩的下部周边有很多齿缝，齿缝一般为三角形、矩形或梯形。泡罩在塔板上按一定规律排列。操作时，板上有一定厚度的液层，齿缝浸没于液层中而形成液封。升气管的顶部应高于泡罩齿缝的上沿，以防止液体从升气管中漏下。上升气体通过齿缝进入板上液层时，被分散成许多细小的气泡或流股，在板上形成鼓泡层，为气液两相的传热和传质提供大量的接触界面。

泡罩塔板的主要优点是：由于有升气管，在很低的气速下操作时，不会产生严重的漏液现象，即操作弹性较大，塔板不易堵塞，适于处理各种物料。其缺点是结构复杂，造价高；板上液层厚，气体流径曲折，塔板压降大，生产能力及板效率较低。近年来，泡罩塔板已逐渐被筛板、浮阀塔板所取代，在新建塔设备中已很少采用。

（2）筛孔塔板

筛孔塔板简称筛板，塔板上开有许多均匀的小孔，孔径一般为 $3\sim8mm$，筛孔直径大于 10mm 的筛板称为大孔径筛板。筛孔在塔板上作正三角形排列。塔板上设置溢流堰，使板上能保持一定厚度的液层。

操作时，气体经筛孔分散成小股气流，鼓泡通过液层，气液间密切接触而进行传热和传质。在正常的操作条件下，通过筛孔上升的气流应能阻止液体经筛孔向下泄漏。

筛板的优点是结构简单，造价低；板上液面落差小，气体压降低，生产能力较大；气体分散均匀，传质效率较高。其缺点是筛孔易堵塞，不宜处理易结焦、黏度大的物料。

（3）浮阀塔板

浮阀塔板是在泡罩塔板和筛孔塔板的基础上发展起来的，它吸收了两种塔板的优点。其结构特点是在塔板上开有若干个阀孔，每个阀孔装有一个可以上下浮动的阀片。阀片本身连有几个阀腿，插入阀孔后将阀腿底脚拨转 $90°$，用以限制操作时阀片在板上升起的最大高度，并限制阀片不被气体吹走。阀片周边冲出几个略向下弯的定距片，当气速很低时，靠定距片与塔板呈点接触而坐落在网孔上，阀片与塔板的点接触也可防止停工后阀片与板面黏结。

操作时，由阀孔上升的气流经阀片与塔板间隙沿水平方向进入液层，增加了气液接触时间，浮阀开度随气体负荷而变，在低气量时，开度较小，气体仍能以足够的气速通过缝隙，避免过多的漏液；在高气量时，阀片自动浮起，开度增大，使气速不致过大。

浮阀塔板的优点是结构简单、制造方便、造价低；塔板开孔率大，生产能力大，由于阀片可随气量变化自由升降，故操作弹性大；因上升气流水平吹入液层，气液接触时间较长，故塔板效率较高。其缺点是处理易结焦、高黏度的物料时，阀片易与塔板黏结；在操作过程中有时会发生阀片脱落或卡死等现象，使塔板效率和操作弹性下降。

（4）喷射型塔板

在喷射型塔板上，气体沿水平方向喷出，不再通过较厚的液层而鼓泡，因而塔板压降降低，液沫夹带量减少，可采用较大的操作气速，提高了生产能力。

根据塔板结构的不同，板式塔可分为泡罩塔、筛板塔、浮阀塔和喷射塔等，如图 12-7 所示。下面以浮阀塔为例介绍设计计算方法，其他板式塔的设计计算方法类似。

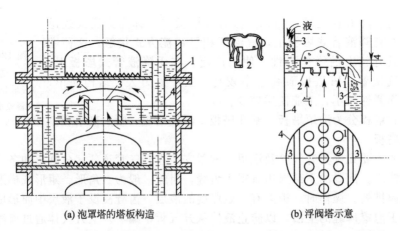

(a) 泡罩塔的塔板构造　　　　　　　　　(b) 浮阀塔示意

1—塔板；2—泡罩；3—蒸气通道；4—降液管　　1—塔板；2—浮阀；3—降液管；4—塔体

图 12-7　板式吹脱塔的构造示意

12.4.3 浮阀塔的设计计算

(1) 塔板数的计算

汽提塔在最小回流比及全回流两极限间操作。最小回流比（R_m）时，所需理论板无限多，随回流比 R 增大，板数 N 减少，全回流时，所需板数最少，记为 N_m。吉利兰曲线（图12-8）就是根据 N 与 R，N_m 和 R_m 间的关系制作的图，可用它较快的求出达到一定分离要求的板数 N。可按下述步骤求取理论板数。

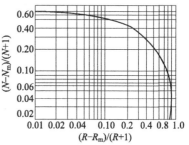

图 12-8 理论板数与回流比的关联图

① 计算出 R_m，并决定 R

$$R_m = \frac{1}{\alpha - 1}\left[\frac{x_p}{x_c} - \frac{\alpha(1-x_p)}{1-x_c}\right] \tag{12-20}$$

式中 α——相对挥发度；

x_p——塔顶浓度，mol/mol；

x_c——进料线（q 线）与平衡线交点的横坐标，mol/mol。

取 $R = (1.2 \sim 2)R_m$，当进料为饱和液体（$q=1$）时，$x_c = x_F$；当进料为饱和蒸汽（$q=0$）时，上式中 $x_c = y_F$；当进料为气液混合物（$0 < q < 1$）时，$R_m = q\,(R_m)_{q=1} + (1-q)\,(R_m)_{q=0}$，其中 x_F、y_F 分别为进料的摩尔比。

② 应用下式计算最小理论板数 N_m

$$N_m = \frac{\lg\left[\left(\dfrac{x_{pA}}{x_{pB}}\right)\left(\dfrac{x_{WB}}{x_{WA}}\right)\right]}{\lg\alpha_p} \tag{12-21}$$

式中 α_p——相对平均挥发度，一般取塔顶相对挥发度 α_t 和塔底相对挥发度 α_W 的几何平均值。

$$\alpha_p = \sqrt{\alpha_t \alpha_W} \tag{12-22}$$

式(12-21) 括号中的值为两组分混合液蒸馏时塔顶和塔底液体的组成比（A 为易挥发分）。

③ 计算 $(R-R_m)/(N+1)$ 值

在横轴上找到相应的一点，由此点向上作垂线与曲线交于一点，再由此交点向左在纵坐标上读得 $(N-N_m)/(N+1)$ 值，从而算出 N（包括塔釜）。

④ 确定进料板的位置

设精馏段和提馏段的理论板数分别为 n 与 m（包括塔釜），对于饱和液体进料，可应用下列经验关系来确定 n 和 m：

$$\lg\frac{n}{m} = 0.206\lg\left[\left(\frac{W}{p}\right)\left(\frac{x_{FB}}{x_{FA}}\right)\left(\frac{x_{WA}}{x_{WB}}\right)\right] \tag{12-23}$$

$$n + m = N \tag{12-24}$$

联立求解此两式，即可求出 n 和 m。

⑤ 板效率 总板效率（全塔效率）E_0 是达到同样分离效果所需的理论板数与实际板数之比，即

$$E = N_T/N \tag{12-25}$$

式中 N_T，N——精馏塔中所需的理论板数及实际板数。

有人根据数十台工业塔及试验总板效率数据进行关联，认为对蒸馏塔可用相对挥发度与黏度的乘积作参数来关联总板效果，如图12-9所示。图中 μ_p 为进料液在平均塔温下的分子黏度，mPa·s，可由实际测定或查得，也可按下式计算：

$$\mu_p = \mu_A x_F + \mu_B(1-x_F) \tag{12-26}$$

式中 μ_p——平均温度下的相对挥发度。此关联式的适用范围为 $\mu_p\alpha_p=0.1\sim0.75$。

⑥ 塔板数

$$N=N_T/E_0 \tag{12-27}$$

（2）塔径

在设计计算中，往往以整个塔截面积作为基准的空塔气速。最大允许气速 ω_{max} 可用下式表示：

$$\omega_{max}=c\sqrt{\frac{r_L-r_V}{r_V}} \tag{12-28}$$

式中 r_L，r_V——液体和气体的密度，kg/m^3；

c——负荷系数，是个经验常数。

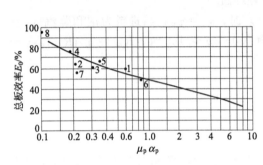

图 12-9 总板效率与 $\mu_{平均}\alpha_{平均}$ 的关系　　图 12-10 不同分离空间下负荷系数与动能参数的关系

目前用于浮阀塔和筛板塔设计中的负荷系数如图 12-10 所示。此图是以分离空间 (H_T-h_L) 为参数，把 c 对 $(L/V)(r_L/r_V)^{1/2}$ 作图绘制的，常称 Smith 关联。图中 L、V 分别为液体和气体的流量，m^3/s；H_T 为板间距，m；h_L 为板上清液层高度，m。图中查出的 c 值是用于液体的表面张力为 $20g/s^2$ 系统的，表面张力为其他值的系统，系数可按下式求得：

$$\frac{c_\sigma}{c_{20}}=\left(\frac{\sigma}{20}\right)^{0.2} \tag{12-29}$$

式中 σ——液体表面张力，g/s^2。

实际空塔截面操作气速 ω 要小于计算的 ω_{max} 值，一般取 $\omega=(0.6\sim0.8)\omega_{max}$。减压操作取较小值，要求弹性大时也取小值。

决定了空塔操作气速后，塔内径 D 可按下式计算：

$$D=\sqrt{\frac{V}{0.785\omega}} \tag{12-30}$$

计算的塔径，一般需按化工机械标准进行圆整。

（3）塔板间距 H_T

初选间距时，可按表 12-5 取值。

表 12-5　不同塔径时的塔板间距

塔径 D/m	0.3～0.5	0.5～0.8	0.8～1.6	1.6～2.4	2.4～4.0	4.0～6.0
塔板间距 H_T/mm	200～300	250～350	300～450	350～600	400～600	600～800

初选的板间距在塔板各部尺寸大体确定后还要校核液泛。为避免淹塔，常使塔板间距大于或等于降液管中清液层高度的 $1.7\sim2.5$ 倍。

在决定板间距时，一般对起泡性大的物系，板间距取大些。当操作弹性要求大些时，可以选用较大的板间距。决定板间距时，应考虑安装、检修的需要。塔体人孔处的两层塔板间距应具有足够的工作空间，其值不应小于 600mm。

（4）水流程数

在初选塔板水流程数时，可根据流量和塔，参考表 12-6 预选。

表 12-6　液流程数选择

塔径/mm	液体流量/(m³/h)			
	U 形	单流型	双流型	阶梯式、双流
1000	7 以下	45 以下		
1400	9 以下	70 以下		
2000	11 以下	90 以下	90～160	
3000	11 以下	110 以下	110～200	200～300
4000	11 以下	110 以下	110～230	230～350
5000	11 以下	110 以下	110～250	250～400
6000	11 以下	110 以下	110～250	250～400

国内塔板流程，一般采用单流和双流两种。通常推荐塔径在 2m 以下时采用单流程，塔径在 2.2m 以上时可采用双流塔，塔径在 2.0～2.2m 之间时，两种均可采用。

（5）塔盘上浮阀数和开孔率

① 适宜阀孔气速　蒸汽通过阀孔的设计速率可按下式计算：

$$\omega_0 = F_0 \sqrt{r_V} \tag{12-31}$$

式中　r_V——蒸汽密度，kg/m³；

F_0——阀孔动能因数，简称 F_0 因子，它是与阀孔操作状况有关的参数，见表 12-7。一般设计时采用 $F_0 = 9 \sim 12$。

表 12-7　阀孔动能因素与操作状况的关系

阀孔动能因素 F_0	5 - 9	9 - 12	12 - 17	17 - 20
操作状况	阀孔漏流极限	浮阀恰巧全开	正常操作范围	最大负荷

② 浮阀数和开孔率　每块塔板的浮阀数 n 为：

$$n = \frac{V}{0.785 \omega_0 d_0^2} \tag{12-32}$$

式中　d_0——阀孔直径，m，对于 F-1 型浮阀，d_0 为 39mm，十字架型盘式浮阀的 d_0 可根据不同情况选用 $\phi 30 \sim 40$mm，常用 39mm；

V——气相流量，m³/s。

盘式浮阀塔板的开孔率是指阀孔面积占塔截面面积的百分数，即

$$\phi = \frac{0.785 n d_0^2}{0.785 D^2} \times 100\% = n \left(\frac{d_0}{D}\right)^2 \times 100\% \tag{12-33}$$

式中　ϕ——开孔率。一般在减压塔中为 10%～13%，在加压塔中为 <10%，常见的为 6%～9%。

计算的浮阀数 n 仅是个初步值，最后应该由塔板布置来确定。

（6）塔板布置

根据排列型式和阀孔间距进行绘图布置所得的孔数，与前面直接计算的结果应大致接近。

浮阀中心距应符合下列关系：

浮阀按等腰三角形排列

$$t = \frac{A_p}{n} \Big/ t' \qquad (12-34)$$

浮阀按等边三角形排列

$$t = d_0 \sqrt{\frac{0.907 A_p}{A_0}} \qquad (12-35)$$

式中　t——等腰三角形高，m，一般为 0.75m；

　　　t'——等腰三角形底边或等边三角形边长，m；

　　　d_0——阀孔直径，m，F-1 型为 $\phi 39$mm；

　　　A_0——阀孔总面积，m^2，$A_0 = 0.785 n d_0^2$；

　　　A_p——开孔区面积，m^2。

（7）塔板压降和淹塔情况及雾沫夹带校核

初步确定塔板的结构和尺寸后，要进行塔板压降的校核，校核是否符合工艺要求，还要校核是否会产生淹塔和严重的雾沫夹带，必要时还应该校核漏液问题。

12.5　真空除气器

真空除气器可以在不提高水温或水温提高较少的情况下除去水中的各种气体，可用于需同时去除 O_2、CO_2 及多种溶解气体的场合。通过真空除气器后水中残余的 CO_2 可低于 3mg/L，残余的 O_2 可低于 0.05mg/L。

12.5.1　构造

真空除气器的基本构造见图 12-11 所示。真空除气器实际上也是一种填料塔，其外壳及主要部件均应选用耐腐蚀材料，常用碳钢衬胶、不锈钢、硬 PVC 等。由于除气器需在真空状态下工作，外壳除要求密封外还应有足够的强度和稳定性。喷嘴不仅要均匀分布进水，还应使水形成小水滴或细小水雾，获得很大的水气接触面积，提高脱气效率。真空除气器所用填料与填料塔相同，如需提高水温，则应考虑水温对填料的影响。例如，超过 40℃ 则不应采用硬 PVC 拉西环。存水部分的大小应根据处理水量的大小及工艺要求的停留时间确定，也可在下部设卧式贮水箱，以加大存水部分的容积。

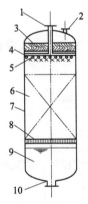

图 12-11　真空除气器简图

1—进水口；2—抽气口；3—收水器；
4—布水管；5—喷嘴；6—填料；7—外壳；
8—填料支承；9—存水部分；10—出水管

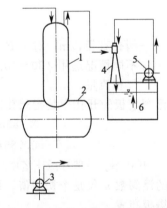

图 12-12　高位式真空除水器系统

1—真空除气器；2—存水箱；3—输出水泵；
4—水射器；5—循环水泵；6—循环水箱

12.5.2 系统设计

（1）真空系统

真空除气器的真空状态可采用水射器抽真空系统（见图 12-12），或采用真空机组抽真空系统（见图 12-13）。按所需真空度与抽气量选定真空机组或设计水射器。

（2）输出水泵

真空除气器内的真空状态使输出水泵吸水困难。为保证水泵的正常工作，一般设计有高位式真空除水器（见图12-12）与低位式真空除水器（见图 12-13）两种系统。

（3）真空除气器的主要尺寸

真空除气器实际上也是一种填料塔，因此其主要尺寸可按填料塔主要尺寸的计算方法，按式（12-7）～式（12-10）计算。

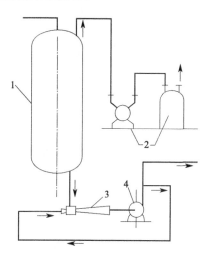

$$D = \sqrt{\frac{4f}{\pi}} \qquad (12\text{-}7)$$

$$f = Q/q \qquad (12\text{-}8)$$

$$h_0 = V/f = \frac{F}{Sf} \qquad (12\text{-}9)$$

$$F = \frac{Q(C_0 - C_2) \times 10^{-3}}{K \Delta C_p} \qquad (12\text{-}10)$$

图 12-13　低位式真空除水器系统
1—真空除气器；2—真空机组；
3—水射器；4—输出水泵

式中　D——真空除气器的直径，m；

f——真空除气器的横断面积，m^2；

Q——真空除气器的设计处理水量，m^3/h；

q——设计淋水密度，$m^3/(m^2 \cdot h)$，常取 $50m^3/(m^2 \cdot h)$；

h_0——真空除气器的有效高度，m；

V——所需填料体积，m^3；

F——所需填料的工作表面积，m^2；

S——单位体积填料所具有的工作表面积，m^2/m^3，可按所选定的填料品种及尺寸查表 12-2；

ΔC_p——脱除过程的平均推动力，kg/m^3。

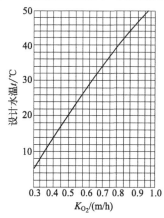

图 12-14　真空除气器除氧时的解吸系数 K 曲线
适用条件：填料为 25mm×25mm×3mm 瓷质拉西环；
淋水密度：$50m^3/(m^2 \cdot h)$

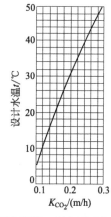

图 12-15　真空除气器除二氧化碳时的解吸系数 K 曲线
适用条件：填料为 25mm×25mm×3mm 瓷质拉西环；
淋水密度：$50m^3/(m^2 \cdot h)$

对于解吸系数 K，除氧设计时可通过查图 12-14 而得；除 CO_2 设计（同时除去了氧）时可通过查图 12-15 而得；解吸平均推动力 ΔC_p 可查图 12-16 和图 12-17 而得。

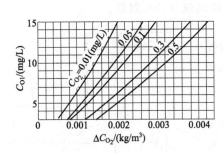

图 12-16　真空除气器除氧时的
解吸平均推动力 ΔC_{O_2}

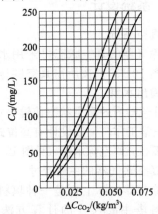

图 12-17　真空除气器除二氧化碳
时的解吸平均推动力 ΔC_{CO_2}

（4）抽氧气量 W_{O_2}（m^3/h）的计算

$$W_{O_2} = \frac{1.3Q(C_0 - C_2)(273+t)\times 10^{-3}}{\dfrac{377p_{O_2}}{101325}} \tag{12-36}$$

式中　1.3——大气中氧的漏入系数；

　　　　t——设计进水温度，℃；

　　　　p_{O_2}——出水中残留的氧含量所对应的水面上空气中氧的分压，Pa。

$$p_{O_2} = \frac{C_{O_2}}{\beta_1} \times 101325 \tag{12-37}$$

式中　β_1——水面上氧分压为 101325Pa 时，氧在水中的溶解度，mg/L，按进水水温查表 12-8；

　　　　C_{O_2}——出水中允许的残余氧含量，mg/L。

表 12-8　氧和二氧化碳的溶解度 C_0、β_1、β_2

水面上空气压力/Pa		水温/℃										
		0	10	20	30	40	50	60	70	80	90	100
		含氧量/(mg/L)										
101325		14.5	11.3	9.1	7.5	6.5	5.6	4.8	3.9	2.9	1.6	0
81060		11	8.5	7.0	5.7	5.0	4.2	3.4	2.6	1.6	0.5	0
60795		8.3	6.4	5.3	4.3	3.7	3.0	2.3	1.7	0.8	0	0
40530		5.7	4.2	3.5	2.7	2.2	1.7	1.1	0.4	0	0	0
20265		2.8	2.0	1.6	1.4	1.2	1.0	0.4	0	0	0	0
10132.5		1.2	0.9	0.8	0.5	0.2	0	0	0	0	0	0
101325	β_1	69.5	53.7	43.4	35.9	30.8	26.6	22.8	—	13.8	—	0
	β_2	3350	2310	1690	1260	970	760	580				

（5）抽二氧化碳量 W_{CO_2}（m^3/h）的计算

$$W_{CO_2} = \frac{Q(C_1 - C_2)(273+t)\times 10^{-3}}{\dfrac{520p_{CO_2}}{101325}} \tag{12-38}$$

式中　t——设计进水温度，℃；

　　　　p_{CO_2}——出水中残留的二氧化碳含量所对应的水面上空气中二氧化碳的分压，Pa。

$$p_{CO_2} = \frac{C_{CO_2}}{\beta_2} \times 101325 \tag{12-39}$$

式中 β_2——水面上 CO_2 分压为 101325Pa 时，CO_2 在水中的溶解度，mg/L，按进水水温查表 12-8；

C_{CO_2}——出水中允许的残余二氧化碳含量，mg/L。

（6）总抽气量

真空除气器的总抽气量为除气器抽除的氧气量和二氧化碳量的和，按下式进行计算：

$$W_S = W_{O_2} + W_{CO_2} \tag{12-40}$$

$$W_B = \frac{\dfrac{W_S p}{101325}}{1 + 0.00366t} \tag{12-41}$$

式中 W_S——真空除气器的总抽气量，m^3/h；

W_B——换算为标准状态下真空除气器的总抽气量，m^3/h；

0.00366——空气的膨胀系数；

p——除气器中混合气体压力（即真空除气器的设计真空度），Pa，其值等于进水温度下的饱和蒸气压，可由表 12-9 查得。

表 12-9　在不同真空度下水的沸点与蒸气压的关系

沸点/℃	2	4	6	8	10	12	14	16	18	20	22	24
真空度/%	99.3	99.2	99.08	98.95	98.78	98.62	98.42	98.14	97.89	97.62	97.30	96.95
蒸气压/Pa	707	813	933	1067	1227	1400	1600	1813	2066	2333	2640	2986
沸点/℃	26	28	30	32	34	36	38	40	42	44	46	50
真空度/%	96.57	96.14	95.68	95.14	94.57	93.94	93.24	92.48	91.64	90.70	89.70	87.40
蒸气压/Pa	3360	3773	4240	4760	5320	5946	6626	7373	8199	9106	10092	12332

12.6　应用

12.6.1　含酚废水的处理

汽提法最早用于从含酚废水中回收挥发酚，其典型流程如图 12-18 所示。

汽提塔分上下两段，上段叫汽提段，通过逆流接触方式用蒸汽脱除废水中的酚；下段叫再生段，同样通过逆流接触，用碱液从蒸汽中吸收酚。其工作过程为：废水经换热器预热至 100℃后，由汽提塔的顶部淋下，在汽提段内与上升的蒸汽逆流接触，在填料层中或塔板上进行传质。净化的废水通过预热器排走。含酚蒸汽用鼓风机送到再生段，相继与循环碱液和新碱液（含 NaOH10%）接触，经化学吸收生成酚钠盐回收其中的酚，净化后的蒸汽进入汽提段循环使用。碱液循环在于提高酚钠盐的浓度，待饱和后排出，用离心法分离酚钠盐晶体，加以回收。

汽提脱酚工艺简单，处理高浓度（含酚 1g/L 以上）的废水，可以达到经济上收支平衡，且不会产生二次污染。但是，经汽提后的废水中一般仍含有较高浓度（约 400mg/L）的残余酚，必须进一步处理。另外，由于再生段内喷淋热碱的腐蚀性很强，必须采用取防腐措施。

12.6.2　含硫废水的处理

石油炼厂的含硫废水（又称酸性水）中含有大量的 H_2S

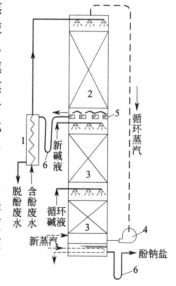

图 12-18　汽提法脱酚装置

1—预热器；2—汽提段；3—再生段；4—鼓风机；5—集水槽；6—水封

（高达 10g/L）和 NH_3（高达 5g/L），还含有酚类、氰化物、氯化铵等，一般先用汽提回收处理，然后再用其他方法进行处理。处理流程如图 12-19 所示。

含硫废水经隔油、预热后从顶部进入汽提塔，蒸汽则从底部进入。在蒸汽上升过程中，不断带走 H_2S 和 NH_3。脱硫后的废水，利用其余热预热进水，然后送出进行后续处理。从塔顶排出的含 H_2S 及 NH_3 的蒸汽，经冷凝后回流至汽提塔中，不冷凝的 H_2S 和 NH_3 进入回收系统，制取硫黄或硫化钠，并可副产氨水。

国外某公司采用两段汽提法处理含硫废水，工艺流程如图 12-20 所示。酸性废水经脱气（除去溶解的氢、甲烷及其他轻质烃）后进行预热，送入 H_2S 汽提塔，塔内温度约 38℃，压力为 0.68MPa（表压）。H_2S 从塔顶汽提出来，水和氨从塔底排出。塔顶气相中的 NH_3 含量仅为 50mg/L，可直接作为生产硫或硫酸的原料。水和氨进入氨汽提塔，塔内温度为 94℃，压力为 0.34MPa（表压）。氨从塔顶蒸发，进入氨精制段，除去少量的 H_2S 和水，在温度为 38℃、压力为 1.36MPa 的条件下压缩，冷凝下来的液态 NH_3 中 H_2O 的含量低于 1g/L，H_2S 的含量低于 5mg/L，可作为液氨出售。氨汽提塔底排出的水可重复利用。

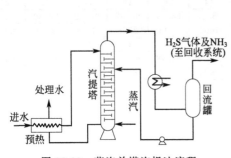

图 12-19　蒸汽单塔汽提法流程

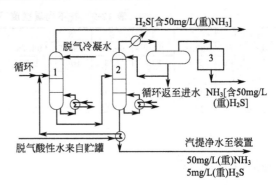

图 12-20　双塔汽提废水处理（WWT 法）流程
1—硫化氢汽提塔；2—氨汽提塔；3—氨净化段

据报道，该公司用此流程处理含硫废水，流量为 45.6m³/h，每天可回收 H_2S 72.6t，NH_3 36.3t，2～3 年可回收全部投资。

国内也有多家炼油厂采用类似的双塔汽提流程处理含硫废水，将 H_2S 含量为 200～2170mg/L、NH_3 含量为 365～1300mg/L 的原废水净化至 H_2S 含量为 0.95～12mg/L、NH_3 含量为 44～55mg/L。运转实践表明，该系统具有操作方便、能耗低等优点。

除了用水蒸气汽提以外，也可用烟气汽提处理炼油酸性含硫废水。

参 考 文 献

[1]　陈洪钫，刘家祺. 化工分离过程 [M]. 北京：化学工业出版社，1995.
[2]　陈敏恒，等. 化工原理：上册 [M]. 北京：化学工业出版社，1999.
[3]　唐受印，戴友芝. 水处理工程师手册 [M]. 北京：化学工业出版社，2001.
[4]　周立雪，周波. 传质与分离技术 [M]. 北京：化学工业出版社，2002.
[5]　杨春晖，郭亚军. 精细化工过程与设备 [M]. 哈尔滨：哈尔滨工业大学出版社，2002.
[6]　宋业林，宋襄翎. 水处理设备实用手册 [M]. 北京：中国石化出版社，2004.
[7]　廖传华，柴本银，黄振仁. 分离过程与设备 [M]. 北京：中国石化出版社，2008.
[8]　王郁，林逢凯. 水污染控制工程 [M]. 北京：化学工业出版社，2008.
[9]　张晓健，黄霞. 水与废水物化处理的原理与工艺 [M]. 北京：清华大学出版社，2011.
[10]　中国石油和化学工业联合会，中国化工经济技术发展中心编. 石油和化工设备选型指南 [M]. 北京：中国财富出版社，2012.